浙江大学研究生素养与能力培养型课程（公共素质类）"工程伦理"资助
浙江大学工程师学院专业学位研究生实践教学品牌课程（平台共享类）"工程职
国家社科基金重大项目"中国工程实践的伦理形态学研究"资助

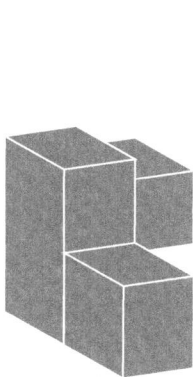

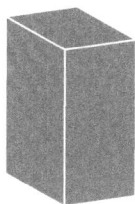

U0672862

第五版

工程伦理
概念与案例

Engineering Ethics
Concepts and Cases

5th
Edition

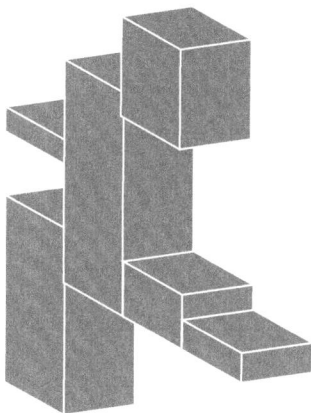

[美] 查尔斯·E. 哈里斯（Charles E. Harris, Jr.）　　迈克尔·S. 普里查德（Michael S. Pritchard）

迈克尔·J. 雷宾斯（Michael J. Rabins）　　　　雷·詹姆斯（Ray James）

伊莱恩·英格尔哈特（Elaine Englehardt）◎著

丛杭青　沈　琪　魏丽娜　等◎译

ZHEJIANG UNIVERSITY PRESS
浙江大学出版社

图书在版编目(CIP)数据

工程伦理：概念与案例 /（美）查尔斯·E. 哈里斯等著；从杭青等译.—杭州：浙江大学出版社，2018.7(2025.5 重印)

书名原文：Engineering Ethics：Concepts and Cases（Fifth Edition）

ISBN 978-7-308-18246-1

Ⅰ.① 工 ⋯ Ⅱ.① 查 ⋯ ② 丛 ⋯ Ⅲ.① 工程技术—伦理学 Ⅳ.①B82-057

中国版本图书馆 CIP 数据核字（2018）第 101997 号

浙江省版权局著作权合同登记图字：11-2018-124 号

Copyright © 2014 by Wadsworth，a part of Cengage Learning.

Original edition published by Cengage Learning. All Rights reserved.
本书原版由圣智学习出版公司出版。版权所有.盗印必究。

Zhejiang University Press is authorized by Cengage Learning to publish and distribute exclusively this simplified Chinese edition. This edition is authorized for sale in the People's Republic of China only (excluding Hong Kong，Macao SAR and Taiwan). Unauthorized export of this edition is a violation of the Copyright Act. No part of this publication may be reproduced or distributed by any means，or stored in a database or retrieval system，without the prior written permission of the publisher.

本书中文简体字翻译版由圣智学习出版公司授权浙江大学出版社独家出版发行。此版本仅限在中华人民共和国境内(不包括中国香港、澳门特别行政区及中国台湾)销售。未经授权的本书出口将被视为违反版权法的行为。未经出版者预先书面许可，不得以任何方式复制或发行本书的任何部分。

Cengage Learning Asia Pte. Ltd.
151 Lorong Chuan，#02-08 New Tech Park，Singapore 556741

本书封面贴有 Cengage Learning 防伪标签，无标签者不得销售。

工程伦理：概念与案例(第五版)

[美] 查尔斯·E. 哈里斯(Charles E. Harris, Jr.)　迈克尔·S. 普里查德(Michael S. Pritchard)　迈克尔·J. 雷宾斯(Michael J. Rabins)　雷·詹姆斯(Ray James)　伊莱恩·英格尔哈特(Elaine Englehardt)　著

从杭青　沈　琪　魏丽娜　等　译

策划编辑	朱　玲
责任编辑	朱　玲
责任校对	杨利军　张培洁
封面设计	程　晨　黄小意
出版发行	浙江大学出版社
	（杭州市天目山路 148 号　邮政编码 310007）
	（网址：http://www.zjupress.com）
排　　版	杭州林智广告有限公司
印　　刷	浙江新华数码印务有限公司
开　　本	787mm×1092mm　1/16
印　　张	21.5
字　　数	468 千
版 印 次	2018 年 7 月第 1 版　2025 年 5 月第 5 次印刷
书　　号	ISBN 978-7-308-18246-1
定　　价	59.00 元

版权所有　侵权必究　印装差错　负责调换
浙江大学出版社市场运营中心联系方式：0571-88925591；http://zjdxcbs.tmall.com

献给

查尔斯·E.哈里斯,职业工程师,1911—2012

工程师,管理者,全心奉献的父亲

译者前言

原书第三版中文版于 2006 年由北京理工大学出版社出版,当时它是国内第一本引进的美国工程伦理教材。之后,随着"工程伦理"课程的开设以及工程教育专业认证在我国的普及,其上市后很快就脱销。2015 年,北京理工大学出版社筹划引进当时的最新版本第五版,并希望我重新组织对第五版的翻译工作。遗憾的是,版权合同因故没能落实。2017 年,在朱玲女士的协助下,浙江大学出版社购买了第五版中文版版权。现在呈现在大家面前的是第五版的中文版。

书中的几个英文术语,有必要解释一下。

第一个术语是 critical thinking。目前通常将其译成"批判性思维"。这种译法非常流行,在原书第三版中文版出版的时候,我们也将其译成"批判性思维"。目前,许多高校开设了"批判性思维"课程,甚至有的学校在制定研究生培养方案时,也把培养学生批判性思维作为培养目标之一。

2017 年秋天,我邀请了英国肯特大学社会学系张悦悦副教授来浙江大学做了一场讲座。在讲座当中,她提到了这个术语。她在西方社会生活了多年,对英美文化有较深的理解。她建议将 critical thinking 译成"审辨性思维"。在她送给我的 2017 年她的新作《小世界》一书中,她也讨论了这一问题。她将此归结为东西方文化或思维习惯的差异。她的建议是有道理的,所以,在本书中我们将 critical thinking 翻译成"审辨性思维"。

社会是复杂多样的,同样,理论或观点也是如此。在纷繁复杂的理论和观点中,我们不应提倡一种非黑即白、肯定或否定这样一种二元对立的思维模式。我们应鼓励的是,对各种观点进行审慎的了解,仔细地辨识其中的道理,即一是审慎,二是辨识。这种审慎和辨识的态度是值得提倡的,因为这种态度首先是鼓励学习,其次才是辨识。对于高等院校而言,培养学生的这种审辨性思维显然应该是培养目标之一,而不是培养学生否定性或批判性的思维习惯。

在这个创新的时代,人们习惯于先破后立,似乎只有先破了才能立。于是,怀疑一切、否定一切成了主旋律。当然,先破后立仍然是一种创新的方式,但这种方式应该是鲜见的。更多的情景是,在夹缝中求生存。

第二个术语是 good work。原书第三版中文版出版之后,不少人提到,工程师不仅要"做好工作",而且还要做"好的工作"。一些论文作者偶尔会在"好的工作"一词后的括号内标注英文 good work 或注明出处,我也养成了关注出处的习惯。我不知论文作者是在什么意义上使用"好的工作"一词的。但是,在工程伦理语境下,good work 却是有特定含义的,译成"善举"更恰当。

在讨论这个词之前,有必要先说一下"责任"这个词。责任的英文单词通常有duty、responsibility、liability,其中 duty 是伦理学中最常用的一个词,responsibility 通常在道德或社会角色层面上使用,而 liability 大多在法律层面上使用。这是三者之间细微的差别。

责任与义务对应的英文单词是 duty 与 obligation。它们之间又有什么区别?一般而言,责任和义务通常可以作为同义词或近义词相互替换。但在日常使用当中,责任与义务还是有一个细微的区别。从时间轴上看,责任的概念是一个向后看的概念,一个面向过去的概念;而义务是一个向前看的概念,一个面向未来的概念。

通常在讨论工程师的责任境界的时候,用到 good work 一词。最常见的是将工程师的责任境界分为三种,第一种是底线责任,第二种是合理关照(reasonable care),第三种是善举(good work)。

底线责任即最低限度责任。这种观点认为,工程师具有遵守其自身职业的标准操作程序和履行由其工作所决定的基本义务的职业责任。如果他们违反操作程序,他们就应为由此造成的伤害承担责任。最低限度的要求强调了一条通往责任的消极途径。它以一种狭隘的方式来理解责任,即工程师履行责任只是为了远离社会的谴责和法律的追究。避免过失或"置身于麻烦之外"成为其主要的关注点。

合理关照标准则超出了最低限度者的"置身于麻烦之外"的考虑。最低限度者的出发点是,那些将在法律上或道德上负责的人应当承担怎样的责任,这是一种后果论的思维方式。合理关照标准不仅考虑到了行为可能的后果,而且也关注行为的过程,强调从过程的角度考虑那些可能受到伤害的人的处境。

善举表达的是一种"高于或超出义务要求"的责任标准。善举通常超出了他人能通常地、正当地期望的贡献。如果底线责任是那些不履行就肯定会招致责备或正式处罚的责任或义务,那么善举则是任何人都无权期望工程师承担的责任,人们一般也不会认为不承担这些责任是一种道德上的缺陷。

在原书第三版中,作者对责任境界做了以上三种划分,但在第五版中,除了保留善举外,作者合并了底线责任与合理关照标准,并着重突出了合理关照标准的重要性。

作者认为,合理关照标准似乎代表了一种最低限度的可接受标准,在相关的实践领域,它是有能力的、负责任的工程师公认的标准。当然,与法律认可的关照标准相比,工程伦理上的合理关照标准可能更严格。

第三个术语是 stewardship。当讨论到环境管理时,作者并没有使用 management 一词,而是使用另一个非常有意思的词——stewardship,从而形成了 the environmental stewardship 和 stewardship of the environment。

在中英词典中,stewardship 通常指管理工作或管事人的职位及职责。作者认为,环境管护哲学(the philosophy of environmental stewardship)避免了人类中心主义与非人类中心主义之间的争论。

书中提到,管家(steward)是一个替他人管理、照料财产的人,比如替国王。管家有两个方面的责任是至关重要的。首先,管家有责任照顾他人的财产。第二,管家负责的财产是有价值的,而且通常价值巨大。管家的概念被应用到人类与自然界的关系上,这意味着人类对自然界负有责任,自然界本身具有巨大的价值。

管家文化在西方有着悠久的历史。近些年来,不少人试图将管家文化引入国内,但多少都遭遇了水土不服。暂且不考虑西方管家文化固有的含义,仅就将其运用到人与自然界的关系上而言,这是有新意的,因此,我们一律将 stewardship 译成管家或管护。

本书翻译工作始于 2015 年,历时 3 年,几易其稿。参与初译与校对的研究生有魏丽娜(前言、伦理章程、索引、第 3 章部分)、周恩泽(制图)、李升(第 9 章、案例 22～42)、董达(第 7 章)、陈夕朦(第 3 章部分、案例 1～21)、尹境悦(第 1 章、案例 43～52)、钟柠穗(第 2 章)、安修辰(第 4 章)、应晓霞(第 5 章)、陶清(第 6 章)、马镛(第 8 章)。在 2016 年和 2017 年春季"工程伦理"讨论班上,顾萍、李升、唐娟红、武锐、俞鼎、庄玄朴等参与了译本的讨论与修改。2017 年,我、沈琪、魏丽娜对译稿进行了修订、补译、重译和统校。2017 年年底至 2018 年上半年我所指导的研究生陈夕朦、顾萍、魏丽娜、李升、周恩泽对译稿又进行了几轮通读与修订。

本书的出版得到了浙江大学盛晓明教授、唐任仲教授、王淼副教授、张立副教授、清华大学李正风教授、雷毅副教授,大连理工大学王前教授,中国科学院大学李伯聪教授,南京林业大学何菁副研究员,北京工业大学张恒力副教授的大力支持。特别值得感谢的是唐任仲教授,唐任仲教授是我遇到的第一位热心于工程伦理的工科教授,他开设的工程伦理通识课是一门具有专业特色的课程。作为工业工程领域的资深教授,他自 2010 年起就在浙江大学倡导开设工程伦理课程。值得一提的是,全国工程专业学位研究生教育指导委员会一直致力于推动工程伦理教育,并于 2015 年年初成立了

"工程伦理"课程专家组,专家组的活动使我有幸能与各位工科教授进行深入的交流。专家组是一个务实、高效的团队,我在其中受益匪浅。当然,专家团队的运作离不开秘书处沈岩与王雅文的辛勤工作。在此,一并致谢。还要感谢原书第三版中文版的责任编辑范春萍女士,12 年前,她不遗余力地支持原书第三版的翻译工作。

我不鼓励,在公共课中,学生直接使用国外的教材。鼓励本土化的教材,这个大方向是值得肯定的。中国制造业的规模多年来稳居世界首位,中国工程实践的形态丰富多彩,工程的中国问题、中国实践、中国方案以及中国智慧,我称之为"四中"原则,应该是中国工程伦理课程建设的指导思想。因此,我并不赞成在工程伦理课程教学中,一味地去灌输西方的工程理念和工程规范以及工程标准。需要提醒的是,本教材所讨论的思维方式是一种西方文化尤其是英美文化提倡的思维方式。

但是,对于与工程相关的教师、科研人员和工程专业学生来说,这本书能够帮助其了解国外最新的工程伦理课程状况,了解美国乃至西方世界对工程的概念和性质、工程规则、工程制度以及工程规范的界定。借用西方的术语,我希望读者在阅读本书的时候始终坚持一种审辨性思维。

2018 年 5 月 4 日,国务院学位委员会办公室正式发布了《关于转发〈关于制订工程类硕士专业学位研究生培养方案的指导意见〉及说明的通知》(学位办〔2018〕14 号),在该通知中,工程伦理被列入公共必修课程,这在国内外教育史上是第一次。"思想政治正确、社会责任合格、理论方法扎实、技术应用过硬"是工程类硕士专业学位研究生培养的指导思想,它高度凝炼了 21 世纪中国工程科技人才培养观。我认为本书的出版能够为工程伦理课程的开设做出应有的贡献。

丛杭青

2018 年 6 月 7 日

前　言

我们很高兴推出《工程伦理：概念与案例（第五版）》。这一版将许多旧资料进行了重新整理和组织，并且兼顾了工程伦理领域的发展，添加了新的内容。

第五版是第一个没有得到迈克尔·J.雷宾斯（Michael J. Rabins）教授指导的版本。正如在第四版中提到过的，雷宾斯博士于2007年逝世，但是他在前四个版本中的许多观点仍然会在第五版中体现。这一版中有两位新合著者加入：雷·詹姆斯博士（Ray James），职业工程师，得克萨斯农工大学（Texas A&M University）德怀特·卢克（Dwight Look）学院副院长，得克萨斯农工大学工科学生必修课"工程与伦理"长期协调员，带来了职业工程师的视角；以及哲学家伊莱恩·英格尔哈特（Elaine Englehardt），犹他山谷大学（Utah Valley University）杰出的伦理学教授，为团队注入了作为专家的职业及实践伦理学的专业知识。

我们感谢迈克尔·戴维斯（Michael Davis）教授对第四版修订工作的仔细审查和富有卓见的修改建议。他的某些建议激发了第五版细节上的一些变化。衷心感谢他的建议。

我们有幸能够将迈克尔·S.普里查德（Michael S. Pritchard）教授的文章《工程伦理》的部分内容改编进第一章。这篇文章收录在休·拉福莱特（Hugh La Follette）主编的《国际伦理学百科全书》（威利-布莱克威尔出版社2013年出版）中。

第五版的主要改动如下：

● 在第四版中引入的"激励性伦理"的概念，不仅在第1章，而且也在其他章节中得到了更多的强调。

● 第2章（实践伦理工具箱）包含了美德伦理的新资料，以及对类似于科学和工程中模型的道德理论的新讨论。

● 对第4章（技术的社会与价值维度）进行了重新写作，将美德伦理应用于社交网络问题中。

● 更新了第6章（工程风险与责任），审视了最近发生的几起事件所引发的伦理议题：世界贸易中心遭遇恐怖袭击、马孔多（Macondo）油井井喷（也可参阅新增的案例46"2010年深水地平线钻井平台与马孔多钻井爆裂的损失"）以及2011年福岛核电站灾难。我们强化了对创新工程设计不断增加的风险和工程师创新设计责任的关注。

最后,讨论了参与工程系统运行的工程师鉴别和管理风险的责任。

● 第 7 章(组织内的工程师)开篇强调了整合工程师、客户、雇主和公众价值观的重要性。本章还讨论了工程师通常工作的组织环境对负责任行为的阻碍(以前在第四版的第 2 章中论述)。

● 第 8 章(工程师与环境)增加了关于可持续性和生命周期分析的新内容。本章也包含了环境管护的新讨论。

● 第 9 章(全球化背景下的工程)新增了关于建立工程教育与认证跨国标准的资料,并讨论了国际职业主义概念的可能性。

● 提供了一个可供学生和教师使用的网站。该网站提供了多项选择题的练习,以激励学生和教师,并为学生的论文选题提供参考,还附有案例研究。

我们更详细地思考了书中的一些观点。

激励性伦理

大多数传统的工程伦理把重点放在防止对公众的伤害上——无论伤害是否是由职业不当行为(例如,某人在其专业领域之外的实践)、危险的工程产品或工艺所造成的。抗议"挑战者号"发射的工程师的举报是预防性伦理最引人注目的表现形式之一。在过去几年中,工程伦理学者们强调,工程伦理应该有一个更积极的维度——鼓励工程师通过技术促进人类福祉。我们在第 1 章和其他章节中均发展了这种观点。

作为模型的伦理学理论

模型是科学和工程学重要的组成部分。模型有助于理解复杂现象和预测未来事件。道德理论可以从模型的角度来理解,因为它们提供了有助于理解道德功能的组织原则,以及有助于理解为什么道德会谴责和赞扬某些类型行为的原则。与科学及工程中的模型一样,伦理模型也有其局限性。然而,功利主义和尊重人这两大主要伦理理论的局限性,可以帮助我们理解许多伦理冲突。

在这一版中,我们比之前更加强调我们讨论的伦理技术的实用性及其解决问题的性质,它们应该被当作工具箱中的工具。在解决道德问题时,每当这些伦理技术能够实际发挥作用时(并且仅在那时),就应该利用它们。个体工程师在解决所面临的道德问题时,道德理论或模型通常是没有价值的,但它们往往有助于处理由技术引发的更大的社会和政策问题。之所以引入美德伦理,是因为当从道德层面理解某些问题时,它是一种有价值的工具。

环境的可持续发展及管护

对于工程师来说,环境问题仍然是一种挑战。为此,我们投入了更多的时间来研究几位先驱者的环境思想。工程的挑战之一是在可能的范围内实施可持续的工程。

然而,对"可持续"一词的定义是有争议的,整体的或彻底的可持续性或许最好被认为是一种理想。不过,在设计和制造中,生命周期分析是实现可持续性的一种应用性尝试。

工程对环境的影响比其他任何行业都大。我们认为,"环境管护"概念是一种适合于工程师的实践哲学,部分原因是它回避了环境哲学中的许多理论问题,如人类中心主义和非人类中心主义伦理学之间的区别。

作为一种全球性职业的工程

随着工程在社会发展中的作用日益突出,对工程教育及认证规范化标准的需求越来越紧迫。1989 年缔约的《华盛顿协议》是迄今为止规范工程教育标准的最重要的尝试。国际公认的工程职业伦理标准才刚刚起步。为了促进伦理标准的进一步发展,有一种被普遍认可的"职业的"概念是有益的。对于如何开展这项工作,(本书)提出了一些建议。

查尔斯·E. 哈里斯的去世

查尔斯·E. 哈里斯,是作者小哈里斯的父亲,他的大学时代正好处于经济困难时期。他的父母无法在经济上资助他,所以他靠着半工半读从范德堡大学工程学院毕业,随后在美国工程兵团中作为一名电气工程师,度过了他的整个职业生涯。1947 年他获得了田纳西州建筑与工程考试者委员会颁发的执照(许可证)。他的证书的编号(1692)较小,表明他的职业生涯起步于该州职业注册制度的初创时期。他是美国电气工程师协会[即现在的电气与电子工程师协会(IEEE)]的成员。在他职业生涯的最后 20 年里,他设计的田纳西州坎伯兰河水电站项目是最令他满意的。他被誉为杰出的工程管理者,以良好的判断力及热忱的态度而闻名。他也是一位称职的丈夫和父亲。在 101 岁那一年,在自己家中,他在睡梦中平静地离去。

目录
Contents

Contents

Contents

第1章　工程伦理：案例分析

本章主要观点

- 本书重点研究职业工程师所面临的伦理挑战。
- 在包括工程的职业主义的大多数阐述中，道德承诺都处于核心的地位。
- 职业工程社团的伦理章程是研究工程伦理的重要资源，但也必须审慎地对其评估。
- 职业伦理、个人伦理与共同道德之间可能的冲突会引发重要的道德问题。
- 除了关注预防灾难以及避免不当的职业行为，工程伦理也关注通过技术的发展与运用提高生活水平。

"为什么我应该研究伦理学？我是一个有道德的人。"当提及职业伦理学科目时，工科学生经常会问这个问题，一个简短的回答就是："并没有要求你学习普通伦理学，而是要求你学习职业伦理学。"作为一个有道德的人，你进入了一个职业，但是这并不意味着你对未来可能面临的伦理挑战已经做好了充分的准备。职业生活会呈现出其独有的问题。这本书的目的是，介绍工程背景下的众多伦理问题，并为如何认真地解决这些问题提供建设性的建议。

我们以三个受到广泛讨论的故事作为开始，借此展现伦理是如何在工程实践中发挥作用的。

"挑战者号"灾难

1986 年 1 月 27 日的夜晚，在发射"挑战者号"前，莫顿聚硫橡胶（Morton Thiokol）公司和马歇尔航天飞行中心（Marshall Space Flight Center，MSFC）的电话会议充满了紧张气氛。莫顿聚硫橡胶公司的工程师们建议不要在第二天早上发射"挑战者号"航天飞机。这项建议是基于他们对 O 形环在低温下密封性能的担忧。

负责 O 形环的首席工程师罗杰·博伊斯乔利（Roger Boisjoly）对 O 形环的所有问题都非常熟悉。一年多以前，他就潜在的严重问题告诫过他的同事。O 形环是火箭推进部之间密封装置的一个部分。如果它们失去了太多的弹性，那么它们就无法起到妥善的密封作用，结果将是炽热气体溢出，点燃存储仓内的燃料，导致致命的爆炸。

虽然证据尚不完整，但却有迹象表明，在温度和弹性之间存在着相关性。虽然在温度相对较高时，密封圈可能渗漏，但最严重的渗漏是在 53℉（华氏度）时发生的。据估计，发射时的环境温度为 26℉，O 形环的温度为 29℉。这比先前任何一次发射的温度都低得多。

电话会议临时暂停。马歇尔航天飞行中心质疑莫顿聚硫橡胶公司不能发射的主张，莫顿聚硫橡胶公司要求暂停会议，以便让它的工程师和管理人员有时间重新评估他们的主张。没有莫顿聚硫橡胶公司的同意，航天飞机将不能发射，而没有其管理人员的同意，莫顿聚硫橡胶公司的管理层也不会主张发射。

莫顿聚硫橡胶公司的高级副总裁杰拉尔德·梅森（Gerald Mason）知道国家航空和航天管理局（NASA）渴望一次成功的飞行。他也知道，莫顿聚硫橡胶公司需要与 NASA 签订一份新的合同，而不发射的主张也许不利于获得新合同。最终，梅森意识到，那些工程数据并不是决定性的。对于无法安全飞行的准确温度，工程师并不能给出任何确切的数据。基于温度和弹性之间明显存在着关联，在事关 O 形环安全的严肃问题上，工程师倾向于采取保守态度。

不久，与航天飞行中心的电话会议就恢复了，会议必须做出决定。梅森对监理工程师罗伯特·伦德（Robert Lund）说，"摘下你工程师的帽子，戴上管理者的帽子"[1]。于是，先前不发射的主张就发生了逆转。

这种推翻工程师主张的行为使得罗杰·博伊斯乔利颇为沮丧。他不希望成为可能导致死亡和毁灭事情的一分子。然而，问题并不简单。博伊斯乔利不仅仅是一位富有同情心的公民，而且还是一名工程师。根据他的职业判断，在这些条件下，O 形环不可靠。作为一名工程师，他负有保护公众健康和安全的义务，他明确表示，这种义务应该扩展到宇航员，而现在他的职业判断却被忽视了。

博伊斯乔利还认为，在这种情境下，摘下工程师的帽子不合适。承载着特定职责的工程师身份令他自豪。他认为，作为一名工程师，他有义务做出技术判断，保护公众安全。所以他向莫顿聚硫橡胶公司的管理层提出了低温问题，尽最后的努力支持不发射的决定。但是，无人理睬他对发射的抗议。

第二天，仅仅在发射后的第 73 秒，全美国的学生坐在教室里目睹了"挑战者号"爆炸，事故夺去了 6 名宇航员和中学女教师克里斯塔·麦考利夫（Christa McAuliffe）的生命。除了人类生命的惨重损失外，这场灾难还摧毁了价值数百万美元的设备，使 NASA 声誉扫地。

虽然博伊斯乔利没能阻止这场灾难，但是他觉得他已经践行了自己的职业责任。然而，对他来说，事情并没有结束。在后来总统任命的负责调查该起事故起因的罗杰斯委员会（Rogers Commission）上，他出庭作证。在听证会上，他描述了发射前一天晚上的电话会议，以及他早些时候向其他人警示 O 形环问题的努力。他的这些证词给他贴上了"举报者"的标签，最终导致莫顿聚硫橡胶公司的同事认为他是一个背叛者。尽管他并没有因此丢掉工作，但是这个事件却严重地影响了他的身心健康。不久后，他离开了公司，因此也结束了他在航空航天工业 27 年的机械工程师生涯。[2]在这之后的很多年里，他作为一名低薪酬的伦理顾问和讲师在各地的学院、大学演讲，职业听众遍布全美国。

罗杰·博伊斯乔利在 1988 年接受了美国科学促进会（AAAS）对他在"挑战者号"事件中的典范行为授予的"科学自由与责任奖"。[3]他在"挑战者号"发射失败的 26 年后，即 2012 年 2 月 3 日逝世。全美国主流报纸高度关注他的逝世，对他试图阻止这场灾难而发挥的令人难忘的作用进行了详尽的报道。[4]

重建萨拉热窝水系统

1993 年，达拉斯的英特泰克特救灾和重建公司（Intertect Relief and Reconstruction Corporation）的奠基人、工程师弗雷德里克·C.坎尼（Frederick C. Cuny）带领一批助手前往萨拉热窝，试图为被围困的、饱经战争创伤的城市居民恢复暖气和安全水的供应。他们到达以后发现，当地居民仅有的水源是一条被污染的河流，提着桶到河边取水的人又暴露在狙击手的枪口之下，已有数百名居民死于狙击手的狙击。

经过对环境的初步调查，坎尼团队认为，在该城老城区的某个地方必定有一个未运作的供水系统。幸运的是，他们发现了陈旧的蓄水池和输水管网，如果能设计并安装一套新的水过滤系统，那么管网就可以恢复正常工作。不幸的是，建造过滤系统所需的材料必须从外面运进来。

水过滤系统的各个部件经过特殊设计，能够全部被装进一架 C－130 飞机，飞机将从邻国克罗地亚的首都萨格勒布飞往萨拉热窝。飞机货舱内塞满了部件，每边只留下 3 英寸①的空隙。为了使部件躲过塞族人设置的检查站，他们必须在 10 分钟之内将部件卸下飞机。经过坎尼团队的努力，2 万多名萨拉热窝居民终于有了清洁、安全的水源。[5]

1969 年，27 岁的坎尼创办了英特泰克特公司。在接下来的几年里，他在世界各地开展了灾难救助。关于灾难救助的基本方法，坎尼的观点是，首先聚焦于你可以理解的较小部分的特征，这是你最终理解救灾到底需要什么这一整体图景的关键。[6]在萨拉热窝，主要的问题是供水和供热，所以，这也正是坎尼和他的同事们所关注的。

在灾难救助工作的准备期间，坎尼起初对这样的事实感到吃惊：医疗职业人员和物资通常会涌向受灾地区，然而工程师和工程设备以及补给却并非如此。英特泰克特公司致力于改变这种现象。[7]

卡特里娜飓风

2005 年 8 月末，卡特里娜飓风（Hurricane Katrina）沿着墨西哥湾海岸在路易斯安那州、密西西比州以及亚拉巴马州肆虐。受灾最严重的是路易斯安那州，有 1000 多人死亡，几千座房屋被毁，住宅和非住宅的财产损失总计超过 200 亿美元，估计受损的公共基础设

---

① 1 英寸＝0.0254 米。——译者注

施价值近70亿美元。受损最严重的城市是新奥尔良市,大部分的居民不得不撤离,并失去了10多万个工作岗位。

应美国陆军工程兵团(USACE)的邀请,美国土木工程师协会(ASCE)成立了"卡特里娜飓风外部审查小组",对 USACE 的"跨部门性能评估特遣队"(Interagency Performance Evaluation Task Force)的工作进行综合审查。ASCE 的最终报告《新奥尔良市飓风防御系统:出现了什么问题以及为什么》详细阐述并有力地说明了工程师保护公众安全、健康和福祉的伦理责任。[8]

ASCE 的报告记录了工程的缺陷、组织与政策上的失误以及未来可以汲取的经验教训。它指出:"卡特里娜飓风给新奥尔良地区带来的灾难——与其他自然灾害相比——有何独特之处? 其独特之处在于,大部分堤坝损毁应归咎于工程和与工程相关的政策的失败。"[9]

审查小组断言,从工程的角度来看,特遣队过高地估计了土壤强度,使得防洪堤坝比它本应该有的强度小,堤坝和水泵的原始设计也没有达到安全的强度标准,并且未能坚决而清楚地向公众通报该市及其居民将要面对的飓风风险水平。

这些失误和不足之处应该归咎于谁呢? 考虑到分配具体过失的困难,审查小组决定不去追究这个问题。它评论道:"没有任何人或决策应受到责备。工程失败的原因是复杂的,涉及在很长一段时间内许多组织中的许多人做出的无数次决策。"[10]

审查小组并没有试图去追究责任,而是根据所获得的后见之明,提出了今后的改进建议。该报告确认了必需的一系列关键的思想转变和行为变化。首先,安全应被放在公众优先权的首位。这就需要我们为未来飓风的发生(可能性)做好准备,而不是让专家和民众对未来发生可能性相对较小的事情,就像这次飓风一样,掉以轻心。其次,有关人员应该做一些明确的量化风险评估,并且以一定的方式通报给公众,以使非专业人士在决定风险可接受或不可接受时拥有真实的话语权。此外,一个有组织的、相互协作的、强有力的飓风防御领导与管理体系是必需的。该报告还建议应指派一名高级注册工程师或一组高资质的注册工程师全权监督这个系统:[11]

这个监管机构负责提供领导和战略视野,界定角色与职责,提供正式的沟通渠道,确定资金分配的优先次序,并协调关键建筑物的建造、维护和运行。

ASCE 的报告敦促改善并审查设计飓风防御系统的程序。它指出:"ASCE 有一个长期的政策,该政策主张,当一些公共工程项目的运作对公众安全、健康和福祉至关重要时,要有独立的外部同行审查制度。"[12]特别是在紧急情况下,正如在遭遇卡特里娜飓风袭击时,可靠性是至关重要的。审查小组得出结论:这样的外部审查过程的有效运作,能显著地减少损失。

报告最后的建议本质上是提醒我们,工程师是具有局限性的,从伦理上看,将安全放在第一位是十分重要的:[13]

尽管导致新奥尔良地区灾难的条件是特殊的，但工程师并不是在任何项目上都会面对这样的特殊限制。每一个项目都有资金和（或）施工进度的限制。每一个项目都必须整合自然的和人工的环境。每一个重大项目都有政治影响。

面对节约资金或按时完工的压力时，工程师必须保持坚强，并且遵守职业伦理规范的要求，在公众安全的问题上绝不能让步。

报告的最后呼吁更广泛地履行 ASCE 伦理章程的第一条，即基本原则。恪守保护公众安全、健康和福祉的承诺，不仅仅是新奥尔良飓风防御系统的指导方针，而且"它必须同样严格地应用于工程师工作的所有场合——在新奥尔良，在美国，在全世界"[14]。

1.1 导 言

这三个故事既说明了工程知识对于公众生命和福祉的重要性，又说明了工程师所应承担的相应责任。令人遗憾的是，尽管罗杰·博伊斯乔利尽了最大的努力，但是"挑战者号"的传奇却以悲剧结尾。令人悲哀的是，17 年后，另一架航天飞机——"哥伦比亚号"，也遭遇了灾难。这一次，在众多工程师同事的支持下，NASA 的工程师罗德尼·罗奇尔（Rodney Rocha）几番尝试说服管理层，请他们向外界机构寻求"哥伦比亚号"在发射时受损的照片。[15] 罗奇尔遇到了顽固的抵制，根据报告，有一位管理人员说，他拒绝成为"胆小鬼"。尽管不清楚这些额外的信息是否能够被用来拯救"哥伦比亚号"，但重要的是罗奇尔做出了努力。

博伊斯乔利和罗奇尔的事例表明这样的现实，即工程师的忠告并不总是会受到关注。然而，通常应受到关注；并且在任何情况下，鉴于需要他们用自己的专业知识与责任来保护我们的安全和福祉，所以工程师的忠告应当得到关注。博伊斯乔利对年轻工程师的忠告是，无论他们的忠告是否被接受，工程师都必须做好寻找问题的准备，向其他人报告并附上处理这些问题的建议。回想起他工作的早期，当时博伊斯乔利不愿意汇报问题，他说他从上司那里吸取了重要教训。当博伊斯乔利鼓起勇气把问题告诉上司后，他受到了严厉的批评——不是因为汇报了问题，而是因为他拖了这么长时间才汇报！上司告诉他：时间耽搁得越久，纠正问题的代价也就越大。所以，博伊斯乔利对年轻工程师的忠告是培养发现问题、汇报问题的习惯。同时，与那些拥有共同习惯的同事保持积极良好的关系，而不是获得"独行侠"的名声。[16]

那些有着美好结局的故事总会令人感到欣慰，比如，弗雷德·坎尼和他的同事在萨拉热窝的故事就是如此。他们的工作清楚地表明，在保护和帮助公众时，即使在极端的情境之下，工程师也可以发挥至关重要的作用。这不仅要求工程师具有基本的工程知识和技术技巧，而且还要求他们具有想象力、毅力以及强烈的责任感。

虽然绝大多数的工程师永远不会面对像"挑战者号"那样极度悲惨的灾难，或者经历战火中的供水系统恢复事件，但是所有的工程师都会遇到需要反思、专家知识、忠告以及好的决策的富有挑战性的情境。并且,与罗杰·博伊斯乔利以及弗雷德·坎尼不同的是,大多数工程师在公众视野中很可能是默默无闻的。ASCE的报告呼唤工程师为将来的飓风防范做更充分的准备。许多工程师志愿付出努力,帮助卡特里娜飓风的受害者,并帮助恢复灾区,让灾民可以安全居住。这些工程师的姓名并没有广为人知,但是他们的工作应该得到赞扬,而不应该仅仅被认为是理所当然的。

工程师日常生活中更多的典型案例如同下面这几个,这些虽然是虚构的,但却具有现实性:

● 工程师汤姆(Tom)与一位为汤姆公司正在进行的工程提供某种型号阀门的供应商协商。供应商知道汤姆是一个狂热的高尔夫球手,所以建议他们去一家私人城郊俱乐部进一步讨论,而去这个俱乐部是汤姆期待已久的,他希望有机会能去。供应商是该俱乐部的会员,他邀请汤姆去做客,汤姆应该接受这个邀请吗?

● 环境工程师玛丽(Mary)发现,她所在的工厂正在将一种政府尚未做出规定的物质排放到当地的一条河流中,这引起了她的担忧。她决定查阅一些有关该物质的文献,发现一些证明它是一种致癌物质的研究。作为一名工程师,她认为她有义务保护公众,但是她也想成为一名忠诚的雇员。尽管该物质可以被清除掉,但是这样做的代价似乎非常高。所以她的上司建议:"忘掉这件事,等政府下令时我们再处理吧。到那时,所有其他的工厂都得花钱,我们也就不会在竞争中处于不利的地位了。"玛丽应当怎么办?

● 工程师吉姆·施密特(Jim Schmidt)在一个内部模具部门工作,该部门想竞标一个有外部投标方参与的项目。该部门的经理要求吉姆告知其他投标方的报价,这样他就可以以低价竞标。这位经理认为:"毕竟,我们属于同一团队。肥水不流外人田。你不必告诉外人你做了什么。"吉姆应当怎么办?

诸如此类的问题会出现在绝大多数工程师的职业经历中。然而,它们不太可能引起公众的注意。我们希望本书能帮助学生和职业工程师更有效地处理这类问题。我们认为,职业伦理的研究可以做到这一点,并且这样的研究应当成为职业教育的一部分。

1.2 工程与伦理

什么是工程?毫无疑问,列举出这样或那样涉及工程的实例要比定义工程是什么容易得多。同样的情况也适用于伦理学以及它们的结合——工程伦理。为了说明这其中的难点,考虑以下这个特征,它是由约翰·D.肯珀(John D. Kemper)和比利·R.桑德斯(Billy R. Sanders)向工程与技术认证委员会(ABET)提供的:[17]

工程是这样一种职业,通过学习、经历和实践获得数学和自然科学的知识,并将其应用于判断,以研发经济地利用材料和自然力量的新方法,造福人类。

这段陈述中有几个值得注意的工程的特征。第一，它相当正确地表明工程与数学和自然科学有着密切的关系。工程以某种方式将这些科学应用于开发人类利用材料和自然力量的方法这一实践中。但是，第二，"应用于判断"这个短语表明它不是一个简单的算法过程。进行判断是必需的，这可能意味着允许以不同的方式利用数学和自然科学，可能还意味着其他方面。肯珀和桑德斯简洁地表述如下：[18]

我们应该意识到并不是所有工程问题的每一个方面都是可以运用科学和高等数学来解决的。许多问题根本不适于运用科学方法来解决，相反，适于运用经验判断，例如，在涉及制造的合适性、组装和维护的问题时就是如此。另外，离开科学以及高等数学的应用，许多工程项目就不可能完成，例如，对于喷气式飞机、数字计算机、吊桥、核反应堆和空间卫星就是如此。

第三，肯珀和桑德斯所提到的工程项目能够帮助我们理解工程与人类福祉之间的联系。通过精心的设计，喷气式飞机、数字计算机、吊桥、核反应堆和空间卫星都可以提供这样的福祉。但是，它们也可能被用在不必要的福祉上。事实上，一些精心的设计也可能导致严重的伤害与摧毁（如军事装备）。而且，其中一些工程产品，即使意图为人类谋福利，但是也可能在带来福利的同时带来巨大的风险，喷气式飞机可能坠毁，吊桥可能坍塌，卫星可能失灵并带来危害等。

这些复杂的情况有助于我们理解伦理与工程的联系。工程师所做的事情对人类福祉影响深远，影响可能是好的或坏的。工程对于非人类的生命、人类和非人类的环境同样也有着深刻的影响。无论是工程师个人还是集体，其在做的事情是一回事，而他们应该做的事可能是另一回事。工程伦理关心的是第二个问题，至于原因，后面就会明了，它是重要的，但它也是复杂、富有争议的。

在上面对工程的特征描述中，第四个值得注意的是，它强调专业知识、研究以及经历。这种专业化是大多数职业的标志。国家职业工程师协会（NSPE）伦理章程的序言就强调了它制定的是工程师的伦理责任规范：

工程是一种重要且需要博学的职业。人们期望，作为本职业的从业人员，工程师应表现出最高水准的诚实和正直。工程对全人类的生活质量有着直接且至关重要的影响。因此，工程师提供服务时必须诚实、公正、公平和公道，并且必须致力于保护公众健康、安全和福祉。工程师必须按职业行为规范履行其职责，这就要求他们遵守伦理行为的最高准则。

8

NSPE 伦理章程的序言是关于工程师需要在伦理上遵守的规范的声明，并不仅仅是他们事实上做什么的陈述。这些伦理要求的基础是工程师的工作"对全人类的生活质量有着直接且至关重要的影响"。无论是工程师个体还是集体，其所做的事情确实都有这样的影响，因此这是一个符合事实的声明。相应的责任是什么以及为了履行这些责任工程师需要做的是什么,这是工程伦理关注的问题。

序言的首句不仅强调了工程是一种重要的职业(对我们的生活有着"直接且至关重要的影响"),而且也是一种通过学习而获得的职业。这恰好表达了这样的观点:好的工程是需要专业知识、研究和经历的。正如威廉·F. 梅(William F. May)说明的那样,社会上职业角色的不断增加是所谓的"知识爆炸"的结果。[19]然而,大多数知识是高度专业化的,因此,并不能被人们广泛地掌握。即使就工程学来说,具有不同专业知识的工程师发现——如果不无可能——让他们不谈(任何深度的)行话是很难的。所以,梅先生得出结论,与我们对职业与日俱增的依赖相伴而来的"知识爆炸",在发生的同时也伴随着"无知爆炸",这种无知实际上每个人都有,我们对别人拥有的这样或那样的专业领域的专门知识总是无知的。

梅先生总结道:"职业人员最好是善良的。很少有人会怀疑他们的善良。知识的爆炸也是无知的爆炸;如果说知识就是力量,那么无知就是无能为力。"[20]在某些情况下,一位工程师或工程师群体的短处可能是显而易见的,即使是对那些缺少工程专业知识的人来说。然而,更具代表性的是,只有在错误或导致失败的事件发生几年后,问题才会浮出水面。到那时,不仅破坏已经发生,而且还很难鉴定谁应负有责任,确切的责任是什么。实际上大多数工程师是在大型组织内工作的,因此这种情况导致责任鉴定更加困难。

鉴于此,不仅仅在工程职业中,而且总体来说也在通常的职业中,梅先生补充道:"对于一个人到底具有怎样的品质和美德,一种检验方法就是当没有人监督的时候这个人会做什么。一个依赖专门知识的社会,需要更多的人经受住这样的检验。"[21]有一点是明确的,我们越是需要工程师在没有人监督的情况下很好地完成工作,我们就越要相信工程师的能力和正直。所以,NSPE伦理章程的序言强调了工程师诚实与正直的重要性,就不足为奇了。同样,鉴于工程对于社会具有重要影响,该序言强调工程师致力于公众安全、健康和福祉的重要性,也就不足为奇。

然而,对公众安全、健康和福祉的重视并不总是能在工程社团的伦理章程中体现出来。事实上,在1970年以前,大多数工程伦理章程将工程师的首要责任界定为忠诚于他们的雇主或顾客,并没有明确提及对公众的责任。但是,由于各种各样的原因,20世纪70年代,公众对科学、工程、医学和商业方面的伦理问题日益关注。例如,环境保护署(EPA)、职业安全和健康管理局(OSHA)以及贝尔蒙特报告(Belmont Report,关于用人体做试验)都在这个时期出现。

9 1.3 准备起步

在工程伦理教学中,早期的工作极度依赖案例研究,典型的案例是对媒体广泛报道的真实事件的描述。工程师和非工程师耳熟能详的、能激发大家最初兴趣的案例如下:雪佛兰公司的科维尔(Corvair)车、福特公司的斑马(平托)车(Pinto)、麦道的DC-10(三发动机的宽体长途飞机)、三里岛核事故、"挑战者号"事故、切尔诺贝利核事故……令人遗憾的是，这些名称都与灾难或者这样那样的不道德的事件相联系，表明工程伦理首要关心的主题是对失误、不负责任和过失的指控——或是对这些指控的辩护。

对这种"大新闻/坏消息"故事的几乎专有的关注引发了两方面的烦恼。首先，学生或许不知不觉地被引导而认为，工程伦理仅仅关注"有报道价值的"事件，在这样的情况下，他们或许会得出结论：他们没有什么好担心的，因为他们中的任何人都不太可能在媒体上抛头露面，至少不会因为他们的工程工作。像绝大多数的工程师一样，他们在一般公众，特别是媒体面前，是默默无闻和不被关注的。其次，他们可能会被误导而认为工程伦理主要关注负面的——坏事情的发生与不道德的行为，或是稍微转移到正面的事情，即避免不道德行为的发生。

对于第一种烦恼的补救措施是向人们呈现这样一些案例：从"大新闻"的意义上说，没有报道价值，但在伦理上是很重要的案例，例如某人因为接受了供货商的礼物而使自己的判断打折扣。但是，这最多也只关心了一半的烦恼——"大新闻"的那部分。案例仍然描述了负面的部分——只是尺度小了很多。

对于第二种烦恼的补救措施是也适当呈现一些正面的案例——无论是否是"大新闻"。这有助于提醒我们，道德上的不当行为有其对立面。我们似乎没有一个合适的词语来表示"有道德的行为"（rightdoing），也许它是"道德上的不当行为"（wrongdoing）的反义词。

但是，我们拥有大量的、不道德的行为的反义词。我们会思考责任的范围——从明显的不负责任到可模仿的典范。在这个范围里，我们会发现，一端是十分清楚的不道德行为的实例。在另外一端，我们会发现一些超越可以合理期待的责任或义务的案例。在这中间我们会发现平常的、有能力的和负责任的工程工作的案例，它们正是我们期待的尽到职业责任或义务的案例。

从伦理的视角欣赏工程积极方面的一种方式是考虑工程对社会更大的影响。2000 年国家工程院（NAE）就试图确定 20 世纪 20 项最伟大的成就。以下列出了所涉及的行业：[22]

- 电气
- 汽车
- 飞机
- 水的供应和分配
- 电子（真空电子管、晶体管等）
- 广播和电视
- 农业机械化
- 计算机
- 电话
- 空调和制冷
- 高速公路

10 ·

- 航天器
- 互联网
- 影像学(尤其在医学上)
- 家用电器
- 医疗卫生技术
- 石油和石油加工技术
- 激光和纤维光学
- 核技术
- 高性能材料

当然,这些成就,无论给我们带来怎样的利益,都伴随着伤害的风险,即使其没有带来实际的伤害。所以,无论是在实验室还是在公共领域,这些成就与工程师的高度责任感是分不开的。

铭记这些成就以及伴随的风险,我们就会明白为什么 NSPE 伦理章程序言的首语是合适的。公众的健康、安全和福祉的很大责任在工程师身上,无论是工程师群体还是个体。从以下例子中可以看出,诚实和正直是这方面的核心价值观:一位注册职业工程师批准了一个建筑项目,但却并没有考虑它是否真正符合相关的建筑标准。再者,那些批准项目的人至少要在一定程度上依赖于那些起监督或监理作用的人的工作的诚实和正直。即使再强的监督和监理也没有办法涵盖影响项目成功的那些人的每一个举动。大多数的工程工作是由团队来完成的,团队由那些必须互相信赖的成员组成,复杂项目中的各个团队也必须互相信任。

所以,综合考虑工程伦理的积极与消极方面,伦理应该关注哪些主要领域呢? 以下是一些可能的领域(可能并不完整):

- 工程设计(技术和经济因素以及伦理因素)
- 安全、风险以及责任(道德与法律)
- 工程工作和交流中需要信任、可靠度和诚实
- 利益冲突
- 想法的所有权(版权、商业机密、专利、自身的知识)
- 保密性
- 与管理者、客户和公众的交流
- 责任障碍(私利、害怕、无知、微观视角、群体思维)
- 组织中的工程师(管理者与工程师的关系、抗议、举报、忠诚)
- 环境关切
- 国际背景下的工程师(不同的需求、法律、实践和期望)
- 法律、规章、标准与伦理
- 职业伦理与个人伦理
- 与他人共事

11

- 承认错误
- 职业选择
- 工程社团中的角色与职责
- 公共服务（公益、灾难救助、政策顾问角色、专家作证）
- 工作场所的歧视（女性、少数民族）
- 伦理章程

1.4　伦理章程

　　上述伦理关注领域列表中的最后一项"伦理章程"，是存有争议的。工程伦理章程是职业团体成员深思熟虑的产物，如国家职业工程师协会、美国土木工程师协会、美国化学工程师协会（AICE）、美国机械工程师协会（ASME）、电气与电子工程师协会（IEEE）的伦理章程等。值得注意的是，只有相当小比例的从业工程师事实上加入了工程社团。这样的职业组织的成员资格，在实际工作中并不需要。这些章程是否应该只针对那些属于自己社团的成员？如果是这样的，那么对于非成员的工程师，又应该怎么谈伦理呢？

　　首先应该说的是，工程伦理章程中常见的规定和指南是以普通的道德概念和原则为基础的，并不是几个特定职业团体的创造。章程中的条款是工程师深思熟虑的结果，试图清楚地表达工程实践，如土木、机械或者电气工程师的伦理维度，而无论实践者是否是相应社团的成员。这一点不仅体现在 NSPE 伦理章程的序言中，也体现在大多数职业社团的章程中，这些社团的章程模仿了 NSPE 的格式。

　　所以，例如，NSPE 伦理章程认为所有的工程师，不论是否是 NSPE 的会员，都应该把公众健康、安全和福祉置于最高地位——这并不是因为章程是这样规定的，而是因为工程师的所作所为要求如此。如果工程师成为 NSPE 的会员并认可其章程，就有额外的理由满足它的要求，但是，即使他们并没有明确承诺或保证会遵守章程，他们也有理由接受这些要求——假设这个章程是经过深思熟虑而确定的。当然，伦理章程确实会随着时间的推移而改变。NSPE 伦理审查委员会承认，伦理章程不仅会随着时间改变，而且当理由充分时它也应当改变。正如已经指出的，NSPE 伦理章程的首要义务——促进公众健康、安全和福祉，是在 20 世纪 70 年代早期才被大多数的章程引入的。但是，这并不意味着章程因此而创立或确立了这个义务。关于这点，换个说法就是，这些章程表达了对已经存在的义务的一种承诺［事实上，20 世纪 20 年代美国工程师协会（AAE）在它的章程中就已经有这样的条款，但是在 20 世纪 20 年代后期随着 AAE 的解散这一承诺也消失了］。

　　大多数的工程伦理重点关注工程师个体的责任和表现，在这一层面有许多值得探讨的问题。但是，也有其他值得注意的层面。工程师常常团队协作，这就引出了这样的问题：在共同的项目中工程师应该如何与他人协同工作。在这里，对个人责任的理解可能最好是依据其在一个更大的组织中的角色。作为一个个体，工程师可能将他的或她的问题设想成他或她自己的问题，即使该问题与更大的群体有关。但是，也有一种可能（并且通

12

常是可取的)是,把工程问题看作是"我们的",而不仅仅是"我的"或"你的"。这不仅召唤共同的努力,而且还可能需要妥协(不是"要么按照我的办法,要么就没有办法")。这转而又引出了一个问题:多大的妥协(或是什么样的妥协)是与维持作为个体的一个人的正直兼容的。在工程设计的情形中,一个人可能需要去支持一个并不是他或她第一选择的方案,如果决定权在于他或她。无论如何,项目的成功需要合作,而不是固执的抵抗。因此,团队需要与其他团队(其他的工程团队、管理团队或组织中的其他团队)合作,并且有所妥协。

另一个需要审慎考虑的层面是工程师可能(或应该)所属的那个职业社团。历史上,工程社团在制定可接受的工程设计或实践的标准中扮演了基础的角色。例如,美国机械工程师协会,为了回应归咎于不充分安全标准的锅炉爆炸灾难,在研发锅炉产业的统一标准中,扮演了领导者的角色。但是,这也可能导致伦理问题的出现,例如著名的水平公司诉美国机械工程师协会案(*Hydrolevel v. ASME*),诉讼一直上诉到美国最高法院。法院做出了对 ASME 不利的判决:未能防范利益冲突,干扰了锅炉业的公平贸易。因此,即使在保护公众健康和安全方面做出努力,职业社团也可能陷入伦理困境以及代价高昂的诉讼。

最近,ASCE 参与了卡特里娜飓风灾后调查是一个非常正面的案例。应美国陆军工程兵团的邀请,ASCE 成立了卡特里娜飓风外部审查小组,评估 2005 年卡特里娜飓风肆虐造成损害的原因,并且推荐了可以更有效地应对未来飓风的一些措施。正如前面我们已经注意到的,ASCE 的最后报告《新奥尔良市飓风防御系统:出现了什么问题以及为什么》,围绕着工程师保护公众安全、健康和福祉的责任的议题,提出了一系列强有力的建议。这些建议的范围,从以协调良好的组织系统来替代他们发现的极度不完备的飓风防御系统,到拒绝在涉及公众安全、健康和福祉的事务上妥协。

1.5 作为一种职业的工程

工程师,就像医生、律师、会计师和其他需要特殊知识与专业知识以胜任工作的人一样,通常将自己视为专业人士(professionals)。从历史上追溯,"职业"这个术语是指承诺一种生活方式的自主行为。当与修道士立誓遵守宗教秩序相联系时,它是指修道士向公众的承诺——进入一种独特的、忠诚于高尚道德理想的生活方式。一个人"公开声称"成为某种类型的人,就扮演着承载严格道德要求的特殊社会角色。到了 17 世纪后期,这个术语变得世俗化了,是指那些声称自己具有恰当资质的人。

因此,根据《简明牛津词典》(*Oxford Shorter Dictionary*)的解释,"职业"一词曾经意味着宣称的行为或事实。它现在意味着:"一个人声称他熟练并投身的岗位(occupation)……,其中,将宣称的某些领域的专门知识运用于他人的事务中,或者基于一种工艺实践的行当(vocation)。"如果我们聚焦于职业的这种定义的特征,即职业是一种岗位,那么很明显一种职业为其成员提供了一种谋生的手段。

与此同时，正如哲学家迈克尔·戴维斯（Michael Davis）所指出的，职业有公开宣称它承担更高的道德标准的义务。戴维斯给"职业"下了这样的定义：

> 职业是指在同样的行当中的一些个人自愿组织起来谋生，公开地宣称将以道德上允许的方式服务于道德理想，这些理想超越了法律、市场、道德和公众舆论的要求。[23]

对于这个定义，我们将补充大多数职业（包括可以作为典型的工程职业）所具有的另外两个特征。首先，进入这些职业通常要求经历一段长时间的训练，并且其中的大部分训练属于智力训练。必不可少的知识和技能是以理论为基础的，这种理论基础通常是在学术机构通过正规教育获得的。当前，绝大多数的职业人员至少拥有一个学士学位，它来自大学或学院的合适学科，并且许多职业要求高等学位，这些学位通常是由职业学院授予的。

其次，像工程师这样的职业所拥有的知识和技能，对于社会的更大福祉是至关重要的。一个以复杂的科学和技术为基础的社会特别地依赖于它的职业精英。我们依赖医生所拥有的知识来保护我们免受疾病之苦并恢复健康。如果我们被诉或被控犯罪，或者我们的事业面临破产，或者我们想离婚，或者我们想购买房产，那么律师拥有的知识对我们的安康至关重要。会计师的知识对于我们事业的成功，甚至当我们不得不填写退税单时，也是重要的。同样地，对于我们在飞机上的安全，对于物质文明所依赖的许多的技术进步，对于国防，我们也要依赖科学家和工程师的知识和研究。

将这两点思考与戴维斯的定义相结合，我们强调了职业概念中的几个重要特征，这些特征也适用于工程、医学、牙科、法律、会计、社会工作和其他合规职业：

（1）职业不能只由一个人组成，它总是由许多个体组成的。

（2）职业包括公众元素。一个人必须公开"声称"成为医生或律师，就像词典上对于"职业"术语的解释。

（3）职业是人们谋生的一种方式，是通常占据了他们工作时间的事。职业仍然是一种岗位（一种谋生方式），即使这种岗位享受着职业的地位。

（4）职业是人们可以自愿进入和自愿离开的。

（5）职业承载着实现某个道德理想的义务，虽然这个理想并不是特定职业所特有的。医生承担着治愈病人和临终安抚的义务；律师帮助人们在法律允许的范围内获得正义；工程师保护公众健康、安全和福祉。

（6）人们希望职业人员能够通过道德许可的方式来追寻道德理想。例如，医学不能通过残酷的实验、欺骗或者胁迫来追求健康的目标。

（7）职业标准要求职业人员以超越法律、市场、道德和公众舆论要求的方式行事。医生有帮助人们（他们的病人）恢复健康的特殊义务，而非医务人员就没有这样的义务；律师有帮助人们（他们的客户）获得正义的专门义务，而其他人就没有这样的义务；工程师有保护公众免受伤害的专门的义务，其他人则没有这样的义务。

14

我们应当牢记：职业人员，特别是工程师，受雇于企业和其他大型组织是很常见的。雇主和同事对那些为自己组织工作的人也有合理的期望，更何况是那些与雇员职业身份相对应的道德要求。再进一步，职业人员有时会承受相当大的与职业标准不一致或与他们作为职业人员的道德愿望相冲突的方式去行动的压力。职业人员应该如何应对这样的挑战？这通常是职业伦理以及工程伦理不可或缺的内容。

1.6 伦理：禁止性的、预防性的以及激励性的

可以理解的是，大多数的伦理聚焦于不应该做什么，而不是聚焦于应该做些什么。这可以被看作是一种禁止性的伦理，工程伦理章程证明了这一点。工程伦理章程的大部分内容是陈述禁令的规则，例如，通过一种计算方法得知，国家职业工程师协会伦理章程80%的内容是由或显或隐地表达禁令的条款构成的。例如Ⅱ.1.c声明"除非法律或本章程授权或要求，未经客户或雇主的事先同意，工程师不应泄露通过专业能力获得的事实、数据或信息"。虽然这一条款看上去是允许（与"要求"不同）工程师在某些情况下揭示事实、数据或信息，但是它的主要意图显然是禁止。

Ⅱ.1.b声明"工程师应仅批准那些与适用标准相符的工程文件"。换句话说，工程师不能批准那些与适用标准不相符的工程文件。这与以下说法是不一样的：工程师应该批准那些与适用标准相符的工程文件。这意味着，或许还需要制定批准工程文件的其他标准。想必，对于工程文件的批准还需要制定其他标准。Ⅱ.1.b中没有提及这样的标准是怎样的。它局限于不批准工程文件标准的陈述。

虽然许多条款并没有以负面的形式呈现，然而本质上却是禁止性的。下列这条与未披露利益冲突有关的规则"工程师应该披露会影响或可能会影响他们判断或服务质量的所有已知的或潜在的利益冲突"可以看作是在重申不能对已知的或潜在的利益冲突保密的禁令。

NSPE伦理章程中的其他许多条款是"监管"条款，因此其本质上是禁止性的，例如要求工程师告知合适的职业团体或公共机构那些违反了章程的行为（II.1.f）。即使要求工程师"客观和真实"条款（II.3.a），用的却是另一种陈述方式：工程师在职业判断中不应存有偏见和欺骗。类似地，要求工程师在其整个职业生涯中继续发展（III.9.e），用的也是另一种陈述方式。工程师不应忽视自己的职业发展。

对于NSPE伦理章程中的禁止性语调，我们很容易为其找出一些合适的理由。第一，有很好的理由支持以下观念：道德主体，包括职业人员，首要的责任是不伤害他人，例如，不谋杀、说谎、欺骗或者偷窃。工程师在尝试做善事之前，他们需要意识到他们有责任不伤害他人。第二，章程对于规则的陈述，大量采取的是能够执行的且更容易执行的规则的术语，这些规则说明了什么是被禁止的，其不是要求或至少鼓励目标更开放的规则。至少与工程师要"将公众的福祉置于至高无上的地位"这个更开放的要求相比，"避免对利益冲突的秘而不宣"的规则是相对容易执行的。值得注意的是，就后一项要求假设了更具体的

说明而言，它表明当发现他人违背了该要求时，一个人应该做什么。除此之外，对于将公众的安全、健康和福祉置于至高无上的地位，章程并没有给出更直接、更积极的建议。

然而，条款 III.9.e. 声明"工程师应继续他们的职业发展"，倒是注入了某些正能量的期待，从中可以看出章程正逐渐变为一些正面的承诺。正如前面已经指出的，它可以简单地以另一种方式陈述：工程师不应忽视自己的职业发展。但是推动自己的职业发展的努力似乎需要积极地获取能够应用于工程实践的新知识和新技能。这转而又可以被看作是一种激励：鼓励工程师更积极地反思，为了实现工程师的理想，什么是重要的或值得去追求的。

条款 II.3.a 和要求工程师在他们的报告和数据呈现中要诚实和客观的其他条款，如果考虑到为什么这些要求对于可靠的工程如此重要，特别是在涉及风险和安全的情况下，那么这些条款也可以给予正面的解释。

一种从更积极的角度认识工程伦理的方法是，不仅关注禁止不道德的行为，也关注预防不当事情的发生。我们所称的预防伦理包括伦理上禁止的，可以将其与预防医学的概念相比较。在我们病情严重之前，通过仔细了解我们的健康所需，我们可以预防这些疾病的发生，或至少显著降低它们发生的概率或严重程度。类似地，通过预测那些——如果不预测或不关注就可能变得相当严重的——伦理问题，我们也许可以阻止它们的发生或者将它们的严重程度降至最低。

只有训练了道德想象力，才可能避免事情转向不幸。在芭芭拉·托夫勒（Barbara Toffler）的《艰难抉择》（*Tough Choices*）一书中，接受采访的一位管理者解释了他是怎样试图预测道德挑战的：[21]

> 首先，我会设想如果我用一种方式做将会发生怎样的情景，而如果我用另一种方式去做又会发生什么，接下来会有什么情景，下一步该怎么办，将有什么样的反应以及什么样的后果。这是告诉你自己你将采取的行动是对还是错的唯一方法，因为凭直觉认为是正确或错误的方法，如果你去分析它，可能会发现并非如此。

像管理者那样，我们劝告工程师也应当参与到这种想象力的训练中。为了尽量减少令人吃惊以及失望或遗憾的情况发生的概率，工程师必须想象可能的替代方案及其可能的后果。

应该注意的是，在"III.职业义务"下的许多条款事实上有一种更加积极的语调。尤其是 III.2 中的"工程师应始终努力为公众的利益服务"。该条款的说明包括参与公众事务，"致力于促进社区的安全、健康和福祉"，并且坚持可持续发展的原则。

尽管 NSPE 伦理章程着重强调了禁止，然而，强制性较低且具有积极性的条款的重要性也不能被低估。伦理不是强制性的法律，其重要性并不依赖于它的强制。再者，人们不应该期待一部职业伦理章程将引起一种职业的所有的个体成员都关注职业人员的道德。例如，NSPE 章程表达了在工程师中被认为是最高的、共同的道德标准。然而，许多工程师

16

都有自己的职业标准和目标,而这些标准和目标却不必被所有工程师共享。我们将这种更加个人层面的工程伦理称为激励性伦理。

关注工程伦理激励性的一面揭示了仅有禁止性或预防性职业伦理的局限性。其中一个局限性是积极的激励维度的相对缺乏。工程师选择工程作为毕生事业的主要目的并不是避免职业上的不当行为,甚至不是防止不好的事情发生。可以肯定的是,许多工科学生渴望获得工程事业所承诺的经济回报和社会地位,这一点并没有错。然而,我们发现,工科学生也被改变世界的愿景所吸引,并且正在以积极的方式这么做。他们会对这样的项目感到兴奋,例如,通过设计节省劳力的设备来减轻体力劳动给人类带来的痛苦,通过提供干净的水和卫生设备来减少或消除疾病,通过研发新的医疗设备来拯救生命,研发使用更少的燃料或替代能源的汽车,它们比化石燃料的污染要少,通过可循环利用的产品减少对环境的破坏。总之,他们研发解决问题的有用的、可持续的方式。简而言之,他们是被这个想法所激励的,即他们将要做的事情有助于改善人类的生活以及人类环境的质量。

虽然我们已经注意到,在工程伦理章程中,工程的这种更积极的方面在某种程度上得到了认可,但是,在大多数工程伦理的教科书中(包括本书的早期版本),工程伦理的积极的一面是次要的,而禁止性的一面是主要的。

除了我们以外,其他几位工程伦理教科书的作者也已经开始倡导在工程学中增添更积极的内容以及促进福祉的内容。迈克·W.马丁(Mike W. Martin)[与罗兰·辛津格(Roland Schinzinger)合著]的一部工程伦理的重要教科书,用下面的陈述开始了他的《有意义的工作》(*Meaning ful Work*):

> 个体承诺给职业人员以激励、引导,并使其工作有意义。然而,在职业伦理中,这些承诺尚未得到应有的重视……我力图扩展职业伦理,以便包含个人承诺,尤其是对理想的承诺,尽管它不强制职业内的所有成员。[25]

17　　马丁认为,个人对理想的承诺,可以为工程伦理增加一个新的、积极的重要维度。

P.阿尔内·威斯林德(P. Aarne Vesilind)既是工程师,又是工程伦理领域的作家,编辑出版了《和平工程:当个人的价值观与工程事业汇聚时》(*Peace Engineering*:*When Personal Values and Engineering Careers Converge*)。其中有一篇由罗伯特·特克斯特(Robert Textor)撰写的短评,在全球环境管理、可持续发展、寻求更大的经济正义、努力减少武器的生产和使用以及培养文化差异的认知的语境下,讨论了和平。[26]尽管工科学生可能不完全赞同特克斯特的全部的和平议论,但许多人的个人价值观会使他们倾向于寻找这样的工程工作,即这些工程工作使他们能够支持特克斯特的即便不是全部的,也是部分的担忧。

工程师可以通过许多不同的方式增进公众的福祉,从雇用期间设计一台新型节能设备,到利用休假时间帮助欠发达国家设计并安装一个水净化系统,这些工程实践的实例远远超越了其他人所谓的职业需要,无论这些相关工程师的自我评价如何。1986 年,工程师罗杰·博伊斯乔利努力地阻止"挑战者号"宇宙飞船的毁灭性发射，他认为他所做的事情是他工作职责的一部分。然而，他的仰慕者或许会认为他对待工作的责任心和奉献精神超越了任何人对他能做出的合理的要求。这也延伸到他在调查"挑战者号"事件时的坦率。他对发射前一晚发生的事情（以及距离发射一年多以前，他首次对航天飞机上现在声名狼藉的 O 形环表示担忧时，却无心理会）的批评，被他的许多同事和团体成员视为对公司的不忠。面对包括许多工程师在内的那些强烈反对他的行为的责难和排斥，他需要具备相当大的勇气和意愿。即使知道他的揭露会遭到很多人的严厉指责，但博伊斯乔利依然认为，作为一名负责任的工程师，他不应该在这些问题上保持沉默。

有一个争议较少的例子是，一家小公司的首席设计工程师专门从事高层建筑窗户清洗工的安全带的设计工作。安全带帮助高层建筑窗户清洗工在建筑物旁的脚手架中上下移动工作。在采访这家公司的雇员时，本书的一位作者得知，首席设计工程师有时会利用周末的时间来工作，努力改善公司的安全带的设计。即使他的设计已远超这类安全带的安全标准，并且卖得很好，但他还是这样做。

当问及他为什么一直致力于此设计时，他回答道："人们仍然会遭受伤害甚至死亡。"这是怎么发生的？他解释道，尽管法律要求工人在脚手架上工作时系好安全带，但当没有人监督时，工人就会把它们卸下。他说，他们这样做是为了获得更多的行动自由，安全带限制了他们在脚手架升高或降低的速度。

当被问及他是否认为事故的责任落在那些卸下安全带的工人的身上时，他给出了肯定的回答。但是，他补充道："你只是尽你所能，那通常是不够的。"虽然不否认公司目前的安全带很好，但他确信还会更好，并且他有决心想出一个更好的设计。改进安全带的设计不再是首席设计工程师工作职责的一部分，但这并没有阻止他利用自己的时间为这个项目工作。

第三个例子是汽车气囊先驱卡尔·克拉克（Carl Clark）所表现的努力工作，即使退休后，他也在为研发汽车保险杠的安全气囊做贡献，并且为老年人设计预防髋部受伤的可穿戴气囊。这些工作的大部分是他利用自己的时间完成的，并且没有报酬。最终，保险杠气囊成了他人的专利。[27]

前面提过弗雷德里克·C. 坎尼在萨拉热窝救援工作中的努力，但他的救灾援助工作远超所提及的。坎尼在工程院校读过书，但由于成绩较差未获得工程学位。但是，在他 20 岁出头时，他就学会了如何让受灾者恢复到足以自救的水平这样一种救灾的方式。在英特泰克特救灾和重建公司成立后不久，在一场毁灭性战争后，他去了比夫拉（Biafra），组织了空运救援队，帮助比夫拉人。后来，在波斯尼亚内战和沙漠风暴行动之后，他分别去了波斯尼亚和伊拉克，组织了当地的救援工作，包括一些工程工作。当坎尼在伊拉克的工作完成后，库尔德人举行了一个告别的庆祝会。在包括海军官兵（坎尼和他们一起工作过）在内的游行队伍里他是唯一的平民。[28]

然而，只关注工程师个体的努力会是一种失误。例如，在 20 世纪 30 年代末，通用电气公司的一个工程师小组利用自己的时间研制出了封闭式前照灯，它大大减少了夜间驾驶所引发事故的数量。当时有很多人质疑封闭式前照灯是否能够被研发出来,但是工程师坚持住了并最终获得了成功。[29]

在本节的最后,让我们谈一谈无国界工程师组织,它是一个由工程职业人员和工科学生组成的,旨在利用他们的专业知识来促进人类的福祉的国际组织。例如,来自美国亚利桑那州大学联谊会的工科学生选择为非洲西部加纳共和国的马费-宗戈(Mafi Zongo)村庄设计一个供水及水净化的项目。项目旨在为 30 个以上的村庄、大约 1 万人提供安全的饮用水。在另一个项目中,来自美国科罗拉多大学的工程学学生为卢旺达的马莱卡(Muramka)村庄安装了供水系统。这个系统每天为村民提供 7000 升安全水。它由一个重力给料的沉淀池、快速砂过滤器和太阳能驱动环卫光组成。[30]遍布世界各地的大学和学院有许多无国界工程师组织的网站,具有范围广泛的项目,旨在为穷困地区提供技术和工程援助。

1.7 激励性伦理与职业品格: 优秀的工程师

伦理学中激励性方法有两大特别重要的特征。第一,正如迈克·W.马丁所指出的那样,工程伦理中这种更积极的方法具有一种重要的激励维度(即行善的激励),它不必以伦理的视角呈现,因为道德首要关注的是禁止性的以及避免做不道德的事。第二,也正如马丁提出的,在激励性伦理中有一个自主决定的要素。在如何促进公众福祉方面,工程师有着相当大的自主选择范围。

19　　　在规定必需的行动的规则中,很难清楚地表达上述这两个特征,"将公众福祉置于至高无上的地位",对工程师来说是一种重要的、积极的指引,但它对实施并没有给予实际的指导。它没有告诉工程师是否要把他们的时间贡献给无国界工程师组织,或是把他们自己的时间花在他们愿意做的某些特别的项目上,或者是仅仅设计一种能效更高的产品。这些决定最好由工程师自己做出,他们要考虑到自己的兴趣、能力、所承担的义务、基于各自情况的可能性是什么。

基于这个原因,我们认为,探讨激励性的伦理更合适的词汇是关于职业品格的词汇,而不是关于规则的词汇。规则适合于禁止性的,如"不要违反保密性"。规则不太适合于撷取和激发行善的动机。在这里,最相关的问题不是:"在指向工程工作中更积极和更激励的成分中,什么样的规则是重要的?"而是这样的问题:"就职业性来讲,什么类型的人将最有可能通过他们的工程工作促进公共福祉?"

我们将用职业品格来定义某种职业人员的品格特征。优秀的工程师是那些具有特定职业品格的人,这些职业品格使得他们成为最好的或最理想的工程师。在这里我们提出了三种这样的职业品格,当然并不意味着它们已经囊括所有的职业品格。第一是工程师的职业自豪,尤其是在技术专业知识方面。如果工程师希望他们的工作有助于促进公共福祉,那么他们必须确保他们的职业能力处于尽可能高的水平。这种能力不仅包括显而易见的数学、物理学和工程科学的熟练水平,还包括能力和敏锐度(有了一定程度的实践经验后才具有的)。

第二个职业品格是社会意识和关切，它是对技术与更大社会环境的作用与反作用的各种方式的感知和关切，而工程工作离不开这个更大的社会环境。换句话说，就是工程师需要警觉我们在第4章技术的"社会嵌入性"中所呼吁的内容。工程师以及我们这些不是工程师的人，有时倾向于脱离这个更大的社会背景来看待技术。在这种极端的视角下，技术被认为是由技术本身内在的考虑所控制和支配的，不影响社会的各种力量和机构，也不受社会的各种力量和机构的影响。在一种不太极端的视角下，人们会认为技术强有力地影响着社会的机构和力量，而在另一个方向上，社会机构和力量，如果有，也极少地作用于技术。然而，那些充分感知到技术的社会维度的工程师，就会理解在两个方向上互有因果影响。在任何情况下，工程师常常被要求做出的设计决策不是社会中立的。这就常常需要工程师具有敏感性和承担义务，而这些不能融入规则中。

能够支持激励性的伦理的第三个职业品格是环境意识。在这本书的后面，我们将更深刻地探讨这个议题，但在这里仅需要指出的是，作者相信，环境议题在工程的方方面面将发挥越来越重要的作用。渐渐地，人类福祉将被视为保护自然环境完整性所必需的组成部分，自然环境支持着人类和其他形式的生命体。我们相信，环境意识终究将成为工程师职业品格中的一个重要元素。

1.8　案例，案例，案例！

20

在这本书中，我们会频繁地列举并讨论工程伦理的案例。这些案例通常是与工程师有关的真实事件。也有一些是虚构的，但我们希望它们是现实的。案例的重要性再怎么强调都不为过，它们具有一些重要的功能。第一，正是通过案例研究，我们才能意识到伦理问题的存在，即使是在我们可能认为只有技术问题的那些情境中（也有伦理问题）。第二，正是通过案例研究，我们才能够更容易地培养建设性地进行伦理分析所必需的能力。通过质疑我们预测解决问题的备选方案以及思考这些备选方案之后果的能力，案例激发了道德想象。第三，案例研究是最有效的方式，通过这种方式，我们认识到，章程并不能为职业工程实践中所产生的许多道德问题提供现成的答案，因此，在进行道德思考时，个体工程师应当成为负责任的道德主体。他们必须解释已有的规章，并且当值得做的时候，他们还要考虑怎样修正规章。第四，案例研究向我们展示，在伦理分析中可能存在着某些不可解决的不确定性，以及在某些情形下，对于什么是正当的行为，理性的和负责任的职业人员也许会有不一致的看法。

每一章以一个案例引入，它通常与这一章的内容有关。在许多章节中，对于解决伦理问题，我们陈述了自己的观点。我们通常使用简明的例子来说明所讨论问题中的不同观点。

案例有几种类型。一些关注个体工程师实践的微观层面问题，而其他则关注与社会政策和技术问题有关的宏观层面问题。[31]有时候案例简化了，以聚焦特别的要点，但简化带来了曲解问题的风险。理想的情况是，大多数案例给出延展的范围，而不是缩略的描述，但本书不可能做到这一点,对单个案例的扩展描述需要一本书的量。

最后需要指出,关于案例的使用有两点是重要的。第一,案例特别适合在职业伦理的某个主题中使用。本书作者之一所熟悉的一位医学院院长曾经说过:"医生受到岗位的限制。"他这句话的大概意思是,医生不能奢侈地、无限期地思考道德问题。他们必须决定在特定的情况下应该实施什么治疗方案或者给出怎样的医嘱。

像其他职业一样,工程师也受到岗位的限制。他们必须就将要影响许多人生命和福祉的特别设计做出决策,向经理和客户提供职业建议,对特定的采购做出决策,还要决定是否对经理的决策提出抗议,决定是否要采取其他的对他们自己和其他人都有重要影响的特别的行动。像其他职业一样,工程师也是以案例为导向的。他们聚焦于工程决策中的特殊问题。案例研究可以帮助学生理解,职业伦理不仅仅是专业教育的一个无关紧要的补充,相反,它与工程实践是内在相关的。

第二,对于可能进入管理岗位的工程师而言,案例研究是特别有价值的。长久以来案例一直是管理学教育的核心。管理者所面临的问题,即便不是大多数,也有许多关乎伦理的维度。在第2章中所讨论的解决伦理问题的一些方法——特别是寻找我们所称的"创造性的中间道路"(creative middle way)解决方案——与管理者所采用的方法有许多共同之处。像工程师一样,管理者必须在限制之内做出决策,并且他们通常试图在尽可能多地满足这些限制的情况下做出决策。做出这样的决策所需的创造性问题解决办法与有助于解决许多伦理问题的那些思考非常相似。

1.9 本章概要

工程伦理研究聚焦于作为职业人员的工程师。因此,它应该区别于工程实践语境以外的个人的和社会的伦理。职业工程社团的伦理章程提供了一个有用的框架,用以解决在工程实践中出现的许多伦理问题。然而,我们可以期待这些章程与时俱进。早期的章程强调工程师的主要职责是对他们的雇主和客户负责。但是,到了20世纪70年代,大多数章程坚持工程师的首要职责是保护公众安全、健康和福祉。近来,许多章程开始强调可持续的技术和保护环境的重要性。

作为一种职业,人们期待工程承担实现道德理想目标的责任,并追寻道德上可以接受的方式。公众、雇主和客户依赖于工程师负责任地使用专业知识。虽然人们可以期待工程伦理的研究集中关注不道德的行为及其预防,但也期待工程伦理关注对善的积极激励。也就是说,也应该强调工程激励性的一面。

案例的使用,是培养工程师应对工程中重要伦理问题的敏感性和技能的一个重要方面。因此,我们邀请读者对贯穿本书的真实和虚构的全部案例进行深入思考,包括本书近结尾处的特别部分——案例。

1.10 网络上的工程伦理资源

通过访问配套的工程伦理网站，检测你自己对本章材料的理解。这个网站包括多项选择的研究问题、建议大家讨论的主题，有时候还有额外的案例研究以辅助你对本章材料的阅读和研究。

注 释

1. Rogers Commission，*Report to the President by the Presidential Commission on the Space Shuttle Challenger Accident*，June 6，1986（Washington，DC），pp. 772 – 773.

2. 关于罗杰·博伊斯乔利本人对"挑战者号"灾难的说明，参见"The Challenger Disaster. Moral Responsibility and the Working Engineer，" in Deborah Johnson，ed.，Ethical Issues in Engineering（Englewood Cliffs，NJ：Prentice-Hall，1991），pp. 6 – 14。灾难发生后，博伊斯乔利花了几年的时间在美国各地的大学、学院和专业会议上演讲，讨论导致灾难的环境和工程师的道德责任以及这两方面如何能得到最好的契合。有关罗杰·博伊斯乔利的更多信息，请访问在线伦理中心的道德杰出者部分，网址为 http：//onlineethics.org。

3. http：//archives.aaas.org/inc/wrappers_new/archives_top.inc.

4. 相信大多数公众会很快回想起"挑战者号"的命运以及罗杰·博伊斯乔利扮演的角色，对此的典型说明像道格拉斯·马丁在《纽约时报》（*New York Times*）上的悼文一样，标题为"Roger Boisjoly，73，Dies；Warned of Shuttle Danger，"（February 3，2012）。马丁使读者想起了在"挑战者号"发射的数月之前博伊斯乔利发送给莫顿聚硫橡胶公司官员的那份备忘录（他警告说，在佛罗里达州异常寒冷的天气下发射"挑战者号"可能导致"最高级的灾难，即人类生命的丧失"）。马丁注意到，"虽然博伊斯乔利因为他的举报而为众人所称道，但他也因此遭受了痛苦"。

5. 上文的说明基于 C. Sudetic，"Small Miracle in a Siege：Safe Water for Sarajevo，"The New York Times，Jan. 10，1994，pp. Al，A7。对坎尼工作与生活的进一步讨论参见本书案例"灾难救助"，也可以访问在线伦理中心的道德杰出者部分，网址为 http：//onlineethics.org。

6. "The Talk of the Town，"*The New Yorker*，69：39，Nov. 22，1993，pp. 45 – 46.

7. 同上。

8. ASCE 卡特里娜飓风外部审查小组.新奥尔良市飓风防御系统：出现了什么问题以及为什么（Reston，VA：American Society of Civil Engineers，2007）。可在http：//www.asce.org/static/hurricane/crp.cfm 查看。

9. 同上，p. 47。

10. 同上，p. 61。

11. 同上，p. 61。

12. 同上，p. 81。

13. 同上，p. 82。

14. 同上，p. 82。

15. 对罗奇尔所做努力的详细说明，参见 James Glanz and John Scwartz，"Dogged Engineer's Effort to

22

Assess Shuttle Damage，"*The New Tork Times*，September 26，2003，pp. A1，A16。

16. 这一段落基于罗杰·博伊斯乔利于1993年在西密歇根大学所做的公开演讲。

17. John D. Kemper and Billy R. Sanders，*Engineers and Their Profession*，5th ed.（New York：Oxford University Press，2001），p. 104. 这一观点应该是 ABET 的一位创始人提出的，但是我们在 ABET 的所有文档中找不到相应的文档。

18. 同上，pp. 104 - 105。

19. William F. May，"Professional Virtue and Self-Regulation，" in Joan Callahan，ed.，*Ethical Issues in Professional Life*（Oxford：Oxford University Press，1988），p. 408.

20. 同上，p. 408。

21. 同上，p. 408。

22. William A. Wulf，"Great Achievements and Grand Challenges，" October 22，2000，annual meeting of the National Academy of Engineering，p. 1。

23. Michael Davis，"Is There a Profession of Engineering?"，*Science and Engineering Ethics*，3：4，1997，p. 417。

24. Barbara Toffler，*Tough Choices：Managers Talk Ethics*（New York：Whiley，1986），p. 288。

25. Mike W. Martin，*Meaningful Work*（New York：Oxford University Press，2000），p. vii。

26. P. Aarne Vesilind，*Peace Engineering：When Personal Values and Engineering Careers Converge*（Woodsville，NH：Lakeshore Press，2005），p. 15。

27. 对这一案例及其他优秀工作案例的进一步讨论，参见 Michael S. Pritchard，"Professional Responsibility：Focusing on the Exemplary，" *Science and Engineering Ethics*，4，1998，p. 222。

28. 关于坎尼的更多的不同寻常的故事，参见 Pritchard，"Professional Responsibility：Focusing on the Exemplary"，也可参阅本书案例"灾难救助"。

29. 更详细的描述请参阅 G. P. E. Meese，"The Sealed Beam Case，" *Business & Professional Ethics*，1：3，Spring 1982，pp. 1 - 20。我们也在第3章"工程责任"对此进行了更细致的讨论。

30. 无国界工程师网站为 http：//www.ewb-usa.org。

31. 对微观问题与宏观问题区别的讨论，参见 Joseph Herkert，"Future Directions in Engineering Ethics Research：Microethics，Macroethics and the Role of Professional Societies，"*Science and Engineering Ethics*，7：3，2001，pp. 403 - 414。对这些区别的更加审辨性的讨论，参见 Michael Davis，"Engineers and Sustainability：An Inquiry into the Elusive Distinction between Macro-，Micro-，and Meso-Ethics，" Journal of Applied Ethics and Philosophy，2，2010，pp. 12 - 20。

23

第2章 实践伦理工具箱

本章主要观点

- 职业人员是问题的解决者,伦理问题是他们会经常面临的一类问题。实践伦理提供了解决伦理问题的一系列技术。

- 实践伦理的首要任务是将伦理问题分解为事实的、概念的和应用的组成部分。

- 两种常用的解决伦理问题的技巧是划界法和找到创造性的中间道路解决方法。

- 解决工程伦理问题通常不局限于诉诸职业章程和实践标准。诉诸共同道德是必要的。共同道德可以用几种方式来表述,具有一些可被普遍接受的成分。

- 共同道德有多种模型,其中两种是特别重要的。这些模型可被用于解决实践伦理的一些问题。

- 共同道德的两种模型都有几种公认的测试或应用程序。它们可以作为应用这两种模型的有用工具,特别是在社会问题上。

1993 年,据公开披露,德国海德堡大学在汽车碰撞试验中曾使用过 200 多具尸体,其中包括 8 具儿童尸体。这一披露立即在德国引起了抗议。罗马天主教主教会议发言人鲁道夫·哈默施密特(Rudolph Hammerschmidt)声明反对:"即使是死者也拥有人类尊严。该项研究应该用人体模特来进行。"ADAC,德国最大的汽车俱乐部发表了一份声明:"在一个用动物做试验都会受到争议的时代,这样的测试必须用假人,而非儿童的尸体。"

海德堡大学在回复中称,根据德国法律,在任何情况下,只要亲属授予许可,即可用死者尸体做试验。它补充道,尽管在过去使用了孩子的尸体,但是这种做法在 1989 年就已经停止了。使用尸体的理由是,这类碰撞试验的数据对于"构建 120 多种类型的仪器假人非常重要,从婴儿到成人,大小不等,可以模拟数十人在碰撞中的反应"。它声称,这些数据已经被用来拯救了许多人的生命,包括儿童的生命。

类似的测试也在美国韦恩州立大学的生物工程中心进行着。韦恩州的发言人罗伯特·沃特纳(Robert Wartner)表示,该项测试已经被作为联邦政府疾病控制中心一项研究的一部分。然而,他补充道:"只有在替代品不能产生有用的安全研究结果时,才能利用尸体。"

华盛顿特区公共宣传组织的汽车安全中心负责人克拉伦斯·迪特罗（Clarence Ditlow）表示，该中心提倡使用尸体进行碰撞测试的三个标准是：①确定所需数据无法通过假人测试获得；②事先经过死者同意；③获得家庭成员的知情同意。[1]

2.1 导 言

这个案例说明了两种重要的观念。首先，技术引发了相当重要的道德和社会问题。其次，参考职业章程和职业主义的一般概念可能不足以解决这些问题。在上述案例中做出决定的人可能不是工程师，尽管问题是由汽车的存在引起的，而工程又在其中起着至关重要的作用。但即使工程师以某种方式参与决策，工程章程也不能提供该问题的明显的答案。这些章程规定工程师必须把公众安全、健康和福祉放在首位，但是这项重要的规范是否意味着尸体应该用于抑或不应该用于碰撞试验？在任何主要的工程章程中，没有任何其他的条款提供了明显的答案。因此，我们必须认识到，在处理职业伦理中的许多问题时，我们需要用伦理资源来补充伦理规章。

本章提供了一些超越章程的方法，对分析和解决道德问题是有用的。这些方法应该被认为是类似于工具箱中的工具。假设木匠们正在盖一所房子，他们手头有许多工具，如锤子、螺丝刀、锯子等。对于某些任务，锤子是合适的，而对于另一些任务，螺丝刀是合适的，而对于其他的一些任务，则锯子是合适的。这需要由他们来评估哪一种工具适合于手头的任务。这些重要的判断只有通过实践才能做出。并非所有的工具对于每一项任务而言都是有用的。人们必须学会判断什么工具在一个给定的情况下是有用的，这需要技能、判断和一定的经验。本章我们从概念工具开始，分析道德问题的组成部分。之后，我们将探讨解决道德问题的几种方法。从更具常识性的观点开始，再讨论更具理论性的方法。

2.2 确认事实

离开了对问题的相关事实的了解，我们就不能理智地探讨道德问题。我们把事实是什么的问题称为事实性问题。所以我们必须首先考虑那些事实到底是什么。然而，在讨论这些道德问题时，事实是什么，或者它们如何与一个道德决定相关联，人们可能存在分歧。为了了解在道德争议中事实的重要性，关于事实性的问题，我们提出以下几个命题。

第一，道德上的不一致实质上通常是对相关事实的不一致看法。思考一下本章开头的案例，你可能面对这样一个事实问题："真的有重要的确实能够拯救生命的事实信息并且只能通过用尸体进行碰撞测试才能获得吗？或者，有可能通过假人或计算机模拟而获得同样的信息吗？"许多人（但非全部）可能同意，如果只有通过使用尸体才能获得关键的信息，那么就应该使用尸体，但是在这里可能对事实产生分歧。即便在新闻报道的当时，无法通过其他方式获得关键数据，那么今天的情况会怎样呢？计算机模拟或其他方法能够产生同样的信息吗？

26

第二，事实性问题有时很难得到解决。我们可以想象，上面提出的事实性问题很难得到解决。例如，很难确定，在汽车事故死亡人数的减少与使用尸体进行碰撞试验得出的数据之间是否存在着显著的相关性。由于缺乏明确的答案，因此，是否应该使用尸体的问题将继续引发争议。

第三，鉴于事实不确定性的无解，有时我们必须确定重要的道德问题。假设我们不能以令人满意的方式去确定，没有使用尸体进行测试所得到的数据与使用了尸体进行测试所得到的数据是否一样的可靠和有用，我们应该如何决定要做什么？我们应该更强调尊重人类的尸体，还是应该更重视获取能够拯救生命的数据？在这种情况下，争议转移到对道德问题的更加直接的考虑上。

2.3　明确概念

负责任的道德思考不仅要求我们认真地应对事实，而且也要求我们很好地把握正在使用的关键概念。也就是说，我们需要尽可能清楚地理解关键术语的含义。例如，"公众健康、安全和福祉""利益冲突""贿赂""敲诈勒索""保密""商业秘密"和"忠诚"，这些都是工程伦理中的关键术语。我们把术语概念意义的问题称为概念性问题（conceptual issue）。如果人们对这些术语的理解存在着分歧，他们将很可能无法解决争论，即使他们认可所有的事实和道德假设。例如，根据术语的一种定义，工程师的某个行动可能会构成利益冲突，但是根据该术语的另一种定义，这个行动很可能就不会构成利益冲突了。

对所有这些术语都有确切的定义当然是很好的，但就像大多数伦理学术语一样，它们的含义具有某种程度的开放性。在许多情况下，通过思考我们想到的范例（paradigms）或脑海里轮廓鲜明的例子就足以阐明我们的想法。例如，我们可能想到一个没有争议的利益冲突案例：一位工程师在设计一个产品时，正在考虑由他控制财务的公司制造指定的螺栓。工程师可能会强烈地试图指定用他公司的螺栓，即使就设计来说，它们不是最好的或最合适的。从这个例子我们可以得出利益冲突的一个定义，例如，涉及职业义务与某种私人利益（如金钱）之间的冲突，以至于这种私人利益可能与这种义务相冲突。

在本章开头的案例中，在撞击测试中使用尸体违反了"人的尊严"，"人的尊严"的概念是至关重要的。同样地，"同意"和"知情同意"的概念，在确定尸体是否是通过适当的同意而获得的，也是至关重要的。

2.4　概念应用：应用问题

当我们说撞击试验中使用尸体违反了"人的尊严"时，我们是在说，"尊重人的尊严"概念未能正确地应用于尸体碰撞试验的实践中。这是关于应用的问题（application issue）的一种表述。也就是说，这是关于一个给定的术语或表述是否应用于一个人、一个个体的行动或一种普通的实践的一种表述。由于应用问题与一个概念是否应用于或"适合于"某种情景有关,因此,应用问题上的分歧可能源自应用的概念,或者源自概念所应用的事实。应用问题可以通过弄清相关事实,并对相关概念的含义达成一致的方式来加以解决。因此,在应用问题上的争议可以被看作是一个概念是否适合某一情景的争论,争议源于事实问题或者概念问题,或两者皆有。

2.5 确定道德问题: 划界法

到目前为止,我们一直在寻找一些分析技术,将涉及道德问题的争议进行适当的分类。现在我们准备关注一些解决这些问题的方法。可以用于解决应用问题的第一种技术,我们称之为划界法(line drawing)。

考虑下面的例子。维克托(Victor)是一家大型建筑公司的工程师。他的任务是作为唯一负责人,去为一座公寓大楼的建设推荐铆钉。经过一番研究和测试后,他决定推荐ACME的铆钉,因为他认为ACME的铆钉价格最低并且质量最好。在维克托做出决定的当天,一位ACME的代表拜访了他,给了他一张去牙买加参加ACME年度技术论坛的免费的预付券。这次旅行将有相当大的教育价值,他如果接受的话还可以去海滩和其他感兴趣的景点短途旅行。

如果维克托接受了这次旅行,那么他是接受贿赂吗? 在回答这个应用问题时,首先有必要思考一下一个明确的、没有疑问的贿赂案例。我们可以称之为贿赂的范例(paradigm case)。假设某个供应商向一位工程师提供了一大笔钱以使工程师向他所在的公司推荐供应商的产品。该情境的几个方面——我们称之为"特征"——使这种情境成为贿赂的典范:礼物是贵重的;在工程师决定使用哪家产品之前提供一大笔钱;工程师出于个人利益接受这个礼物;对于这项决策,工程师是唯一的负责人;该供应商的产品是市场上最昂贵的;该产品可能有质量问题。那么,毫无疑问,这是一种贿赂。表2.1有效地展示了该情境的这些方面。

28

表 2.1 贿赂的范例

贿赂的特征	贿赂范例特征的举例
礼物大小	大(金额大于 10000 美元)
时　间	在决策之前
理　由	个人所得
决策责任	单独的
产品质量	行业中最差
产品价格	市场中最高

© Cengage Learning(圣智学习出版公司)

我们也可以构造另一个极端的范式,它描绘的情境显然不是贿赂。在大多数情况下,可以简单地通过否定贿赂范式的特征来构造非贿赂范式。因此,一个非贿赂范式将是这样的情境:礼物非常小(可能是一支价值 2 美元的笔);供应商在工程师决定用哪个产品之后提供礼物;选用产品决策的受益人不止工程师一人;工程师与其他人共同承担该决策的责任;供应商的产品质量最好;供应商的产品价格是现有同类产品中最低的。

现在我们可以回到维克托的情境。我们可以称它为一个测试案例,因为在这个案例中,是否贿赂是有争议的,所以应该用贿赂和非贿赂的范式来测试。对于这个案例中的每个特征,我们可以在两种范式连续谱之间设置一个 X 值,以表示对于测试案例中的每一个给定特征是更接近于贿赂范式还是更接近于非贿赂范式。也可以在 X 外画一个小圆圈,指出哪些特征在评估测试案例中是具有特殊重要性的。表 2.2 有效地表示了这些问题。

如表 2.2 所示,这个测试案例绝不是一个贿赂范式,而且也不应该被认为是贿赂。然而,这次旅行的费用是高昂的,因而引起了一些担忧。

表 2.2　概念的划界测试法

特　　征	范式(贿赂)	待测试的案例	范式(非贿赂)
礼物大小	大	——Ⓧ————————	小(金额小于 1 美元)
时　　间	在决策之前	—————————Ⓧ—	在决策之后
理　　由	个人所得	————————X—	具有教育意义
决策责任	单独的	——Ⓧ————————	非单独的
产品质量	同类产品中最差	—————————X—	同类产品中最好
产品价格	同类产品中最高	—X————————	同类产品中最低

Ⓒ Cengage Learning

综上可以看出,划界法已被应用在一个应用问题上,即维克托接受供货商的礼物是否应该被视为收受贿赂的一个例子。维克托也可以用划界法来帮助自己决定,他是否应该接受供应商的礼物。即使接受这个礼物并不算是贿赂,但接受礼物可能也并不是一个明智的选择。这里有一组不同的特征我们可以思考。维克托应该考虑接受这个礼物对自己未来决策以及对同事的影响。维克托和他的同事在未来做决定时,很可能会由于这次旅行而青睐 ACME。另一个特征是决定接受这个礼物后可能展现出的公司形象。不知道细节的其他供货商、公众和公司的其他员工可能将维克托的决定视为他的公司纵容收受贿赂的确凿证据。还有另一个特征是公司的政策。维克托的公司是否有涉及接受供应商礼物的政策? 如果有这样的政策,那么接受这个礼物是符合还是违反了这些政策标准? 你可以在心中画出适当的划界图,可以看到,至少在其目前的形势下,接受那个礼物可能不是一个好主意,即便它不是贿赂。我们将在下一节中阐述第二种工具,或许可以帮助维克托进一步分析他的决定。

29

2.6 矛盾的价值观： 创造性的中间道路解决方案

在上面所描述的情境中,不同的考虑似乎建议了不同的行动路线。一方面,有一种自然的接受赴牙买加旅行的渴望,同时参加技术论坛很可能获取有用的信息资源。另一方面,就其目前的形势而言,接受这次旅行至少有受贿的表现,而且可能会导致维克托或他的同事在未来做出不负责任的决定。所以,如果维克托受限于这两个选择,那么他应该不会接受这个邀请。但是为什么他偏要假设只有这两种选择呢? 为什么他不试图去创造和思考得出一个选择,能够满足去旅行的想法和不去旅行的想法,或者至少尽可能多地满足两种竞争性的想法呢?

我们可以把这样的解决方案称为创造性的中间道路解决方案。在这个例子中,维克托可能决定,他自己这次不去,但有一位没有参与决定是否使用 ACME 铆钉的同事可能想去。他可以建议一项公司政策,即员工不应该因为购买了供货商的产品而接受他们的回馈。他还可以建议,如果可能,应该向雇员、其他供应商和公众明确说明接受旅行须满足的条件。最后,他还可以建议他的公司与供货商一起承担旅行的费用,比如支付机票,负担一些其他的开支。这个中间道路解决方案并没有完全满足各个方面的考虑。维克托不会接受这次旅行,但是公司中有其他员工会接受。公司在得到有价值的信息方面会占到一定的好处,同时公司不会有允许贿赂的名声。

再举另外一个例子。这是布拉德(Brad)从工程技术学院毕业后从事第一份全职工作的第二年,[2]他喜欢设计,但是也越来越担心他的工作没有得到经验更丰富的工程师的充分审核。他已被安排协助设计多个涉及公共安全问题的项目,比如设计学校以及楼宇之间的天桥。他已与他所尊重的、具备工程能力的上司谈过,他被告知,将有经验更丰富的工程师来审核他的工作。但后来他发现他的工作通常得不到充分的审核。相反,他设计的图纸被盖上章后就传给了承包商。有时他设计的较小项目在设计完成后的几周内就开始施工建设了。

对此,布拉德向他母校的一位教授请教过。"我真的很担心我会导致致命的错误,"布拉德说,"我努力严格地按标准进行设计,但分配给我的项目变得越来越复杂。我该怎么办呢?"布拉德的教授告诉他,就伦理而言,他不能再维持现状了,因为他从事的工程工作超出他的资质,并可能会危及公众。那么布拉德到底该怎么做?

布拉德的案例说明了工程师面临的最常见的冲突之一,即他对雇主的义务似乎与对公众的义务相冲突。这两项义务均在伦理章程中有明确的规定。国家职业工程师协会伦理章程要求工程师"把公众的安全、健康和福祉置于至高无上的地位"(基本准则 1),并且"作为忠诚的代理人和受托人为雇主和客户从事职业事务"(基本准则 4)。布拉德也有维护和提升自己事业的合法权益。人们甚至可以说,他对自己、对他的职业生涯和对他的家人——如果他有妻子或者孩子——均负有义务。

在这样的情境中,如果可能,布拉德可以尝试找到一条创造性的中间道路,尊重或履行上述三项义务。有秩序地安排行动是有益的：从最能令人满意地履行这三项义务的行动开始，如果行不通，再有选择地履行义务。

（1）布拉德可以再次去找他的上司，并以最委婉的方式提出建议，指出他对自己的设计没有得到适当的审核而感到不安的事实，并指出可能有缺陷的设计并不符合公司的利益。如果他的上司接受了这个建议，那么他就能够解决问题，并保持与雇主的良好关系。布拉德因此能够履行他对公众的安全、对他的雇主以及对他自己和他的职业生涯的义务。这将是一个理想化的创造性的中间道路解决方案。

（2）布拉德可以和组织中与他有良好工作关系的同事谈谈此事，请他们帮助他说服他的上司，应该给他（布拉德）以更多的监督。这个解决方案也不错，因为它可以解决问题。然而，它可能会玷污上司在其他员工和公众中的声誉，因为上司没有给予更多的监督。布拉德虽然能够履行其对公众的义务，但也许未能很好地履行对其雇主和自己的义务。

（3）他可以另找一份工作，在被雇用后再通知州工程师注册委员会或其他能够制止这种行为的机构。这虽然保护了自己的职业和公众，但是这种选择并不利于他雇主的利益。

（4）布拉德可以告诉他的上司，他不认为自己可以继续从事超出他能力和经验的设计工作，并且他必须考虑更换工作。这个解决方案涉及与他雇主的对抗。这个解决方案也许不会使雇主改变他的不当做法，同时可能会对布拉德的职业生涯不利，它还可能损害他的上司在其他员工中的声誉。

（5）布拉德可以直接去媒体或他的职业协会进行揭发。这将保护公众，但是可能损害他的职业前景，同时肯定会严重损害他上司的声誉。

你也可能想到其他的可能性，比如继续他的工作而不去反抗或者找到另一份工作而不去反抗。如果首要义务是保护公众——按照伦理章程所说的，那么这些选择也许并不能令人满意。也许只有第一、二种选择可以被认为是真正令人满意的创造性中间道路的解决方案，同时第一种选择是最可取的。

2.7　共同道德

前面我们已经指出，实践伦理学家的工作类似于木匠的工作，他使用任何合适的工具来完成手头的任务。有时锤子是合适的，但在其他时候，木匠需要一把锯子或者一把螺丝刀。像熟练的木匠一样，实践伦理学家必须掌握所有可用的工具并在具体的情境中恰当地使用它们。划界的方法或者试图找到一条创造性的中间道路的方法可能就足够了。但是，有时候则需要得更多。为了解决一些道德问题——尤其是涉及更大的社会政策的道德问题——我们必须深入考察政策的道德基础，这需要额外的资源。这些资源通常来自共同道德（common morality），即我们大多数人所遵循的共同道德信仰的储备。

共同道德的表达方式：美德

共同道德最古老的表达方式之一是"美德"，它的特征就是激发了令人满意的道德行动。在工程工作中重要的美德有诚实(在职业工作中)、勇气(去抗议危害公众的行动)、忠诚(对客户和雇主)、追求卓越(在你的职业工作中)、尊重自然世界(促进环境友好型工程)和同情或仁慈(对于那些能在你的工程工作中获得帮助的人)。

美德是一种复杂的性格特征,由许多元素构成。如上所述,可以从四种成分来分析一种美德。设想一个例子来呈现诚实的美德。第一,它有情绪或情感的成分。例如,一个诚实的人会对说谎感到厌恶,并对诚实有积极的响应,尤其当他可能被诱惑为不诚实时。第二,有"意向"的成分,也就是说,倾向于以某种方式行事,而不是另一种方式。一个诚实的人会强烈倾向于诚实地行事。第三,有认知的成分,由预期构成,有对物、人和未来事件的信念,有一个人对事件的解读。一个诚实的人可以确信诚实通常有利于提升个人的利益,而且科学技术的诚实取决于其从业者的诚实。第四,在美德中还有身份认同的成分,即美德与一个人把自己设想成什么样的人相关。认为自己是一个诚实的人,与自我认同有着强烈的联系。[3]

在实践伦理中美德可能是有用的,这体现在以下一些方式中。第一,与行动相反,美德是评价一个人的基本组成部分。大多数实践伦理致力于在一种道德情境中确定适当的行动或"正确的行动"的选择。然而,有时从道德上评估一个人的性格是很重要的,在这方面美德的词汇表是重要的。在评估举报者时,我们可能想谈谈他们的勇气。在评估加入无国界工程师组织的工程师和工科学生时,我们更可能想谈谈他们的同情心或者"职业的仁慈"。

第二,促进美德的发展是促进伦理行为的一个重要组成部分,特别是对于那些不受法律或职业处罚的伦理行为。一名工程师可能因为受贿、违反保密条例或者涉及其他类型的职业不端行为,而面临训斥甚至法律的处罚。然而,没有人会因为没有表现出我们称之为"志存高远的道德"的行为而面临这样的处罚。比如,为欠发达地区设计洁净水和环境卫生设施系统以及设计环保型的产品和过程,此类活动的动机一定是植根于品格特征的,并且这就意味着美德。对如何培育和发展美德的考虑是职业伦理的一个维度,这要求谈论美德。

第三,在伦理分析中经常需要使用美德的词汇表。例如,在第 4 章中,我们探讨了社交网络对于美德培养的可能影响,这些美德是真正的友谊所需要的,如诚实和耐心。在对道德楷模的品格考虑中,美德的词汇表也是必不可少的。

共同道德的表达方式：规则和责任

在现代社会,共同道德更常见的表达方式是使用规则(rules)或责任(duties)的术语。对此有两个解释。第一个解释是由 W. D. 罗斯(W. D. Ross)所给出的,他构建了一个基本责任或义务的列表,他称之为"初步的"或"有条件的"的责任。[4]在使用这些术语时,罗斯旨在传达出这样的想法，即尽管这些一般来说是应尽的责任，但是在特殊情况下它们是可以被否决的。他否认他的列表是终极条款，但是他认为该列表已经相当完整。他的初步责任列表可以概括如下：

R1. 我们先前行为所担负的责任。

　　(a)忠诚的责任(信守诺言和不说谎)

　　(b)补救过错行为的责任

R2. 感恩的责任(例如，对父母和恩人)。

R3. 正义的责任(例如，德福相配)。

R4. 行善的责任(改善他人的条件)。

R5. 自我完善的责任。

R6. 不伤害他人的责任。

与其他人一样，工程师也许分享这些道德信念，这反映在许多工程伦理章程中。大多数伦理章程要求工程师成为忠实的员工，并且这个要求反映在忠诚的责任(R1)和感恩的责任(R2)中。大多数伦理章程需要工程师的行为符合保护公众的健康、安全和福祉的目标，并且这反映在正义的责任(R3)和行善的责任(R4)中，尤其反映在不伤害他人的责任(R6)中。最后，大部分伦理章程鼓励工程师提高自己的职业技能，这个责任反映在自我完善的责任(R5)中。

在对共同道德的另一种解释中，伯纳德·格特(Bernard Gert)陈述了10条"道德守则"，他认为它们把握住了共同道德的基本元素。

G1. 不要杀人。

G2. 不要造成痛苦。

G3. 不要造成残疾。

G4. 不要剥夺自由。

G5. 不要剥夺快乐。

G6. 不要欺诈。

G7. 信守承诺(或者不要失信)。

G8. 不要欺骗。

G9. 守法(或者不要违背法律)。

G10. 尽职(或者不要失职)。[5]

罗斯的初步责任和格特的道德守则有相当多的重叠部分。例如，G1至G9，可能会被视为罗斯列表中不伤害他人责任的细化。说谎和失信的错误同时出现在两份目录中。R2至R5本质上似乎比格特的道德守则更积极，后者的关注点在于不要造成伤害。然而，格特也提供了10条"道德理想"的列表，关注预防伤害。事实上，道德理想可以通过引入"防止"这个词，并且稍微改变守则的措辞就可以建构。因此，与"不杀害"相对应的道德理想是"防止杀害"。对格特而言，道德守则指定了道德要求，而道德理想是激励性的。所以格特认为，共同道德的基本要求是否定性和禁止性的，而罗斯给予积极的责任以支配地位。

33

对于罗斯和格特而言,在无例外的情况下,道德戒律并不是"绝对"的。然而,道德责任和守则的例外必须有正当的理由。[6]通常情况下说谎是不对的,但是如果对攻击者谎报这个人的下落是使一个无辜的人免于杀害的唯一方法,那么这个谎言就是正当的。重点不在于道德守则和原则有没有例外,而在于发生例外时需要有一个正当的理由或者一个善的理由来这样做。决定是否去散步、去看电影或者读一本书,这些都不需要理由。然而,失信需要有正当的理由,正如伤害他人也需要一样。

评价行为与评价人

共同道德对评价一种行为与评价采取该行为的人进行了区分。根据上述的道德守则和责任的类型对行为进行评价,对于人的评价主要看其行为背后的意图。意图是很重要的,因为共同道德认为,即使以共同道德戒律来衡量,一种行为是没有错的,但一个人永远不应该采取他或她认为是错误的行为。即使以共同道德的标准来看该行为是没有错的,但执行一个他或她认为是错的行为,则是有意图去做错事。正如我们常说的,一个人做了他认为是错误的事情,那是"违背他的良心"。因此,可以谴责一个人的某个行为,因为该行为违反了共同道德的戒律,但不应该谴责这个人。或者我们可以谴责那个违背自己良心的人,即使他的行为符合共同道德标准。

行为和意图之间的区别可以引出职业伦理中的重大议题。工程章程几乎不涉及意图,同时意图也很少成为职业伦理讨论的中心。然而,从共同道德的角度来评价行为时,意图是至关重要的。这是因为,要求某人以一种他认为是错误的方式行事,就是要求他违背自己善良的道德判断,也就是"违背他的良心"。做了某件自己认为是错的事,从而违背了自己的良心,这是一个严重的道德问题。一些伦理学家认为,关于"良心权利"(有权拒绝做某些违背自己良心的事)的条款就应该成为工程章程的一部分。这里有两个例子说明了工程章程中需要有"良心权利"的条款。假设有人要求工程师乔(Joe)设计一个网络浏览器,它具有收集特定个人信息的功能。尽管其他一些浏览器也有类似的功能,客户还是要求该浏览器具有这项功能,乔表示反对,因为他关心保护隐私的问题。根据良心权利,乔应该有拒绝客户要求的权利。再或者假设工程师简(Jane)被要求开发一种医疗设备来监测胎儿的健康,该设备也可以经过改造后帮助堕胎。她反对开发这种设备,因为它具有帮助堕胎的功能。根据良心权利,简应该有拒绝该要求的权利。迄今为止,据作者所知,没有任何一部工程章程包括了良心权利的条款。

2.8 共同道德的结构

伦理学家通常认为共同道德具有一定的结构成分。下面列出其中的两个成分。

共同道德中的判断

共同道德中的判断可以分为四种类型。我们可以说有些事情是允许的、不允许的、义务的或者是超出义务的。如果在道德上允许一个人做，也允许他不做某种行为，那么这样的行为或实践就是允许的（permissible）。一位工程师可能决定免费为一个非营利组织设计停车场，但不做这件事在道德上也是可以被接受的。如果在道德上是不可接受的行为，那么这个行为是不允许的（impermissible）。隐瞒利益冲突是不允许的。如果一种行为或实践是道德上要求去做的，那么这种行为或实践就是义务（obligatory）。公开利益冲突是一种义务。如果一个人的行为或实践是值得称赞的，但如果他或她没有这么做，也不应该受到谴责，那么这种行为或实践就是超出义务的（supererogatory）。为非营利组织设计停车场是超出义务的。因此，超出义务的行为或实践是允许的行为中的特殊一类。但是，因为它们具有值得称赞的本质，因此给它们一个专有词语（即超出义务的）是有意义的。

共同道德的层次

人们也通常认为共同道德有几个普遍性的层次，从更一般到更具体。

第一个层次是格特的道德守则和罗斯的初步责任所说明的一般的道德陈述。"不要说谎"属于这一层次。

第二个层次是对一般实践或行为种类的道德判断。这些通常被称为"中等层次的道德判断"或"中间的道德判断"。这个层次的例子有"工程师永远都不应隐瞒利益冲突"和"如果成本和现实条件允许，那么工程师应该始终使用环保材料"。这样的实践——如奴隶制、避孕、同性恋行为或允许安乐死——的道德判断都属于第二个层次。

第三个层次是特定行为的道德判断。例如，"工程师迈克（Mike）不应指定他从中获利的那家公司来生产螺栓"和"工程师玛丽应该在设计中使用更环保的材料"。我们应该注意到另一种可能的更常见的对行为的道德判断类型，这些行为涉及将描述性评价的术语应用于行为上，比如"当詹姆斯（James）说那些时，他是残酷的"，或者"X公司的行为可以说是剥削"，或者"萨莉（Sally）的声明只是一个谎言"。在这些例子中，我们是在道德上谴责这些行为，即使我们没有使用"错误的"或"不允许的"这样的词汇。但是，这些语句可以通过仅仅添加诸如"残酷是错误的""剥削是错误的""说谎是错误的"之类的前提，就转换为先前的陈述类型。于是，我们可以形成这样的陈述——残酷、剥削和说谎是错误的。

2.9 共同道德的建模

伦理学的建模

在科学与工程中建模是一种常见的实践。大多数人熟悉气候模型，它使得气候学家能够理解和预测气候现象。工程师使用模型来理解产品和结构并预测问题，以此在产品投入生产或结构建造之前，进行修正。工程师知道模型从来都不是完美的，意识到模型的局限性，并且只在这些限制内使用它们，是工程师的责任。

建模的概念同样可以用在伦理上。就像在科学和工程中，伦理模型可以提高我们理解伦理概念和更有效地应用它们的能力。具体地说，一个伦理模型应该回答三个问题。第一，是否存在用于判断正确行为并概述其蕴含的主要思想的道德标准或准则？第二，道德的社会功能或目的是什么？为什么每个社会似乎都有类似于道德规章的东西？第三，什么样的理由或证据可以证明一种道德主张是正当的？

共同道德的两种模型

两种得到最广泛讨论的共同道德的模型也许是功利主义模型（utilitarian model）和尊重人的模型（respect for persons model）。功利主义模型的道德标准是：应进行那些使人类福祉最大化的行为或实践。鉴于这个标准，我们可以说，道德的功能是促进人类的福祉或幸福。道德戒律的判断应该依据以下考虑：如果戒律促进了人类的福祉，那么应该支持它们；如果它们不能为达成这个目标做出进一步的贡献，则它们不应该得到支持。最后，功利主义评估一种行为或实践是否正当的最主要的依据是该行为或实践是否能够促进人类福祉。

尊重人的模型的道德标准是：应进行那些保护和尊重作为道德主体的人类的行动或实践。我们可以将道德主体定义为：有能力去选择自己的目标或目的，也就是说，可以指导自己的生活。就这个标准而言，道德的基本功能（首先也是最重要的）是消极的：提供能够很好地保护人的道德能动性（主体性）的规则，特别是保护人们免受他人毫无理由的干涉。行动的最佳理由是通过测试来确定的，这些测试指出了保护作为道德主体的个人的方式。

两种模型的局限性

但是，有理由相信，这两个模型，正像它们的强大、令人印象深刻且有用一样，它们在解释共同道德的所有维度方面的能力是有局限性的。我们可以先了解功利主义模型的一些局限。首先，正如我们所看到的，虽然意图在共同道德里是一个至关重要的概念，但是，很难用功利主义的词汇去解释意图的重要性。从功利主义的角度来看，重要的是一种行动的后果，而不是其背后的意图。虽然功利主义者可以主张，良好意图更容易产生具有积极效用的行为，但这似乎不是意图之所以重要的真正的原因，即做自己认为错误的事是在违背自己的道德主体性。其次，人们通常认为功利主义观点难以对正义做出恰当的解释。尽管功利主义者可以说，正义行为更有可能产生效用，但这似乎又不足以说明重视正义行为的最基本理由，也就是说，他们尊重作为道德主体的所有人的平等的尊严。最后，人们通常认为功利主义的思维难以解释那些超越义务的行为。如果一种行为使效用最大化，那么从功利主义的角度来看，它似乎是义务性的，即使它给行为人带来巨大牺牲并且通常被认为是超越义务的。例如，一个人把收入的大部分送给穷人，如果它的效用最大化了，那么从功利主义观点来看，这似乎是必要的，尽管共同道德会认为这样的行为是超义务的。与此相反，尊重人的模型可以为超义务行为的范畴做出正当的解释：我们必须小心不能使高度牺牲的行为变成义务，因为这可能使我们自己的道德主体屈从于他人的道德主体。

然而，尊重人的模型也有它自己的局限性。它的许多困难都与这种方法的倾向有关——它十分关注和保护作为道德主体的个人,拒绝共同道德可能允许的行为。例如,它通常不允许直接导致胎儿死亡的堕胎,即使在不堕胎的情况下母亲和胎儿都将死亡。它通常也不允许在战争中直接杀害无辜的人,即使更多的生命将会因此而得救,它也抵制为了帮助多数人而伤害一些公众的社会政策(如经济政策)。

尊重人的模型面临的第二个问题是通常难以应用,部分是因为在定义和应用关键术语时遇到的问题。困难的一个来源是所谓的"双重效果原则",这个原则常常将对尊重人的理论上的关心隐含在保护个人的道德主体中。简而言之,这个原则认为,如果满足以下四个条件,那么在道德上允许采取具有两种效果的行为——一种好的,一种坏的:①不考虑其后果,该行为是被允许的;②为了取得良好的效果,行为的不良后果不可避免;③坏的效果不是产生良好效果的手段,而仅是无意识的副作用;④良好的效果至少和不良后果具有一样的意义。[7]

运用"双重效果原则"的主要困难可能与第三和第四个条件相关联,与其是不是一种无意识的副作用相对应。有时决定一种行为什么时候是或不是一种"手段",是存在争议的,特别当人们知道不良后果会发生时。假设一家工厂通过烟囱排放疑似致癌的物质可能会影响附近的一些人,但工厂为同一地区提供了工作岗位和许多其他的福利。在这种情况下,癌症引起的死亡仅仅是副作用,还是对他人有益的一种手段? 就第四个条件来说,对于该地区的良好效果和一些人因癌症而死亡等价吗?

两种模型的趋同和分歧

在解释共同道德的各个方面时,我们可以将功利主义模型和尊重人的模型所面临的问题称为不充分扩展的问题(problem of incomplete extension)。共同道德理论的本身,不能充分"扩展"或充分解释其全部内容。虽然可以继续追求一种完全综合的理论,但是许多伦理学家认为这样的探寻是徒劳的。相反,不充分的外延指出了关于共同道德本身的一个非常重要的事实,即共同道德有两种基本思想,一种思想专注于促进全人类的福祉,而另一种思想致力于保护作为道德主体的个人。如果遵循一致性,那么无论哪一种思想都不可能产生共同道德的所有内容。

两种最流行的道德理论或模型均无法圆满地解释共同道德的所有方面,鉴于此,我们可以说,在共同道德中没有哪一种单独的理论是可以解释其内涵的,但可以把两种理论结合在一起,以令人相当满意的方式,解释共同道德的主要特征。请记住这两种道德考量,能够使我们理解许多道德冲突,因为许多道德问题涉及功利主义和尊重人的理论之间的冲突。本章开头的案例说明了,功利主义理论是要促进汽车安全,而尊重人的理论是要尊重人,包括尊重人体(尸体),这两者之间有冲突。

对一个道德问题,功利主义和尊重人两种模型,可以汇聚而给出同样的解决方案,或者给出不同的解决方案。如果两种模型给出相同的解决方案,那么我们就有理由相信这个解决方案是正确的。如果它们给出不同的解决方案,那么我们就必须决定,哪条推理路线在特定的情况下更令人信服。即使两条推理路线给出了相同的解决方案,那么这两种模型也有助于我们更清楚地理解解决道德问题方法类型的不同。

在此我们有一个例子。大卫·帕金森(David Parkinson)是麦迪逊县固体废物管理规划委员会(SWMPC)的一位成员。该州法律要求,委员会中有一位成员必须是固体废物处理方面的专家,而这正是大卫的专长。SWMPC 正考虑将麦迪逊县一个人烟稀少的地区的一块土地开发为所需的公共垃圾填埋场。然而,麦迪逊县有一群富有的居民打算买下这个地点旁的一大块土地,将其开发成一座由豪华住宅环绕的私人高尔夫球场。虽然其规模小,但是这一小部分居民组织得很有条理,他们已经设法获得了麦迪逊县其他富裕居民的支持,其中包括几个拥有相当大政治权力的人。这个有影响力的团体非正式地称为球道联盟,它已像炸弹般向当地媒体投放了昂贵的广告,公开反对拟议中的垃圾填埋场的选址,提出把垃圾填埋场建在一块临近麦迪逊县最贫瘠地区的土地上。其基本的理由是,SWMPC 正在考虑的垃圾填埋场选址将摧毁麦迪逊县最美丽的地区之一。尽管麦迪逊县的 10 万居民中有多达 8000 个居住在离球道联盟所提议地点的步行距离内,但是他们缺乏政治组织和财力资源,难以提出有影响力的反对意见。当 SWMPC 会议讨论垃圾填埋场两个选址各自的优点时,委员会成员征询大卫对这一争议的看法。

在这个虚构的案例中,大卫·帕金森处于公众信任的地位,部分原因是他具有工程专业知识。很明显,他的职责之一是利用他的专业知识帮助委员会解决受到公众广泛关注和争议的问题。他应该考虑哪些最迫切的问题呢?首先,他可能会想到,把垃圾填埋场定位在人口更为密集的地区,只会有益于相对少数的富人,而同时冒着牺牲大多数人的健康和幸福的风险。尽管存在很多需要考虑的其他因素,但是功利主义关心的是,提升或至少保护最大多数人的最大利益。其次,大卫可能会想到,偏爱城市选址而不是乡村选址在根本上是不公平的,因为它没有尊重穷人在健康环境中生活的合理权利,却给少数富人提供了更多的特权。从根本上说,这是一种对平等尊重每一个人的观念的呼吁。

就此,功利主义和尊重人的考虑似乎得出了同样的结论。重要的是要认识到,不同的道德原则常常以这种方式汇聚,通过来自一个以上方向的支持的方式,加强了我们的结论。尽管如此,即使当它们得出了相同的结论时,也包含了两种相当不同的道德思维方式——其中一种是把更大的整体利益作为首要关注点,另一种是把保护社区全体成员的平等道德地位作为首要关注点。此外,正如我们将要看到的,有时这两种方式彼此之间处于严重的紧张状态。

下一节我们将介绍这两种模型的测试或应用程序。请记住,当且仅当它们对理解和解决道德问题有帮助时,它们才是有用的工具。

2.10 两种模型的测试或应用程序

功利主义思维

从广义上讲,在解决道德问题时采取功利主义的方法,需要我们聚焦于实现"最大多数人的最大利益"的想法。我们将获得最大利益的那些人视为受众。我们面对的一个问题是确定这些受众的范围。在理想情况下,人们会认为,受众应该包括所有人,或者至少是可能受到待评估行为影响的所有人。有些功利主义者甚至认为,那些明显会经历痛苦或快乐的动物也应该被包括在受众中。但是,事实上几乎不可能计算出哪种行为会对如此广大的受众带来最大的好处。如果我们限制了受众,使其只包含我们的国家、我们的公司或我们的社区,那么我们就会因为武断地将其他人排除在外而受到批评。因此,在实际应用中,那些具有功利主义同情心的人需要确定界定他们责任范围的可接受的方式。

即使我们确定了受众,我们也必须知道哪些行为将会产生短期或长期最好的效益。不幸的是,在必须做出决定时,有时这些知识却不具备。例如,我们不知道在工程中允许广告和专业服务的竞争性定价是否会导致反对者提出的问题。因此,从功利主义的角度来看,我们不能确切地说,这些是否都是好的实践。有时我们能做的就是尝试某种行动,看看会发生什么。在某些情况下,这样做可能是有风险的。

我们已经指出,功利主义标准有时似乎以牺牲少数弱势群体的利益为代价而谋取更大的整体利益。假设一家工厂将污染物排放到当地的一条河流,而鱼摄入了这些污染物。如果人们吃了鱼,那么他们会遭遇到严重的健康问题。消除污染物的成本是非常高昂的,以至于在最好的情况下,工厂也只能略微赢利。允许继续排放污染物将能够保证工作岗位,并提高整个社区的经济活力。这些污染物只会对一小部分人产生不良影响——社区中经济上最贫困的、在河里捕鱼吃鱼的人。

在这样的条件下,允许工厂继续排放污染物,从功利主义的角度来看似乎是合理的,即使这对社区的贫穷的成员是不公正的。因此,这里有一个公正地分配利益和负担的问题。许多人会说,出于这个原因,应该拒绝功利主义的解决方案。在这样的案例中,对一些人来说,功利主义的推理会得出共同道德所不能接受的道德判断。

尽管功利主义推理存在这些固有的问题,但在许多情况下它还是非常有用的。让我们来看三种不同的实施功利主义推理的方法。

成本—收益分析方法

我们如何确定什么是更大的利益?从工程角度来看,可以诉诸的一种方法是成本—收益分析(the cost-benefit approach)。根据这种方法,相对于成本而言,应该选择那种能够产生最大收益的行为过程。在使用这种方法时,人们必须将负效用和正效用都转化为货币形式。成本—收益分析有时被称为风险—利益分析(risk-benefit analysis),因为大部分的分析需要评估特定的利益和伤害的概率,如评估安装设备以减少在工作场所发生某些健康问题的概率——定量分析这些实际的花费是可能的。然而,这并不能保证这些健康问题(或其他问题)不会出现,无论它们是来自其他来源,还是因为设备故障无法实现预期目标。此外,我们也不能确定,如果没有安装设备,将会发生什么。也许花销将被省下来,因为设备没有被证明是必需的,或者实际的后果会比预测的更糟。所以考虑影响概率的因素会使成本—收益分析极其复杂。

成本—收益分析法包括以下三个步骤：

(1) 确定可行的选择。

(2) 评估每种选择的成本(以货币计量)和收益(也以货币计量)。评估该行为全部受众的成本和收益，当然，受众是确定的。

(3) 相对于成本，做出可能会产生最大收益的决定。也就是说，相较于其他行为选择而言所选择的行为过程，其成本能产生更大的收益。

40　　正如我们应该预料到的，将成本—收益分析作为道德思考的唯一指南会存在严重的问题。一个问题是，成本—收益分析方法假定了成本和收益的经济测量胜过所有其他的考虑。考虑上文提及的污染案例，仅当可以通过一种经济有效的方式行事时，成本—收益分析才鼓励消除污染物。然而，假设我们所考虑的那家化工厂位于被工厂排放物污染的荒野地区附近，从成本—收益的角度看，消除污染物可能不是经济有效的。当然，对荒野地区的损害必须包括在污染的成本中，但量化的成本估算可能仍然不能证明消除甚至减少污染的正当性。然而，污染物应该被消除的想法并不一定是非理性的，即使分析并没有为消除污染物做出辩护。任何人赋予的拯救荒地的经济价值并不是其真正的价值。

成本—收益分析似乎会使许多过去我们一直认为道德上不正当的行为变成正当。在19世纪，许多人反对童工法，认为它会导致经济效率低下。例如，他们指出，可容纳童工的煤矿的巷道和竖井太小，无法容纳成人，需拓展竖井，使其可容纳成人，这增加了额外的支出。许多赞成奴隶制的观点也是基于经济效率的考虑。当我们的社会最终决定消除童工和奴隶制时，并不是仅仅因为它们使得经济效率低下，而是因为它们被认为是不公平的。

另一个问题是，在成本—收益分析中要查明许多因素的成本和收益通常是困难的。最具争议的问题是如何从成本—收益的角度来确定人的生命损失或严重受伤。我们可能会问，如何用美元来衡量一个人生命的价值？撇开确定已知因素(如当场死亡或受伤)的成本和收益的困难，也很难预测将来会有哪些因素与之相关。如果某种物质对人类健康构成的威胁是未知的，那么对它是不可能进行明确的成本—收益分析的。如果我们考虑长远的成本和收益，这其中大部分是不可能预知或测量的，那么这个问题就变得尤其尖锐。此外，成本—收益分析没有考虑成本和收益的分配。我们再使用前面的例子，假设一家工厂把一种污染物排入一条河流中，而该社区内的许多贫困居民通过捕鱼来补充他们的膳食。再假设在计算了所有已知的成本和收益之后，得出结论，即消除污染物的成本超过穷人的所有健康费用。然而，如果成本由穷人支付，富人享受收益，那么成本和收益就没有被平等地分配。即使穷人因其健康受到损害而得到补偿，许多人仍然会说不公正仍然存在。毕竟，社区里富有的成员不必遭受同样的健康威胁。

尽管存在这些问题，但对于解决道德问题，成本—收益分析法还是能够做出重要贡献的。如果没有详细的成本—收益分析，我们将很难想象如何建造出埃及阿斯旺大坝(Aswan High Dam)那样的大型工程项目。虽然成本—收益分析未必总是能以公正的方式来量化价值，但它可以在功利主义分析中发挥重要作用。它能够以一种货币价值来评估许多相互冲突的思考，在某些情况下，这使它成为无价之宝。然而，正如对待所有其他道德分析的工具一样，我们必须牢记它的局限性。

行为功利主义方法

功利主义解决问题的方法并不一定是以严格的定量化术语来衡量价值。然而，在某种意义上，它们确实需要努力确定怎样做才可以使好的结果效益最大化。如果我们将行为功利主义方法(the act utilitarian approach)聚焦于特定行为的结果上，我们就可以问："与我们可以采取的任何其他行为相比，现在所采取的这种行为是否会产生更好的结果？"以下步骤将有助于我们回答这个问题：

(1) 确定在这种情况下可行的各种选择。

(2) 确定选择的合适受众，记住在确定受众时遇到的问题。

(3) 决定哪些可行的选择可能会给相应的受众带来最大的好处，不仅要考虑利益，也要考虑危害。

在需要做出道德决策的情境下，这种行为功利主义方法常常有助于分析各种选择。比如，假设在汽车设计中可供选择的两种安全设备的经济成本大致相当，那么我们就可以选择那种更有可能减少伤害和致命事故的设备。同样，道路改造方案可能会把为更多的人服务作为抉择的基础。当然，考虑到那些没有因为此项改造工程而受益，或者甚至可能会处于更大危险境地的那一部分人的公平，以上两个案例可能都会变得更加复杂。尽管如此，即使在某些特殊情况下，功利主义的分析最终不是决定性的，但它们似乎被赋予了相当大的道德权重。应该给予多大的权重，只有在我们首先做了细致的功利主义计算之后才能知道。

规则功利主义方法

詹姆斯为精密零件公司工作，它是一家为大型机械提供高质量配件的公司。精密零件公司制造大量部件，但也与其他制造商合作，做一些零件供应给客户。詹姆斯告知与他公司合作的制造商 X 零件的报价，让他们来投标。报价已经提交后，内部制造部的主管温德尔(Wendell)进入詹姆斯的办公室，说道："我知道报价应该是保密的，但你为什么不告诉我最低的报价，我将试着以低于报价的价格来投标。我们都是这家公司的雇员，这将有助于精密零件公司在内部生产 X 零件。"

对于温德尔的请求，詹姆斯认为它是有意义的。给予最低报价的外部制造商是比较大型的公司，而且不会因为流标而受到伤害。精密零件公司业务的减少和利润的下降导致自己的员工很空闲。如果詹姆斯答应温德尔的要求，则似乎每个人都会变得更好。但是后来詹姆斯问自己："如果精密零件公司尝试这种违反投标的保密性的做法，并且其他公司也这样做，那么会发生什么事？"换句话说，假设精密零件公司和其他公司都采用了一个一般的规则，即"只要符合公司的利益，不论什么时候它都可以违反投标的保密性"这个规则或政策被普遍地实施，会有利于精密零件公司还是其他公司，或是公众呢？

现在詹姆斯从一个截然不同的角度来看待事情。他没有试图去确定一个行为的后果——在这个案例中，就是违反招标保密协议的后果，而是正在考虑一个一般政策的后果，正如规则（章程）中概述的那样。如果所有的公司都将违反投标保密性作为一种普遍的实践，那将会发生什么？如果这种情况发生了，那么大家会有投标的保密性将不再被尊重的普遍共识，整个投标过程的真实性也可能被瓦解。每家公司都试图成为有优势的竞标者，很可能采取贿赂或其他方法获得竞标优势的地位。许多公司甚至不愿意向设有内部制造部的公司提交投标书，例如精密零件公司，因为他们知道自己的投标将不会成功，至少没有贿赂就不会成功。

这个虚构的案例说明了行为与规则功利主义方法之间是有区别的。一个是探寻单一行为后果的效用，而另一个是完整地探寻一种一般实践的后果，因为这种实践已被载入规则（章程）。在我们所讨论的这个案例中，至少从行为功利主义的角度来看，尽管违反了投标的保密性看来似乎获得了一些利益，但从一般实践来看其明显是错误的，甚至从功利主义的角度来看也是这样。一个从行为功利主义角度看似乎是正当的行为，而从规则功利主义角度看则总是错误的——这并不是必然的情况，但这个案例符合这种情形。

确定一种一般实践的后果有时比确定一种单独行为的后果更困难，因为受一般实践影响的人数——受众——通常要多得多。然而，事实未必都符合这种情况。有时，一项一般政策的后果是显而易见的，因此不需要多少想象力就知道这项政策将如何影响人类福祉。假设你在夜晚正遇上红灯。一方面，从行为功利主义的角度来看，你可能会说，周围没有人，所以没有人会受到伤害，触犯法律、闯红灯会更方便些。另一方面，从规则功利主义的角度来看，毫无疑问，像不遵守交通信号灯、停车标志、让路标志和其他道路规则的这些普通的不服从行为，对每个人来说都是灾难性的，包括对你自己。你可能会认为，总体来说，对我们所有人来说比较好的是：遵守这些交通规则和惯例，而不是试图根据具体情况来确定闯红灯之类的行为是否安全。

再者，从规则功利主义的角度来看，在那些服务于功利目的并广为人知、被普遍遵守的规则或惯例下，人们应该通过诉诸相关的规则或惯例来证明自己的行为是正当的。反过来，这些规则或惯例，又由于它们被普遍遵守的效用而被证明是正当的。在绝大多数的情况下，我们应该遵循普遍规则，甚至不去考虑在某种特殊情况下违规是否是正当的。

然而，有复杂的情况存在。如果大家普遍背离规则或惯例，那么，不太清楚的是，通过继续遵守规则或惯例是否可以促进总体效用的提升。为了保护校园草坪的美丽，也许可以张贴"请走人行道"的标志。只要大部分人遵从这个请求，那么草坪区域就可能保持美丽。但是如果太多的人从草坪上穿过，就会走出一条小径。最终，从功利主义的角度来看，遵守标志的意义似乎就失去了——遵守的理由丢失了。

规则功利主义方法的另一个问题是，应该遵循的规则的确切本质有时是难以确定的、有争议的。假设詹姆斯在考虑是否要违反投标的保密性时，考虑以下这条规则："员工应该永远并且毫无例外地按照使公司利润最大化的原则行动。"这个规则太宽泛，据此执行将导致灾难。另一个可能的规则是："如果你的名字是詹姆斯，并且你为精密零件公司工作，在X情况（在上述案例中詹姆斯所面临的情况）下，你应该违反投标过程的保密性。"这条规则过于具体,似乎减少了规则功利主义的色彩,使之成为行为功利主义的观点。然而,其他规则可能更具争议性。假设詹姆斯考虑这条规则:"如果公司面临着严重的经济困境甚至将要破产,那么你可能会违反投标过程的保密性——如果这将有利于公司的生存。"你将如何反驳这条规则?

最后这条规则阐释了——足够有趣地——规则功利主义方法的一大优点和一大缺点。个人违反合理的和普遍遵循的社会规则显然是危险的。然而,在有些案例中违反这些规则可能是正当的。有什么更好的方法来确定广受尊重的道德规则是正当的,而比该说法更好——如果每个人在类似情况下违反了规则,是否会促进整体的利益?

尽管规则功利主义方法具有许多复杂性,但在考虑某些决定,特别是那些具有广泛社会后果的法律和社会政策问题时,它可能是非常有用的。再考虑是否应该允许职业做广告,以及允许职业人员做广告的尺度范围是怎样的。一方面,一些人认为广告削弱了公众对职业的尊重,会对职业人员的商业敏锐性而不是他们的专业能力给予褒奖,并且可能会误导公众。另一方面,有些人认为,广告向公众提供公众所缺乏的信息,并且促进了竞争,竞争使得职业服务的价格降低。所有这些论点都是规则功利主义的论点,因为它们提出了以下问题:"从各方面考虑,在所有职业人员所遵循的一般实践惯例中,哪种实践惯例能最好地促进公众的福祉?"

鉴于有时规则功利主义方法是有用的,因此下面给出应用这种伦理分析方法时应该遵循的步骤。

(1)确定有待评估的特定行为或一般政策以及各种可行的选择。

(2)制定用以描述待评估行为或政策的规则。

(3)确定规则所适用的受众以及所涉规则对受众的影响。

(4)从各方面考虑,选择对人类福祉有最好影响的规则。

(5)如果规则是正当合理的,那么将该规则应用到所涉情况或社会政策中。

应用这个程序需要回答很多问题。你必须制定相关的规则,确定受众和各种规则对受众的影响,确定运用规则时,"福祉"的含义是什么,等等。虽然如此,规则功利主义思维的方法,在实践伦理学中还是非常有用的。

尊重人的方法

尊重人的伦理道德标准,要求将每一个人作为道德主体那样值得尊重地加以对待。平等地看待道德主体可以理解为正义的一个基本要求。一个道德主体必须不同于那些诸如小刀或飞机之类的物体,后者只能够实现外界强加于其上的目标或目的。不可能从道德立场出发对无生命之物的行为做出评价。道德主体的范例就是一个正常的成年人,与无生命之物相反,他或她可以制定自己的目标或者目的。只要我们能够做到这样,就认为我们是自主(autonomy)的。

从尊重的立场来看,共同道德的戒律是保护人类个体的道德主体。为了实现这个目标,多数人的福利最大化就必须放到第二位。人们不能被杀害、欺骗、剥夺自由,不能为了实现更大的总体效用而违背这些原则。正如对待功利主义思想一样,我们探讨尊重人思想的三种方式。

黄金法则

像道德思维的功利主义方法一样,尊重人的方法采用了普适性的理念。普适性(universalizability)是以一个我们所有人都熟悉的理念为基础的。我们大多数人都会承认,如果我们认为我们的行为是合乎道德的,那么我们就应该发现,在类似的情况下,其他人做出类似的事情,在道德上是可以接受的。这个同样的观念可以让我们去探寻关于公平与平等对待的问题,如"假使每个人都这样做了,那会怎样呢","你为什么要为你自己而破例"。

可逆性(reversibility)是普适性理念的一种特殊应用,因为普适性意味着我的判断不会仅仅因为角色的逆转而改变。在考虑如何对待他人时,正如我希望他们如何对待我一样,我需要问:如果我处在他们的位置,我会怎么想?如果我试图通过说谎来逃避一种特殊的困难,那么我需要问,如果这谎言是对我说的,那么我会怎么想呢?运用可逆性的理念来使我们的思维普适化,可以帮助我们意识到,我们会赞同对待他人时应将心比心,不要对别人做那些我们会反对的事。这是黄金法则背后的基本理念,黄金法则的许多变型出现在大多数文化的宗教和伦理作品中。

假设一位经理命令一位年轻的工程师在以下问题上保持沉默:该厂排放的废气可能会对居住在工厂附近的人造成轻微的健康问题。为了使这个命令满足黄金法则,经理必须愿意让他的上司对他下类似的命令,如果他是一位年轻工程师。经理还必须愿意把他自己放在工厂附近居民的位置上——如果排放没有被禁止,那么他将遭遇健康问题。

这个例子揭示了在解决道德问题时使用黄金法则所遇到的一个重要问题。假设经理试图把自己放在年轻工程师的位置上,我们可以称工程师为这个行为的接受者。也许经理会认为人们应该毋庸置疑地服从上级,特别是那些——正如他那样——有着多年经验的职业人员。或者他可能认为人们对于轻微的健康威胁过于敏感,特别是当保护人们免受健康问题困扰的成本是非常高昂的,对经济是不利的,并且他们可能失去工作时。如果他把自己放在具有这些价值观和信念的接受者的位置上,他可能会得出这样的结论:他的命令是完全正当的。另外,这位经理可能认为人们有权利质疑上级,因为工业在使上级获益的同时,太容易给他人带来健康风险,而这些风险往往施加给人群中经济状况最脆弱的那些人,因为他们倾向于居住在离工业设施更近的地方。在这种情况下,这位经理可能认为,他的命令无法用黄金法则来合理解释。于是,使用黄金法则来测试道德允许的行为,其结果可能会有所不同,这取决于行动者的价值观和信念。

45 　试图避免这些问题的一种方式是,将黄金法则解释成不但需要行为者把自己放在行为接受者的位置上,而且行为者也要采用接受者的价值观,并且设想他或她所在的特殊环境。如果接受者事实上受到了命令的困扰,并且拥有上述第二种价值观,那么这位经理就不能命令那位年轻工程师保持沉默。

　　令人遗憾的是,这种策略并不能解决所有的问题。假设我是一名工程师,负责监督其他工程师的工作,我发现我必须解雇我的一位受监督者,因为他的懒惰和消极怠工。不过,我想解雇的这位工程师却坚信"这个世界亏欠了我的生活",他不想由于他的不负责任而受到惩罚。解雇年轻工程师这件事不能用黄金法则去解释,尽管我们大多数人可能会认为不负责任的员工就应该被解雇,即便我们自己就是那位不负责任的员工。

　　应用黄金法则遇到的问题还没有结束。到目前为止,我们假定的接受者类别只包含了一个人,即年轻工程师或那位不想被解雇的员工。当然,其他人也会受到这个行动的影响。是否对污染物保持沉默的决定会影响到居住在工厂附近的人,而是否解雇不负责任的雇员的决定也会影响许多人,包括其他的雇员。如果我们把接受者扩大到所有受该行动影响的人,那么我们手里就有一项几乎不可能完成的任务。接受者肯定不会同意这些决定,那么运用黄金法则就不会有答案。

　　尽管我们需要指出这些问题,但它们常常不像我们想象的那么严重。在很多情况下,我们行动的影响主要落在一个人身上。此外,如果影响落到许多人身上,那么我们常常会做出合理的假设,即假设他们想要的是什么,而且,在许多情况下,人们的希望和愿望可能是类似的(如健康、安全和受到平等对待等),对于这些假设,我们可以拥有相当高程度的确定性。如果我们有理由相信不能做出这些假设,那么我们就不得不以一种更普遍的方式来运用黄金法则的理念。它确实需要我们从更普遍的角度去考虑问题,其中一个角度就是我们努力按照我们可以分享的标准来对待他人。[8]我们必须牢记,无论采用什么样的标准,这些标准都必须尊重受到影响的各方。必须把自己视为潜在的主体和接受者。这种思路要求我们理解主体和接受者的立场,黄金法则有助于提醒我们注意这一点。

自我不利方法

　　黄金法则本身并不能提供必须满足的尊重人的所有标准。但满足普适性和可逆性的要求却是实施这些标准的重要步骤。接下来,我们考虑当普适性原则应用于尊重人的理念时,它的附带特征。

　　另一种应用普适性原则基本理念的方式是询问——如果其他人在相同或相似的情况下采取相同的行动,那么我还能够采取这种行动吗? 如果别人做我正在做的,那么这会破坏我做同样事情的能力吗?[9]对于这个问题,如果我回答"是的",那么我不能同意其他人做那些我已做了的同样的事情,于是,我的行动普适化就是自我不利的(self-defeating)。不论怎样,让我们继续前行,把自己作为规则的一个例外,以他人为代价去追逐自己的利益。这样,就没有给予他人以合适的尊重。

　　一个普适性的行动可以通过两种方式对自我不利。第一,如果一种行为是普适化的,那么有时它本身就不能得以实施。假如约翰向别人借了钱,并承诺在一定的时间内偿还,但他却没有这么做的意图。要使这个撒谎的诺言能够起作用,接受约翰许诺的那个人必须相信约翰会履行诺言。但是,如果每个借钱的人都承诺会归还,却无意兑现承诺,那么承诺就不会被认真对待,从而就没有人会基于承诺而贷出钱款,承诺的实践惯例就会失去

46

它的意义而不复存在。据我们所知,承诺将是不可能的。

第二,有时候,如果别人做了我所做的事情,即使我能独立执行该行为,但是我执行行为的目的也会被破坏。如果我在考试中作弊,其他人也作弊,虽然他们的作弊并不能阻止我作弊,但是,我的目的却是失败的。如果我的目的是取得比其他同学更好的成绩,但如果每个人都作弊,那么我的这个目的就将被破坏,因为我将不再比他们拥有优势。

思考一个有关工程的例子。假设工程师简在为她公司的一个大客户设计产品,她决定用一种劣质的、便宜的零件替换高质量的零件。她假设客户不会仔细检查产品,从而觉察到那个劣质的部件,或者没有足够的技术知识知道那种劣质的零件。如果每个人都去实践这种欺骗并预期其他人也会这么做,那么客户就将更倾向于在他们购买之前让专家仔细检查产品。这将使得简的欺骗成功的可能性更小。

重要的是我们要意识到,使用自我不利的标准并不依赖于每个人,甚至不依赖于任何人,如事先做出承诺但是无意于兑现,考试作弊,或者用劣质便宜的零件替代好的零件。问题是,如果每个人都这么做了,将会怎么样呢?这是一个假想的问题——而不是一个预测,别人所做的结果是其他人实际上也会这么做。

与其他方式一样,自我不利的标准也有局限性。一些不道德的行为可能会避免在道德上自我不利。工程师比尔(Bill)是一个有进取心的人,并且狂热于高度竞争,甚至是在残酷的商业环境中。他享受这样的氛围,即每个人都试图欺骗其他人,而且尽己所能更多地欺骗并赶走对方,他就是这样进行他的业务的。如果每个人都参照他的做法,那么他的残忍在残酷无情的商业气氛中是不会被削弱的。他的行为不属于自我不利,尽管我们大多数人会认为他的做法是不道德的。

工程师亚历克莎(Alexa)并不关心环境保护,她设计对环境有高度破坏性的项目的行为不属于自我不利。事实上,其他工程师知道亚历克莎在做什么,甚至知道她设计的项目会破坏环境,并且不会阻止她这样做,或瓦解她设计此类项目的目的,即使她的利益是最大化的。

然而,与黄金法则一样,我们需要记住,普适性原则的功能是帮助我们应用尊重人的标准。如果它可以证明比尔的无情是不尊重他人,那么它很难被普适化;事实上,比尔将必须接受别人的不尊重(因为根据同样的标准,其他人可以对他不尊重)。而且,普适性的理念本身不会产生尊重人的理念,它仅说明,如果尊重一些人,那么这种尊重必须扩展到所有人。我们下面要转向对权利的思考,以确定它是否能进一步支持尊重人的理念。

权利的方法

就尊重人的传统来说,许多理论家认为,尊重他人的道德主体要求我们给予他们必要的权利,以便他们行使道德责任并去追求他们自己的幸福。权利包括两个方面,一方面,采取行动的权利;另一方面,允许其他个体以某种方式采取行动。因为这两个方面,所以权利往往被视为与责任有一种相关关系。因此,如果凯利(Kelly)有生存的权利,那么其他人就有责任不要杀害凯利。如果凯利有保存身体完整的权利,那么其他人就有责任不去伤害凯利的身体。凯利所享有的其他权利还有自由行动的权利、言论自由的权利、不遭受背叛的权利、不被欺骗的权利、不被别人偷窃的权利、不遭受无礼的权利、不遭受失信的权利、个人隐私不被侵犯的权利、不受歧视的权利和财产不受侵犯权。

正如我们所描述的,权利是一种保护性屏障,保护个人免受他人对其道德主体的不当侵犯。我们可以称这些权利为"消极权利"(negative rights)。除此之外,权利有时被表述为更加积极的要求,如提供食物、衣物和教育。因此,如果凯利有获得食物的权利,那么其他人就有相关的责任,至少为她提供维持生存所需的最少量的食物。我们可以称这些权利为"积极权利"(positive rights)。因为在我们的文化中这样的积极权利更具争议,并且总体来说,其似乎难以应用,所以我们专注于"消极权利",即那些仅仅要求不干涉其他人的权利,而不是那些积极支持个人利益的权利。

即使仅仅确定人们所拥有的消极权利以及这些权利对他人的要求,也会引起争议,但这背后的基本原则是,一个人不应该被剥夺某些事物——如果这种剥夺严重干扰了他的道德主体性。如果某人夺走了你的生命,那么你就根本不能履行你的道德主体性,所以这种权利的争议相对较少。但是其他一些拟议中的权利并没有否定你的道德主体性,尽管它们削弱了你有效行使权利的力量,所以它们作为权利的地位是更具争论的。

任何对权利的解释必须面对的一个问题是如何处理相互冲突的权利。假设一个工厂的经理想省钱,他的工厂直接排放致癌的污染物。作为公司代表的经理,为了公司的经济效益,有权自由地行动并使用工厂的财产。但是污染物威胁到周边居民的生命权利。注意,污染物并不是直接地并且不会在每种情况下都危及周边居民的生命,但是它们确实增加了居民罹患癌症的风险。因此,我们可以说,污染物侵犯(infringe)了居民的生命权,但并不直接违背(violate)这项权利。在违背权利的情况下,一个人在特定的情况下行使这种权利的能力基本上是被完全剥夺的。而在权利被侵犯的情况下,一个人行使这种权利的能力仅仅被削弱。这种削弱可以表现为下述两种方式之一:首先,有时侵犯权利是潜在的违背权利,比如前面的案例中污染物的排放增加了死亡的概率。其次,有时侵犯权利是部分地违背权利,比如当一个人的部分但不是全部的财产被占用时。

权利冲突的问题需要我们优先考虑某些权利,将一些权利放在比另一些权利更重要的位置。哲学家阿兰·格沃思(Alan Gewirth)提出一条有价值的思路。[10]他提出了权利的三个等级层次的分布,从更基本的到非基本的。第一层包括最基本的权利,行动的基本先决条件:生命、身体的完整性和心理健康。第二层包括维持个人奋斗已达到的目标水平的权利。这一类权利包括不被背叛或欺骗的权利、对不寻常的风险和其他领域的知情同意权利、财产不被盗的权利、不被诽谤的权利、不遭受失信的权利。第三层权利包括提升自己奋斗目标水平所需要的那些权利,包括试图获得财产和财富的权利。

利用这个权利等级来分析,工厂经理的做法就错了,他试图通过排放高致癌的污染物的方式省钱,因为生命权处于第一等级,而为了一个人的利益,获取和使用财产及财富权则是第三等级的权利。然而,有的时候,权利等级是很难应用于现实的。我们如何权衡对第一层权利的轻微侵犯与对第二或第三层权利更严重的侵犯或完全的违背呢?

权利的层次不能自动地为这些问题提供答案。虽然如此,但是它提供了可供分析问题的框架。我们建议可以采取以下步骤。

(1) 确认基本的义务、价值和利益,注意到任何冲突。

(2) 分析行动或规则,以确定什么选择是可行的,什么样的权利是最重要的。

(3) 确定行为或规则的受众(其权利会受到影响的那些人)。

(4) 在考虑权利等级和所涉及的亵渎或侵犯行为的数量的基础上,评估每种选择所发生的侵犯权利或亵渎权利的严重性。

(5) 从各方面考虑,做出最有可能产生最轻微的权利侵犯或亵渎的选择。

2.11　本章概要

实践伦理致力于解决伦理冲突。为了实现这个目标,第一个任务是分析问题的主要组成部分。第一个组成部分是事实性问题。对事实认识上的分歧可能难以解决,也可能成为争议的核心。表面上道德冲突可能实际上只是对相关道德事实的分歧。在一项伦理争议中,概念性问题存在争议实际上是对至关重要的术语含义的争论。如果道德争议的各方对关键术语的定义不同,那么他们就无法解决分歧。伦理争议中关键术语如何及是否适用于一种特定的情况也会引发伦理上的分歧。

重要的分析问题解决后,道德争议本身一定会得到解决。两个有价值的技巧是划界法和找到一条创造性的中间道路。在划界法技巧中,将一个争议案例与没有争议的案例进行比较,因为它们实际上是道德上允许的与不允许的。有争议的案例是根据与它最相似的范例比较来定性的。找到一条创造性的中间道路,意味着需要找到一种解决办法,在一种道德冲突的情境中尽可能多地满足相互竞争的道德要求。

解决实际的道德问题有时需要诉诸共同道德,这是在某种文化中被普遍接受的道德信仰储备,其中许多似乎是具有普遍性的。共同道德可以用一系列美德的术语来表述,并且有时用美德术语来分析道德是有价值的。在现代社会,更常见的共同道德构建方式是以规则或责任的术语来构建,如伯纳德·格特的十项道德守则和罗斯的初步责任规则。共同道德也十分重视道德主体的意图。

伦理学家常常会识别共同道德中的某些结构成分。行为可分为允许的、不允许的、义务的和超出义务的。最后一个类别是指那些如果完成,则是值得称赞的行为(有时需要英雄主义或勇气),但它不是道德的义务。共同道德也常常分为:高层次的规则或责任,如那些被格特和罗斯所定义的;中等层次的原则,如工程师应该忠于他们雇主的原则;对于行为或人的特殊的道德判断。

有时构建共同道德的总体模型是有价值的。这样的模型可以回答关于标准的对与错、道德的功能或目的,以及在解决道德问题时的合适证据和推理的问题。与个体工程师面对的道德决策相对,有两个模型在思考更大的社会问题时特别有价值。这两个最著名的模型,一个是功利主义模型,它的标准是促进人类福祉;而另一个是尊重人的模型,它的标准是保护个人的道德主体性。这两个模型有它们突出的优点和缺点。有时对一个道德问题,它们会给出相同的答案,虽然是从不同的角度,但有时它们会给出不同的答案。在后一种情况下,我们必须就手头的问题来评估两种不同观点的长处,并就这个问题的解决做出决定。这两个模型提供了一些有助于解决道德问题的方法。

2.12 网络上的工程伦理资源

通过访问配套的工程伦理网站,检测你自己对本章材料的理解。这个网站包括多项选择的研究问题、建议讨论的主题,有时候还有额外的案例研究以辅助你对本章材料的阅读和研究。

注 释

1. 这一说法基于 Terrence Petty, "Use of Corpses in Auto-Crash Test Outrages Germans," *Time*, Dec. 6, 1993, p. 70。

2. 这一案例源于曾就读于得克萨斯农工大学工程系的一名学生的经历。

3. 这些观点来自 Rosalind Hursthouse's "Virtue Ethics" in the *Stanford Encyclopedia of Philosophy*. Retrieved from http://plato.stanford.edu/entries/ethics-virtue/。

4. W. D. Ross, *The Right and the Good* (Oxford: Oxford University Press, 1930), pp. 20 - 22.

5. Bernard Gert, *Common Morality: Deciding What to Do* (New York: Oxford University Press, 2004).

6. 同上, p. 9。

7. C. E. Harris, Jr., *Applying Moral Theories*, 5th. ed. (Belmont, CA, 2007), p. 96.

8. 对这一解释的支持参见 Marcus G. Singer, "Defense of the Golden Rule," in Marcus G. Singer, ed., *Morals and Values* (New York: Scribners, 1977)。

9. 这一普适性标准来自伊曼纽尔·康德(Immanuel Kant),参见 Immanuel Kant, *Foundations of the Metaphysics of Morals, with Critical Essays* (Robert Paul Wolff, ed.), (Indianapolis: Bobb-Merrill, 1969)。另一种论述参见 Harris, *Applying Moral Theories*, 4th ed。

10. Alan Gewirth, *Reason and Morality* (Chicago: University of Chicago Press, 1978), especially pp. 199 - 127 and 338 - 354.

第3章 **工程责任**

本章主要观点

● 责任必须与有责任相伴而行,无论是对一个人现在和未来所做的还是过去所做的来说。

● 工程师的义务—责任要求其不仅要遵守工程规范和标准,而且还要符合合理关照的标准。

● "善举"既是可行的,也是值得期待的。

● 工程师是负有责任的,即便其无须承担法律责任,也要为故意、过失和鲁莽所造成的损害负责。

● 负责任的工程实践需要良好的判断,而不只是简单地遵循程序。

● 对工程责任的一个很好的测试是:"在没有人监督的情况下,工程师做什么?"这就足以证明信任在工程师工作中的重要性。

东部标准时间 2003 年 1 月 16 日上午 10:39,"哥伦比亚号"航天飞机在肯尼迪太空中心起飞,预定在太空中完成 16 天的飞行任务。[1] 包括 1 名以色列宇航员在内的 7 名"哥伦比亚号"机组人员计划进行大量的科学实验,并于 2 月 1 日返回地面。航天飞机起飞后仅81.7秒,覆盖机身主燃料箱外部的橙褐色泡沫绝缘材料断裂开一块公文包大小的裂片,裂片撞击到航天飞机左翼的前缘。"哥伦比亚号"上的机组人员和地面维护人员此时都不知道,这个泡沫裂片在飞机左翼的前缘撞出了一个直径约 10 英寸的洞。

摄像机记录了这个碰撞过程,但是图像未能提供足够的细节来确定碰撞的确切位置以及它的后果。有几位工程师,包括罗德尼·罗奇尔,请求努力获取更清晰的图像。甚至有人请求"哥伦比亚号"上的工作人员检查机翼是否受损。但是,在 NASA 已经形成了这样一种信念,尽管泡沫绝缘材料撞击是一个已知的问题,但它不会引起重大的损坏,也不是一个飞行安全的问题,因此管理人员拒绝了这个请求。直到很快就要再次进入太空舱了,宇航员们才被告知这个问题。他们被告知泡沫材料的撞击只是一个无关紧要的事件,而他们应该知道这件事,以防在返回地面后媒体向他们问起撞击的事情。

当航天飞机再次进入地球大气层时,一股大概超过 5000℉的炽热气流,窜进了机翼的裂口,开始从内部毁坏机翼。当航天飞机位于太平洋上空时,它开始损毁,到进入美国上空时,情况越来越严重。后来,左翼底部表面的裂口向上扩展导致机翼内部断裂,最终大约是在得克萨斯州东部的上空,"哥伦比亚号"失去控制并解体。随着航天飞机的消失,全体宇航员一起罹难。

3.1 导　言

与17年前的"挑战者号"灾难有许多惊人的相似之处,这一悲剧事件,例证了在工程职业中围绕着责任的概念存在着许多问题。"哥伦比亚号"得以飞行,航天飞机及其航天员的安全保障,这些显然都离不开工程师所起的核心作用。从发射开始,工程师就用一双特殊的眼睛来寻找可能存在的问题。NASA碎片评估团队的罗德尼·罗奇尔和其他工程师开始担忧飞行的碎片,关注和评估这样的细节是他们的职责。如果他们没有把握好,那么事情会变得很糟。即使他们把握得很好,事情也可能变得很糟。风险是很高的。

责任的概念是多面性的。作为一种有责任的概念,它可以应用于个体工程师、工程师团队、组织内部的部门或单位,甚至组织本身。它主要侧重于法律责任、岗位角色、职业工程社团的期望或自我强加的道德标准。

作为职业人员,人们期待工程师的行为是高标准的。[2]正如第1章所指出的,国家职业工程师协会伦理章程的序言就强调了工程师诚实、正直、公正和保护公众安全、健康和福祉的重要性。这是基于工程师在工作中所扮演的特殊角色以及这项工作对我们生活的极其重要的影响。我们可以把这称为角色责任(role responsibility)。

我们对工程师负责任地运用工程专业知识的依赖表明,我们需要信任工程师的可靠行为,无论是个体工程师还是共同工作的工程师团队成员。反过来,当有机会为他人提供服务时,工程师以令人信任的方式行事是非常重要的。这对一名职业人员处理他或她的职责有重要的意义。一般来说,我们可以通过区间谱系的方式来思考责任。谱系一端的态度是,一个人尽可能地少做事情,以远离并摆脱麻烦,维持自己的工作,等等。谱系另一端的态度是,一个人可以采取"高于或超越职责"的行为。这并不意味着一个人自觉地致力于做超出职责要求的事情。准确地说,它包含着对卓越水平的一种充分的承诺,而其他人将其视为超出职务或者"多余的付出"。

在职业领域内,只做避免麻烦和维持工作的事的态度远远没有达到负责任的职业人员本身或他们的服务对象可接受的最低限度标准。然而,考虑到威廉·F.梅的观点(第1章讨论的),职业人员不能一直被"监视",所以那些没有达到令人满意的甚至没有达到最低可接受限度标准的行为通常不会被察觉到,至少在短期内(如果不是长期)不会被察觉到。超出职责的行为也可能被忽视,或者至少不被赏识。职业人员的态度可能是"我只是在做我的工作"。但如果其他人仔细观察这种职业人员的"职业伦理",那么他们可能会很好地断定他是一个具有超高奉献精神和绩效的人。

考虑到这种概括一个人工作态度的谱系区间可能不那么精确,于是我们可能会询问

53

雇主,如果他们希望聘用一位负责任的工程师,那么他们可能希望寻求具有哪种态度和性情的雇员。[3]我们可能列出正直、诚实、甘于一定的自我牺牲以及具有某种程度的公民意识期望的列表。除了显示基本的工程能力,负责任的工程师还应具备想象力和毅力,能够进行清晰和信息丰富的交流,追求客观性,坦率地承认并改正错误,与他人良好合作,追求质量,既能看到"大局"还能注意微小的细节。毫无疑问,还有其他品质可以添加到列表中。所有这些特性的共同点在于它们都有助于让工程师更可靠和更可信。

3.2 工程标准

工程师可以设法获得他们所服务和与之合作的人的信任的一种方式是严格遵守高标准的伦理章程。与其他工程伦理章程一样,NSPE 的伦理章程要求工程师的工作满足"工程应用标准"。这些可能是规定特定工程设计的特定技术的规范标准,例如,桥梁或建筑物须满足其特定的安全标准。因此,工程师主要聚焦于工程实践的结果上,即工作是否满足特定的质量或安全标准。工程标准还可能要求工程师完成某些程序以确定达到特定的、可测量的质量或安全等级;或者,工序需要和它们所产生的结果一起被记录下来。

同样重要的是,工程伦理章程通常坚持工程师符合能力标准,这些标准是随着工程实践逐渐发展起来的,在一般的工程训练和实践中,会被普遍接受,即使只是含蓄地接受。[4]规范标准和能力标准旨在为工程的质量、安全和效率提供一定的保障。不过,重要的是要意识到,它们在工程设计和实践中也给职业自由裁量权留下了相当大的空间。章程中几乎没有工程师可以遵循的步骤。因此,必须强调工程判断的必要性。[5]

尽管 NSPE 的伦理章程是特定的职业工程师协会成员集体反思的产物,但它似乎意在应对所有实践工程师的伦理责任。鉴于此,章程所采纳的标准应当获得所有工程师的支持,而不只是 NSPE 成员公开承诺这些标准。也就是说,这些标准应该有理由获得所有工程师的支持,甚至可以约束 NSPE 成员之外的工程师。难道不应该如此吗?

54　　在回答这个问题时,需要注意的是,在描述工程师应该如何自我管理时,NSPE 伦理章程序言并未指出 NSPE 成员与其他工程师的区别。相反,它描述了工程在社会中扮演的一般角色,以及适合于负责任地扮演该角色的更为具体的行为准则。想来,这种描述恰当地忽略了工程师是否是 NSPE 的成员。

工程师和非工程师都认为工程师确实扮演着如 NSPE 伦理章程序言所描述的至关重要的社会角色,它强调工程师应当以有利于雇主、客户以及公众和不辜负他们的信任的方式使用他们的专业知识和技能服务。我们可以说,这是一个义务—责任(obligation-responsibility)的问题。对工程师是否很好地把握他们的义务—责任的评价,最典型的术语就是表扬和责备。不幸的是,在没有例外的情况下,我们似乎更多地倾向于对缺点和失败进行责备,超过对他们胜任的日常工程实践进行赞扬(我们希望汽车能够发动,电梯和火车运行良好,交通灯能工作)。在任何情况下,我们认为工程师对一次失误"负有责任",或者是对一项事故"负责"的人之一。从根本上来说,这是一种消极和落后的责任观。让我们暂且把它称为过失—责任(blame-responsibility)。然而,重要的是不应忘记,评估既可以是消极的,也可以是积极的。

我们下面将讨论义务—责任与通常所说的关照标准(standard of care)的关系,它是一个能够被法律和工程实践都接受的工程责任标准。然后,我们将讨论过失—责任的消极意义以及它与关照标准的关系。我们将考察有关工程产品设计失误或功能失效方面的责任问题。大多数工程师工作于其中的组织结构使得这些问题非常复杂。组织本身(不同于个人)面对危害是否能够明智地承担道德责任,这是一个有争议的问题。然而,它们能够(而且应该)承担法律责任,这会对于包括工程师在内的雇员的道德责任产生重要的影响。

3.3　关照标准

工程师有职业的义务去遵守适用于其行业标准的操作程序和规范,并按其雇用规定履行其工作的基本职责。然而,有时,遵守标准的操作程序和规范是不够的。意外的问题随时可能出现,标准的操作程序和现行的规范却没有包含相关的应对措施。鉴于此,人们期望工程师们能够遵守更严格的规范,即关照标准。为了解释这个想法,让我们先来了解伦理章程。

工程职业社团的伦理章程试图以一种结构化的、全面化的方式来确定其成员应当以工程师的身份管理自身行为。然而,由于相关的细微差别,一些特殊情况无法预料,所以应用这些标准时需要职业的判断。例如,虽然有时不能满足保护公众、健康和安全的原因是明显的,但大多数时候情况却并非如此。只有当规定了工程师具有保护公众安全的责任,那么不主动地保护公众的安全就不符合公众安全的标准。但是,既然没有哪一种工程产品可以被认为是"绝对"安全的(至少,它总是一种有用的产品),并且存在着与提升安全水平相关的经济成本,因此,这种或那种产品的合理安全标准会存在着一些不确定性。 55

安全标准的决定权并不是由个体工程师以及他们的雇主单独决定的,安全标准是由政府机构(如国家标准技术研究所、职业安全和健康管理局以及环境保护署)或非政府组织(如职业工程协会和国际标准化组织)制定的。尽管如此,安全标准以及质量标准,仍然留有相当大的工程自由裁量空间。虽然一些标准具有高度的专业性(例如,能够承受呈 90度角、特定风速冲击的某种结构的最低要求),但另一些标准只是简单地要求去建立、跟进和记录未限定的标准过程。[6]

在要求工程师遵守符合工程实践的可接受的标准时,工程伦理章程通常会做出更一般的陈述。这样的标准怎样应用于实践当然取决于所涉及的工程实践领域,以及是否存在任何正式的规范标准。然而,在工程实践中,隐含在所有这些标准之下的是一个更宽泛的关照标准,即一个诉诸法律的标准,在特殊的情况下,经验丰富、受人尊敬的工程师会到庭就此作证。

乔舒亚·B.卡顿(Joshua B. Kardon)是这样界定这个关照标准的。[7]虽然在工程判断和实践中会自然而然地出现一些错误，但并不是所有的错误都是可以接受的。

工程师并非必须对每一个失误所造成的损失负责。社会已经通过判例法确定，当你雇用一名工程师的时候，你也同时承担了他的正常失误。然而，如果失误超过了正常水平，工程师就必须负责。这个正常水平，也就是非疏忽和疏忽的错误之间的界线，被称作"关照标准"。

在特定情况下，如何确定这个分界线呢？它并非是由工程师单独确定的，但是，在协助法官和陪审团的审议中，他们的确发挥着至关重要的作用。卡顿继续说：

事实的裁定者、法官或陪审团，必须确定什么是关照标准，以及工程师的表现是否尚未达到这一水准。他们通过倾听专家的证词来确定。有资格担任专家的人会就关照标准和被告工程师相对于该标准的表现而发表意见。

为了使这项法律程序对工程师来说是可行的和合理的，就需要有一个工程实践上可接受的操作概念，从而使相关工程领域中的有能力的工程师能够非常好地理解这一点。正如卡顿提到的：[8]

职业人员的关照标准的一个很好的定义是，服务水平和服务质量通常是由该领域中信誉良好、有能力的从业者来提供的，他们同时在相同的地点和相同的情况下，提供类似的服务。

鉴于此，我们不应该期望找到一个明确满足该标准的正式陈述，而是寄希望于有能力的工程师普遍和通常会做（或不会做）的事情。然而，应当指出，NSPE 伦理章程的序言要求工程师坚持"道德行为的最高原则"，对于许多工程师来说，这些标准要求可能超过了法律上认可的关照标准。因此，从工程伦理的角度来看，关照标准似乎代表了一种最低限度的可接受标准，但其却是在相关的实践领域，有能力的、负责任的工程师之间共享的最高标准。

3.4 负责任的监督

人们期待作为项目负责人的工程师在盖章同意该项目之前会对该项目进行细致的监督。然而，仔细的监督要求会因项目的不同而有所不同，它会以阻碍采取精确步骤和标准之算法的方式来影响仔细的监督。总之，期望的那些东西通常被称为是合理的关照或应有的关照。

两个众所周知的案例是具有教育意义的。第一个案例是，建造堪萨斯城凯悦酒店的相关负责人被控对 1981 年人行天桥坍塌这一灾难性的事故负有职业渎职(罪)(案例 17 更详细地讨论了这个事件)。虽然相关负责人并没有批准彻底改变走道支架的原始设计,但可以确定的是,如果他们进行了负责任的监督,那么他们就应该意识到可能发生的变化。如果设计真的引起了他们的注意,那么通过一些简单的计算他们就会清楚地知道,该结构计算结果是不安全的。

在这个案例中,人们确定,该项目的负责工程师严重违反了工程实践可接受的标准,其行为难以满足关照标准。满足关照标准并不能保证失误不会发生。然而,未能满足关照标准本身是不能接受的。在任何特定的情况下,可能有几种满足标准的可接受的方法。这在很大程度上取决于该项目的种类、其特定的背景以及发挥作用的特定变量(有时其是不可预知的)。

第二个案例涉及偏离原始设计,威廉·勒曼歇尔(William LeMessurier)是负责曼哈顿 59 层花旗银行大厦(Citicorp Building)的总结构工程师。[9] 勒曼歇尔在大厦竣工之后惊讶地发现,主要结构的连接是铆焊焊接,而不是原设计要求的焊透焊接。然而,最初他是有信心的,毕竟这个建筑仍然超出纽约市建筑章程的要求,风以 90 度角冲击建筑物时不会对建筑物带来严重的危险。纽约市建筑章程并没有指定应使用铆焊焊接还是焊透焊接,只是规定最后的结构必须通过 90 度角风的测试。

幸运的是,勒曼歇尔并不安于这种铆焊焊接仍然满足了城市建筑规范的想法。现在,他决定测试一下,如果风以 45 度角斜向对建筑物撞击,会发生什么? 由于大厦的一楼实际上是地面上普通楼房的几层楼,大厦的地面支撑是四根柱子,它们在建筑物的四角之间,而不是位于四个角隅处,因此问题似乎是可感知到的。通过进一步的计算,勒曼歇尔确定铆焊焊接使该结构比预料的更容易受到强风的损害。尽管满足了城市章程规范,但勒曼歇尔认为大厦是不够安全的,修正是必要的。在所有情况下,都不能依赖章程来制定可靠的关照标准。

由此不能得出结论,对于焊接问题只有一个可以接受的解决方案。勒曼歇尔的加固螺栓焊接的计划是起到作用的。但焊透焊接的原始计划显然也是可行的。许多其他的可接受的解决方案可能也是可行的。因此,一个特定的结构的多种设计都可以满足工程标准。凯悦酒店的案例清楚地说明了工程师负责人难辞其咎的失误。原来的设计本身并没有满足建筑规范要求,而后来设计的改变使事情变得更糟。花旗银行大厦的案例清楚地说明了,满足规范要求的标准的工程实践也许是不够的。

毫无疑问,威廉·勒曼歇尔在发现花旗银行大厦的那个严重问题时是沮丧的。然而,关于该建筑结构,有很多地方是他引以为豪的。一个特别的创新之处是他在大厦顶部附近放置了一块 400 吨的混凝土减震器。勒曼歇尔已经介绍过其功能特征,即它不提高安全性,但可降低大厦的晃动程度——一个关乎其居民舒适度的问题。当然,这并不意味着减震器对安全性没有一点作用。虽然减震器是为舒适而设计的,但也可以提高安全性。或者说,特别地,既然大楼的晃动需要受到促进和限制两方面的力,所以如果没有其他控制,晃动可能对安全产生负面影响。在任何情况下,一个 59 层建筑顶部附近的 400 吨减震

57

器可能对建筑物抵抗强风的能力产生效果,这个效果需要引起注意。

四根柱子分别支撑大厦四边中间部位的结构是另一项创新——这也许可以解释为什么勒曼歇尔最终会发现,用来确定呈 45 度角的风对结构的稳定性可能产生怎样的影响的尝试是值得的。这两项创新都落入了可接受的工程实践范畴,说明了要确定它们可能对结构的整体完整性和功能有什么影响,必须做出周密的努力。完全依赖于一部建筑规范的特定条款所面临的风险是,其制定者不太可能提前考虑到该创新设计的所有相关效果。也就是说,规章通常不太可能跟得上技术创新的步伐。

3.5 过失——责任和原因

现在让我们回到消极的责任概念上,即过失——责任。我们先考察伤害的责任与伤害的原因两者之间的关系。当"哥伦比亚号"事故调查委员会在调查"哥伦比亚号"灾难时,它关注的是所谓的事故"原因"。它确认了两个主要的原因——"物理原因"和"组织原因"。物理原因是指从外部油箱上剥落的泡沫绝缘材料对航天飞机左翼前缘造成的损害。组织原因是指 NASA 在组织和文化方面的缺陷,这些缺陷导致其对安全的关注不够。[10]调查委员会也提到了对该事故"负有责任或应负责任"的个人。但是,委员会并不认为它的主要使命是确定应负责任和或许应该受处罚的那些个人。[11]因此,它对事故原因做出了三种类型的解释:物理原因、组织原因和对事故负有责任或应负责任的个人。

原因的概念以一种非常有趣的方式和责任的概念相联系。一般而言,如果我们越倾向于谈论某事物的物理原因,那么我们就不倾向于谈论责任;如果我们更倾向于谈论"责任",那么我们就更不倾向于关注物理原因。如果我们仅仅指出该事故的物理原因,比如,飞船左翼前缘的裂缝导致的坠毁,谈及责任就是不合适的。物理原因,以及类似的原因,不可能成为责任的主体。至于组织的和个人的责任归属问题,则会引出更复杂的问题。让我们首先来讨论组织的责任。

组织与原因和责任概念的关系是有争议的。"哥伦比亚号"事故调查委员会更倾向于将 NASA 的组织和文化当作该事故的一个原因。关于物理原因,该委员会这样表述:[12]

> "哥伦比亚号"失事和全体宇航员遇难的物理原因是左翼前缘热保护系统中的一个裂口,在起飞后 81.7 秒时,由外部油箱的左双脚架斜面上脱落的一块泡沫绝缘材料击中了机翼前端第八节碳纤维强化面板(靠近下半部的地方)。

关于事故的组织原因,该委员会这样表述:[13]

> 这个事故的组织原因源自太空飞船计划的历史和文化,包括为了获得批准飞船飞行所必需的最初的妥协、连续多年的资源限制、变动不定的优先权、计划书的压力、错误地将飞船定位为可行的而不是发展中的,以及对于人类太空飞行缺乏一种统一的国家视角。

有害于安全的文化特征和组织行为持续发展，包括：将对过去成功的依赖作为对完善的工程实践（如通过测试来理解为什么系统没有按照要求运作）的一种替代；妨碍关键性安全信息的有效交流以及抑制不同专业意见的组织障碍；缺乏跨项目元素的集成管理；在组织规则之外运作的非正式指挥链和决策过程的演变。

至于这两方面原因的相对重要性，该委员会总结道：[14]

在委员会看来，NASA 的组织文化和结构、外部燃料箱与这起事故具有同样的相关度。组织文化指的是管理一个机构运作的价值、规范、信念和惯例。在最基本的层面上，组织文化界定了雇员在完成他们工作时所持的假设。在改组和重新任命重要人事变动中，这是一种重要的持续力量。

如果组织可以成为原因，那么它们是否也可以成为道德上负责任的主体，正如人类一样？一些理论家认为，说组织（如通用汽车公司或 NASA）可以成为在道德上负责任的主体是没有任何意义的。[15]毕竟，一个组织并非是通常意义上的一个人。与人不同，公司不具有身体，不能被投入监狱，并且它拥有无限的生命。另外，公司在法律上被描述为"法人"。根据《布莱克法律词典》（*Black's Law Dictionary*），"法律视公司为一个可以提出控告也可以被控告的人。公司和构成它的个人（股东）是不同的"[16]。公司和人一样，可以出生也可以去世，也可以被处罚。

哲学家彼得·弗伦奇（Peter French）认为，在一种重要的意义上，公司可以成为在道德上负责任的主体。[17]虽然弗伦奇关注的是公司，但是他的论证也适用于 NASA 这样的政府组织。可以说，公司的三个特点使得它们与道德主体非常类似。第一，公司和人一样拥有决策的机制。人们可以深思熟虑，然后执行他们的决定。类似地，公司有董事会和高层管理人员，他们决定公司的政策，然后这些决定由公司层级制中的下级员工来实施。第二，公司和人一样，拥有指导其做决定的方针政策。人有道德守则和其他的思考因素来指导他们的行为。类似地，公司也有公司的政策，在很多情况下，这些政策也包括伦理章程。除了指导行为的政策外，公司还拥有一种塑造其行为方式的"公司文化"，正如人的个性和品格塑造了其个体行为一样。第三，可以说，公司和人一样，拥有自己的"利益"，这些利益并不需要与那些高管、职员和组成公司的其他人的利益相同。公司的利益包括获取利润、维持一个好的公共形象、远离法律纠纷等。

思考一个公司做决定的例子。设想一家石油公司正在考虑在非洲开展一项开采业务。如山般的文书工作要呈给首席执行官、其他的高管，或许还有董事会的成员。根据公司已制定的决策程序，当做出一项决定时，它通常能够合适地被称为做出了一项"公司决定"。该决定是以"公司伦理"为指导，出于"公司的原因"，大概符合"公司的政策"，为了满足"公司的利益"而做出的。

无论像这样的组织是否能被视作道德的主体，抑或仅仅被视作伤害产生的原因，但至

59

少在三种意义上，组织可以承担责任。[18]首先，它们可以因为伤害而受到批评，正如"哥伦比亚号"事故调查委员会批评 NASA 一样。其次，一个对他人造成伤害的组织可以被要求就其错误行为做出赔偿。最后，一个对他人已造成伤害的组织应该进行改革，正如"哥伦比亚号"事故调查委员会认为 NASA 需要改革一样。

将组织视作负责任的道德主体，这里存在着一个顾虑，就是担心个体的责任可能被组织取代了。然而，认为组织和个人对于其所作所为均负有道德责任，这两者并非不协调。我们现在来讨论个体的责任。

3.6　责　任

虽然工程师和他们的雇主可能会指出，他们已经达到了现有的规范标准，从而为未能保障安全和质量寻找借口，但显然法院不一定同意他们的说法。侵权行为法中的关照标准（涉及不当伤害）并不受限于规范标准。人们期望工程师会执行库姆斯诉比德案（*Coombs v. Beede*）中所描述的关照标准：[19]

60

一位建筑师的责任在本质上与以下责任相同：律师对他的客户，或医师对他的病人，或一个人对于另一个人的责任，在这里，这样的人声称在某个特殊的领域中拥有专门的技能和才能，并且在他可能受雇的领域中从事他所适合的工作，以此向公众提供他的服务。一位建筑师的担当表明，他拥有技能和才能，包括鉴赏力，足以使他能够至少一般地或合理地圆满完成所要求的服务；并且，在给定的情形中，他将合理地并且没有疏忽地操练和运用他的技能和才能、他的判断力和鉴赏力。

正如卡顿指出的，这一标准不认为所有提供满意服务的失误都是不当伤害。但他坚持认为，这些服务提供了证据，表明采取了合理关照。具有以下两个特征的实践，方能称为合理关照：公众可以合理期待，经验丰富、能力出众的工程师可以接受。鉴于创新工程设计的需求，对于公众来说，将所有的失败和灾祸都视为有罪是不现实的；同时，工程师有责任尽最大努力来预测和避免失败和灾祸。

应该注意，库姆斯诉比德案并不是说，职业人员只需要遵守他们专业领域内已确定的标准和惯例。因为这些标准和惯例可能处于变化的状态，它们可能无法跟上特定领域风险知识进步的步伐。而且，如同许多责任案例所表明的，应该准确地采用哪些标准和实践，理智的人通常看法不一致。

考察道德责任的一种实用的方法是考察导致伤害的法律责任（liability）的相关概念，因为法律责任在很多地方类似于道德责任，尽管这两者之间存在着重要的区别。在法律上负责，也就是要因伤害而受到惩罚，或对伤害做出赔偿。伤害的责任通常暗示了导致损害的那个人，但它也暗示了导致该损害的某些条件。这些条件在本质上通常是"精神性的"，可能涉及恶意的、鲁莽的、疏忽的三种状态。让我们更详细地考察导致伤害的法律责任和道德责任的概念,注意每一种状态都意味着比另一种状态更弱的责任。[20]我们还应该看到,尽管在此我们给出了导致损害的概念,但是法律责任和(道德)责任的概念仍是我们关注的焦点。

第一,一个人可以故意地、有意地或蓄谋地对他人造成伤害。如果一个人为了拿走另一个人的钱,在背后捅了他(或她)一刀,那么行凶者对受伤或死亡负有道德责任和法律责任。在这种情况下,伤害产生的直接原因是身体攻击,精神原因是故意地做出严重伤害他人的事。

第二,一个人可以鲁莽地导致伤害,即没有导致伤害的动机,但却意识到可能会产生伤害。如果我鲁莽地导致你受到伤害,那么我和你的伤害之间就存在因果关系,因此,我应为这一伤害负责。在鲁莽行为中,尽管没有故意造成伤害的意图,但却有一种意图,就是通过行动把他人置于已知的伤害风险之中。此外,这个人可能还具有一种我们称之为鲁莽的态度,在这种态度下,他人的康乐,甚至他自己的康乐在他的心中都不是最重要的。鲁莽态度可能导致伤害,正如一个人以限制速度的两倍驾驶,从而导致了一起事故。他可能并不想造成伤害或甚至不想导致事故,但是他确实故意地快速驾驶,并且可能没有考虑到他自己或他人的安全。如果他的鲁莽行为导致了伤害,那么他就应该为伤害负责,同时承担法律上的责任。

第三,一种更弱的法律责任的伤害与疏忽相关。疏忽与鲁莽不同,鲁莽包含着蓄意或故意的因素(例如开快车的决定),而在疏忽行为中,这个人可能只是忽略了某些事情,或者没有意识到会导致伤害的那些因素。此外,这个人的行为与伤害之间可能不存在任何直接的因果成分。这个人对没有能够保持应有的谨慎而负有责任,这种谨慎是一个理智的人在特定情形中应该具备的。在法律中,对疏忽的成功诉讼必须满足以下四个条件:

(1)存在着与特定的行为标准相对应的法律责任。

(2)被控疏忽的人未能遵守这些标准。

(3)该行为和由此造成的伤害之间存在着合理的紧密的因果关系。

(4)对另一种结果的利益构成了实际的损失或损害。

只要把第一个条件里的"法律责任"替换成"道德责任",那么这四个要素也会出现在道德责任中。像工程这样的职业拥有公认的职业实践的标准,无论是技术的还是道德的。因此,职业疏忽意味着职业人员未能履行职责,这种职责已经是作为职业人员含蓄地或明确地应该承担的职责。如果工程师没有按照自己职业公认的标准而践行关照标准,因而疏忽大意,那么他就要对可能造成的损害负责。

另一个法律责任的概念在道德责任中并没有准确的对应的含义。在某些法律领域,对于造成的损害进行责任严格的认定;没有过错或过失的归因,但却有提供赔偿、修理或类似的法律责任。严格责任针对的是公司,而不是组织内的个体工程师。然而,由于他们有责任成为忠实和忠诚的雇员,甚至可能由于一项被赋予的特定的职责,他们可以向雇主承担责任,即尽量帮助减少对组织施加严格责任的可能性,因此,即使是公司层面上的严格责任也会对个体工程师产生道德影响。

最后,即使某些工程师对于上述任何一种对其组织造成危害的方式不负有责任,但是他们的经理却可以指派他们负责解决那些不是他们造成的问题。

虽然关照标准在法律上起着重要的作用,但重要的是要认识到,它也反映了一个更宽泛的道德责任的概念。单论其法律用途可能只会导致某种更加精于计算的、合理关照的"符合法律"的考虑。在考虑赞成或反对全力以赴地满足关照标准的情况时,这样做的成本可以与侵权索赔的风险进行权衡。这包括估计损害将实际发生的可能性,并且,如果损害发生了,任何人都会诉诸法律(而且他们将会胜诉)。责任保险费已经付出,那些仅仅是为了最大限度地获得收益和最小化总成本的人可能会认为,不全力以赴地满足关照标准的冒险是值得的。从一个更狭隘的利己主义者的角度看,谨慎,与其说是一种合理的关照,还不如说是以防被抓住。

3.7 善 举

将关照标准仅仅视作保护自己(或自己的雇主)避免承担法律责任的手段并不能为它提供正义的道德基础。理想上,关照标准反映了对保护他人免受伤害或发生不当行为的关注。它抓住了一种至少对他人的最低的道德关注的意识。但是,我们在本章前面所介绍的责任的概念却包含了更多。

有时,我们会说一个人做了"高于或超出责任所要求的"事情,或者他或她多跑了"额外的一英里"①。我们认为,这样的善举是值得赞扬的,即使不作为典范。如果义务—责任首先包含了合理的关照,那么善举的含义就更广。一个工程背景之外的简单例子可以说明,善举在我们心中是怎样的。[21]

拉尔夫(Ralph)在和往常一样的时间醒来并准备去工作。他往窗外看了看,大吃一惊,因为他的车道积满了雪,但昨晚的天气预报并没有说有雪。他只有一把铲子,没有犁。他意识到上班会迟到很长时间——并且还会很疲惫。当拉尔夫穿上暖和的衣服出去铲雪时,他惊奇地发现他的一位邻居正在用绑在皮卡上的雪犁帮他清扫车道。虽然他们是邻居,但实际上他们以前从未见过面。

毫无疑问,拉尔夫会欣赏他邻居的所作所为。如果他的邻居一点忙也不帮,那么他会怎么想呢?他会挑剔他吗?认为他没有履行他的责任,或者认为他的邻居有某种道德缺陷吗?显然他不可能这么认为。他的邻居做了"高于或超出责任所要求的事"。他的行为并不是一种神圣的或者英雄的行为,但却是一种善举。

这样的事在职业生涯中也会发生。在第1章中给出过两个例子。第一个是工程师持续工作以改善安全带的性能(便利性),这些安全带是高楼玻璃窗清洗工使用的,他们冒着生命危险在高楼大厦外的脚手架(笼)中上下移动工作。第二个例子讲的是汽车气囊先驱卡尔·克拉克,他退休后还继续工作,不计报酬,试图开发汽车保险杠气囊和老年人专用的座位气囊,以防他们坠落时臀部受伤。在此我们举第三个例子:统计学家迈克尔·斯托

---

① 1 英里＝1609.344 米。——译者注

兰(Michael Stoline)同意帮助分析数据，以确定在纽约州布法罗附近的洛夫运河（Love Canal）的居民返回住处是否安全，因为该地区先前处于受有害废物危害的严重的健康风险之中，所以政府要求居民撤离该地区。虽然斯托兰的服务可以得到适当的报酬，但他知道还有许多更赚钱的咨询机会。但人们问他为什么要接受这项任务，他说："只为钱而分析数据对我来说没有任何意义。我想做些善事。"[22]

　　这三个例子的区别很有意思，也很重要。第一个例子是某人对于自己惯常工作的奉献超出了通常的工作时间，也超出了他的公司和同事对他的合理期待。他也许将此视作"我只是做我自己的工作"，直到尽自己最大的努力达到满意的结果。如果他不再继续改善安全带的性能，在日常的工作时间转向其他任务，那么他则有可能会责怪自己，但是，其他人不可能就此责怪他。第二个例子是某人退休了，但他仍然继续利用他的想象力和技术来完成他希望能帮到他人的项目。第三个例子是，某人并非被全职聘用，承担了一组新的责任，而这些并不是他日常工作的一部分——与其挣钱还不如为他人谋福利。

　　尽管它们有区别，但这三个例子说明了，他们超出了他人通常地、正当地所期望的奉献，无论其奉献是否与他们全职的工作有关。尽管我们赞赏这些个体承担了额外的责任，但我们并不认为在一开始时他们就有这样的责任。即使他们可能会对自己说，"这是我应该做的"，但是我们也不可能觉得下面的说法是合适的，即我们对他们说他们应该那么做。取而代之的是，我们会赞扬他们的善举并且赞赏他们更强烈的责任感。

　　善举不仅可以由个体来完成，也可以由团队完成。在20世纪30年代后期，通用电气的一群工程师一起工作，共同开发了封闭式前照灯，期望它能够极大地减少夜晚驾驶导致死亡事故的数量。[23]要做到这一点，就必须让工程师参与研究、设计、生产、经济分析和政府规程制定。尽管改进汽车前照灯的要求是被广泛认可的，但其在技术和经济上的可行性却是受到普遍怀疑的。直到1937年，通用电气的研发团队才证实了封闭式前照灯在技术上的可行性。但是，接下来的工作是要说服汽车制造商和设计者共同合作来支持这一创新，并且要使监管者相信它的优点。

　　几乎没有理由认为通用电气工程师只是在做他们被要求做的事，即设计出更合适的前照灯。显然，实际上的共识是这做不到。所以，工程师必须克服相当大的阻力。这不是一项普通的任务，那个时代的另一位工程师的言论证明了这一点：

> 封闭式前照灯说明书中工程师达成一致的看法是一项成就，它博得了所有知晓需要克服其中困难的人的赞扬。这不仅仅是照明工程的一项成就，更是安全工程、人类工程、合作艺术的成就。[24]

　　这群工程师所遇到的困难使我们意识到，善举的激情会受到现实的牵制。其他的需求和限制会阻碍这些善举的实现，虽然如此，寻求实施善举的机会，在这些机会出现的时候抓住它们，却是一种受欢迎的工程师的品质。

　　在工程责任的背景下我们应该如何理解善举？尽管在某些事情上我们彼此负有责

任,但承担或担当某些责任也是有可能的。那位改进安全带质量的设计工程师承担了额外的责任。这些责任是自我施加的。而那位统计学家,并非被全职雇用,但当确信他的工作将"行善"时,他就承担了额外的咨询责任——一个值得赞扬的但却是自我施加的要求。最后,正如封闭式前照灯项目所阐明的,这样的努力不应该是孤独的,工程师可以共同承担善举。

被我们称为"善举"的事经常出现在职业生活中,而我们很容易忽视这一点。那些行善举的人可能认为他们只是在做他们应该做的事情。他们可能看到了我们没有注意到的重要任务,并且默默地完成它们。或者我们逐渐习惯了他们所做的事情,而将他们的善举当作理所当然的了。此外,一旦他们承担了一种责任,并且在努力地完成它,人们通常就会习惯地认为,他们有责任完成这项工作。我们很容易忽略的是,在开始时,他们是完全可以选择是否承担这项工作的。

我们可能会问,在工程中强调善举是否真的重要。为何不假设,只要职业人员履行了他们的基本义务,他们就能满足工程社团要求他们服务的那些人的基本需求了呢?想知道为什么不是这样,可以思考善举缺失后的影响。避免灾难和提供灾后救援,不仅仅在于职业人员履行了他们的责任,也在于他们做了多于要求做的事情。对那些不那么严重,但却不受欢迎的伤害的救助也是由那些愿意做更多事情的人完成的。

某件事是否应该被视为一个"善举"的例子并不取决于它结果的数量级。改进高层建筑窗户清洗工的安全带可能为挽救生命和防止受伤做出真正的贡献,但其与弗雷德里克·坎尼的灾难救助工作所挽救的大量生命或使得无以计数的人的生活得到改善相比就显得微不足道了。善举可以聚焦于一个特定的社区,比如洛夫运河统计师的案例,或者聚焦于某个产业整体,如从事封闭式前照灯设计的工程师的案例。

我们应该注意到,善举并不总是受到欢迎。事实上,有时行善举的人会遇到有意或无意的阻挠。我们需要问的是,工程师所服务的组织会在什么程度上阻碍他们行善举。比如,组织可能过于详细地规定职业人员的任务和责任,会"积极"地妨碍"做善事者",或只奖励那些不"捣乱"的人。善举也会受到严格的时间进度、有限的预算和手头其他事务压力的阻碍。其中的一些限制是现实和合理的限制(尤其是当善举只能在疏忽基本责任的情况下才能完成的时候)。

然而,创造性的努力有时能够克服这些障碍。在这一点上,一个案例就是3M公司(明尼苏达矿业及制造公司,Minnesota Mining and Manufacturing Company)启动的3M/3P计划。3M公司曾经被视为主要的污染者,它在20世纪70年代设立了一个项目,即通过积极的环保项目来节约资金,这个环保项目的目标比当时政府的调控标准要严格很多。在公开发表的计划书中,3M公司宣称:"传统的控制是暂时的,并且并没有解决问题。3P计划寻求通过产品的重构、工艺过程的改良、设备的重新设计以及废物的再循环和再利用,从源头上消除污染。"[25]这个计划将减少污染和节约资金结合起来,它宣称在20世纪的最后30年成功地完成数千个项目。显然,工程师在这些项目中扮演着重要的角色,这些项目由3P协调委员会审核,该委员会的代表来自3M公司的工程、制造以及健康和安全部门。它声称,所有的项目都是由 3M 的员工提议的,他们自愿参加这项计划。

3.8 应用: 案例研究

下面的案例虽然是虚构的,但它说明了本章所提到的一些责任的概念是如何在工程实践中发挥作用的。午后不久,卡尔·劳伦斯(Carl Lawrence)收到了来自凯文·鲁尔克(Kevin Rourke)紧急发布的警告:"所有主管人员立即检查打开着的腐蚀剂(苛性碱)的阀门。供水箱没有水,泵仍然在运作——要么阀是开着的,要么有漏水。启动腐蚀剂供给品紧急事件处理程序。"这是劳伦斯作为爱默生化学药品公司酸和碱分发系统的一名主管人员的第一年,他从来没处理过类似的事情。劳伦斯知道他应该迅速行动,检查他的部门是否是问题的根源。

令他万分沮丧的是,劳伦斯发现问题正是出自他的部门。他的一位主操作员发现一个不常用的苛性碱阀是开着的。尽管这个阀立刻就被关上了,但是劳伦斯知道清除和维护的费用将会很高昂。最低限度,也需要更换几百加仑的苛性碱,还可能需要 30 桶盐酸来中和从工厂流向地方公共污水处理厂的水,以降低 pH 值。

最后,劳伦斯不得不确定,谁是这一事故中的过错方(过失—责任)。无疑他应该寻找该事故的起因——产生事故的机械故障。因为阀门是开着的,所以很有可能涉及一个负有责任的主体。但是,这并不意味着有人故意使阀门开着。这可能属于一个疏忽的案例——但这是谁的疏忽呢?

我们假设,劳伦斯发现,上早班的主操作员里克·达菲(Rick Duffy)在离开之前忘了关阀。因为那个阀门位于劳伦斯所在部门偏僻的、不常使用的区域,直到凯文·鲁尔克发出紧急情况通知后,人们才知道它是开着的。这就解决责任(过失—责任)问题了吗? 似乎是如此。作为主操作员,达菲有责任在适当的时间内监测他管辖范围内阀门的开关情况(角色—责任),而他却没有确定那个不常开的阀门是否关闭了。

但是,让我们假设卡尔·劳伦斯进行了更深入的反思。他回忆起在该岗位第一天的情况。在带领劳伦斯了解了设备情况之后,凯文·鲁尔克让里克·达菲向劳伦斯展示该分发系统是如何运作的。当劳伦斯和达菲从酸分发系统走到苛性碱分发系统时,卡尔就注意到了一个惊人的差别。酸的分发管道是弹簧装置的阀,不用的时候会自动关闭。当要将酸加压送到一个偏僻的接收槽时,就必须打开处于偏僻位置的泵的开关。当向槽注入酸时,操作员必须握住泵的开关并及时关闭。达菲提到,对以其他方式操作开关的处罚是立刻开除。与此相反,类似的防范并没有应用于苛性碱系统。苛性碱的阀门是手动开关的。

劳伦斯现在还记得,他曾问过达菲为什么苛性碱系统是如此的不同。达菲耸耸肩回答道:"我确实不知道。至少自从我来这里,它就一直是这个样子的。我猜想这是因为酸分发系统用得更多吧。"劳伦斯还问达菲,主操作员是否拥有填充苛性碱槽的书面说明。达菲回答道,他从来没有看见过——他没有回忆起,在他作为操作员的 4 年时间里有任何人来审视这一过程。劳伦斯接着问达菲，他对此是否满意。达菲回答道："嗯，对此我没有任何问题。无论怎样，这是其他人应该关心的事，不是我应该关心的。我想他们不想花钱去改造它。'不撞南墙不回头'似乎是他们的态度。"

劳伦斯回忆起他对这一番推理并没有留下太深的印象，他曾犹豫着是否应该向他的上司凯文·鲁尔克询问此事。然而，因为不想在刚开始为爱默生工作就引起麻烦，劳伦斯就忽略了这个问题。现在他疑惑，自己是否应该为腐蚀剂（苛性碱）的溢出承担一部分责任。或许他当时就应该坚持，更进一步地，他开始怀疑鲁尔克的责任。处于鲁尔克这样职位的人难道不应该留心可能发生问题的部位，并且鼓励其他人，包括劳伦斯和达菲，也同样这么做吗？

66   在质问谁应该为这一事故而受到谴责或对此犯了过失时，我们可以提出上述问题。但我们不必纠结于此。相反，我们可以询问，在他们的工作岗位上，工程师、技术员和其他人员应该承担怎样的责任——尤其是在那些可能发生事故的环境下工作的人。在这个案例中，卡尔·劳伦斯反思了造成这一事故的各种因素，将其综合起来，可能会降低这样的事故再次发生的可能性。回过头看，他可以下结论说事故责任是相关人员共同承担的。有些人可能已经做了些建设性的事情。更为重要的是，为了未来，应该吸取这样的教训。

3.9 设计标准

正如我们已经注意到的，大多数的工程伦理章程坚持认为，在设计产品时，工程师们应该将公众安全的考虑置于首位。然而，可能存在一种以上的方法来满足安全标准，特别是当标准的陈述比较宽泛时。但是，如果有一种以上的方法来满足安全标准，那么设计师应如何进行选择呢？

如果我们讨论的是产品的整体安全性，那么可能有许多维度，当然，其中一个维度就是为超出安全标准之外的考虑提供空间（如整体的质量、可用性、成本）。例如，在 20 世纪 60 年代后期，为了制造车重小于 2000 磅、车价低于 2000 美元的吸引人眼球的汽车，福特公司的工程师决定，把斑马车的油箱放置在一个不寻常的位置上，以腾出更多的空间放置行李箱。[26] 这就产生了涉及追尾碰撞的安全问题。福特公司声称该车型达到了现行标准。然而，福特公司的一些工程师强烈要求，应该在油箱和突出的螺栓之间插入保护性缓冲装置。他们认为，这样做可以使斑马车达到即将在新制造的车辆中试行的更严格的标准。他们强调，如果没有缓冲，那么斑马车将无法满足新的标准，他们相信这个新的标准会更接近于侵权法中的一个强制执行的关照标准（谨慎标准）。

福特公司决定不设置缓冲装置。他们可能认为，满足现行的安全标准已经确保了法院及其陪审团认可的公司应履行合理关照标准。然而，事实证明这是一个错误的想法。如上所述，法院可以确定现有的技术标准是不够的，工程师有时需要亲自证明执行技术标准的后果。

鉴于斑马车的负面形象以及随后的诉讼历史，福特公司可能会后悔没有听从那些工程师关于插入保护性缓冲装置的建议。而这个保护性缓冲装置可能已经包含在原始设计中,或者在早期设计阶段有其他可行的替代方案。即使汽车已投放市场,也还是可以做出改变的。虽然这将产生高昂的召回费用,但在汽车行业中这并非一个史无前例的举动。

这些可能性说明了工程实践以及工程设计的管理标准和公认标准的一个基本点。工程职业制定了不完善的设计标准。在原则上,如果不应用于实践中,那么将有多种方式来满足标准。这并不意味着职业标准对实践没有影响。正如斯图尔特·夏皮罗(Stuart Shapiro)指出的:[27]

标准是管理任何种类的复杂性,包括技术复杂性的主要机制之一。标准化的术语、物理性质和程序都在限制宇宙的大小方面起着作用,从业者必须在这个宇宙范围内做出决定。

对于一个职业,实践标准的确立通常被认为对职业化有贡献,从而提高了受众眼中的职业水平。同时,实践标准也能为工业产品的质量和安全保障做出贡献。然而,实践标准必须适用于特定的情境,而标准中却没有具体地描述这些情境。夏皮罗认为:[28]

对于机器和工艺过程的设计者和建造者来说,实践标准有很大的自由度。在这种情境下,实践标准提供了一种将普遍知识映射到地方知识的手段。人们所要做的就是考虑所设计桥梁的多种多样的当地环境及其所导致……同样种类繁多的设计结果。……当地的特殊性决定了必须在体现相对普遍性的标准框架内确定任何特定桥梁的设计和建造规则。

夏皮罗的观察聚焦于,实践标准允许工程师如何自由地将他们的设计适应于当地多变的环境。这往往会带来意想不到的结局,不仅体现在设计上,也体现在正式的实践标准妥善性上。正如路易斯·L.布希亚雷利(Louis L. Bucciarelli)指出的,实践标准是建立在以往的经验和工程师的测试基础上的。而设计是在"新的和没有尝试过的,没有经验的,无历史的"边缘上运行的。[29]因此,当工程师们想出了创新的设计(比如勒曼歇尔的花旗银行大厦结构)时,我们应该能够预见正式的实践标准有时会受到挑战,并且我们会发现它们是需要改进的。这些理由更可以说明为什么法院不情愿将关照标准简单地等同于现有的正式实践标准。

3.10　实践标准的范畴

一些实践标准明显地显示其仅仅在地方范围内有效。纽约市建筑章程要求,高层建筑结构要通过抵抗 90 度角风的测试,而这仅仅适用于一个有限的地理区域。这种特定的章程的性质和适用性是地方性的。当然,人们期望在美国的类似地区以及世界其他地区对于高层建筑也有类似的要求。这表明,地方性的章程,特别是那些试图确保质量和安全的地方法规,反映了更一般的安全标准和良好的工程实践标准。

我们是否可以更有意义地讨论更一般的标准实际上就是询问? 工程师能力的标准是否仅仅是地方性的(如纽约市土木工程师、芝加哥市土木工程师)? 对美国,特别是由美国高等院校认证的工程专业毕业生来说,答案显然是"否"。

68
然而,正如维维安·韦尔(Vivian Weil)认为的,有理由相信,工程实践的职业标准是可以跨国界的。[30] 她举出了 20 世纪初俄国工程师彼得·保金斯基(Peter Palchinsky)的实例。他是俄国重大工程项目的关键人物,在其故土,保金斯基被认为是一位非常能干的工程师。他在德国、法国、英国、荷兰和意大利也是得到高度认可的工程顾问。虽然当时他被俄国领导人视为政治上的危险分子,但无论是在俄国还是在其他地方,都没有人怀疑他的工程能力。

韦尔同时也向读者介绍了两个被保金斯基应用于他所实践的项目的工程基本原则:[31]

第一个原则是收集有关具体情况的完整的和可靠的信息。第二是在具体的情境中考察工程计划和项目,考虑工程对工人的影响、工人的需求、交通和通信系统、所需要的资源、资源的可及性、经济可行性、工程对用户和对其他相关各方的影响,例如,对居住在下风向的居民的影响。

韦尔继续指出,保金斯基提出的两个原则的基础是共同道德的原则,特别是在尊重工人的福利方面——保金斯基所坚持的这一原则多次被列宁支持的工程项目所侵犯。

我们已经注意到,工程社团的伦理章程通常采纳那些似乎适用于工程师整体,而不仅仅适用于那些特定社团的成员的原则。共同的道德被认为为这些章程(如关注公众的安全、健康和福祉)提供了基础。当然,那些不属于职业工程社团成员的工程师,是否事实上明确地或含蓄地接受某一特定社团伦理章程所阐明的原则,则是另一回事。但是,即使有些人不这样做,也可以认为他们应该这样做。

韦尔的观点是,在原则上,没有理由认为可支持的国际标准不能被制定并采纳。此外,标准不必局限于伦理原则的抽象陈述。随着技术的发展及其所生产的产品遍布全球,它们的质量、安全、效率、成本效益和可持续性受到了全球的关注。反过来,这也可以促使许多领域出现统一的标准,包括可接受的和不可接受的工程设计、实践和产品标准。在任何情况下,在新兴的全球经济的背景下,对这些关切的建设性讨论不应仅仅局限于地方性的问题。

3.11 多人负责问题

个人总是试图逃避承担做错事的个人责任。也许以下是最常见的个人的做法,特别是在大型组织中的个人,即指出造成的损害与许多个体有关。它的论证如下:"这么多的人对这起悲剧负有责任,因此将责任定在任何个人身上,包括我,都是不合理的,也是不公平的。"³²我们称之为分散责任问题（problem of fractured responsibility）或（更恰当的）多人责任的问题（problem of many hands）。³² 作为对这一论证的回应，哲学家拉里·梅（Larry May）提出了下述适用于涉及许多人的个人责任问题的原则："如果一个伤害来自集体怠惰（不作为，collective inaction），那么假定的这个团体中的每个成员为伤害所承担的个体责任程度应该取决于每个成员原本能在防止怠惰中起到的作用。"³³让我们称其为团体中的怠惰责任原则（principle of responsibility for inaction in groups）。将这一原则稍做修改后的版本如下：在伤害是集体怠惰所造成的情况下，团体中每个成员的责任大小取决于其能够被合理地期望防止怠惰的程度。"每个成员能够被合理地期望防止怠惰的程度"的限定条件是必要的，因为这里存在着合理期望的限度。如果一个人只能通过放弃他自己的生命、牺牲他的腿或伤害其他人的方式来防止一种不良行为，那么我们期望他这么做就是不合理的。

类似的原则也适用于集体行为，我们称之为团体中的行为责任原则（principle of responsibility for action in groups）：在集体行为已造成损害的情况下，小组每一个成员的责任大小取决于该成员的某种行为促成该集体行为的程度，而他的行为原本是可以避免的。这一原则的理由是，如果一个行为所导致的伤害只能通过个人极端的或英雄般的行为才能被避免（如放弃他自己的生命、牺牲他的腿或伤害其他人），那么我们可能就有理由不让这个人承担责任，或至少让他承担较少的责任。

3.12 本章概要

义务—责任和角色—责任要求工程师在工作中实施关照标准。工程师必须遵守法律，坚守标准规范和惯例，以及避免不当的行为。但这些也许还不够。关照标准认为，现行的规范标准可能是不完备的，因为这些标准可能无法解决那些尚未被充分考虑到的问题。

我们可能希望拥有某种计算法则来确定，在特定的情况下，我们应该承担怎样的责任。但这是一个空洞的愿望。即使最详细的职业工程协会伦理章程也只能提供一种一般性的指导。在特定的情况下，责任的确定取决于工程师的洞察力和判断力。超越这个责任的就被称为"善举"，不能被轻易地视为仅仅是义务性的示范工作。

过失—责任适用于个人，也许还适用于组织。我们认为组织可以成为在道德上负责任的主体，是因为，我们认为，无可置疑的道德主体（人）和组织之间的可比性强于非可比性。在任何一种情况下，组织可以因为自身所导致的伤害而受到批评，可以对已经发生的伤害做出赔偿，并且可以进行改革。

个人可以为故意地、鲁莽地或疏忽导致的伤害负责。有人认为，在很多人共同导致伤害的情况下，个人无法为伤害负责，但是，我们可以根据一个人的行为或怠惰造成伤害的程度来分配责任。

3.13 网络上的工程伦理资源

通过访问配套的工程伦理网站，检测你自己对本章材料的理解。这个网站包括多项选择的研究问题、建议性的讨论主题，有时候还有额外的案例研究，以辅助你对本章材料的阅读和研究。

注 释

1. 这一说法有三个来源：Columbia Accident Investigation Board，vol. 1（Washington，DC：National Aeronautics and Space Administration，2003）；"Dogged Engineer's Effort to Assess Shuttle Damage，"*The New York Times*，Sept. 26 2003，p. Al；William Langewiesche，"Columbia's Last Flight，"*Atlantic Monthly*，Nov. 2003，pp. 58 – 87。

2. 下面几个段落以及后文中的部分内容都摘录自 Michael S. Pritchard，"Professional Standards for Engineers，" in Anthonie Meijers，ed.，*Handbook Philosophy of Technology and Engineering Sciences*，Part V，"Normativity and Values in Technology，" Ibo van de Poel，ed. （Elsevier Science，2010）。

3. 随附的列表是基于对工程师和管理者的这些采访：James Jaksa and Michael S. Pritchard and reported in Michael S. Pritchard，"Responsible Engineering：The Importance of Character and Imagination，" *Science and Engineering Ethics*，7：3，2001，pp. 394 – 395。

4. 参见计算机协会职业道德规范与职业操守中的 2.2"获得并保持专业能力"。

5. 这是图尔特·夏皮罗的研究主题，"Degrees of Freedom：The Interaction of Standards of Practice and Engineering Judgment，" *Science，Technology，& Human Values*，22：3，Summer 1997。

6. Shapiro，p. 290.

7. Joshua B. Kardon，"The Structural Engineer's Standard of Care，" presented at the OEC International Conference on Ethics in Engineering and Computer Science，March 1999. This article is available athttp：//www.onlineethics.org.

8. 同上。Kardon bases this characterization on Paxton v. County of Alameda（1953）119c.CA. 2d 393，398，259P 2d 934.

9. 进一步的讨论参见案例部分的"花旗银行大厦"，也可参阅 Joe Morgenstem，"The Fifty-Nine Story Crisis，" *The New Yorker*，May 29，1995，pp. 49 – 53。

10. Columbia Accident Investigation Board，p. 6.

11. 尽管如此，调查最终还是导致了 NASA 多数重要人员的离职，同时也公开证明了罗奇尔的做法是正确的。

12. 同上，p. 9。

13. 同上。

14. 同上，p. 177。

15. 对这一问题的讨论参见 Peter French，*Collective and Corporate Responsibility*（New York：Columbia University Press，1984）；Kenneth E. Goodpaster and John B. Matthews，Jr.，"Can a Corporation Have a Conscience?" *Harvard Business Review*，60，Jan.– Feb. 1982，pp. 132 – 141；Manuel Velasquez，"Why Corporations Are not Morally Responsible for Anything They Do，" *Business and Professional Ethics Journal*，2：3，Spring 1983，pp. 1 – 18。

16. *Black's Law Dictionary*，6th ed. （St. Paul，MN：West 1990），p. 340.

17. 参见 Peter French，"Corporate Moral Agency" and "What Is Hamlet to McDonnell Douglas or

McDonnell-Douglas to Hamlet：DC－10，" in Joan C. Callahan，ed．，*Ethical Issues in Professional Life* (New York：Oxford University Press，1988)，pp. 265－269，274－281。接下来的讨论在弗伦奇的观点中得到了体现，但在很多方面又与其不同。

18．这三种意义都属于过失—责任。一种甚少得到探索的可能性是企业能够以积极的方式成为道德上负责任的行动者。

19．Coombs v. Beede，89 Me. 187，188，36 A. 104 (1896)．该案件在该文献中被界定和讨论：Margaret N. Strand and Kevin Golden，"Consulting Scientist and Engineer Liability：A Survey of Relevant Law，" *Science and Engineering Ethics*，3：4，Oct. 1997，pp. 362－363。

20．我们感谢马丁·库尔德(Martin Curd)和拉里·梅概述了法律和道德中伤害责任概念的相似之处以及它们在工程之中可能得到的应用。参见 Martin Curd and Larry May，*Professional Responsibility for Harmful Actions*，Module Series in Applied Ethics，Center for the Study of Ethics in the Professions，Illinois Institute of Technology (Dubuque，IA：Kendall/Hunt，1984)。

21．接下来的几段基于 Michael S. Pritchard，"Good Works，" *Professional Ethics*，1：1，Fall 1992，pp. 155－177。这几段的含义是暗示性的，最好通过实例来讨论，而不是定义。哲学家 J.O.厄姆森(J. O. Urmson)提醒我们注意"一系列具有道德意义的行为，通常由那些远非道德圣人或英雄的人来完成，但它们也并非是义务或责任……"，进而使我们回想起我们内在的善(J. O. Urmson，"Hare on Intuitive Moral Thinking，" in Douglas Seanor and N. Fotion，eds．，*Hare and Critics*，Oxford，England：Clarendon Press，1988，p. 168)。

22．与西密歇根大学的统计学家迈克尔·斯托兰进行个人交流时他所说。

23．这一说法基于 G. P. E. Meese，"The Sealed Beam Case，" *Business & Professional Ethics*，1：3，Spring 1982，pp. 1－20。

24．H. H. Magsdick，"Some Engineering Aspects of Headlighting，" *Illuminating Engineering*，June 1940，p. 533，cited in Meese，p. 17.

25．有关 3P/3M 计划的信息，参见 http：//www.mmm.com/sustainability。

26．这里有关福特斑马车的信息基于曼纽尔·贝拉斯克斯(Manuel Velasquez)编写的案例研究．Manuel Velasquez "The Ford Motor Car，" in his *Business Ethics：Concepts and Cases*，3rd ed. (Englewood Cliffs，NJ：Prentice-Hall，1992)，pp. 110－113。

27．Shapiro，p. 290.

28．同上，p. 293。

29．Louis L. Bucciarelli，*Designing Engineers* (Cambridge，MA：MIT Press，1994)，p. 135.

30．Vivian Weil，"Professional Standards：Can They Shape Practice in an International Context?"，*Science and Engineering Ethics*，4：3，1998，pp. 303－314.

31．同上，p. 306。救灾专家弗雷德里克·坎尼和他的得克萨斯州达拉斯工程救济机构也赞同类似的原则。他以在世界各地做救援工作而闻名。在其《灾难与发展》(*Disaster and Development*)一书中，坎尼阐释了有效和负责任的救灾原则(New York：Oxford University Press，1983)。

32．"多人负责问题"这一短语来自 Helen Nissenbaum in "Computing and Accountability" in Deborah G. Johnson and Helen Nissenbaum，*Computers，Ethics，and Social Values* (Upper Saddle River，NJ：Prentice-Hall，1995)，p. 529。

33．Larry May，*Sharing Responsibility* (Chicago：University of Chicago Press，1992)，p. 106. 关于这一说法及工程责任概念的更细致的讨论，参见 Michael Davis，"Ain't No One Here but Us Social Forces，" *Science and Engineering Ethics*，18：1，March 2012，pp. 13－34。

第4章 技术的社会与价值维度

- 许多工程师与工程专业的学生很难恰当地理解技术的社会维度。技术的社会嵌入性体现在技术对个人与特殊实践的影响方式上，以及社会价值对技术的影响方式上。

- 技术还会引发有关社会政策的问题。两个相关的案例体现了信息技术对隐私和知识产权的影响。

- 技术决定论的观点是，技术的发展具有客观性，不为人类所控制。

- 技术乐观主义的观点是，总体而言，技术对于人类的影响是善的。

- 技术悲观主义的观点是，即便技术有益处，但它仍对社会与个人有许多负面的影响。

- 技术悲观主义者所界定的技术的不良影响，包括人类自由的减损、众多赋予人类生命意义的复杂关系的消解以及对自然界的量化与标准化。

- 工程师应培养一种对于技术的审辨性态度，认识技术的良性与不良方面。具有这种态度的工程师能够推动与技术政策有关的民主议程，并且能更敏锐地认识到设计中出现的价值问题。

特洛伊（Troy）、莉萨（Lisa）和保罗（Paul）是北美某知名大学工程学专业的学生，特洛伊与莉萨是研究生，保罗是本科生。[1]他们因为对技术对工人的影响，尤其是对工人的职业健康与安全造成的影响等话题所表现出的兴趣，被选入一项考察工程学专业学生对待工程社会维度的态度的研究。然而，这些学生也很难将他们所感兴趣的话题融入他们的工程学研究中。

在评价一门专注于讨论技术的人文维度的课程时，特洛伊表示，"作为工程师，我们要担心的东西已经够多了，而现在我们又不得不担心这个了"[2]。在"技术与社会"这门课的结果考试中，他写信给助教："在遇见你之前，我的生活都很棒。"[3]针对同一话题，莉萨表示："我所接受的工程学专业教育并没有为我提供一个真实的政治背景，从某种程度上说，它通过指出任何事物都是客观的、可量化的且在某种程度上是可预见的，而否认了政治背景的存在。如果某物不能被预见，那么我们就无法衡量它，也无法考虑到它。"[4]

这三名学生在对"怎样将社会与人文因素作为工程师应该思考的内容"的认识上有所不同。保罗将以社会为导向的观点作为自己所接受的工程学教育的延伸;莉萨则觉察到自己在工程学课程上所学到的观点和社会与人文导向的观点之间存在着根本的对立;特洛伊则在他们两者之间摇摆。特洛伊和莉萨谈及他们意识到工程的社会与人文维度重要性的瞬间时"像是被击中了"(特洛伊),"感觉被惊醒了"(莉萨)。在此之前,他们可能并不理解老师和项目负责人告诉他们的所谓的工程的社会背景。而在经历了顿悟的瞬间后,他们得以将立足点放在一个更广的视角上。[5]

4.1　技术的社会嵌入性

尽管这三位学生在鉴别技术的社会维度时尚存在困难,但学者们已然认识到了它的重要性。哲学家迈克·W.马丁和工程师罗兰·辛津格在其编撰的教科书《工程伦理学》中提出了"作为社会实验的工程"(engineering as social experimentation)。这一观念从某种程度上表达了技术以及工程是社会秩序不可或缺的一部分。[6]工程与科学实验之间有一些有趣的类似之处。第一,工程产品——无论是生产消费品还是建造桥梁、大楼——都有实验的主体,就像科学实验一样。在工程中,主体是那些利用工程产品的社会成员。第二,在任何实验中都存在结果的不确定性,工程师也是如此。工程师永远无法确切地知道一辆新的汽车在路上的表现会如何,或者一座新的大楼是否能抵抗飓风。我们需要这种只能通过实验才能获得的新知识,只有创新才能令技术进步。第三,就像实验人员一样,工程师必须为他们的实验承担责任。他们必须考虑他们工作的可能后果,包括好的和坏的方面,并试图尽可能地消除那些坏的结果。作为社会实验的工程的概念很符合众多学者所青睐的技术的定义,这一定义也彰显了技术的社会维度。不同于将技术定义为工具的制造和使用或者将科学应用于解决实践问题,这些学者将技术定义为一个由包括物理对象和工具、知识、发明者、操作者、维修人员、管理者和政府监管人员等众多要素组成的"系统"。[7]特洛伊、莉萨和保罗努力把他们的工程工作理解为一个更庞大系统的一部分,在这个系统中技术是嵌入在社会中的。

为了充分理解技术在社会中的嵌入性,我们需要理解这一事实:技术与社会关系的两种作用方式是技术影响社会,社会也影响技术。我们将更详尽地探究这个双向的因果关系,从可能最容易理解的因果关系开始——技术对社会的影响。在考虑这些问题时,我们通常会使用信息技术方面的案例。

4.2　技术影响社会

74

技术在许多方面影响到我们的行为。以一个浅显的技术为例,减速带会迫使我们缓慢驾驶。历史上,印刷术的发明对于欧洲文明产生了巨大的影响,也是新教改革的一个重要因素。同样地,也很难否认战争技术的发展对战争本身的影响。在我们这个时代,技术影响着我们的工作。由于技术的支持,有些工作岗位被大量削减,譬如银行出纳和旅行代办商;还有一些新岗位出现,譬如计算机编程人员。同时,技术也造成了新的健康问题,譬如那些与计算机的广泛使用相关的疾病。

技术也在许多方面影响着我们的社会关系,它们对不同时代的人可能会产生不同的影响。对于许多年轻人而言,几个小时没有手机来电或者短信的情况会让他们怀疑自己的朋友是否还关心自己;而对于许多老一辈的人而言,这样的通信缺失会是一种愉快的放松。许多年轻人觉得,情侣只有在脸书(Facebook)上公开关系,才是真正的浪漫,而老一辈人则觉得这难以理解。诸如脸书、我的空间(MySpace)和拜博(Bebo)之类的社交网站肯定会影响人们之间的关系。通常情况下,这些技术甚至有可能影响到我们对关键术语的理解,如对这种情境中的"友谊"或"关系"的理解。

哲学家香农·瓦勒(Shannon Vallor)认识到了"社交网站对于那些严重疾病的患者、暴力犯罪的受害者或因其他缘故遭受不幸和被孤立的人而言具有心理上和信息上的价值(影响)"[8]。然而,她对这些技术在被她称为"社交美德"方面的影响表示关切,尤其是在年轻人的早期发展阶段。这些美德包括耐心、真诚、忠实、互惠和宽容,她认为这些美德对于发展有效和令人满意的人际关系是必要的。她担心互联网可能不利于或至少它可能影响这类关系的发展。

耐心是维系亲密关系的一种重要美德。一个人必须愿意保持与朋友的沟通,即便有些时候可能会感到无聊或者烦躁;但在互联网上,我们总是可以说"我得撤了"或者直接"屏蔽掉"某人。在私人关系中,真诚是指在和别人的关系中愿意袒露一个人的真实自我,但社交网络为大量关于自我的虚假陈述提供了机会,而这和真正的友谊相悖。

最后,同情或者怜悯,虽然对于真正的关系而言至关重要,但可能需要接触另一个人的具象化存在,才能使得我们看到痛苦、愤怒、厌恶或者关心的肢体表达。同情和怜悯最好的表达方式可能就是身体的接触、拥抱,但两者都不能由线上关系来实现。无论瓦勒的担忧是否有充分的根据——而这只能通过实证研究来决定,我们都有理由相信社交网络技术已经以某种方式影响到了人际关系。

75　4.3　社会影响技术

理解社会对技术发展的影响最简易的方法之一是熟识科学技术元研究(science and technology studies,STS)①领域的快速发展,这是由社会学家、历史学家以及哲学家所开创的一个领域。对技术的详细调查表明,一个技术问题通常会有数种可行的解决方案,而社会和价值因素往往决定了究竟采取何种方案。技术社会学家特雷弗·J.平奇(Trevor J. Pinch)与维贝·E.比克(Wiebe E. Bijker)通过自行车的早期历史阐释了这个主题。[9]自行

---

　　①　STS 是一种对科学和技术的跨学科研究,与 study of engineering 有类似之意。详见中国科学院大学主办的《工程研究》期刊(ISSN 1674 - 4969)。——译者注

车的早期演化有两个"分支":运动员的自行车配备一个相对不稳定的高前轮,而更实用的自行车版本则配备一个更稳定的小前轮。运动员的自行车版本是出于追求速度而设计的,这尤其会吸引那些年轻的男性运动员;而实用的自行车版本则更适合把骑行作为娱乐和日常交通工具的人。最终,实用版的设计被广为接受,而高前轮的自行车则消失了。大多数人显然认为制造一种运动员的玩具不比制造一种有用的交通工具重要。[10]

在一种更微妙的分析中,STS研究者们发现,即使通常被认为是纯粹技术定义的概念也往往具有社会与价值的维度。例如,"高效运作"或"效率"的构成——这类在技术中尤为重要的术语——并不仅仅完全由技术性的考虑决定,而且部分是由社会性的考虑决定的。

在工程中,一台设备的效率是能量的输入与输出间的纯数量比率。然而,在实践中,一台设备是否被认为"运行良好",取决于用户群的特质和利益。[11]童工在某些方面比成人劳工更有"效率",但当使用童工被认定为是不道德的时候,人们在考虑更有效率的劳工的可能来源时,儿童便被排除在外。在确定"效率"时,童工的使用就不再被考虑。儿童反而会被重新定义为学习者与消费者,而不是劳动者。因此,这些所谓的技术概念是有社会维度的。[12]

社会因素如何帮助定义效率的另一个例子,是历史上的美国锅炉爆炸事件。19世纪早期,锅炉爆炸,尤其是发生在蒸汽轮船上的锅炉爆炸,夺走了许多人的生命。1837年,应美国国会的要求,富兰克林协会(Franklin Institute)承担了严格检查锅炉制造的任务。由于锅炉制造商与轮船所有者抵制接受更高的标准,导致更多的人在轮船事故中丧生,因此美国国会才于1852年强制实行更高的标准。不过,在强制执行厚炉壁与安全阀后,事故的发生率才锐降。由美国机械工程师协会颁布的新标准才改变了合适锅炉的构成或定义。尽管以旧标准制造的锅炉可能在旧的意义上更具"效率",但如今"效率"的概念不会再允许这种选择了。

在许多与环境相关的领域中,相似的过程似乎正发生着。汽油的消费标准正在改变着。尽管汽车制造的旧标准或在其他领域使用对环境不甚友好的标准会更具"效率",但基本可以肯定的是,为了保护环境,社会确定无疑地会继续改变这些标准。许多曾经饱受争议的设计标准不复存在了,并且现在设计标准已经包括了许多安全和环境的考虑,这些考虑可能在经济上并不具备正当的理由,甚至也不是出于权衡的考虑。社会仅仅做出了明确的、无可争议的决断。对安全和环境的考虑已成为产品设计定义的一部分,如汽车的设计。

4.4 技术与社会政策:隐私

迄今为止,我们已经关注了技术对个体与特定实践产生影响的方式,以及社会价值观如何影响技术。技术嵌入性的另一个方面是它引发与重大问题相关的社会政策的方式。以下是关于隐私与知识产权政策的两个案例。我们首先讨论隐私问题。

我们重视隐私,通过它,我们控制着我们认为属于我们的那种能力。隐私与匿名不同,后者对于他人而言是不可知的,或者"不可见"的。至于隐私,其核心价值在于我们能够控制我们认为有权利控制的东西,而不管其是不是关于我们的信息[即信息隐私(informational privacy)的价值],或者我们的财产[即物质隐私(physical privacy)的价值],或者自我决策的能力[即决策隐私(decisional privacy)的价值],或者控制我们的名字、肖像以及我们身份的其他方面的能力[即专属权隐私(proprietary privacy)的价值]。计算机能够通过构建数据库来侵犯我们的信息隐私,这些信息包括我们的收入、购买习惯甚至更私密性的品性,譬如,政治与宗教倾向以及性取向。它们能够通过收集可用于威胁并由此约束我们行动的信息的方式来侵犯我们的决策隐私。而当其被用于"身份盗用"时,它们会侵犯我们的专属权隐私。[13]

在这里,被认为最重要的一种隐私可能是信息隐私,从尊重人的角度看,它尤为重要。我们对于个体自主与身份的尊重,有一部分是与控制他人对我们的信息所知多寡并由此控制我们与其关系亲密度的能力紧密相关的。然而,在对我们的信息隐私的整体侵犯中,计算机起到了推波助澜的作用。计算机的匹配功能表现为从各种渠道收集许多看上去毫不相干的关于我们的信息,并将其整合在附赠或收费的模型中。这种信息通常用于营销目的。购买尿布可能意味着我们的家庭是一个刚组建的家庭,而大量的酒类购买连同酒驾被捕的记录则可能表明我们有酗酒的问题。匹配功能也可以协助搜集能够识别潜在犯罪者的信息(甚至在他们犯下罪行之前),而且不给他们任何申辩的机会。Facebook与其他社交网站能够从我们发布的帖子中收集信息,那些潜在的雇主会经常浏览这些信息。这使大学生在这些网站发布帖子时变得更加谨慎了。

然而,正如大多数社会问题一样,侵犯隐私中不仅存在着对人的尊重的论点,而且也存在着相关的功利主义论点。计算机的匹配功能以及其他的计算机程序能够使执法人员确认真正的罪犯。因为信用记录能够很好地反映信用风险,我们才能使用信用卡。我们可以防止将枪支售卖给刑事重犯,因为获取计算机化(信息化的)犯罪记录非常便捷。我们可以兑现支票,因为零售商能够通过计算机化的记录核实账目的信息。数据库使定向市场营销成为可能,此举不仅使商业更高效,同时也保护我们避免成为毫不相干的广告的投放对象。除了商业用途外,计算机化的数据库对政府机构而言也是非常有价值的。拟议中的国家信息系统将有助于消除社会福利欺诈以及识别那些对医疗服务进行双倍收费的医生。联邦调查局(FBI)提议建立一个国家级的计算机化犯罪历史系统,该系统将会把在美国的1.95亿个犯罪历史记录合并为一个数据库。此系统对刑事司法系统而言无疑具有重大的价值。

正如我们先前所描述的那样,计算机与隐私问题引申出一个典型的道德难题——价值冲突,或者称"道德两难困境"。和大多数此类问题一样,最好的解决方案通常是创造性的中间道路。美国国会于1974年通过的《隐私权法案》(Privacy Act)便是为了找到此类解决方法所进行的一次尝试。该法案禁止行政部门将从一个项目中获取的信息用于完全不同且毫不相关的领域中。限制权力的一种方式是分权制,基于此,该法案禁止创建综合性的国家信息系统。然而,法案由政府机构执行,各类机构都以满足自身目的为出发点来解释这一法案,其结果是该法案失去了它的大部分效力。

一种途径——既能反映出对《隐私权法案》的某些考虑,又似乎是尝试着发现创造性中间道路解决方案——就是"公平信息实践"的一系列指导原则。这些原则包括认可个人隐私和社会效用这两个体现相互竞争的价值观的条款。[14] 其中一些指导原则有:含有私人信息的数据系统应成为公共知识(资源);对私人信息的搜集只能是为了具体特定的目的并且按与这些目的相一致的方式进行搜集;对涉及个人的私人信息的搜集只有当个人或其法定代表知情同意后方可进行;只有当事人同意后,涉及个人的私人信息才可与第三方分享;对关乎个人的私人信息的存储不应超过限定时间,当事人有权查阅;那些搜集个人数据的人应确保个人数据系统的安全与完整。

批评者可以指出这些指导原则所存在的各种局限,如很难获得个体的知情同意。由于信息储存的时间是有限制的,因此将不得不重复地请求信息存储。一些人可能会利用这个机会来"修正"信息,从而将信息修改成对他们自己有利的信息。尽管如此,这些指导原则仍旧为解决计算机化与隐私问题的创造性中间道路描绘出了大致的轮廓。因此,技术能够提出有关公共政策的重要问题,并通过这种方式将自己深深地嵌入人类社会的社会结构、政治结构以及法律结构之中。

4.5 技术与公共政策:知识产权

信息技术也引发了有关知识产权的重要问题,这再次表明了信息技术在社会的政治、法律和道德结构中的嵌入性。以下是两个这样的问题。

是否应该保护软件?

计算机程序在市场上通常很值钱。它们应该得到法律保护吗?美国宪法提出了一条给予它们法律保护的正当理由。宪法授权国会"通过确保在限定时间内著作权人与发明者享有对他们各自的著作与发现的专属权利,来促进科学与实用技艺的进步"。这个理由是功利主义的,并且有些人相信,在那些承认知识产权的社会中,技术创新的速度是最快的。有趣的是,同样有基于功利主义的观点反对给予软件维护者以保护。有些人主张,在早期的软件开发过程中存在着更多的创新与试验,这时软件是免费的。[15] 针对给软件维护者以法律保护的另一种争议在于,因为竞争的受限或减少,这种保护会导致软件价格的提升并可能造成软件性能的下降。这些都是功利主义的观点,因此它们的有效性取决于哪种政策能够真正最有效地促进公众利益。

给软件以法律保护的另一种理由是基于尊重人的观点,该观点认为尊重人意味着一个人有权控制自己的身体,相应地也意味着个人有权去控制他或她身体的劳动以及那些劳动产品。为了控制自己的劳动产品,一个人就需要具有保护其产品著作权的能力。

无论是功利主义的观点还是尊重人的观点都具有相当大的道德力量。由于有宪法作为基础,因此功利主义观点在美国的法律论战中占据主导地位。然而,由于尊重人的观点具有很强的直观诉求,因此尊重人的观点在我们的所有权思想中占据重要的地位。鉴于在工作中"搭便车"相对容易,而创新需要付出相当大的代价和努力,所以大多数人可能会得出软件开发者应受到保护的结论,从道德角度来看也是如此。但问题是:应给予何种程度的保护并且如何执行这样的保护?

应该怎样保护软件?

保护知识产权有两种主要的选择:著作权与专利权。然而,软件的特殊性质使得这两种选择都很成问题。软件不同于那些应该被著作权保护或应该获得专利保护的范例或典型案例。在某些方面,软件就像是一个"原创作品",应该适用于著作权保护。毕竟,一个程序是用一种"语言"写成的,并且像故事或戏剧一样有自身的逻辑顺序。但在其他方面,软件更类似于一项发明,因为它是对某些情况做出反应的路线列表,就像一台机器对不同的条件做出反应。基于这些分类难题,一些人提出软件应被归为一种"法律杂交体",并且应制定不同于适用于著作权或者专利权的法律的特殊法律来保护软件。[16]正像应该有特殊的法律来保护诸如杂交植物之类的生物技术产品,也应该有特殊的法律来保护软件。

然而,单为保护软件而创建特殊的法律会有一些不利因素,其中之一是这种美国本土的法律可能不会被世界上其他国家所认可。因此,"法律杂交体"的方法并不能被广泛接受,因此我们必须了解被称为著作权/专利权争议的内容。由于软件既带有受著作权保护的物质的相应特性,又带有受专利权保护的物质的相应特性,划界问题就涉及一个应用问题。软件更符合专利创造的范例,还是更符合著作权创造的范例?由于著作权保护已经是最流行的对于软件的保护形式,因此,我们可以从更严密地考查著作权开始。

只有当我们将程序视为文学作品时,著作权才适用于软件。然而,美国法律的一个核心宗旨是,著作权只能保护某种观念的表达形式,而不是观念本身。著作权法认为,基本观念是不受著作权保护的,但观念的特定表达形式却受著作权的保护。在小说中,男孩与女孩邂逅,他们坠入爱河,并且随后过上了快乐的生活,这种观念不受著作权的保护。作者只能以嵌入该主题的特殊故事来获得著作权,这个特殊的故事应该以相当细节化的方式来撰写或"表达"。作者必须描述男孩和女孩的背景,他们邂逅的周围环境,促使他们订婚与结婚的一些事件,以及他们的生活充满幸福的原因。参看一个实例,一个栩栩如生、嵌满宝石的蜂针的想法是无法享有著作权的,因为这个想法与其表达形式是不可分割的。这种表达无法获得著作权,因为对这种表达的保护将会导致对这个想法的垄断使用。[17]

为了确定一种表达形式是否可以得到著作权的保护,法庭会进行几项检验。首先,该表达形式必须是原创的,亦即该表达方式来源于作者本人。其次,就其具有某种有价值的目标而言,该表达形式必须具备实现目标的功能。再次,该表达形式必须是非显见的,"一种未超越显见情况的表达形式,被视为不可与其想法本身分离"[18]。最后,必须有几种或许多种不同的形式来表达这种想法。如果不存在——或存在很少的其他形式——来表达它,那么软件的创造者就无法在独特性的意义上宣称其原创性。

尽管以下这个案例发生有一段时间了,但它仍是一个经典的软件专利权诉讼案例,也是一个应用上述标准的极好的例子。1990 年 6 月 28 日,法院针对莲花发展公司(Lotus Development Corporation)(Lotus 1-2-3 制表软件的创作者)和国际装帧公司(Paperback International)(VP-Planner 制表软件的创作者)之间的诉讼案做出了一项重要裁决。莲花发展公司起诉国际装帧公司侵犯了 Lotus 1-2-3 的著作权。国际装帧公司复制了整个 Lotus 1-2-3 程序的菜单结构。VP-Planner 的使用手册甚至包含以下内容:"VP-Planner 按照 Lotus 1-2-3 方式运行,每一步都是如此……VP-Planner 具有与'1-2-3'相同的特质的工作表。它能够执行微指令,拥有相同的命令树,允许相同的计算和相同的数值信息。1-2-3 所做的事,VP-Planner 也做。"

国际装帧公司回应声称,只有使用某些计算机语言(如 C 语言)编写的计算机程序部分才享有著作权。它主张,程序中更具图像性的部分,如程序的整体组织、指令系统的结构、菜单以及屏幕上信息的一般显示,不享有著作权。莲花发展公司反驳道,著作权的保护延伸到了具体表现原创表达形式的计算机程序的所有组成要素。最终,法官裁定,尽管一种电子表格的想法不享有著作权,但莲花发展公司的制表程序具有原创的和非显见的表达形式,足够享有著作权保护,VP-Planner 侵犯了该著作权。由此,区法官基顿裁定,VP-Planner 侵犯了莲花发展公司的著作权。让我们假设,Lotus 1-2-3 明显不同于电子表格的基本概念,因此可以被归类为一种想法的表达。那么,它是一个可以享有著作权的表达形式吗? 表 4.1 用划界法对该问题做出了分析。

表 4.1 Lotus 1-2-3 享有著作权吗?

特 征	享有著作权	Lotus 1-2-3	不享有著作权
作者的原创	是	X———	否
功能性	有	X———	无
不明显的	是	X———	否
备选的表达方式	有	X———	无

© Cengage Learning

4.6 评价技术:技术决定论与技术乐观主义

至此,通过表明技术的发展轨迹不仅被社会力量塑造,而且它也在个人和社会政策层面上塑造了社会,从而展示出了技术的社会嵌入性。我们并非试图解决任何已提出的问题,而是要表明技术嵌入社会的深度。但归根结底,我们必须特别从社会效果方面对技术——各式各样的不同技术——做出评价。为了展开对这一评价过程的思考,我们将在这一节和下一节中介绍并解释三个术语:技术决定论、技术乐观主义和技术悲观主义。

技术决定论(technological determinism)的观点认为,技术发展具有客观性,即具有一种不能被人类个体甚至整个社会控制的内在逻辑。例如,蒸汽船源自最早的风力船,而柴油动力船的建造同样离不开蒸汽船。此外,根据技术决定论的观点,一种能够开发出来的技术通常会被开发出来,就好像一种能够投入使用的技术一定会被投入使用那样。

若实际情况果真如此,那么技术决定论将会对技术的伦理评价产生重大影响。如果人类个体甚至社会都不能减缓、加速或者引导技术的发展,那么对其进行伦理评价将失去意义。如果我们不能控制技术,那么对技术的伦理评价便毫无意义。此外,如果无论我们做了什么,技术都将以它喜欢的方式继续发展,那么我们为什么要对它负责?为什么要对我们无法控制的事情负责?不过,我们已证明,技术决定论的观点并不正确。STS 的研究表明,社会力量能够影响技术的发展,并常常以可替代的方式影响技术的发展。这与技术决定论的观点并不一致,大多数学者认为,人类无法影响技术发展的论断是错误的。如果正如我们所认为的那样,技术决定论的观点是错误的,那么对技术或者对技术的特殊案例所进行道德评价的方式就是开放性的。应该做出怎样的评价呢?

技术乐观主义(technological optimism)给出了一种回答,它认为总体而言技术对人类幸福的影响是好的。技术能够满足我们自身的基本需求,甚至一些奢侈的享受,并且这样也不会使我们把所有醒着的时间都花费在维持生存上。即使技术有一些负面影响,如对环境的污染和破坏,但其整体的影响是极其积极的,而技术所导致的问题也可能由技术自身来补救。因此,对技术做总体的积极评价是合理的。

对于许多人来说,技术乐观主义者的判断——技术的总体效果良好的证据占压倒性的多数。一个首选的例子便是印度。[19] 如果那些数以百万计的、日均收入不足 1 美元的人试图摆脱他们眼下的境遇,那么这个国家最终铁定会迎来必需的爆炸式的经济发展,并且如今发展的迹象已随处可见了。大约每个月都会增加五百万个新的移动电话连接,数以百计的购物中心正在建设。印度大量的高端办公空间是在过去的几年内建成的。位于班加罗尔(印度的技术之都)的宾馆的一间房间的标价可以高达 299 美元每天。股票市场估值最高的三家公司都属于信息科技领域——一个在 1991 年还几乎不存在的产业。根据一些专家的观点,信息技术产业对于印度来说,恰如汽车对于日本、石油对于沙特阿拉伯那样。印度顶尖理工学院毕业的年轻软件工程师十分紧俏。

我们都熟悉印度的电话销售业以及呼叫中心,但这个国家同样也正在涉足需要更多判断力和更高层次专业知识的领域。例如,像杜邦公司这一类的美国跨国公司的"诉讼支持"业务正在不断增长,该项业务旨在检查与某个特殊案件相关的数以千计的文件和电子邮件。鉴于他们的英语语言背景以及共同的法律传统,印度人尤为适合法律外包。印度也由此成为备受青睐的外包试验地。但是,制造业可能是脱贫崛起的一个至关重要的成分,在这方面印度同样有一些闪亮的成功案例。塔塔钢铁公司(Tata Steel)是世界上生产成本最低的钢铁生产公司。印度在混凝土、药品和汽车零部件方面也有突出的能力。它的优势一般被认为是高价值而非低成本的生产者。

印度的故事在世界上许多其他地区也重复着。中国在经济发展的道路上比印度走得更远,韩国与日本已经实现了工业化。到目前为止,我们考虑的是技术发展在解救数以百万计的人于疾病与贫穷之中所扮演的角色,我们大多数人可能会认为,技术影响积极的一面是压倒性的。

在更一般性和理论性的层面上,弗朗西斯·培根(Francis Bacon,1561—1626)认为知识就是力量,19 世纪的数学家和哲学家奥古斯特·孔德(Auguste Comte,1798—1857)认为科学的进步一般与人类的进步相联系,两位学者通常被看作是现代技术乐观主义的先驱。最近,伊曼纽尔·麦斯汀(Immanuel Mesthene)——哈佛大学技术与社会项目(已中断)的主任——提出了一个似乎构成许多科学家和工程师的思考根基的论点,即科学和技术使得一切事物在原则上都是可以被理解与控制的,并且没有任何事情能够阻止几乎无限制的技术发展。麦斯汀认为,在某些方面这种发展能够促进民主,比如有助于即时投票以及更好的信息沟通,但与此同时,它也导致公众对专家知识的更多依赖。由于专家的知识与普通公民的知识之间的鸿沟持续增大,因此普通公民必须承认专家意见在某些领域的优先地位,并将社会机构的更多控制权交给专家——这种趋势显然会对民主造成威胁。

事实上,对于技术造成的诸如污染之类的影响的控制确实需要专家知识,但是专家可以向我们展示如何让生产者为这些影响买单。情况往往如此,技术增加了我们的选择,就像餐馆里菜单上的新菜品增加了我们的选择一样。[20]总而言之,技术与技术进步带来的利远远大于弊。

4.7 评价技术:技术悲观主义

某种版本的技术乐观主义,或许具备麦斯汀所表达的一些特征,为我们社会中包括许多工程师在内的多数人所拥护。但是,技术悲观主义者想要发出一种警告。技术悲观主义者即使不反对所有的技术发展,但也总是更倾向于指出其不良影响。如果我们想要不偏不倚地看待技术,那么意识到这些负面影响是很重要的。在实践层面,技术悲观主义的洞见可能会帮助工程师对他们设计和发展的技术做出更好的决策。

在思考技术的负面影响时,首先想到的是它常常对环境产生危害。但是,我们把这个问题移至另一章再做讨论。此刻,我们主要聚焦于技术悲观主义者通常会提出的两种主张:技术可以威胁到人类自由,并且它会削弱我们生活的意义。当然,技术也能以许多方式来促进自由和意义。正如印度的例子所表明的,技术的发展可以把人类从黎明到黄昏的辛劳中解放出来。这赋予了他们参与政治生活,或者去从事使他们的生活更具有意义的其他活动的自由。尽管如此,悲观主义者还是可能会指出技术用其他方式产生不同的影响。

技术对自由的威胁

技术的批评者认为,技术可以作为一种压迫社会弱势群体并以其他方式限制人民自由的工具。在兰登·温纳(Langdon Winner)的重要评论性文章《人工制品有政治性吗?》中,他提出,许多技术制品都有政治或社会影响,并且很多这样的影响会损害社会经济下层阶级的利益。[21]在一个经常被引用的例子中,温纳讲述了罗伯特·摩西(Robert Moses),作为纽约市公共工程后期的主建设商是如何利用他的权力来限制经济弱势群体前往理想度假区琼斯海滩的自由的。摩西下令将那些桥梁与通往琼斯海滩的道路之间的净空①高度设计得异常低。这一决定就排除了公共汽车,而这反过来对那些不得不依赖于公共交通工具前往海滩的弱势群体造成了很大的困难。因此,看似简单的设计不正当地限制了一个社会阶层的自由。虽然这个故事的事实准确性一直备受争议,但它说明了工程作品可以产生政治后果的方式。

在温纳所举的另一个例子中,实业家赛勒斯·麦考密克(Cyrus McCormick)使得自己工厂中设计的机器,只需要不熟练的工人即可运行,赛勒斯·麦考密克借此清除了那些在他的工厂中已经形成联盟的芝加哥的熟练工人,因此也就摧毁了这个联盟。在另一个例子中,一台由加利福尼亚大学研究者开发的番茄收割机,能够让农场主削减农场所需的收获番茄的工人数量。农场主能够借此提升自己的利润,但农场的许多工人却失业了。

温纳认为,技术不仅被用以伤害经济中的弱势群体,而且有些技术支持甚至需要专制权力结构,这可能会威胁到民主政策的实施。在艾尔弗雷德·钱德勒(Alfred Chandler)的现代商业研究中,他提供的证据表明,技术精密的商业企业——略举几个例子,铁路、制造业、电力、化工业——需要专制权力结构。[22]同样,尽管太阳能与非集权化是兼容的,但核电站以及核武器却需要高度组织化的管理结构。温纳似乎认为,这些专制权力结构会对民主制度产生不良影响。

对于许多技术悲观主义者来说,技术用以限制自由的最令人担忧的方式出现在监控领域。这些技术在压制独裁政权方面具有特殊重要性,它们甚至可以在民主国家实施压制。我们已经了解到技术是怎样对个人隐私造成威胁,并在社会政策方面产生极具有挑战性的道德难题。同时,它还可以增强专制社会政策的力量。

在美国,政府有成千上万个数据库,里面包含大量的美国公民的信息。联邦调查局备受争议的"食肉动物"②计划,可以对其所连接的任何互联网服务提供商的所有流量进行过滤。尽管这种能力是被用来追踪特定对象的通信的,但只有政府创建的软件指令才能够防止所有通过供应商对互联网流量进行的偷窥。根据《爱国者法案》(Patriot Act),联邦调查局可以强迫任何人交出他们对顾客或客户的记录信息,从而使政府能够检查任何人的诸如互联网通信、金融记录和医疗历史之类的信息。在保护国家安全的名义下,"贴士"(TIPS)计划鼓励公民互相监视。许多其他类似的项目也是对公民自由的潜在威胁,特别是对那些政治异见者而言。[23]

---

① 净空,也叫道路建筑限界,指为了保证道路上各种车辆、人群的通行安全,在一定的高度和宽度范围内不允许有任何障碍物侵入的空间界线。——译者注
② "食肉动物"是美国联邦调查局的一个在线窃听软件,它可以截获电子邮件的内容,供调查犯罪之用。——译者注

技术与意义的衰退

过有意义的生活需要沉浸在一个能够将我们与其他人以及与自然界连接起来的关系网络之中。有时,技术悲观主义者认为,技术打破了某些这样的关系。我们可以从人类彼此间的关系说起。[24] 我们已经了解了瓦洛(Vallor)提出的问题:社交网络是否通过切断人际关系的一些正常维度而加剧了人们与社会的疏离。电子邮件无法像手写信件那样传达一个人的独一无二的特质,更别说面对面的接触了。在尝试克服电子邮件中交流感觉与情绪的困难时,我们在句尾使用了表情。

然而,其他技术同样也能够削弱人类关系的联结。在一个著名的案例中,通过壁炉与现代火炉的对比,艾伯特·博格曼(Albert Borgman)说明了关系的一种复杂联结的丧失。[25] 壁炉曾经是家庭生活的一个焦点。家庭成员聚集在那里对话、讲故事。通常是母亲生火,孩子拾来木柴,而父亲则负责砍柴。与壁炉的生火相反,现代火炉的加热不需要费力,也不需要家庭成员的参与。

类似的思考也适用于传统的家庭餐与微波炉餐的对比。传统餐沉浸在一个由关系、关联和记忆构成的复杂网络中。母亲准备了食物,而这些食物可能来自家庭花园,甚至连孩子们也可能参与了花园的劳动。用餐时间包括祷告以及随后进行的对这一天经历的谈论,家庭成员由此建立起彼此之间的联系以及和神的关联。这样的关系网络不能靠匆忙的"随便吃点",靠在微波炉里加热预先备好的菜,然后孤零零地吃掉来再现。

技术还会破坏将我们与自然界联系起来的关系网。为了说明这一主题,哲学家马丁·海德格尔(Martin Heidegger)提出了"座架"(enframing)的概念。[26] 我们可以将配以座架看作是从一个特定的视角来看待自然界的事物,并排除其他视角的一种态度。例如,在经济学中,人们可以从成本—效益分析的角度出发并排除所有其他的角度。从相对于效益的成本出发,一切都以经济术语来衡量、考虑所有的事情。基于成本—效益分析来评估水电站项目时,所有非经济的考虑都被排除,包括对美和审美价值的考虑。对海德格尔来说,技术的配以座架就是将自然物视作一种"储备资源"。从这个角度来看,树木就是一种能够用作人类建筑和其他目的的木材资源,河流就是水力发电供能的储备资源,土地里的矿藏是生产制造过程所需的资源。最后,海德格尔认为,这种态度鼓励我们把自己和其他人视为"人力资源",用以实现人类的目的。

将自然作为一种储备资源进行有效利用的主要机制是标准化和定量化,这两者在科学和工程领域中都具有核心意义。将自然界标准化为定量的单元,会消除我们的体验中许多有意义的方面,但这对科学与工程目的的实现是有利的。时间的标准化就是一个很有趣的例子。生物节律会加速和减速,这和我们最熟悉的时间体验是相似的。有时(如在愉悦的经历中)时间"飞逝",而在其他时候(如在痛苦的体验中)时间走得拖拖拉拉,极其缓慢。因此,必须强化标准化时间单元形式的统一性,而不是单纯地读出我们的时间体验。时钟——那些范例式的人工制造物——生产出一种人工的时间体验。就"时钟时间"而言,分钟和小时具有统一的时间延续性。时钟时间的单元不受我们对世界体验的影响,

84

85 而透过时钟时间来看待我们的体验会使我们对真实经历着的生活方式漠不关心。在时钟发明之前，时间的统一测度并不以与现在相同的方式存在，虽然统一性总是松散地与天文事件相联结。以数量术语来思考我们的时间，把时间当作小时和分钟的集合而非体验的序列，是现代的一种发明。在 14 世纪之前，一天中白昼和黑夜一般各有 12 小时。这意味着在伦敦，一小时的时长可能会在 38 到 82 分钟之间变动。

空间度量单位的量化与标准化呈现出相似的历史。在 18 世纪的法国，一块土地的大小取决于土壤的品质。[27] 在欧洲，19 世纪之前，对许多商品和物件的度量是不同的，其标准取决于地方传统和所测量物的品质。[28] 以"扔石距离"或"日步行距离"为标准测量空间，在早期的文化中也很常见，但它们通常都已被标准化和客观化的测量所取代了。"客观"和"主观"的概念已被逆转。"客观"不再是指那些最直接存在于我们经验中的东西，而是指用抽象和统一的量度可以测量的东西。直接经验则被认为是属于主观性领域的。

随着技术的进步，自然从环绕、包围甚至超越我们的东西转变为我们可以控制与管理的东西。作为超越我们并且我们无法控制的自然的观念已不再重要。试想，我们在高速公路上开着一辆舒适的汽车，与在远足中艰难地爬上一座山或是半夜里在一个孤独的地方露营相比，我们与自然界之间的关系有什么不同。在前一种经验中我们感觉居于掌控地位，而在后一种经验中我们感觉被自然界包围甚至被压倒。当然，在提升舒适度和效率甚至缓解人类各种类型的痛苦方面，高速公路和汽车的确有巨大的价值，但是一些东西已经失去了，即人类所关切的自然世界的超然存在。

4.8　对技术的审辨性态度

技术乐观主义与技术悲观主义之间的争论不是我们必须通过采取非此即彼方式来解决的一个问题，事实上，找到一个中间地带是更为理想的。只要有可能，技术应该被用来促进人类的幸福并消除不利的方面。或许我们可以说，技术乐观主义者应该激励技术的发展，而技术悲观主义者应该参与这种发展方向的确定。例如，当因追求速度和效率而开发计算机化通信时，我们应该采取预防措施，以保护通信重要的"人类"维度。这种心智框架——意识到技术的优势以及可能产生的不利影响——是以审辨性的态度对待技术。我们可以以许多种方式鼓励与采取这种态度。

技术的民主协商

一种鼓励对技术的审辨性态度的方法是促进科学政策中明智且知情的民主协商。在民主制度下，对于科学和技术公共政策的辩论面临着一个两难困境。我们称之为民主困境（democratic dilemma）。一方面，公众具有决定或至少影响科学技术决策的特权。另一
86 方面，公众往往对科学和技术问题缺乏足够的了解——使这些信息能被公众理解所必需的信息简化可能会造成对信息的严重的曲解。民主与科技精英主义之间的冲突，在万尼瓦尔·布什（Vannevar Bush）最新的文章《科学——永无止境》（"Science—The Endless

Frontier")中有所论述,这是受到普遍好评的科学政策领域内最重要的单篇文献。[29]这篇文章的侧重点是科学政策而不是技术政策,但其问题基本上是相同的。对于布什而言,公共政策的难题是以下两种需求之间的冲突:科学家通过显示科学能为社会带来的益处来获得公众的支持,科学家同样强烈地希望保护科学免受那些对科学一知半解的公众的干涉。

当民主困境影响技术政策时,工程师负有怎样的责任?这些责任可以概括为三个词:警告、通报、建议。第一,作为技术的首要创造者,工程师有一种特别的责任,即警告公众技术可能产生的问题,尤其是警告公众技术潜在危险的责任。公众可能会对知识产权的所有权和隐私的问题有一些一般的认识,因为这些问题影响了公共政策。但是,对于许多其他问题,公众可能并不了解。没有了专家对于问题的警告,公众可能不知道汽车的新设计有什么危险或新的化学过程所造成的环境危害。对工程师威胁公众安全和健康的事件向公众发出警告的责任有时可能涉及举报,但是工程师应该总是首先试图通过组织的渠道来警告公众。第二,工程师也有责任向公众通报争论双方的问题。新技术可能带来危险,但也可能有巨大的潜在效益。除了专家的辅导外,公众很少有机会获得对这些问题哪怕是微不足道的认识。第三,在某些情况下,工程师应该对某个问题提出建议和指导,特别是当这一问题在工程共同体中有一定程度的共识时。

对于这些建议,一个明显的反对观点是:"把这些沉重的责任强加于工程师个体身上是不公平的。"我们在很大程度上同意这一点。通常,只有和某项技术关系足够密切的工程师个体才会对其产生的相关问题有足够的感知,但是警告、通报、建议这些更常见的责任应该由工程组织尤其是职业社团来承担。不幸的是,除了个别的例外,工程社团并没有充分承担起这些责任。一个值得注意的实例是美国机械工程师协会制定美国压力容器规范。经过一系列爆炸事件后,美国国会决定是时候将安全锅炉建造的规范纳入联邦法律了。机械工程师的专业知识是建立这一规范所必不可少的。

工程社团不愿意介入对于技术政策的公共辩论的原因之一是,对于这个问题会员可能会有分歧。但我们提出两点回应:首先,至少职业协会可以提供一份对相关问题的公正的介绍;其次,这样的活动可以提高工程职业的公众可见度,并提高其地位。

设计中的审辨性态度

理查德·斯克洛夫(Richard Sclove)主张"技术应该……在结构上支持建立和维护强大民主制所必要的社会和制度条件",这个规则应该支配着设计。[30]虽然这个规则可能不够宽广,但工程师必须在设计过程中明确和负责任地考虑价值问题。一项来自两位荷兰学者伊博·范·迪·普尔(Ibo van de Poel)和范·戈普(van Gorp)的研究,说明了在设计过程中可能出现的关乎伦理反思的问题。[31]按照另一位学者芬琴提(Vincinti)的思路,他们共同定义了设计面临的两类挑战。[32]在此暂不讨论他们所建议的精心分类,我们仅提供一些他们所列举的在设计项目中能够引起价值问题的案例。

在一个项目中,工程师面临的挑战是设计一辆可持续的汽车,这里的可持续性是与重量紧密联系在一起的。然而，重量轻往往使汽车的安全性下降，因此工程师需要对安全性和可持续性的价值进行讨论以确定它们相对的道德重要性。甚至就可持续性来说，伦理方面的考虑也浮出水面：可持续性的价值是出于一种为了自然本身而尊重自然的义务，还是出于一种满足后代需求的义务？

另一个例子中，工程师所面临的挑战是开发一种不会像传统氯氟烃（如 CFC 12）那样破坏臭氧的冷却剂。然而，看起来工程师需要在易燃性和环境危害性之间进行权衡。越是环保的冷却剂就会越具有易燃性。有人可能会认为易燃性会带来安全问题，但有些人则会质疑这个假设。因此，我们不得不探讨这两种价值观的性质及其相对重要性。

在第三个例子中，工程师面临的挑战是为产蛋母鸡建立一个居住系统。重要的伦理问题在于如何处理鸡的排泄物、农民的劳动环境以及产蛋母鸡的健康和福祉之间的关系。这些设计难题引出了与安全性、可持续性、环境、动物福祉与健康、农民的劳动条件等相关的重大问题。正如 STS 研究已经证明的，并不存在唯一正确的方法来解决设计问题。所以对设计问题具有审辨性态度是必需的。要求工程师思考这些问题并不过分，目前许多工程师正在这样做（思考）。这样的思考会产生出更具有创造性的设计并创造更令人满意的生活。

4.9　本章概要

工程师和工程专业的学生有时会很难理解技术的社会维度。将工程作为社会实验的概念表达了这样一种思想，即工程是维持社会秩序的整体的组成部分，它是嵌入在社会秩序中的。这种嵌入性表现在技术影响社会以及技术被社会价值观所影响的多种方式中。对技术的社会塑造研究特别有价值的来源是由社会学家、历史学家和哲学家组成的科学技术元研究的学术领域。

技术影响社会的途径之一就是提出有关社会政策的问题。说明这种影响的两个领域是隐私权和知识产权。个人隐私权应该在何种程度上以特定的更大的社会善之名被剥夺？对自己的知识产权进行控制和从中获益的个人权利，应如何与为了满足技术进步的需要而为技术打开自由与开放之门的社会价值相权衡？这些问题体现了功利主义和尊重人的思考方式之间的典型冲突。

88　　技术决定论者认为，技术的发展具有客观性，即一种不能由人类个体乃至整个社会所控制的内在逻辑。然而，来自 STS 的证据显示，社会价值确实塑造了技术的演化。技术乐观主义者认为，技术对人类福祉的影响大部分是好的，而且有强有力的证据证明了这种说法，尤其当一个人看到技术使数以百万计的人脱离贫困和饥饿的时候。但是，技术悲观主义者认为，技术会产生不良影响。一些技术悲观主义者认为，技术会对个人自由构成威胁，它会降低人际关系的质量，助长对自然界的剥削态度，并且它会影响我们对于世界完整的欣赏，使我们超越对人类自身的关切。

对技术悲观主义所提出问题的回答表明了对技术审辨性的态度，其重视技术的有益与有害的双重影响。审辨性的态度可以表现为：工程师帮助公众正确地理解技术以使他们能够更好地参与技术政策的制定，以便在技术设计中避免一些负面影响的产生。

4.10 网络上的工程伦理资源

通过访问配套的工程伦理网站，检测你自己对本章材料的理解。这个网站包括多项选择的研究问题、建议性的讨论主题，有时候还有额外的案例研究，以辅助你对本章材料的阅读和研究。

注 释

1. Sarah Kuhn，"When Worlds Collide：Engineering Students Encounter Social Aspects of Production," *Science and Engineering Ethics*，1998，pp. 457 – 472.

2. 同上，p. 461。

3. 同上，p. 465。

4. 同上，p. 466。

5. 同上，p. 467。

6. Mike W. Martin and Roland Schinzinger，*Ethics in Engineering*，4th ed. (Boston：McGraw-Hill，2005)，pp. 88 – 100.

7. Val Dusek，*Philosophy of Technology：An Introduction* (Malden，MA：Blackwell，2006)，pp. 32 – 36.

8. Shannon Vallor，"Social Networking Technology and the Virtues," *Ethics and Information Technology*，2010，vol. 12，pp. 157 – 170.

9. Trevor J. Pinch and Wiebe E. Bijker，"The Social Construction of Facts and Artifacts：Or How the Sociology of Science and the Sociology of Technology Might Benefit Each Other," in W. E. Bijker，T. P. Hughes，and T. Pinch，eds.，*The Social Construction of Technological Systems：New Directions in the Sociology and History of Technology* (Cambridge，MA：MIT Press，1987)，pp. 17 – 50.

10. Andrew Feenberg，"Democratic Rationalization：Technology，Power，and Freedom," in R. C. Scharff and V. Dusek，*Philosophy of Technology* (Malden，MA：Blackwell，2003)，pp. 554 – 655.

11. Val Dusek，*Philosophy of Technology：An Introduction*，p. 205.

12. 参见 Feenberg，op. cit.，pp. 659 – 660。

13. 这四种隐私的区别参见 Anita L. Allen，"Genetic Privacy：Emerging Concepts and Values," in Mark Rothstein，ed. *Genetic Secrets* (New Haven，CT：Yale University Press，1997)，p. 33。

14. 关于这些原则，参见 Anita L. Allen，"Privacy." In Hugh LaFoilette，ed.，*The Oxford Handbook of Practical Ethics* (Oxford：Oxford University Press，2003)，p. 500。

15. Richard Stallman，"Why Software Should Be Free," in D. G. Johnson and Helen Nissenbaum，*Computer Ethics and Social Policy* (Upper Saddle River，NJ：Prentice-Hall，1995)，pp. 190 – 200.

16. Office of Technology Assessment，"Evolution of Case Law on Copyrights and Computer Software," in Johnson and Nissenbaum，p. 165.

17. Herbert Rosenthan Jewelry Corp. v. Kalpakian，446 F.2d 738，742 (9th Cir. 1971). Citedin Lotus

89

Development Corporation v. Paperback Software International and Stephenson Software，Limited，Civ. A.，No. 87 – 76 – K. United States District Court. D. Massachusetts.June 28，1990. Reprinted in Johnson and Nissenbaum，pp. 236 – 252.

18. Lotus Development Corporation v. Paperback Software International and Stephenson Software，limited，p. 242.

19. 该论述大部分来自"Now for the Hard Part：A Survey of Business in India,"*The Economist*，June 3 – 9，2006，special insert，pp. 3 – 18。相对负面的论述参见"The Myth of the New India," *New York Times*，July 6，2006，p. A23。

20. Emmanuel G. Mesthene，"The Social Impact of Technological Change" in *Philosophy of Technology*，edited by Robert C. Scharff and Val Dusek （Malden，MA：Blackwell，2003），pp. 617 – 637. 这些选择取自"Technology and Wisdom" in *Technology and Social Change*，edited by Emmanuel G. Mesthene （Indianapolis：Bobbs-Merril Inc.，1967），pp. 109 – 115。

21. Langdon Winner，*The Whale and the Reactor* （Chicago：University of Chicago Press，1986），pp. 19 – 39. Reprinted in David M. Kaplan，ed.，*Readings in the Philosophy of Technology* （Lanham，MD：Rowman & Littlefield，2009），pp. 251 – 263.

22. Alfred D. Chandler，Jr.，*The Visible Hand*：*The Managerial Revolution in American Business* （Cambridge：Belknap，1977），p. 244.

23. "Bigger Monster，Weaker Chains" by Jay Stanley and Barry Steinhard，January 2003. American Civil Liberties Union Technology and Liberty Program. Reprinted Davod M. Kaplan，op. cit.，pp. 293 – 308.

24. 在此处和接下来的几个段落中，我们发现了安德鲁·芬伯格（Andrew Feenberg）在他的《提问技术》[*Questioning Technology* （New York：Routledge，1999）]中提到的"技术与意义"是有用的。

25. "Focal Things and Practices," in David M. Kaplan，ed.，*Readings in the Philosophy of Technology* （New York：Rowman 8c Littlefield，2004），pp. 115 – 136. 引自 Albert Borgman，*Technology and the Character of Contemporary Life*：*A Philosophical Inquiry* （Chicago：University of Chicago Press，1984）。

26. Martin Heidegger，*The Question Concerning Technology and Other Essays*，translated by William Lovitt （New York：Harper Colophon Books，1977），p. 19.

27. Witold Kula，*Measures and Men*，R Szreter，trans. （Princeton，NJ：Princeton University Press，1986），pp. 30 – 31.

28. Sergio Sismondo，*An Introduction to Science and Technology Studies* （Malden，MA：Black-well，2004），pp. 32 – 36.

29. Vannevar Bush，*Science—The Endless Frontier*：*A Report to the President on a Program for Postwar Scientific Research* （Washington，DC：National Science Foundation，1980）

30. Richard E. Sclove，*Democracy and Technology* （New York：Guilford Press，2000）.

31. Ibo van de Poel and A. C. van Gorp，"The Need for Ethical Reflection in Engineering Design," *Science*，*Technology*，*and Human Values*，31：3，2006，pp. 333 – 360.

32. W. G. Vincinti，"Engineering Knowledge，Type of Design，and Level of Hierarchy：Further Thoughts about What Engineers Know," in P. Kroes and M. Bakker，eds.，*Technical Development and Science in the Industrial Age* （Dordrecht，The Netherlands：Kluwer，1992），pp. 17 – 34.

第5章 信任和可靠

本章主要观点

- 本章重点讨论与工程师诚信有关的重要问题：诚实、机密性、知识产权、专家作证、公共沟通和利益冲突。
- 不诚实的形式包括说谎、蓄意欺骗、隐瞒信息和阻碍寻找事实。
- 工程研究和测试中的不诚实包括剽窃和伪造及捏造数据。
- 工程师应该尊重他们工作中的职业机密。
- 专家作证中的正直要求不仅仅要求证词真实，而且要求专家在需要专门知识的领域有充分的背景和准备。
- 利益冲突尤其成问题，因为它们会迫使工程师在职业判断中做出妥协。

约翰是一位联合培养的学生，他在一家石油探测公司谋得一份暑期工作，这是一家为大型石油公司做承包探测的公司[1]，它从事钻孔、测试，并基于测试结果向客户提供咨询报告。约翰作为一位石油工程专业的高年级本科生，被分配去管理一群按客户要求在不同地点试钻的码头工人和技术员。约翰的职责是，将原始数据转换成简明报表供客户使用。约翰高中时的老朋友保罗是码头工人的工头。事实上，是保罗帮助约翰得到这份高报酬暑期工作的。

在检查前一次钻孔报告的现场数据时，约翰发现一个重要的步骤被遗漏了，除非返回现场重复整个测试，否则无法更正数据，而返工需要公司付出很大一笔资金。被漏掉的那一步是需要那个工头在倒入测试钻孔点的润滑剂中添加一种化学测试剂。这一测试是重要的，因为它提供了确定钻孔点是否值得进行天然气开采的数据。不幸的是，保罗在最后一个钻孔点忘记添加这种化学测试剂了。

约翰知道，如果曝光保罗的过失，那么保罗很可能会失去这份工作。在这个石油产业低迷、他的妻子又怀孕的当口，保罗丢不起这份工作。约翰从过去公司的数据文件中得知，该化学添加剂表明天然气存在的概率大约为测试的百分之一。

约翰是否应该向他的上司隐瞒没有正常进行天然气测试的信息？他应该向他的客户隐瞒这一信息吗？

91

5.1 导　言

在前面我们已注意到威廉·F. 梅的评论,他认为,随着社会越来越职业化,社会也变得越来越依赖职业人员的服务,而这些职业人员拥有的知识和专业技能并没有被广泛地共享或理解。这表明,由于无知,公众就必须信任工程师的可靠表现,不论是其作为个人,还是作为一起工作的工程师团队中的成员。本章尤其重点关注与工程师诚信有关的道德关注领域:诚实和不诚实、机密性、知识产权、专家作证、告知公众以及利益冲突。

5.2 诚　实

考虑到我们的道德传统长久以来对诚实的强调,工程章程中包含了许多涉及诚实的条款也就不足为奇了。电气与电子工程师协会伦理章程的第 3 条准则鼓励所有成员,"基于现有数据进行陈述或评估时,要诚实且真实"。第 7 条准则要求工程师"寻求、接受和提供技术工作的诚实性评论"。美国机械工程师协会的伦理章程也是同样的直截了当。基本原则Ⅱ规定,工程师必须"诚实且公正"地践行他们的职业。第 7 条基本准则规定,"工程师只能以客观和诚实的态度公开发表声明"。这条准则要求工程师不得参与散播有关工程的不真实、不公正甚至夸大其词的声明。

诚实在工程实践中的重要性是本章的一个主要关注点。当然,除了诚实的问题外,我们还将考察在职业判断和交往中其他重要的方面。例如,IEEE 章程第 2 条要求其成员避免利益冲突,因为它们会扭曲职业判断。ASCE 章程准则 3 要求其成员不能发布关于工程事务的某些陈述,因为这些工程事务是"由有关当事人授意或付费的,除非他们表明他们代表当事人做陈述"。在此,ASCE 章程再一次强调了完整披露原则。该章程准则 4 的一段谈到了机密性的问题,这是一个可以正当隐瞒信息的领域。它嘱咐工程师避免利益冲突,并且禁止他们"使用他们工作中接触到的机密信息以牟取私人利益,因为这种行为违背了他们的客户、雇主或公众的利益"。

更为详尽的国家职业工程师协会伦理章程告诫工程师,"只可参与诚实的事业"。它的导言指出:"工程师提供服务时必须诚实、公平、公正和公道。"第 3 条基本准则(I.3)要求工程师,"仅以客观、诚实的方式公开发表声明"。在实践准则部分中,有几项条款与诚实有关。II. l.d 规定:"工程师不应与任何他们认为在从事欺骗性或不诚实事务的个人或公司合作,也不应允许在这样的合作中使用他们的姓名。"实践准则中的 II.2.a、II.2.b、II.2.c 以及 II.3.a、II.3.b、II.3.c 给出了更为详尽的职业实践指导。II.3 规定:"工程师应仅以客观、诚实的态度公开发表声明。" II.5 规定:"工程师应避免欺骗行为。" II.5.a 和 II.5.b 对如何执行这一规定给出了更为详细的解释。在第Ⅲ部分"职业义务"中,六个不同的位置(III.l.a、III.l.d、III.2.c、III.3.a、III.7 和 III.8)提及了工程师具有正直、诚实、不误传事实的义务。实践准则中的 3.a 部分适用于约翰的情况:"工程师应在专业报告、声明或证词中保持客观和

92

真实。这些报告、声明或证词应包含所有相关信息，并应注明当前的日期。"

5.3　不诚实的形式

说　谎

一提起不诚实，我们通常想到的是说谎。伦理学家一直在努力给说谎下定义。下定义困难的一个原因是，并非每句假话都是谎言。如果一位工程师错误地传送了不正确的土壤样本测试结果，那么即使她说的并非真实情况，她也并没有说谎。说谎是指，一个人必须是有意的或至少知道所传达的是错误或者误导的信息。但即便如此，情况也很复杂。一个人可能会给出她以为是错误的信息，即使该信息实际上是正确的。在这种情况下，我们会困惑是否应该认定她的行为是说谎。她意图说谎，但她所说的实际上又是真的。

使问题更为复杂的是，一个人可能给予其他人错误的信息而无须通过错误的陈述方式。尽管一个人不曾说过一个直白的谎言，但是，手势和点头以及间接的陈述，都可以在交谈中给他人留下错误的印象。尽管存在这样的复杂性，但大多数人认为，谎言——或至少是典型的谎言——具备三个要素：第一，通常包括某些被认为是错误的或严重误导的内容。第二，通常以话语的形式给出。第三，出于欺骗的意图说出谎言。因此，我们或许可以给出下述富有建设性的定义："谎言就是一种陈述，它是出于欺骗的意图而做出的，这个陈述被认为是错误的或严重误导的。"当然，在这一定义中，保留了对短语"严重误导"的开放性理解，但是，这一富有建设性的定义的开放本质却是有意为之的。我们将某些误导的陈述称作谎言，而另一些则不然。

故意欺骗

在谈论技术问题时，如果安德鲁以一种暗示他具有但事实上他并不具有知识的方式给雇主或潜在客户留下印象，那么他的确在故意欺骗，即使他并没有说谎。除了误导他人自己拥有专门的知识外，一个人还可以通过过度地称赞某些产品或设计的优点的方式来曲解它们的价值。这样的欺骗有时比直接的谎言更容易产生灾难性的后果。

隐瞒信息

省略或隐瞒信息是另一种形式的欺骗行为。如果简故意不把她负责的一项工程的负面消息呈报给她的上司，那么她就做了严重的欺骗行为，即使她并没有说谎。不报告你拥有某公司的股票，而你正在推荐该公司的产品，这也是一种欺骗形式。或许，我们可以更概括性地说，如果一个人由于省略信息而发生了以下情况，则他的行为就是一种形式上的不诚实：①他没有传达听众有正当理由期望不被省略的信息；②这种省略的意图是为了欺骗。

93

未能找出真相

诚实的工程师会致力于发现事实,而不仅仅是避免不诚实。假设工程师玛丽怀疑她从实验室得到的部分数据的准确性。如果把它们当作结果来使用,那么她并没有撒谎,也没有隐瞒事实。但是,如果她不进一步质询它们的准确性就使用它们,她也许就是不负责任的。这种积极意义上的诚实是作为负责任的工程师应该具备的一部分。

下述假定是不正确的,即说谎总是比故意欺骗、隐瞒信息、未能充分地促进信息的传播或未能获得事实更严重。有时候,说谎的后果并不比这些行为的后果更严重。后四种误用事实类型的排序主要反映的是主动地歪曲事实的程度,而不是这些行为后果的严重程度。

5.4 为什么不诚实是错的?

"诚实"一词具有积极的内涵,而"不诚实"一词具有消极的内涵,这导致我们忽略了,说出全部事实有时候可能是错误的,而隐瞒事实的行为有时候可能是对的。一个人们彼此间完全坦诚的社会是令人难以忍受的。完全坦诚的要求意味着,人们彼此间的观点是完全坦白的,并且无法运用那种与文雅和文明的社会相关联的机智和缄默。就职业人员而言,永不隐瞒事实的要求意味着,工程师、医生、律师和其他职业人员无法保护机密性或专属信息。医生不能向他们的病人说假话,即使有明显的证据表明,假话正是病人喜欢的,而事实可能是毁灭性的。

尽管可能存在着例外,但是,不诚实以及其他各种误用事实的方式通常是错误的。看待这种不诚实问题的一条有益路径就是从尊重人和功利主义的伦理立场出发;它们都能够为思考与诚实有关的道德问题提供颇有价值的建议。

让我们回顾尊重人的理论的一些主要组成部分。正如我们在第 2 章中所说的,如果行为侵犯了个体的道德主体性,那么这些行为就是错误的。道德主体是能够明确地叙述并且追求他们自己的目标和意图的人——他们是自主的。"自主"(autonomy)一词来自两个希腊词语:"autos"表示"自己","nomos"表示"规则"或"法律"。在自我支配的意义上,道德主体就是自主的。

因此,为了尊重病人的道德主体性,医生有三种职责。首先,医生必须保证他们的病人在做出治疗决定时是知情同意的。他们有责任确保,他们的病人理解他们决定的后果,并且理性地做出将影响他们今后生活计划的决定。其次,他们还有责任确保病人不是在不恰当的被迫的环境下做出决定,如迫于紧张、疾病和家庭压力。最后,医生必须保证病人充分知晓可供选择的治疗方案及各种选择的后果。

工程师拥有某种程度的责任,即确保雇主、客户和普通公众做出自主的决定,但是,他们的责任范围比医生的责任范围更狭窄。他们的责任大概只延伸到这三种自主条件中的第三种,即确保雇主、客户和普通公众根据理解,尤其是对技术后果的理解,做出有关技术的决定。我们已经看到,例如,IEEE 章程要求其成员,"及时披露可能危及公众或环境的影响因素"，而当公众的安全、健康和福祉面临危险时，ASCE 成员必须"将可能的后果告知他们的客户和雇主"。在工程领域，这一条款适用于诸如产品安全、提供专业咨询和信息之类的问题。如果消费者不知道某种汽车存在着一个不寻常的安全问题，那么他们无法知情同意地决定是否购买它。如果一位消费者正在为职业工程咨询付费，但却被告知了错误的信息，那么他就无法做出自由而知情同意的决定。

"挑战者号"的宇航员在飞行日的早上被告知，发射台上有结冰，并且被提供了推迟发射的选择。他们选择不推迟发射。然而，没有人告诉他们有关 O 形环在低温下状态的信息，所以，他们并没有得到完整的信息，他们也不是不顾 O 形环的风险而完全知情同意地赞成发射，因为他们并不知晓存在着这种风险。"挑战者号"事故是一个违背工程师对知情同意保护的义务的悲惨实例。但是，这一过错的责任主要不在于工程师，而在于支持发射并且没有将危险告知宇航员的管理者。

许多情况更为复杂。要达到知情同意，决策制定者必须不仅知晓相关的信息，而且还要理解这些信息。更重要的是，没有人会知晓所有的相关信息，或完全理解它们。因此，在这两种意义上的知情同意都是一个知晓或理解信息程度的问题。所以，对于知情同意，工程师承担的责任范围有时是有争议的，并且是否履行了这一责任有时也是有争议的。我们稍后会回到这些问题上，但是，我们在这里所说的足以表明，即使只是隐瞒信息或未能充分传播信息，也可能是对职业责任的严重违背。

现在让我们转向功利主义对待诚实的观点。功利主义思想要求我们的行动促进人类的快乐和幸福。通过提供楼房、桥梁、化工制品、电子设备、汽车和其他许多我们社会所依赖的东西，工程职业为实现这一功利主义的目标做出了贡献。对于在个人、公司和公共政策层面上的决策，工程职业也提供了非常重要的技术信息。

工程研究中的不诚实会破坏这些功能。如果工程师不如实地报告数据或者遗漏关键的数据，那么其他研究者将无法信赖他们的结果。这会破坏一个科学共同体赖以存在的信任关系。正如一位对指定建筑材料强度不诚实的设计师可能会造成建筑物的倒塌一样，一位在专业期刊的报告中伪造数据的研究者可能会导致工程设施的倒塌。

不诚实还会破坏知情同意的决策。商业和政府领域的管理者，还有立法者，都依赖于工程师所提供的知识和判断来进行决策。如果这些是不可靠的，那么那些依赖工程师来做出有关技术的良好决策的人的能力将会被削弱。在这种意义上，工程师未能尽到他们促进公众福祉的义务。

因此，不论是从尊重人的角度还是从功利主义的角度来看，彻底的不诚实行为以及与技术信息有关的其他形式的误用事实的行为通常都是错误的。它们通过妨碍个人自由和知情同意做出决定的行为，削弱了个体的道德力量。它们也妨碍工程师促进公众的福祉。

5.5　校园内的不诚实

三位学生正在参与一项高级创意工程设计项目。该项目要设计、制造、测试一块便宜的仪表,它是汽车仪表台中的一块用来测量汽车每耗费一加仑汽油所能行驶路程的仪表。虽然当时还没有个人电脑、微芯片计算器和"智能工具",但是,学生们还是想出了一个成功率很高的巧妙方法。他们设计了一个方案,一边测量流入发动机的汽油量和里程表上速度读数的相应电压等价物,一边对这两者的商进行累加记录。换句话说,每小时汽油加仑数除以每小时英里数将得出汽车耗费每加仑汽油所行驶的英里数。这些学生甚至想出了一种过滤和消除任意信号灯的即时波动来保证平均时间数据的方法。最后,他们设计了一个理想实验来证明他们设计概念的可行性。唯一遗漏的东西是一只测量每小时流入发动机的汽油量,并且产生一个相对应的电压信号的流量表。现在,作为一种选项,消费者可以在购买的汽车上定制这一设备,但是,在当时这个设计是一种非凡的创新。指导这一项目的教授对此印象深刻,因此,他筹措到一笔资金以买下该流量表。他还鼓励这三位学生为一份科技刊物起草一篇描述他们设计的论文。

几个星期之后,教授非常惊讶地收到了一封来自一家著名杂志的信,杂志同意发表这篇"优秀的论文",据信上所称,他和这三位高年级学生"合著"了该论文。教授知道流量表并未到货,他也没有看到过论文的任何草稿,因此,他让这三位学生给出一个解释。他们解释道,他们采纳了教授的建议,针对他们的设计准备了这篇文章。他们将教授的名字放在论文上,并作为主要作者,因为毕竟写这篇论文是他的主意,而且他是他们的指导老师。他们不想在写初稿的时候就烦扰教授。此外,他们实在等不及流量测量仪器的到达,因为他们将在几个星期后毕业并且计划开始新的工作。最后,因为他们确信数据将会与预期的结果一致,所以他们模拟了在一个电源单元上的时间—电压变化,代替他们认为的流量—测量电压将会发生的情景。他们说道,他们确实打算在流量表抵达后再核实流量、电压和整个系统,如果有必要,他们将在论文上做一些小的修改。

96 事实上,这些学生错误地假定了流量和电压会直线相关。他们也错误地假设了教授对于他们行为的反应。结果论文被撤回,这几位学生向杂志社写了道歉信,信的副本被放入他们的档案。这些学生的高级设计课程成绩为 F,并且他们的毕业被推迟了 6 个月。尽管如此,其中一位学生还是请求教授为他正在寻找的一份暑期工作写一封推荐信!

学生在工程院校的经历是其职业生涯的训练期。正如我们所表明的,如果他们不诚实,则有害于工程的职业化,因此在这一训练阶段学生应该留一部分时间来关注职业诚实。此外,学生在学术背景下体验到的压力不应有别于(或少于)他们将在实际工作中体验到的压力。如果考试作弊、在实验报告和设计项目中谎报数据在道德上是被允许的,那么为了取悦老板、获得提升或者为了维持一份工作而误报数据为什么就不被允许了呢?

正如我们在下一部分中将要看到的,对于学生表现出来的不诚实的类型,在科学和工程社团中存在着准确的对应物。新生通过将物理实验报告上的数据点弄得平滑些(图表好看些)来获得成绩 A,选择数据以支持所期待的结论,完全捏造数据,以及在非学术的背景下剽窃他人的话语和想法都有显见的例子。

5.6　研究和测试中的不诚实

科学和工程中的不诚实有几种表现形式：伪造数据（falsification of data）、捏造数据（fabrication of data）和剽窃（plagiarism）。伪造数据包括歪曲数据，使不规则的数据变得有规律，或者只显示那些最契合所支持的理论的数据，抛弃其余的部分。捏造数据包括创造数据，甚至报告从没有进行过的实验的结果。剽窃是在没有正当许可或授权的情况下使用他人的知识产权。它表现为多种形式。剽窃是一种名副其实的偷窃行为。在对他人的知识产权的合法与不合法的使用之间划出一条界线通常是困难的，而划界法有助于我们辨别两者。有些案例毋庸置疑是剽窃的例子，诸如使用与他人完全相同的文字、数据或过长的段落，而又未得到恰当的许可或标注出处之类的例子。对于具有恰当标注的、对他人简短陈述的引用无疑是允许的。在这两个极端之间，存在着许多难以划界的案例。

在科学和技术领域中，论文的多个作者经常会引起有关诚实的特别令人烦恼的问题。有时，40到50名研究人员被列为科学论文的作者。我们可以为这种情况设想出几种理由。第一，通常有很多科学家以某种形式参与了研究，并且他们都做出了实质性的贡献。例如，很多人共同参与了一项医学研究或一项粒子加速器的研究。第二，在有些情况下，某人是应该作为论文的作者，还是只需提及一下就足够了，这两者之间的区别确实是细微的。在这种情况下，最公平或至少最大方的做法是将这些人都列为作者。

然而，这一行为也存在着不太诚实的动机，最明显的例子是绝大多数科学家希望出版物越多越好，这对于专职科学家和非专职科学家都是一样的。还有，许多研究生和博士后学生都需要发表作品以保证就业。有时，资深的科学家会冒险将研究生列为作者，即使他们对于该出版物的贡献微不足道，目的是使得学生的研究记录给人的印象越深刻越好。

从道德的立场来看，多个作者至少有两个潜在的问题。第一，当一个人事实上对科学研究所做的贡献是相对无关紧要的时候，宣称他为科学研究做出了重大贡献是一种欺骗行为。如果对作者身份的宣称确实是欺骗性的，那么那些评价科学家或工程师的人就无法在他们的评价中做出知情同意的决定。第二，一个人对作者身份的欺骗性宣称会使其在工作、晋职和获得科学界荣誉的竞争中享有一种不公平的优势。仅仅从公平的立场来看，就应该避免未经证实的对作者身份的宣称。

5.7　机密性

一个人不仅可以通过说谎或者歪曲、隐瞒事实的方式，也可以通过在不适当的环境下透露信息的方式来滥用事实。工程师可能会在没有得到客户同意的情况下在私人交往中冒险透露机密信息。如果信息是客户给工程师的，或者是工程师在为客户服务的过程中发现的，那么这些信息就可能是机密的。

绝大多数工程师是雇员，在信息的不恰当使用中所涉及的更为常见的问题是对前任雇主专有信息的侵犯。使用前任雇主的设计和其他专有信息是不诚信的，甚至会导致法律诉讼。即使是使用在为前任雇主工作期间发展出来的创意也是有问题的，尤其是当这些创意涉及商业秘密、专利权或许可协议的时候。

　　绝大多数工程师是大公司的雇员，但有一些，尤其是土木工程师，承担拥有客户的设计公司转包的任务。对这些工程师来说，就有一个保护客户—专业人员关系机密性的义务，正如律师和医生一样。这种机密信息通常包括客户给出的敏感信息和工程师获得客户支付的报酬而为客户服务的过程中所获取的信息。

　　工程师可能以两种方式错误地处理客户—专业人员机密性信息。第一，工程师可能在没有授权的情况下破坏机密性。第二，当公众对工程师有更高的义务要求时，工程师可能会拒绝保密。下面是违反第一种规则，即没有得到授权而破坏机密性的例子。[2] 简，一位土木工程师，已签约为加利福尼亚格林维尔的一个新购物中心做一些预备研究。该镇已有一家拥有 20 年历史的购物商场。该商场的所有者正在考虑装修这个老商场还是关掉它。他和简有过很多生意来往，他详细询问了简有关新购物中心的一些问题，简回答了这些问题。

　　下面是违反第一种规则的另一个例子。假设一位房主付酬金请工程师 A 为他检查住宅。工程师 A 发现该住宅大体上情况良好，但是，需要一些小修小补。工程师 A 给房主寄去了一份一页纸的报告，并且表明一份副本已寄给经手该住宅销售的房地产公司。

98　　这个案例受到 NSPE 伦理审查委员会的重视，它裁定："工程师 A 以房主的名义将一份住宅检查报告的副本递交给房地产公司的行为是不道德的。"它引用了 NSPE 伦理章程的第 II. l. c 款"除非法律或本章程授权或要求，未经客户或雇主的事先同意，工程师不应泄露通过专业能力获得的事实、数据或信息"[3]。

　　这一观点似乎是正确的。客户购买了这些信息，因而可以宣称对它们的专有权。住宅情况基本良好，没有理由认为公众的福祉正处于危险之中。如果住宅存在着一个基本的结构性缺陷，那么该案例会更加复杂。不过，即使如此，我们仍然可以认为，该住宅并不存在对生命的威胁。潜在的买主总是可以自己决定是否付费检查住宅。

　　下面假设的案例则引出了更严重的问题，即机密性是否应该被拒绝。假设工程师詹姆斯在一位客户挂出售卖房屋的广告之前为他做房屋检查。詹姆斯发现房屋有一些基本的结构性缺陷，它们会对公众安全造成威胁。詹姆斯将这些缺陷告知该客户，并建议其腾空房屋，修理好后再销售。该客户回答道：

　　詹姆斯，我不打算腾空这幢房屋，也肯定不会在出售前为它花一大笔钱。并且，如果你将这一信息透露给有关当局或任何潜在的买主，那么我将对你采取我所能采取的法律行为。还不止这些，我还有很多朋友。如果我传出一句话，那么你将失去很多生意。这个信息是我的，我购买了它，没有我的允许，你无权将它透露给任何人。

　　詹姆斯对于客户的义务明显地与他对于公众的义务发生了冲突。虽然他对潜在的买主具有一种义务，但是，他更为直接的和迫切的义务是保护该房屋当前居住者的安全。注意到上面所引用的 NSPE 伦理章程的一个段落，它要求工程师在任何情况下都保护他们客户的机密性，而由"法律或本章程"授权的除外。这个案例的情形可能正好符合章程中的那部分（尤其是强调对于公众安全的更高义务的那部分），机密性应该让位于对公众安全的义务。

即使在此有章程的支持，但是詹姆斯仍然应该努力找到一条创造性的中间道路，使他既能够履行对客户的义务，又能尽到对该房屋的居住者以及潜在买主的义务。他可以努力说服客户，拒绝纠正结构性缺陷的意图在道德上是错误的，而且不利于他的长久利益。他可以告诉他的客户，他自己可能会卷入诉讼，而且如果发生了灾难，那么他将问心有愧。

不幸的是，这种方法可能不起作用，詹姆斯的客户可能会拒绝改变主意。于是，詹姆斯就必须排列出他的这些相互竞争的义务的顺序。包括 NSPE 伦理章程在内的大多数工程伦理章程都明确表明，工程师的首要职责是确保公众的安全，因此，至少依据我们对 NSPE 伦理章程的理解，詹姆斯必须将该房屋存在结构性缺陷的信息公之于众。

但是，并非所有包含机密性的案例都像詹姆斯所面对的情况一样清晰。事实上，他的情形可以被视为案例谱系的一个极端。另一个极端可能是这样一个案例，一位工程师为了谋取他自己的经济利益而破坏机密性。在这两个极端之间是许多其他难以做出决定的可能情形。在这样的情形下，划界法也是适用的。

99

5.8　知识产权

知识产权是由脑力劳动所产生的一种所有权，它可以有几种保护方式，包括商业机密、专利权、商标和著作权。

商业机密是为了胜过不拥有商业机密的竞争者而在商业中使用的配方、式样、配置或信息汇编。可口可乐的配方就是商业机密的一个实例。商业机密不能处于公共领域，并且该机密必须受到公司保护，因为商业机密不受专利权的保护。

专利证书是由政府颁发的，允许专利的持有者从注册之日起 20 年内排斥其他人使用该专利的文件。要获得一项专利，发明就必须是新颖的、有用的、非显而易见的。例如，防刺（puncture-proof）轮胎是受专利保护的。

商标是与产品或服务相关的文字、短语、图案、声音或符号。"可口可乐"就是一个注册商标。

著作权是对诸如书籍、图画、图形、雕塑、音乐、电影和电脑程序之类的富有创造性的产品的拥有权。著作权保护创意的表达，但不保护创意本身。例如，《星球大战》（*Star Wars*）的手稿是受版权保护的。

许多公司通常以象征性的一美元作为酬金，要求他们的雇员签署一份专利转让声明，这样，雇员所有的专利和发明都将成为公司的财产。有时候，雇员会发现他们在这些问题上会纠缠于两位雇主之间。让我们考虑这样一个案例，一家轮胎制造企业——罗德鲁伯道路橡胶公司的一位高级工程产品经理比尔曾经通过开发创新的制造工艺,成功地为他的公司降低了生产成本,而这引起了竞争对手的注意。其中一家竞争公司——顺滑轮胎公司提供给比尔一个薪水较高的高级管理职位。比尔提醒顺滑轮胎公司,他已经和罗德鲁伯签订了一份标准协议,在 2 年之内,无论发生何种工作变换,他都不能使用或泄露他在罗德鲁伯所开发的工艺或所学到的创意。

顺滑轮胎公司的管理者保证说,他们对此表示理解,并且不会要求他泄露任何秘密,他们希望他成为一名雇员是因为他所表现出来的管理才能。在顺滑轮胎公司工作几个月后,某个之前没有参与和比尔谈判的人要求比尔泄露一些他在道路橡胶公司开发的秘密制造工艺。当比尔拒绝时,他被告知,"得了,比尔,你知道这正是你以夸张的薪水被雇用的原因。如果你不说出我们想要的东西,那你就别待在这里了"。这无疑是一个企图窃取情报的例子。如果引进比尔到顺滑轮胎公司的管理人员也是工程师,那么他们就违反了NSPE 伦理章程。

在 NSPE 伦理章程"职业义务"的标题下,III.l.d 指出:"工程师不应企图通过虚假的或误导的理由来吸引属于另一位雇主的工程师。"有些案例并没有如此清晰。有时候,一位雇员在 A 公司想到了一些创意,随后她发现这些创意对她的新雇主 B 公司有用——尽管可能是全然不同的应用。

假设贝蒂(Betty)的新雇主不是一家有竞争力的轮胎公司,而是制造橡皮艇的公司。
100 在被橡皮艇公司雇用几个月之后,贝蒂想到了一个新的橡皮艇制造工艺。之后她才意识到,她想到这个创意也是因为在此之前她在道路橡胶公司工作过。这些制造工艺在很多方面是不相同的,并且橡皮艇公司并不是道路橡胶公司的一个竞争对手,但是,向橡皮艇公司提供她的创意是否是正确的,她仍然感到困惑。

让我们来考察 NSPE 伦理章程对于这种情景是怎样陈述的。正如前面已经指出的,在"实践准则"的标题下,II.1.c 指出:"除非法律或本章程授权或要求,未经客户或雇主的事先同意,工程师不应泄露通过专业能力获得的事实、数据或信息。"条款 III.4 指出:

未经现在的或先前的客户或雇主或他们服务过的公共部门的同意,工程师不应泄露任何涉及他们的商业事务或技术工艺的秘密信息。

a. 未经所有利益相关方的同意,工程师不应提出晋升的要求或工作调换的安排,或者将其对工作的安排作为一种资本,或者作为主要人员参与和他已获得的特定的、专门的知识相关的特定项目。

b. 未经所有利益相关方的同意,工程师不应参与或代表与竞争对手利益相关的特殊项目或活动,因为该项目或活动涉及工程师从以前的客户或雇主那里获得的特定的、专门的知识。

类似地,国家工程与测量考试者委员会(NCEES)的职业行为准则要求工程师"在没有得到客户或雇主事先同意的情况下,不应泄露通过职业能力获得的事实、数据或信息,正如法律所认可的那样"(I. l. d)。

这些章程的陈述强烈地表达了,即使是在第二个案例中,贝蒂也应该告知橡皮艇公司的管理人员,他们必须与道路橡胶公司进行许可谈判。换言之,她必须诚实地履行她对道路橡胶公司现在仍然存在的全部义务。

然而,其他的案例并非如此清晰。假设贝蒂在道路橡胶公司发展起来的创意从未被道路橡胶公司使用过。她知道它们没有什么用处,并且永远不会向道路橡胶公司的管理人员提及。因此,它们可能不被认为是她和道路橡胶公司之间协议的一部分。尽管如此,这些创意是利用道路橡胶公司的电脑和实验设备发展起来的。或者假设,贝蒂的创意是当她还是道路橡胶公司的一位雇员时在家里想到的,但是,如果她不曾在道路橡胶公司从事一些相关问题的研究,那么她或许永远都不会有这些创意。

我们可以采用划界法来妥善地处理这些问题。正如我们已经看到的,该方法包括指出道德状况明确的案例和道德状况不明确的案例之间的相似点和不同点。在分析特殊的案例时,其他的特征可能会暴露出来。而且,在我们这里给出的案例之间还存在其他中间情形的案例。将感兴趣的特殊案例与案例的谱系做对比,以确定可允许的和不允许的行为之间的界线应划在哪里。

5.9 专家作证

在涉及事故、缺陷产品、结构性缺陷、专利侵权的事件中,以及在其他需要技术知识的领域,工程师有时会被雇为专家证人。律师在这样的案例中所能提出的最重要的动议之一就是召集专家证人,而工程师通常因为他们的证词而获得丰厚的回报。然而,工程师充当专家证人是耗时的,并且通常要承受很大的压力。

专家证人面临着一些伦理陷阱。最明显的是站在证人的立场上作伪证,更有可能的诱惑是隐瞒不利于客户的信息。除了在伦理上可能存在问题外,这样的隐瞒会使工程师陷入窘境,因为交叉质询常常会使其曝光。为了避免这类问题,专家应该遵循以下若干准则。

第一,如果一个人没有足够的时间做全面的调查,那么她就不应该接手该案件。仓促的准备会对专家证人以及她客户的名誉都造成极坏的影响。充分的准备要求其不仅要具备技术常识,而且还要具备关于特定案件的详细知识,以及对证人将要作证的法庭程序的了解。

第二,她不应该接手一个因为良心而无法完成的案子。这意味着,她应该能够诚实地作证,并且不会觉得为了给她的客户做一个完备的案子而有隐瞒相关信息的必要。

工程师应该和律师进行广泛的协商,使律师尽可能地熟悉案件的技术细节,进而准备好交叉质询中的专家证词。

第四,专家证人应该保持一种客观且公正的立场。这包括正视所问的问题并保持冷静的情绪,尤其是在交叉质询的时候。

第五,专家证人应该始终对新信息持开放的态度,即使是在庭审期间。下面的例子并不涉及专家证人,但是,它显示了在庭审期间新信息的获得是多么重要。在堪萨斯州一起事故的庭审中,被告在他的地下室里发现了一份表明他的公司在该事故中应该受到责备的旧文件。他在庭审过程中出示了这一新证据,这使他的公司付出了数百万美元的代价,该案成为堪萨斯州历史上罚款额最高的法庭审判事故案件。[4]

专家证人可以像下面这样陈述以表示对客户的尊重。

我只有一种观点,而不是"现实的"观点,我将站在证人的立场上为你讲一个故事。我将尽我所能使我的观点客观公正。我将在考察这个案件之后形成我的观点,而你应该支付我调查案件事实的费用。我将说实话,说我站在证人的立场上所看到的全部事实,并且我会事先告诉你我将要说的内容。如果你能够利用我的证词,那么我将作为你的专家证人。如果你不可以,那么你可以解雇我。

这条路径也许不能解决所有的问题。如果一位专家证人因为破坏了证据而被律师弃用,那么他只是简单地走开而不透露那些证据,即使这关乎公众安全,那么这是道德上允许的吗?如果诉讼对方当事人要求,那么证人是否应该为他作证?

5.10 告知公众

工程师在处理技术信息中表现出来的一些职业不负责任(professional irresponsibility)的类型可以最恰当地被描述为未能将信息告知那些其决定因缺乏信息而受到损害的人。从尊重人的伦理立场看,这是对道德主体的一种严重伤害。工程师未能确保将技术信息提供给那些需要的人,这在灾难能够被避免的情况下尤其错误。

丹·阿普尔盖特(Dan Applegate)是康维尔(Convair)飞机制造公司的一名高级工程师,1972年他负责一项来自麦道公司(McDonnell Douglas)的转包合同。[5]该合同是为DC-10飞机设计和建造一个货舱门。已知该货舱门门闩的设计是有缺陷的。当第一架DC-10飞机在生产线上进行压力测试时,货舱门爆裂,客舱地板弯曲变形,导致好几条水力和电力线路受损。设计更改后并没有解决该问题。随后,飞机在飞越安大略温索尔的过程中,货舱门脱落,客舱地板再次变形,飞机不得不在底特律紧急降落。幸运的是,没有人员伤亡。

鉴于这些问题,阿普尔盖特给康维尔公司副总裁写了一份备忘录,详细地说明了该设计存在的危险。因为,如果发生事故,则可能要面对经济处罚和可能的诉讼,所以康维尔公司的管理者决定不将这一信息告知麦道公司。阿普尔盖特的备忘录是一个预兆。2年后,即1974年,一架满载的DC-10飞机在巴黎奥利机场外坠毁,346名乘客全部遇难。坠毁的原因是阿普尔盖特在他的备忘录里已经概述过的。将DC-10飞机潜在的危险透露给联邦政府或者公众,确实存在着法律障碍,但是,这一事件强调了未能透露信息会带来灾难性的后果这一事实。

在这个案例中,我们大部分人可能会认为,丹·阿普尔盖特保护公众安全的职业责任要求他将自己对 DC-10 事件的担忧公之于众。NSPE 伦理章程似乎也暗示了这一点（II.1.a），"在危及生命及财产的情况下，如果工程师的判断遭到了否定，那么他们应该向雇主或客户以及其他任何可能适当的机构通报情况。"NCEES 职业行为准则使用了几乎与之完全相同的语言要求其成员，"如果他们的职业判断在公众的安全、健康、财产或福祉濒临危险情况时，受到了压力，要通知他们的雇主或客户以及其他可能合适的权威机构"（I.c）。阿普尔盖特的备忘录是向着正确的方向迈进的一步。不幸的是，他的上司并没有将他的担忧传达给客户（麦道公司）。谁将为客户从未收到这个信息而承担责任是另一回事。但是，未能使其他人警觉这一危险导致了巨大的财产和生命损失，并且无视乘客做出知情同意决定——接受一种不同寻常的飞行风险——的能力。

20 世纪 70 年代早期，在另一个涉及福特斑马车油箱事件的著名的案件中，也出现了类似的问题。在提出斑马车项目时，福特公司试图通过在 2 年之内生产出重量小于 2000 磅、成本低于 2000 美元的汽车，与日本进口的新型紧凑型汽车相竞争。[6] 项目主管工程师李·亚科卡（Lee Iacocca）和他的管理团队认为，美国公众需要他们正在设计的产品。他们还认为，美国公众不会乐意为排除一个可能的油箱破裂的隐患而支付额外的 11 美元。负责斑马车早期原型车追尾碰撞测试的工程师知道，斑马车满足了当时规章中对追尾相撞的安全要求；然而，他们也知道斑马车无法满足将在 2 年后生效的新的更高的相撞标准。事实上，在以新规定的 20 英里/小时的速度进行的 12 次斑马车追尾碰撞测试中，有 11 次未通过。在新近的碰撞测试中，斑马车油箱破裂，汽车着火。因此，福特公司的许多工程师知道，斑马车的驾驶员容易遭受自己并没有意识到的不寻常的风险。他们也知道管理者对他们的安全担忧不予同情。其中一位从事斑马车测试项目的工程师认为，驾驶员对斑马车潜在危险的无知让他无法接受，因而他决定辞职并将该信息公之于众。这位工程师因而向汽车购买者提供了他们知情同意地购买斑马车所需的知识。

没有证据表明，福特公司的管理层对安全确实持一种冷漠的忽视态度。就在几年前，福特管理层主动报告，在一种被误导的对公司忠诚的表现中，生产一线的一些雇员篡改了新款发动机的 EPA 排放数据，使得福特的一款新发动机符合 EPA 规定。这一诚实披露的结果是，福特公司支付了一笔高额的罚款，并且不得不在新车上花更多的费用以替换旧款发动机。

工程师确保公众健康和安全的义务不仅仅是要求其避免撒谎，或简单地拒绝隐瞒信息。有时它还要求工程师主动地做他们认为应该做的事，使技术的消费者不必在不知情的情况下对使用该技术做出决定。当该技术的使用涉及不寻常的或未被察觉的风险的时候，就更应如此。这个义务要求工程师做必须做的事情，消除这一不同寻常的风险，或者至少告知那些使用该危险技术的人。否则，他们的道德主体性将遭到严重侵犯。将你自己置于 7 名"挑战者号"宇航员的位置上，在收到同意发射的决定之前，关于火箭加速器 O 形密封环在低温下的危险后果，你会希望听到所有相关的工程事实。类似的考虑也适用于那些驾驶（或乘坐）DC-10 飞机或驾驶斑马车的人。

103

5.11 利益冲突

约翰在一家需要使用阀门的小型公司里做设计工程师。在为公司的客户推荐产品设计时,他通常指定他的一个亲戚生产的阀门,即使其他公司的阀门可能更适合。如果他公司的客户发现了这个事实,也许会投诉约翰涉及利益冲突。这意味着什么?

迈克尔·戴维斯给出了一个关于利益冲突最有价值的定义。使用戴维斯定义的修改版,我们可以说,在下述情况下,一位职业人员存在着利益冲突:他或她在扮演职业角色时,受到利益的驱使,在做出职业判断时,与顾客或客户期待的正当利益相比,这些职业判断给顾客或客户带来的利益更少。[7]在本节开头的例子中,约翰将利益用在与亲戚保持良好的关系上,过度地影响了他的职业判断。他为他的亲戚而不是客户提供了利益,创造了私人利益而不是他有义务维护的客户利益,他辜负了客户对他职业判断的信任。

利益冲突足以对职业主义构成致命的一击。这是因为,职业人员是因他们在追求职业责任时的专家知识和公正的职业判断而获得报酬的,而利益冲突威胁并破坏了客户、雇主和公众对专家知识或判断的信任。当出现利益冲突时,在职业人员积极追求某种利益与履行他或她应该履行的职业责任之间就存在着一种内在的冲突。

关于利益冲突,工程伦理章程通常有所阐述。在呈交给 NSPE 伦理审查委员会的案例中,最常见类型的案例是涉及利益冲突的。NSPE 伦理章程第 4 条基本原则表述了这样一种观念,即工程师在履行他们的职业责任时,应该作为"忠诚的代理人或托管人"而行事。该标题下的第一个条目是,工程师应该向他们的雇主或客户公布所有"已知的"或"潜在的"的利益冲突。关于职业义务的第Ⅲ部分详细地说明了一些特殊的禁止事项。

5. 工程师在履行他们的职业责任时不应受到利益冲突的影响。

a. 工程师不得因为指定材料或设备供应商的产品,而从他们那里收受经济或其他报酬,包括免费的工程设计。

b. 工程师不得直接或间接地就其负责的工作,从合同商或其他的客户、雇主相关方那里收受佣金或津贴。

然而,在更普遍的意义上考虑这些禁令和利益冲突时,必须记住几个要点。第一,利益冲突不只是任意一组利益的相互冲突。一位工程师可能喜欢打网球和游泳,并且难以决定哪种兴趣对她来说是更为重要的。这并不是职业伦理领域内具有专门含义的一种利益冲突,因为它不属于一种可能影响职业判断的冲突。

第二,在一段给定的时间内有更多的承诺——比一个人所能满足的承诺更多,仅仅如此就不是利益冲突。过度承诺最好被描述为承诺冲突,这也应该避免。然而,利益冲突涉及某一特定责任与某一特殊利益之间的内在冲突,而不论一个人拥有多少时间。例如,在负责授予研究资金的审查小组中供职,同时又向该审查小组提出拨款提议,在获取合同拨款的利益和承担对研究资金申报书的公正判断的责任之间,存在着内在的冲突。

第三,工程师必须保护客户、雇主或公众的利益是受到道德上合法性的限制的。一位雇主或客户或许拥有一种只能通过非法行为(例如欺骗、偷窃、盗用和谋杀)才能获得或受到保护的利益。工程师没有服务或保护这些利益的职业责任。相反,工程师有责任向外部权威机构公开这样的利益。

第四,有时实际利益冲突和潜在利益冲突不相同。例如,实际利益冲突:约翰为他公司的一款产品推荐零件。其中一家供应商是艾杰克斯瑟普莱尔供货公司,约翰已经为这家公司投入了巨资。潜在利益冲突:如果罗杰同意担任提案审查委员会的委员,而他已经提交了自己的提案等待审查,这将会导致利益冲突。该案例说明了一些非常重要的利益冲突。利益冲突本身并非一定是不道德的。约翰面临某种利益冲突,但这并不意味着他一定会做出错误的事。他怎样处理利益冲突才是值得关注的事。如果他试图向别人隐瞒他有利益冲突,然后推荐艾杰克斯的产品,那么他就做了不道德的有问题的行为。但是他可以承认利益冲突,并克制在这种情况下推荐艾杰克斯的产品。如此,他的利益冲突将不会扭曲他的判断。

第五,即使避免利益冲突是最好的选择,但有时也无法合理地避免。即使这样,职业人士也应该揭示冲突的存在,而不是等待客户或公众自己去发现。与此相一致,NSPE 伦理章程第 4 条基本准则中有这样的表述:

a. 工程师应该坦诚地告诉雇主或客户任何会影响或似乎会影响到他们的判断或工程质量的商业联系、利益或其他的情况,通过这样的方式来揭示他们所有已知的或潜在的利益冲突。

在工程师揭示利益冲突之后,客户和雇主可以决定,他们是否愿意承担利益冲突可能带来的职业人员的判断受到扭曲的风险。这样,客户与雇主的自由和知情同意的权利就得到了保护。

如果一位工程师坚信自己没有利益冲突,而其他人却不这样认为,那该怎么办? 对此,应该给出两点回应。第一,自我欺骗总是可能的。在实际存在利益冲突的情况下,一个人可能会有不去承认的动机。第二,重要的是要意识到,即使利益冲突的表象,也会减损公众对职业服务的客观性和可信度的信任,从而危害职业和公众双方。因此,工程师也应谨慎地对待利益冲突的表象。

职业判断是任何一项职业服务中的重要组成部分。允许判断被玷污或不恰当地受到利益冲突、其他外在考虑的影响将会导致另一种类型的滥用事实。假设工程师乔正在设计一座化工厂,并且指定其中大型设备的一些配件由某家公司来生产,而他熟识这家公司的销售员已经有好多年了。该配件的质量是上乘的,但是,一些更新奇、更具创造性的生产线事实上可能会更好。在指定他朋友的配件时,乔没有向他的雇主或客户提供最好的和最公正的职业判断所带来的利益。在某些情况下,这可能是不诚实的一种类型,但是,无论如何,乔的判断是不可靠的。

5.12 本章概要

正因为工程实践中信任和可靠的重要性,所以伦理章程要求工程师在进行职业判断时保持诚实和公正。不诚实的形式不仅包括说谎和故意欺骗,还有隐瞒事实和未能获得事实。从尊重人的伦理立场看,不诚实是错误的,因为它导致了人们在没有知情同意的情况下做出决定,从而侵犯了他们个体的道德主体性。从功利主义的角度看,不诚实是错误的,因为它会破坏建立一个科学共同体所依赖的信任关系以及知情决策权,从而阻碍技术的发展。

校园里的不诚实会使学生习惯于不诚实,不诚实可能会延续到他或她的职业生涯。事实上,在科学研究和工程界中的不诚实行为类型与学生在校园里表现出的不诚实行为类型是完全对应的。

工程师应该尊重职业机密性。机密性的限制是有争议的,并且正如在大多数职业中一样,在工程职业中机密性通常是难以界定的。对于商业机密、专利和受版权保护的材料的知识产权的恰当使用的决策通常是难以做出的,因为它们涉及不同程度的知识产权。划界法对解决这类问题是有帮助的。

专家证词中的诚实原则要求,仅在有足够时间准备的情况下,工程师才可以接手一个案子。当他们的良心认为他们不能很好地代表客户来作证时,他们应该拒绝接受该案子,他们应该和律师广泛地协商涉及案件的技术和法律细节,保持客观公正,并且能够始终接纳新的信息。工程师还会因为未能找到相关事实或未能告知雇主、客户或公众相关的信息而滥用事实,尤其是当这一信息关乎公众的健康、安全和福祉的时候。

当在履行工程师的职业责任时,其他可能会扭曲他们职业判断的利益会干扰他们圆满履行他们的职业责任,如果他们主动地去追求这些利益,那么就存在利益冲突。

5.13 网络上的工程伦理资源

通过访问配套的工程伦理网站,检测你自己对本章材料的理解。这个网站包括多项选择的研究问题、建议性的讨论主题,有时候还有额外的案例研究,以辅助你对本章材料的阅读和研究。

注 释

1. 关于这个例子,我们非常感谢我们的学生小雷·弗莱梅菲尔特(Ray Flumerfelt, Jr.)。案例中涉及的人名已更改以保护相关人员。

2. 关于这个例子,我们要感谢马克·霍尔茨阿普尔(Mark Haltzapple)。

3. *Opinions of the Board of Ethical Review*, vol. VI (Alexandria, VA: National Society of Professional Engineers, 1989), p. 15.

4. "Plaintiffs to Get ＄15.4 Million," *Miami County Republic* [Paola, Kansas]，April 27，1992，p. 1.

5. Paul Eddy，*Destination Disaster*：*From the Tri-Motor to the DC −10* (New York：Quadrangle/New York Times Book Company，1976)，pp. 175 − 188. Reprinted in Robert Baum，*Ethical Problems in Engineering*，vol. 2 (Troy，NY：Center for the Study of the Human Dimensions of Science and Technology，1980)，pp. 175 − 185.

6. Grimshaw v. Ford Motor Co.，App.，174 Cal. Rptr. 348，p. 360.

7. Michael Davis，"Conflict of Interest." in Deborah Johnson，ed.，*Ethical Issues in Engineering* (Englewood Cliffs，NJ：Prentice Hall，1991)，p. 234. 对利益冲突的进一步讨论，参见 Michael Davis and Andrew Stark，eds.，*Conflicts of Interest in the Professions* (New York：Oxford University Press，2001)；Michael S. Pritchard，*Professional Integrity*：*Thinking Ethically* (Lawrence：University Press of Kansas，2006)，pp. 60 − 66。

第6章　工程风险与责任

本章主要观点

- 对于工程师和风险专家而言,风险是危害发生的可能性和危害量级的乘积。
- 传统上工程师和风险专家通过相对容易量化的因素,如经济损失或死亡人数,确定危害和利益。
- 在工程师和风险专家处理风险的新视野中,"能力"的方法聚焦于风险和灾害对人们过上想要的生活的能力的影响。
- 公众以不同于工程师和风险专家的方式来定义风险,他们会考虑诸如对风险的自由和知情同意,以及风险是否公正分配之类的因素。
- 政府监管人员以一种更加不同的方式来对待风险,因为与生产商品相比,他们更加重视避免对公众的危害。
- 工程师有评估危害发生的原因和可能性的技术,但是它们的效用是有限的。
- 工程师必须保护他们自己、他们的客户和他们的雇主免于承担不公正的伤害赔偿责任,同时也要保护公众免受风险。

1945 年 7 月 28 日的早晨,大雾弥漫,美国陆军航空队的一架双引擎 B-25 轰炸机迷失在大雾中,在距离地面 914 英尺①的高度撞上帝国大厦。大厦北面被撕开了一个18×20英尺的口子,飞机燃烧着的燃料也散落进大厦。纽约市消防员在 40 分钟内扑灭了大火。3 名机组人员和 10 名正在工作的人员丧生。[1]后来帝国大厦经过修缮仍然矗立着。

仅仅 10 年后,1955 年,纽约市银行业和房地产业的领导者联手启动了纽约市世界贸易中心(WTC)的建设计划,这个建筑物后来被称为双子塔,是当时世界上最高的建筑。[2]随着该计划的展开,这个建筑对新施工技术的需求逐渐凸显。

在 2001 年 9 月 11 日,恐怖分子劫持了两架波音 727 客机攻击双子塔。两架飞机分别 在塔高三分之二以上的位置撞向双子塔。撞击的严重后果是高辛烷值的航空燃料引发了许多楼层着火。大火使 2000 多名正在上班的人员被困在着火点之上的楼层里,2000 多人

---

① 1 英尺＝0.3048 米。——译者注

中只有 18 人走下燃烧着的楼梯井,抵达安全地带,2000 多人中的绝大部分人随着大厦后期的倒塌而丧生。着火点之下楼层里的绝大部分人能够在大厦倒塌前撤离到安全地带。高层建筑施工技术的不同以及涉及的燃料数量的不同是导致这些新建筑与帝国大厦不同表现的因素。据《纽约时报》报道,目前"9·11"灾后遗址纪念建筑(9/11 ground-zero memorial building)的建设规划里包含了可以消除类似悲剧发生可能性的高层楼梯井的设计。

在飞机撞击后接下来的时间里,飞机损毁或损坏了许多外立柱,使消防设施断裂,火焰燃烧产生的强大热量(温度高于 1000℉)导致钢结构部件失去了强度,造成横梁下垂和剩余外立柱的向内凹陷。结果,楼板与外柱脱离。上层楼板的坍塌,给下面的楼板造成了负荷,致使外立柱无法承受,两座大楼渐次倒塌。³

对于工程师而言,"9·11"事件引发了此类结构损坏是如何发生的、为什么建筑规章未能更好地保护公众以及今后如何预防这类灾难等问题。作为公共政策的一个议题,可接受风险和正确的风险处理方式方面还存在着更大的问题。

6.1 导 言

工程始终关注安全,特别是当可能涉及伤害的责任时,工程师应该怎样处理安全与风险的问题? 建筑技术的变化——从经受住 B-25 飞机的撞击和火灾的帝国大厦时代到世界贸易中心的设计与建设时代,人们推测正是这些变化让这两座建筑在类似事件中有如此不同的表现。相较于世贸中心塔楼重量较轻的玻璃包层,帝国大厦的砌体砖石包层更厚重。对于高层建筑,重量较轻会降低建设成本,在可比较的高度下,重量较轻的建筑物所需的巨大立柱也会更少。与帝国大厦相比,较轻的立柱确实是一个重要的因素,它增加了双子塔受到撞击和火灾破坏时的易损性(风险)。这说明了一个重要的基础:工程必然涉及风险,并且随着技术的变化,风险也会变化。仅仅采用经过检验而可靠的设计是无法避免风险的,而且新技术中可能也包含了我们没能很好地理解的潜在风险,增加了失败的概率,甚至引入了先前未知的失败模式。没有新技术,就没有进步。工程师们正在用新材料或新设计来建造桥梁或大楼。新机器被制造出来,新化合物被合成,它们对人类或环境的长期影响总是没有被充分了解。甚至在曾经被认为是安全的产品、生产过程和化学品中也会发现新的危险。因此,工程风险是内在的和动态变化的。

事实上,几乎所有的工程伦理章程都将安全置于最高的地位,要求工程师必须将公众的安全、健康和福祉置于至高无上的地位。国家职业工程师协会伦理章程的第一项基本准则要求成员"将公众的安全、健康和福祉置于至高无上的地位"。III.2.b 要求"工程师不应对不符合应用性工程标准的计划书和(或)说明书加以完善、签字或盖章"。II.1.a 指出,在危及生命或财产的情况下,如果工程师的职业判断遭到了否定,那么他们应当向雇主或客户以及其他任何相关的机构通报情况。虽然"其他任何相关的机构"并未被界定,但它可能包括那些执行当地建筑规章的机构和监管机构。

显然,安全和风险是明显相关联的概念,工程师努力使他们的设计足够安全。然而,没有任何活动或系统是零风险的,而要使得工程系统更安全,一般意味着要增加该系统的成本。太昂贵的工程系统会让公共纳税人或者消费者负担不起,这意味着成本约束是非常现实的问题。工程师必须努力完成满足成本约束的设计,以使公共纳税人或消费者负担得起,而且工程师必须在可接受的安全范围内设计和操作工程系统,也就是说,工程系统不会诱发不可接受的风险。为了确定工程系统的可接受安全水平,我们反过来尝试鉴别工程危害的风险并找到量化这些风险的方法。如果确定了风险水平是可接受的,那么我们就可以推断拟议中的设计是在可接受的安全水平内的。将普遍接受的安全水平编入产品或系统的具体规范中,设计工程师只需遵守可接受的惯例,但当拟议中的设计中某些重要参数偏离可接受的惯例时,那么该设计可能会引入先前未知的风险。

本章开篇将考虑三种应对风险和安全的方法,这些方法在制定与风险相关的公共政策中都起到重要的作用。然后,我们更直接地考察风险交流和涉及风险的公共政策的问题,包括关于风险的公共政策的一个实例——建筑规章。随后,我们从工程角度考察在评估和预防风险时所遇到的困难,包括自我欺骗的问题。最后,我们讨论若干围绕风险的法律问题,包括保护工程师免于不恰当的责任,以及与风险有关的民事侵权法和刑事诉讼法的不同。

不同的工程任务采用不同的风险管控方式。通过建立设计章程来管理工程设计中的风险,设计的规章被证实与公认的工程实践惯例(包括可接受的风险)相一致。这些设计规章包括一些基本的工程原则,例如,冗余原则,发生故障时(如崩溃前的倾斜)发出警报。

在工程系统运作中,也可以通过对工程系统和过程的精心设计及持续评估来管控风险。将工程过程视为每一个工程设计办公室工作的一部分,目的是防止招标或施工图纸在责任职业工程师(PE)最终审查、批准、密封之前泄露。工程系统的一种失败模式就是,人为失误导致施工图纸提早泄露。定下相关的程序是为了确保恰当的审查和批准,但除非涉及的所有人都遵守程序,否则这种失败模式还会发生。而且,当参与该过程的人员发生变化时,为了保证系统按计划运行,就必须培训新人员并进行过程审查。核电厂的运营提出了同样的挑战,但可能存在更大的问题。对于已公布的程序进行持续的培训和审查是至关重要的。操作工程师应该始终警惕系统中潜在的缺陷。假设一位操作工程师能广泛深入地思考安全问题,察觉到福岛核电站的备份发电机在海啸洪水中易被损坏并且进行了改善,那么我们就可能避免这个时代最大的一场灾难。

创新普遍提高风险。工程教育者鼓励解决工程设计问题的创新方案,但有时却不强调创新和风险的关系。创新,顾名思义,其包含的设计特征或细节,在某种程度上超出了当前的实践范围。设计标准可能无法预测由特定的创新解决方案引发的问题。因此,更加需要依靠工程师提出创新的解决方案,以确保新的风险已经被识别。花旗银行大厦的设计是公认的一项重大创新结构工程方案,解决了建筑限制难题,花旗银行大厦的故事很好地诠释了工程师应如何应对已被识别的新风险。但是,新的风险之所以会出现,是因为设计师没有预见他的创新框架方法所引入的所有风险,而且这些风险也是设计规章和实践标准所不能预料的。结构工程师选择采用真正创新的框架系统或相关细节,就必须认识到他自己有相当大的责任去识别由新框架系统引发的新的失败风险。

创新也会提高另一类型失败的风险。如果一个工程系统的建造或制造是过于昂贵的,或者其他原因使公众无法接受;或者它无法为公众提供预期的福利,成本超过收益。这就表示工程是失败的,为发展该设计而投入的部分甚至全部的资金将遭受损失。创新工程设计通常会增加风险。

6.2 工程师应对风险的方法

风险是危害发生的概率和危害量级的乘积

要评估风险,工程师必须辨认出风险并把它量化。工程师将风险定义为事件发生的可能性和其所造成的危害量级的乘积。[4]与一种更严重的但发生概率很小的伤害相比,一种发生概率高但相对轻微的危害可能导致更大的风险。当工程师以这种方法量化风险时,他们必须要注意,量化的单位取决于对于危害的精确思考,因此,工程师必须小心不要将单位不同的风险进行定量的比较或把它们相加。例如,工程师可能计算出公共设施的接线员在进行一次特殊的操作时死于电击的风险,也可能计算船舶撞击桥墩导致大桥垮塌的风险,但是却不能对这两种不同风险的计算结果进行数量比较,因为它们的危害不同,或者说单位不同。但是,大桥受到船舶撞击而垮塌所造成的人员死亡风险,与接线员的例子中的死亡风险是可以比较或者相加的。

我们将危害定义为对个人自由或福祉的侵犯或限制。工程师在传统上是将危害视为相对容易量化的事物,即身体和经济福祉或公众的健康、安全、福祉的损失。建筑物的设计缺陷会导致其倒塌,造成房屋所有者的经济损失,甚至可能造成居住者的死亡。化工厂的设计缺陷会造成事故和经济灾难。这些危害通过这样一些术语来测算:死亡的人数、建筑物及高速公路的重建或重新修理的成本等。

工程师和其他风险专家常常认为,公众之所以对风险感到困惑,有时是因为公众没有掌握关于特定危害可能性的确切的事实信息。1992 年全国公共广播台(National Public Radio)报道了环境保护署(EPA)的一个故事,开始时引用了 EPA 官员琳达·费希尔(Linda Fisher)的一段话,她阐述了风险专家对公众理解风险的批评:

> 我们优先考虑的许多事是由公众意见决定的,与那些真正带来风险的事情相比,公众常常更加担忧那些他们认为将产生更大风险的事情。我们要优先考虑的事通常又是由国会来确立的,这就需要时间……而国会通过的那些决定可能反映也可能没有反映出真正的风险。它们可能反映了人民对于风险的看法或是国会议员们对于风险的看法。[5]

费希尔提及的"风险"或"真正的风险",我们可以以"死亡或受伤的概率"代替之。费

111

希尔认为,尽管美国国会的议员和普通的外行民众都可能对风险感到困惑,但专家却知道它是什么。风险是能被客观地度量的事物,即它是危害发生的可能性和危害量级的乘积。

一种定义可接受风险的工程方法

工程风险的概念聚焦于危害发生概率和量级的事实性问题,但不包含风险在道德上是否可以接受的隐性评价。为了确定风险是否可以接受,工程师和风险专家在思考工程解决方案时,常常采用成本—效益分析方法,从根本上说,这是一种功利主义的方法。成本—收益分析方法比较成本(包括拟议中的工程行为带来的风险的量化成本)以及工程行为的收益。然后,通常会挑选与经济及其他限制相一致的使净收益(收益减去成本)最大化的工程解决方案。在成本—收益分析中,最简单的比较是将成本和收益都用等值的货币价值来表示。这种比较备选工程行为的成本—收益分析方法与功利主义的方法有很多共同点,功利主义方法在道德问题上对备选行为进行选择。道德问题的功利主义方法涉及对效用(收益)与危害(成本)定性的——如果不是定量的——比较,从而选择那个能够使最多的人获得最大幸福的备选方案。鉴于前面我们将风险定义为危害发生的概率与后果的乘积,那么我们可以用如下方式陈述工程师的可接受风险的评判标准:利益获得的概率与利益量级的乘积等于或超过危害发生的概率与危害量级的乘积,这时的风险就是可接受风险。

请你们考虑这样一个案例,某一制造过程产生了难闻的气体,这些气体可能会威胁公众的健康。从成本—收益的立场来看,工人接触致命气体的风险是可接受的风险吗? 为了从成本—收益的角度去分析这是否是一种可接受的风险,我们必须把风险成本与防止或大幅降低这种风险的成本进行比较。为了计算防止危害的成本,我们就必须把改造产生这些气体的生产过程的成本、提供防护面具的成本、提供更好的通风系统的成本以及减轻风险所必需的任何其他安全措施的成本都包括在内。然后,我们还必须计算不去防止气体危害而导致死亡的花费。这里我们必须包括以下因素:额外的医疗保健的花费、死亡可能带来的诉讼成本、负面形象的代价、工人家庭收入的损失及其他与死亡相关的花费。如果预防死亡的总成本大于不预防死亡的总成本,那么当前的风险水平是可以接受的;如果不预防死亡的总成本大于预防死亡的总成本,那么当前的风险水平是不可接受的。

成本—收益分析所体现的功利主义应对风险的方法无疑具有清晰、简洁、对数字解释敏感等方面的优势。同时,也必须牢记它的一些限制。

第一,它不大可能把每种选择的所有后果都预料到。只要做不到这一点,成本—收益分析方法的结论就不可信赖。

第二,把所有的风险和收益都用货币术语来表示,并不总是一件容易的事。我们怎样评估一项新技术所带来的风险,或者一块湿地消失所带来的风险,或者巴西热带雨林中一个鸟类物种的灭绝带来的风险? 然而,姑且不说这些,成本—收益分析方法也是不完善的。

在这方面,最有争议的问题也许是应当怎样赋予人类生命以货币价值。一种方法是估算将来收入的价值,但这意味着,退休人员和不从事商业化工作的那些人,例如,家庭主妇,他们的生命是毫无价值的。因此,一个更合理的方法是尝试赋予每个人与他们赋予自己生命的价值相同的价值。例如,当人们从事高风险的工作时,通常会要求获得补偿性的工资。一些经济学家认为,通过计算增加的风险以及人们由于更大的风险而要求增加的工资,我们就能大致评估出人们对自身生命所期待的货币价值。另外,通过观察人们为更安全的汽车愿意支付的更多的钱,我们可以计算出人们为汽车或为他们使用的其他物品的安全愿意支付多少钱。不幸的是,这种方法存在各种问题。在一个工作机会很少的国家里,一个人可能愿意承担危险的工作,但如果有更多的工作机会,他或她就不愿意承担了。再者,与贫穷的人比较,富有的人可能愿意为安全支付更多的钱。

第三,在其通常的应用中,成本—收益分析法并没有考虑成本和收益的分配。假设将工厂工人置于疾病和死亡的严重风险之下,能生产出更多的总体效益,只要大多数人的利益超过了工人患病和死亡的损失,这种风险就被认为是正当的。然而,我们中的大部分人可能会发现,这种对于可接受风险的解释是不可接受的。

第四,成本—收益分析法没有考虑人们对技术所强加的风险的知情同意权。我们将在讨论风险的基本方法时看到,大多数人认为知情同意是风险合理的最重要特征之一。因此,在对风险进行可接受性评估时,外行人有时会不同意风险专家(工程师)的意见。福特斑马车案例是一个具有教育意义的例子,它用成本—收益分析法对风险的评估不被公众所接受。福特公司比较了为了降低追尾碰撞所引起的火灾风险,平托型汽车燃油箱各种升级改造的成本与收益。风险分析包括烧伤病人的医疗费用和每位死者 20 万美元的赔偿。事故的数量、烧伤者和死亡者的数量可以从汽车的产量、寿命和汽车事故率中推断出来。

将这些成本与为减少漏油概率而改进燃油箱和充注管系统的成本相比较,得出的总的成本—收益的计算结果支持福特公司不改进平托型汽车。尽管福特公司对人类生命价值的估计(20 万美元)似乎是极度低廉的,但应该指出的是,在 1970 年,本书的一位作者本科毕业后的年薪大约为 10000 美元,只能投保 5000 美元的人寿险(并且驾驶福特斑马车)。因此,当陪审团最初听证不当死亡事故的责任诉讼时,他们感到那么沮丧大概不是因为对人类生命的特殊估价,而是因为这一事实——原本可以生还的人在汽车事故中被活活烧死,该事实可能在陪审员的不可接受的权利践踏的列表中位居前列。

尽管有这些局限性,但成本—收益分析法在风险评估中仍有其合法的地位。当个人权利没有受到严重威胁时,用成本—收益分析法确定可接受风险可能是具有决定性意义的。成本—收益分析法是系统的,具有一定的客观性,通过采用通用度量,即货币成本,开辟了一条比较风险和收益的路径。但是平托型汽车案例告诉我们,工程师在设计决策中采用功利主义方法(成本—收益分析)进行风险评估时,在下最后结论时总须自问,尊重人的路径还是成本—收益分析法更加合适。

扩展风险的工程描述:识别危害和收益的能力方法

正如我们已经指出的,工程师在识别风险和评估可接受的风险时,传统上会采用相对容易量化的要素,如经济损失和死亡人数。[6]然而,用这种十分狭隘的方式识别危害,主要存在四个方面的局限。第一,这种方法通常只识别了危害所造成的立即显现的后果或者引起人们关注的后果,比如,死亡人数或断电家庭的数量。但是危害会产生附加的后果或者更广泛、更间接的社会危害。第二,自然和工程灾害都可能创造机会,这是灾难之后应该考虑到的。仅仅聚焦负面影响而不考虑这些收益,可能会高估灾害的负面社会后果。第三,工程师仍然需要准确、统一和一致的指标来量化灾害的后果(危害或益处)。例如,现在不存在令人满意的方法去量化个人生理上或心理上受到的非致命性伤害,或者量化灾害对社会的间接影响。量化的挑战,既困难又复杂,特别当附加的后果和机会都应该被评估的时候。第四,目前的技术无法证明特定的损害或损失(如失去家园、个人或社会财富的缩减)与生活质量之间的关联。然而,在思考风险时,其对生活质量的影响无疑是一个更大的问题,最终也是一个绕不开的问题。

经济学家阿玛蒂亚·森(Amartya Sen)和哲学家玛莎·努斯鲍姆(Martha Nussbaum)在她们有关经济发展的著作中,得出对"能力"的见解,这两位学者认为它可能是测量灾难(包括工程灾难)的危害(有时是收益)的一种更为适当的方法的基础。[7]哲学家科琳·墨菲(Colleen Murphy)和工程师保罗·加尔多尼(Paolo Gardoni)开发了一种基于能力的风险分析方法,它聚焦灾害对人类整体福祉的影响。我们用个体的能力来定义福祉,或用"人们通往他们有理由去珍视的那种生活的能力"。具体的能力用功能来定义,或用一个人在他或她所珍视的生活中所能做到的事情或者可以成为那样的人来定义。功能的示例包括活着、健康和受到庇护。能力是指个人实现功能的真正自由,这涉及他或她真正拥有的选择权。能力是个人福祉的组成要素。

能力不同于效用,效用指的是独特个人的精神满足、愉悦或者幸福。通常用人们的偏好或者选择来衡量满意度。效用代表了某种偏好的功能。换句话说,如果一个人选择了A而不是B,那么A比B更具效用。但是,以效用来衡量个人的福祉是有问题的,因为幸福或偏好的满意度不是个人福祉的一个充分指标。例如,如果一个人只有有限的资源,那么他就会学着从小事中获得快乐,而对于一个拥有更丰富资源的人来说,这只是最低限度的满意。一个处在贫困情境中的人可能会满意自己十分有限的欲望被满足,站在功利主义的立场上看,这个人将被描述成快乐的或者享受着高水平的生活。然而,客观来看,这个人可能仍然是贫困的。这里的问题是,功利主义并没有考虑到可供个体选择的物品的数量和质量,而这些正是能力所捕捉到的东西。

站在能力的立场上看,风险是个人能力被某种灾害削弱的概率。在确定风险时,第一步应该识别可能被灾难破坏的重要能力。然后,量化能力可能被破坏的方式。我们必须找到一些与能力相关的"指标",例如,玩耍的能力遭到破坏的一个指标可能是公园的失去或健身房设施的损耗。第二步,这些指标必须以一个共同的度量标准来衡量,以便人们可以对指标的标准化数值进行比较。第三步,通过整合每个标准化指标所提供的信息,构建一个归纳指数,创建一个危害指数(hazard index, HI)。最后,把这个危险指数置于相关的语境中,将受到灾害影响的人口数除以危害指数,得到灾害影响指数(hazard impact index，HII），用来测量灾害对每个人的平均影响。

根据其提议者的观点，使用基于能力的方法来确定灾害的社会影响，有四个基本的好处。首先，基于能力的方法捕捉到的灾害的不良影响和概率超越了传统方法所能捕捉到的。其次，鉴于能力是构成个人福祉的要素，因此，在评估灾害的社会影响时，这种方法使我们的注意力聚焦于我们应该首先关注的事。再次，基于能力的方法提供了一种更加准确的方法来衡量灾害对个人福祉的实际影响。最后，基于能力的方法，不是去考虑多种不良的后果，而是去考虑少量的、经过恰当选择的能力，当然，这样会增加定量化的难度。[8]

除了更精确和更全面地识别灾害的影响之外，它的倡导者认为基于能力的方法提供了判断风险可接受性和可忍受性原则的基础。[9]风险的可接受性是根据潜在灾害对个人能力的影响来判断的。因此，根据能力的方法，如果灾害发生的概率足够小，使得灾害的负面影响小于原则上可接受的能力最低标准的阈值，那么这个风险是可以接受的。"原则上"这个词所限制的是，在理想情况下，我们不希望个人能力低于某个水平。然而，我们可能无法保证这一点，尤其是在毁灭性灾难发生后不久。因此，在实际应用中，可以容忍一场灾难后个人的能力暂时下降到可接受的阈值以下，只要这种情境可以逆转并且是短暂的，而且能力下降到可以容忍的阈值以下的概率足够小。能力方法的倡导者允许能力有稍许的、暂时性的下降，只要不造成永久性的损害，并且人们的能力没有落到绝对最低值以下。

6.3 公众处理风险的方法

专家和外行：真实信仰的差异

能力方法可以更充分地说明那些应该测量的危害和利益。然而，当你遇到外行的公众评价风险的方法时，你似乎进入了一个不同的宇宙。工程师与公众评价风险的方法之间的深刻差异，是彼此误解甚至激烈争吵的根源。于是，就出现了两个问题：工程师为什么需要了解这些差异？风险观的深刻差异的基础是什么？

第一个问题的答案是，工程师在量化风险和收益时，必须记住要考虑公众对工程师工作所造成的风险的理解和接受程度，要知道公众评估风险的方法可能与工程师评估风险的方法大不相同。如果工程师做出关于某种风险可接受性的决定，而且似乎错误估计了公众的感知，如果风险造成的危害在工程师的评估中被认为是应该发生的、可接受的，那么，公众可能会从不同的角度并且冷漠地看待工程师的行为。我们应该记住，公众有时参与12人组成的陪审团，该陪审团负责评估工程师做出的有关风险的决定是否可以接受。

关于第二个问题，第一个差异在于，工程师和风险专家认为，公众有时错误地估计不同的活动或技术造成伤亡的概率。回想EPA官员琳达·费希尔提及的"真实风险"，它指的是伤害概率的实际计算值。对于公众对伤害概率的认识，风险评估专家昌西·斯塔尔

(Chauncey Starr)也有类似的较低的评价。他指出,普通人容易过高地估计与导致死亡有关的低概率风险的可能性,而过低地估计与导致死亡有关的高概率风险的可能性。后一种倾向会导致过分自信的偏见或固执。因为固执,他们会对风险进行初始的评估——一种可能是错误百出的评估。即使后来的评估得到更正,也不会对初始评估做充分修正。初始评估锚定了所有后来的评估,并且在新证据面前也不允许对初始评估进行充分的调整。[10]

其他学者报告了类似的发现。斯洛维克(Slovic)、菲施霍夫(Fischhoff)和利希滕斯坦(Lichtenstein)的一项研究显示,尽管在评估各种风险时专家也会犯错误,但他们的错误不像外行的错误那样严重。[11]这项研究对实际年死亡人数与估计年死亡人数进行了比较。[12]专家和非专业人士被问及他们对吸烟、驾驶汽车、骑摩托车、乘火车和滑雪等活动导致死亡的看法。在一张图上,对于每一种风险,标上估计的死亡人数(纵坐标)与实际的死亡人数(横坐标),如果估计的死亡人数(由外行或专家给出)是准确的,那么结果就是一条与横坐标呈45°角的直线,也就是说,实际的与估计的死亡人数将是一致的,不论是外行还是专家估计的数,在图上都位于同一个点。然而,实验结果却不是这样的,在对风险的估计中,专家的估计值始终约低于实际值一个数量级(约10倍),而外行公众的估计值始终是低于实际值另一个数量级(约100倍),大大地低于实际值,结果是,代表专家判断的直线与横坐标的夹角小于45°,而代表外行判断的直线与横坐标的夹角则更小。

"具有风险的"情境和可接受的风险

以下这点看来是真实的,工程师、风险专家和公众对于某些事件发生的概率有着不同的认识。然而,主要的区别在于他们对风险概念的界定和对可接受风险的信念。在此,不同点之一是,公众往往将风险与可接受风险的概念结合起来,而工程师和风险专家将这两个概念截然分开。此外,公开讨论可能更倾向于使用形容词"具有风险的"而不是名词"风险"。

我们可以从"风险"和"具有风险的"概念入手。在公开讨论中,使用"具有风险的",并不是指特定事件的概率,而更经常的是指具有警示标志的功能,示意人们在特定区域内应该特别小心。[13]将某件事界定为具有风险的,一个原因是其新颖性和陌生性。例如,公众可能会认为微生物引起的食物中毒的风险是比较低的,而吃被辐射过的食物是"具有风险的"。事实上,根据危害的概率,微生物比辐射更危险,但是由微生物造成的危害是人们熟悉和常见的,而辐射食物的危险既新颖又陌生。将某件事被界定为具有风险的,另一个原因是,它的信息可能有可疑的来源。我们可能会说,从一个值得信赖的朋友那里买一辆车,他证明这辆车完整无损,因此这不具有风险;然而,从不熟悉的二手车推销员那里买一辆车,则是具有风险的。

外行不会严格地依据预期的死亡或受伤来评估风险,他们还会考虑其他因素。例如,他们普遍愿意接受自愿承担的风险,哪怕它的不确定性是非自愿承担风险的1000倍。因此,与非自愿承担的风险相比,自愿承担的风险更能让人接受。在工作场所,人们愿意承担的风险量一般与由承担额外风险而获得的补偿工资的三次方成正比。例如,双倍的工资可以让一个工人接受八倍的风险。但是,外行人也可能会以三个数量级将感知到的、非自愿接触的危险(例如,某公司将有毒废弃物桶放置在一户人家附近时)与自愿接触的风险(例如,吸烟)区分开。在此,自愿承担的风险被视为其内在的风险较小,而不仅仅是更容易接受的。外行还似乎满足于在不同的地方花费不同数额的金钱来挽救生命。斯塔尔对华盛顿特区的五个不同的政府机构(包括 EPA 和 OSHA)的 57 个风险管理项目进行了研究,结果显示,这些风险管理项目用于挽救生命的费用存在着极大的差别。有些项目的人均费用是 17 万美元,而另外一些项目的人均费用却是 300 万美元。[14]

另一位研究者 D.李泰(D. Litai)把风险划分为 26 个风险因子,每一个因子又有与之相关的二分量表。[15]例如,风险的起源可能是自然的或人为的。基于保险公司统计数据的分析,李泰认为,如果风险的起源是人为的,那么人们感知到的人为风险是感知到的自然风险的 20 倍。非自愿承担的风险,不论源于自然还是人为,都被认为是自愿承担风险的 100 倍。一种立刻释放的风险被认为比一种普通风险大 30 倍。与之相反,一种常规的风险被认为与偶然风险一样大,必然的风险被认为与奢侈导致的风险一样大。这里再一次证明了,外行混淆了风险和可接受风险的概念。

在公众对于风险和可接受风险的界定中,存在着两个具有特殊道德意义的问题:自由和知情同意以及公平或正义。与功利主义相比,这两组概念更接近于尊重人的道德伦理。根据这种伦理观点,正如我们所看到的那样,否定个人的道德主体性是错误的。道德主体是指有能力制订和追求自己目标的人。当否认他们有制订和追求自己目标的能力,或者我们不是以与尊重其他道德主体同样公平的方式来对待他们时,我们就否认了个人的道德主体性。让我们更详细地逐一研究这些概念。

自由和知情同意

为了对技术带来的风险行使自由和知情同意权,以下三个条件是必需的。第一,一个人必须不是被强迫的。第二,一个人必须掌握相关的信息。第三,一个人必须有足够的理性和能力来评价这些信息。但不幸的是,由于多种原因,要确定是否给予了一个人有意义的知情同意并不总是容易的。

首先,难以确定什么时候的同意是自愿的。当工人们继续在一家存在着已知安全隐患的工厂里工作时,他们是否是自愿同意的呢? 也许他们并没有其他的工作可以选择。

其次,人们通常不能充分地对危险知情或不能对它们做出正确的评估。正如我们所了解到的,有时候外行会错误地评估风险。他们可能低估那些以前未发生过的或者没有留意过的事件发生的概率,而同时却高估了那些引人注目的或灾难性事件发生的概率。

再次,通常不可能获得受技术风险影响的人的有意义的知情同意。一家工厂向大气中排放一种物质,使得小部分人出现轻微的呼吸系统问题,那么工厂经理怎样去获得当地居民的同意呢? 居民们没有提出过抗议的事实是他们同意的充分证据吗? 如果居民不了解这种物质,不知道它是什么,不能正确地理解它的影响,或者仅仅是由于其他事而心烦意乱,那么工厂经理该怎么办?

鉴于获得自由和知情同意的问题,我们可以在技术造成实际伤害的事实产生后,对个人进行赔偿。例如,人们会因为汽车设计的缺陷或化工厂排放的有毒气体所造成的伤害而获得赔偿。这种方法有它的优点,即不必征得知情同意,但也有一些缺点。第一,它没有告诉我们怎样确定适当的赔偿;第二,它限制了个人的自由,因为有些人从来没有获得过知情同意;第三,对于伤害,例如,重伤或者死亡,有时不存在适当赔偿。

对待那些暴露在技术风险之下的人,以知情同意和补偿作为尊重他们的道德主体的伦理要求方式,是存在问题的。虽然如此,我们还是必须做出努力去遵从这个要求。现在让我们回到与风险相关的尊重人的道德主体性的第二个要求上。

公平或正义

尊重人的伦理学十分强调尊重个体的道德主体性,而不顾更大的社会成本。哲学家约翰·罗尔斯(John Rawls)表达了这种关切:[16]"每一位社会成员都享有基于正义的不可侵犯的权利……甚至其他所有人的福祉也不能践踏这个权利。"克拉诺(Cranor)的事例是体现尊重人伦理的正义要求的一个例子[17],以下引用克拉诺夫人对她丈夫的健康是如何受到由棉屑造成的尘肺的严重伤害的叙述。

1937年至1973年,我丈夫在一家棉纺厂工作。在他工作的最后两个星期中,他的呼吸是如此急促,以至于他竟不能从停车场走到工厂的大门口。

他曾经是一位身材魁梧的人,喜欢钓鱼、打猎、游泳、打球,并且也喜爱野营。我们喜欢去山上看熊。自从患病以后,他呼吸和走路都变得十分困难了,所以我们不得不停止了一切外出计划。因为看病、住院和药品的费用是如此之高,我们不得不卖掉露营车、船和卡车。现在我们哪儿也不去了。医生说他的肺如此糟糕,只能勉强维持呼吸。起初,他每周使用氧气瓶两三次,后来每况愈下,使用氧气瓶的次数越来越多了。现在他使用的是氧气浓缩器,必须每天24小时依赖它。当他去看医生或上医院时,还要带着便携式的小氧气瓶。

现在他卧床不起了。令人不齿的是,棉纺厂不想对他那棕色的肺做出赔偿。哪怕现在他们只是来看看他现在的状况也好啊,他才仅仅61岁啊。

国家没有法律强制棉纺厂去保护工人免受尘肺危害,这就造成了对塔尔伯特(Talbert)先生(克拉诺的丈夫)的巨大伤害,功利主义者可能愿意拿塔尔伯特先生所受的巨大伤害来换取更多数的人所获得的少量利益。毕竟,这样的保护成本常常是非常高的,而且这些费用必然会通过抬高棉制品的价格而最终转嫁到消费者头上。更高的价格也会使美国的棉制品更加昂贵,从而削弱其在国际市场上的竞争力,这又会造成美国工人失业。保护工人的法规甚至可能迫使美国的许多(或许全部)棉纺厂倒闭。这样的负效用也许远远超过了对于世界上许许多多个塔尔伯特先生的负效用。

然而,从尊重人的伦理角度看,这样的思考不能回避的事实是,塔尔伯特先生已经受到了不公正的对待。虽然很多人享受着工厂带来的好处,但只有塔尔伯特先生和其他少数人饱尝着不健康的工作环境所带来的苦果。利益和伤害的分配是不公平的,他保护身体健全和生命的权利被不公正地践踏了。站在黄金法则的立场上,恐怕没有人,即使有也非常少,愿意处在塔尔伯特先生的境地中。

当然,公平地分配所有的风险和利益是不可能的。有时候,那些忍受着技术风险的人也许不能分享到同等程度的利益。例如,许多年以前,就有人曾建议,在墨西哥湾得克萨斯州海岸附近建一座卸载液化天然气的港口。这样,天然气就可以通过轮船运往美国的许多地方,大部分美国居民将从中受益。然而,只有那些靠近港口的居民才会去承担轮船或存储罐发生爆炸的风险。[18]因为不存在平分风险的方法,所以在规划该项目时知情同意和补偿就应该得到重点考虑。由此,在道德评价中,知情同意、补偿和公平是三个紧密相关的思考主题。

尽管外行常常把风险的概念与可接受风险的概念混为一谈,但是,我们应当将外行的可接受风险的标准概括如下。

一种可接受的风险是指:①风险是通过行使自由和知情同意权而被认可的,或者是得到适当补偿的;②风险是被公正分配的,或者是得到适当补偿的。

我们已经了解到,在满足自由与知情同意、补偿、公正这三个要求时,常常遇到极大的困难。尽管如此,从外行以及从道德的视角看,这三种考虑都是至关重要的。

6.4　风险交流与公共政策

向公众提示风险

前面的章节说明了,不同的群体有着不同的应对风险的方法。工程师最有可能采用风险专家的方法来应对风险。他们将风险定义为危害发生的可能性和量级的乘积,并赞同对可接受风险的功利主义评价方式。职业章程要求工程师把公众的安全、健康和福祉放在首要位置,所以工程师有义务将风险降到最小。然而,在工程工作中确定可以接受的风险水平时,工程师很可能使用或至少倾向使用成本—收益的方法。

外行公众用迥然不同的方法对待风险问题。虽然公众有时对某些类型的技术风险发生危害的概率有不准确的看法,但是不能因为他们所知的简单事实不准确而忽视他们的应对方法。公众应对风险的方法与工程师的差异部分是源于他们将风险发生的可能性与风险的可接受性("具有风险的"一词似乎包含了这两个概念)结合起来判断的倾向。例如,如果一种技术相对较新,并且关于它的信息来自公众认为不可靠的一个来源(专家或非专家),则公众认为该技术的使用就具有更大的风险。更为重要的是,外行公众认为,自由和知情同意及公平分配风险(或适当的补偿)是确定风险是否可接受的重要决定因素。

此外,政府监管者有他们特殊的义务——保护公众远离不合理的技术风险,他们应该更加关注防止公众受到伤害,而不是避免(后来被证明是谬误)危害。这种偏向在一定程度上与工程师和外行应对风险的方法是相反的。虽然,作为政府监管机构,在确定可接受风险时,成本—收益分析只是他们经常使用的方法的一个部分,但是他们有一种特殊的义务,就是防止公众受到伤害,这可能超出了成本—收益所考虑的范围。另外,自由和知情同意以及公平的考虑虽然重要,但可能会被成本—收益考虑所平衡。

鉴于这三种不同的应对风险的方法,很显然,必须采用比风险专家的方法更为广泛的视角考虑关于风险的社会政策。我们之所以提出这个要求,至少有两个原因。首先,公众和政府监管机构很可能会继续坚持将自己的议事规则引入公众对于技术风险的辩论中。在一个民主国家,这可能意味着,这些考虑都将成为技术风险公共政策的组成部分,无论工程师和风险专家是否同意。这是工程师和风险专家必须适应的一个简单的事实。其次,我们相信风险的两种备选方法都有真正的道德基础。自由和知情同意、公平、保护公众免受伤害,这些都是道德正当的考虑。因此,关于风险的公共政策应该是一种综合的考虑,毫无疑问,这些综合的考虑既包括我们在这里提到的,还包括许多其他的、我们还未讨论的。

那么,工程师对于风险的职业责任是什么? 一个回答是,工程师应该继续遵循风险专家应对风险的方法,让公众去讨论更为广泛的话题。我们认为,这种考虑具有一定的合理性,在下一部分我们将返回来考虑工程师应对风险的典型方法。然而,正如我们在第 4 章和其他地方所讨论的那样,我们认为工程师具有一种更广泛的职业责任。工程师有通过贡献出他们的专业知识的方式参与有关风险的民主审议的职业责任。为了达到这个目标,他们必须了解备选方法和各种议事规则,以避免严重的混淆和过分的教条主义。鉴于此,我们提出,在风险交流时工程师要遵循以下指导原则:[19]

(1)工程师,在向公众提示风险时,应该注意到公众应对风险的方法和风险专家的不一样。特别地,不能将对危害概率的测量等同于"具有风险的"。因此,当工程师的意思是"危害的概率"时,他们不应该说"风险"。他们应该独立地使用这两个词语。

(2)工程师应该谨慎地说,"没有零风险的事情"。公众往往使用"零风险"一词,但这并不表示某事物没有危害的可能性,只表示,既然它是一种熟悉的风险,那就不再需要深思熟虑。

(3)工程师应该意识到,公众并不总是相信专家,并认为专家在过去也犯过错误。因此,在向公众陈述风险时,工程师应该谨慎地承认自己的观点可能具有局限性。他们也应该意识到,外行可以依靠自己的价值观去决定是否依据专家对可能结果的预测采取行动。

(4)工程师应该意识到政府监管机构有保护公众的特殊职责,并且这个职责可能要求他们在严格的成本—收益分析方法以外考虑其他的方面。尽管公共政策应该包含成本—收益考虑,但它也应考虑到政府监管机构的特殊职责。

(5)专业的工程组织,例如,职业协会,有揭示技术风险信息的特殊职责。他们必须尽可能客观地揭示有关危害发生概率的信息。他们也应该承认,公众在思考涉及技术风险的有争议领域(例如,核能)的公共政策时,可能会考虑危害发生概率以外的其他因素。

这些指导原则中的一个重要主题是,工程师对风险评估时应该采取审辨性的态度。

这意味着他们应该意识到自己视角以外的其他视角的存在。审辨性的态度也意味着，他们应该意识到自己在评估危害发生概率和危害量级时能力的局限性。在下一节中，我们会通过一个例子来思考这些局限性，以及工程师必然需要用审辨性的态度来看待工程风险评估的独特模式。

公共政策的一个示例：建筑章程

公共政策必须依赖于工程专业知识，反过来工程也受公共政策的影响，最直接的一种方式是地方的建筑章程。地方建筑章程规定了该地区所需要的安全因素和施工步骤（如防火或材料要求），建筑章程具有法律地位并且不经过公开听证和立法行动是不能改变的。立法机关通常委任一个专家委员会来提出一个新的建筑章程或对现存的章程进行必要的修改。例如，在世界贸易中心双子塔倒塌后，多部门联合开展了调查工作以确定倒塌的原因，提议对纽约市的建筑章程做出调整，改善大楼出口及以其他方法来降低死亡的风险。

职业工程师关注普通民众及其安全的重要的方式之一是：在设计大楼、电梯、自助电动扶梯、桥梁、人行道、道路和天桥时，认真履行地方建筑章程的要求。当一位有责任的工程师认识到某一设计违反了建筑章程而不去阻止它时，他就应该为由此导致的任何伤亡承担一定的责任。类似地，当一位工程师认识到某项对建筑章程的变通方案会对公众造成危险时，却不采取任何行动来阻止这个方案，那么他就应该为由此产生的任何伤害承担一定的责任。

双子塔案例阐释了这些问题。[20] 1945 年，当时的纽约市建筑章程要求所有的楼梯井都要用坚固的石材和混凝土结构包围。因此，1945 年，消防人员能够直接通过楼梯井进入帝国大厦内部，并在 40 分钟内扑灭了大火。在设计帝国大厦至世界贸易中心大楼之间的这段时期，建筑章程经历了全国范围内的普遍修改，"规范性"的章程要求趋向于被"性能性"的章程要求所取代。一个例子是对混凝土外防火外墙的材料及安装的规定，防火材料的改进导致了较低的恒荷载和更经济的应用方法，章程变得更注重特定化的规定，而不是注重防火材料的性能水平。高层建筑的材料和建造方法也有相似的变化，例如，使用轻质混凝土楼板及更轻的地板托梁系统，从而使建造更高的建筑成本更低。相比重得多的帝国大厦，较新的双子塔有着更经济和更轻盈的建筑组件，这些也是两者相当不同的表现的原因，一些评论建议，为了建筑的未来，我们应该恢复原来的技术。

但回到 50 年前的惯例并不是正确的选择，也是不可行的。相反，这取决于今天的工程师，他们有责任帮助维持示范建筑章程的性能标准，既要使建筑结构在经济上可行，又不给他们所服务的公众带来不可接受的风险。联邦急救管理署（FEMA）和美国土木工程师协会结构工程研究所联合研究了与世贸中心倒塌和生命损失相关的建筑章程条款，结论是这些建筑结构应对碰撞载荷的表现不错，即使遭受严重的损害，仍然屹立不倒，这是他们设计的一个明确证明，但大约一万加仑飞机燃料的燃烧引发了大火，建筑装饰和结构材料加剧了火情，导致钢构件的温度过高。

虽然消防的设计和施工均达到或超过最低规范要求，但研究建议对未来建筑章程要

122

求的若干特征进行更细致的评估,包括地板桁架系统及其坚固性、疏散通道周围结构的抗压性、消防通道对物理性毁坏的抵抗性以及紧急出口的位置。但是,这项研究并没有提出硬化结构以抵抗飞机撞击的具体要求和建议,只是总结道:"让所有在设计和建造中的建筑都能抵抗快速移动飞行器的冲击影响,以及在随后而来的火灾中不致崩塌,制定这样的设计条款,在技术上是不可行的。"

关于纽约市建筑章程存在着严重缺陷的另一个例子,参见附录中的花旗银行大厦案例。在这个案例中,威廉·勒曼歇尔按照当时章程阐述的最坏风力条件下承重钢结构框架的要求来设计大厦的承重钢结构框架,但章程中的要求是错误的。所幸的是,勒曼歇尔认识到章程中的这个错误,并对已经完工的结构进行了加固,从而纠正了错误。章程随后也得到了相应的更正。

建筑章程是公共政策的一个方面,它们都直接影响着工程师,很显然,在它们的制定中又需要工程师提供的信息。它们是阐明下述观念的一种最具体和最专门化的方式,即公共政策的制定需要工程师的专业知识,而公共政策反过来又极大地影响着工程设计。

6.5 确定危害原因和可能性的难点: 审辨性态度

风险评估,无疑是以危害发生的概率和量级来进行的,它已被一位作者描述成"透过黑暗玻璃"的观察。[21] 当然,能够准确地预测工程造成的危害是非常可取的。然而,工程师只能估计危害发生的概率和量级。更为糟糕的是,工程师们甚至常常无法给出令人满意的估计。因此,在实际应用中,估计风险(或"风险评估")包括了危害概率的不确定性预测。在这一节中,我们将思考一些估计风险的方法、这些方法中的不确定性以及对于这些必需的不确定因素的价值判断。

123 识别故障模式的局限性

对于新技术,工程师和科学家必须有某种方法去评估它们给受影响的那些人或事带来的风险。评估风险的方法之一是故障树的使用。在故障树分析中,我们要从一个众人不期望发生的事情开始,比如,核电厂反应堆核心冷却水系统的损坏。图 6.1a 概述了问题,阐明了存在一个三重冗余系统,泵1(P1)、泵2(P2)或应急冷却水足以维持安全的核心温度。图 6.1b 显示了故障树分析,它识别冷却水供应中断的所有预期的原因。故障树经常被用来预见极少或没有直接经验的危害,比如堆芯熔毁。它能够使一名工程师系统地分析不同的事件或故障模式可能产生的众人不期望发生的最终后果。故障模式是一种路线,用以预测其中的结构、机制、系统或过程可能发生的故障。例如,一个结构构件可能失去张力,受压时碎裂或扭曲,弯曲时裂开或断裂,因为腐蚀或磨损而失去强度和截面,因为内部压力过高而爆炸,或因为过高温度而失去强度甚至熔毁。

故障树分析因其过于乐观的视角而受人诟病,但是因为故障树分析是估测识别故障模式的集合概率,因而它具有极其重要的意义。故障树有时也会出故障,即造成危害的故障模式没有在这样的分析中被识别出来,结果这些风险就没有被估测。在这种情况下,分析会误导人们,暗示着比实际存在的更低的风险。

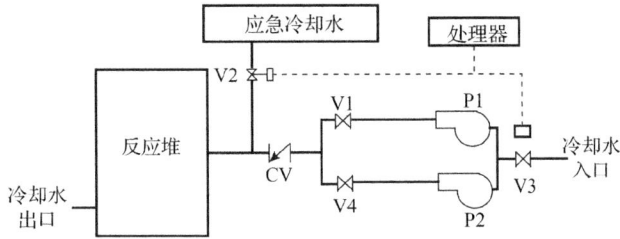

图 6.1a 核反应堆的冷却水系统举例

来源:凯文·马洛尼(Kevin Maloney),里克·费勒霍夫(Rick Fellerhoff),桑迪亚国家实验室(Sandia National Lab)

124

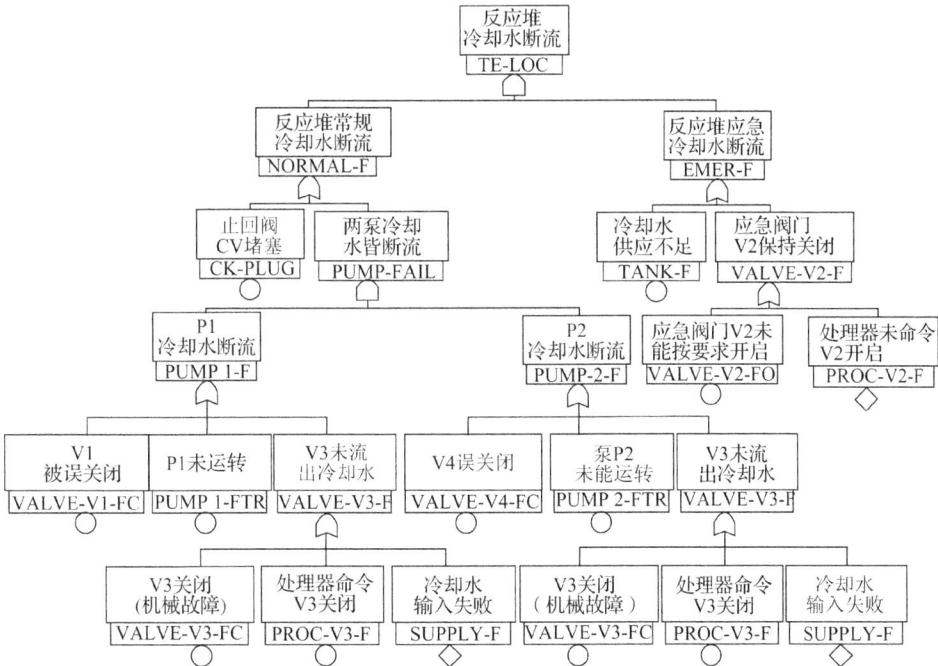

图 6.1b 核反应堆核心冷却水供应失效的故障树分析

来源:凯文·马洛尼,里克·费勒霍夫,桑迪亚国家实验室

2011 年 3 月福岛核电站核反应堆的故障和熔毁是一个恰当的例子。这场灾难是由一次强烈地震引发的海啸造成的。根据通常的方案,反应堆会在地震后自动关闭,但是随之而来的海啸摧毁了备用发电机,无法为应急冷却系统提供电力。延迟向应急冷却系统提供电力导致了三个核反应堆的熔毁。这次失败强调了对运行工厂的设计标准进行后续重新评估的必要性。根据世界核能协会的报告:

125

福岛第一核电站的设计和选址是在 20 世纪 60 年代,就当时的科学知识而言,应对海啸的对策是可以接受的,在该海岸线海浪高于正常值的记录是较少的。但是,通过 2011 年的灾难,新的科学知识发现福岛有出现大地震的可能,并会引发严重的海啸。然而,这并没有促使核电站运营商——东京电力公司(Tepco)或者政府监管部门,尤其是核能和工业安全局(Nuclear & Industrial Safety Agency,NISA),采取任何重大行动。根据 IAEA(国际原子能总署,International Atomic Energy Agency)的指导方针(要求考虑高海啸水位),本来应该对海啸的应对措施进行复查,但是 NISA 仍然允许福岛核电站在没有足够的应对措施的情况下运行,尽管已有明显的警告。[22]

另一种对故障模式进行系统检查的方法是事件树分析法。这里,我们从一个假设事件展开推理,以确定它可能导致的后果以及这些后果发生的概率。图 6.2 用图的方式阐述了事件树分析法。这个简化的事件树说的是,一个典型核电站发生了冷却剂泄漏的事故。该图始于一个事故,接着列举出由这一事故可能引发的各种事件。这个事件树展示了可能的逻辑关系,即一根管道破裂会影响整个核电站安全系统的各种方式。如果管道破裂和内部停电同时发生,结果将是放射性冷却剂的大量泄漏。如果这两个系统各自独立,那么发生这种事故的概率就等于两个系统分别发生事故的概率之积。例如,假设管道破裂的概率是 10^{-4}($P_1 = 0.0001$),断电的概率是 10^{-5}($P_2 = 0.00001$),则发生大量冷却剂泄漏的概率就是 10^{-9} 或十亿分之一($P = P_1 \times P_2$)。

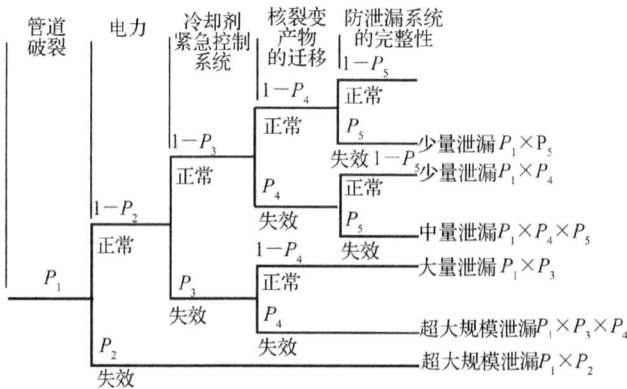

图 6.2　一个核电站管道破裂的事件树分析

来源:*Annual Review of Energy*,vol. 6. © 1981 by Annual Reviews,Inc.Courtesy N. C. Rasmussen(得到授权,重绘制)。

虽然工程师有理由认为，有必要进行这种分析以确保他们考虑尽可能多的故障模式，但是，这种分析还是有严重的局限。第一，它不可能预测所有可能导致故障的情况，如机械的、物理的、电气的、化学上的问题。例如，恐怖袭击的概率为风险分析和评估增加了一个新的维度。

第二，永远无法预测可能导致事故的所有类型的人为失误。第三，在很大程度上，故障模式对危害发生概率的预测只是主观的臆测，并不是基于可靠的实验测试。例如，我们不可能去熔毁一座核反应堆，以确定它发生核裂变连锁反应而最后爆炸的概率。在许多情况下，我们也无法知道，在极端高温的条件下，材料的性能发生变化的概率。

密耦合和复杂交互作用带来的困境

社会学家查尔斯·佩罗（Charles Perrow）[23]证实了一些问题，他认为，高风险技术的两种特征使得它们非常易于导致事故，并且允许我们谈论"正常事故"。这两个特征是技术系统中各个零部件之间的"密耦合"与"复杂交互作用"。这两个因素不仅更容易导致事故，而且也使事故更难以预测和控制，这反过来又使得风险更难以估计。

在密耦合的系统中，时间因素至关重要。如果过程以某种方式连接起来，已知的一个过程通常会在很短的时间内影响另一个过程，那么我们就称过程与过程是紧密耦合的。在密耦合的系统中，通常没有时间去排除故障，也不可能把故障限制在系统的某一部分。结果，整个系统崩溃。化工厂是紧密结合的，因为工厂某一部分的故障会迅速影响到工厂的其他部分。与此相反，大学是松散结合的，因为，若一个院系停止运作，则整个大学的运作通常不会受到威胁。

在复杂交互作用中，至关重要的是无法预测后果。过程与过程可以复杂地交互作用，使得人们无法预测系统各部分的交互方式。没有人会想到 X 失效会影响 Y。化工厂是复杂交互的，各部分以反馈模式互相影响，而这些永远是无法预测的。与此相反，邮局没有那么复杂的互动，系统的各个部分之间大多以线性的方式相互关联，而且各部分之间的关系很容易理解，并不经常以不可预料的方式互动，也就是说某一部分的故障不太可能导致邮局停止运营。如果一个邮局不再运转，通常也是源自易于理解的故障。

密耦合和复杂交互的技术系统的例子并不仅仅包括化工厂，而且还包括核电站、国家输电网、太空站以及核武器系统。由于它们的密耦合性及复杂交互性，这些系统会产生预想不到的失效，而且几乎没有时间去纠正错误或阻止失效影响到整个系统。这就使得某个故障一旦出现，事故将难以预测，灾难也将难以避免。

令人遗憾的是，很难通过改变密耦合及复杂交互的系统来减少事故的发生或者使其更容易被预测。为了降低复杂性，就需要去中心化，以使操作者能够独立地、创造性地应对非预期的事件。也就是说，为了应对密耦合，就需要集中化，为了避免失效，操作者需要掌握整个系统的指令，而且能够迅速且准确无误地遵循指令。要使一个系统既松散地结合又不复杂化，这也许是不可能的。工程师明白他们有时可以克服这个两难困境，通过局部化及自主的自动控制来避免复杂性带来的故障，通过与手动装置结合来防止密耦合引发的故障。虽然如此，根据佩罗的观点，在既复杂又紧密结合的系统中一些事故是不可避免的，并且在这个意义上可以说，它们是"正常的"。

127　　　下面是一个事故案例，它发生在一个既复杂交互又密耦合的系统中。1962年的夏天，纽约电话公司完成了在纽约扬克斯新财务大楼中添置新的供热系统的工作。这座三层方形大楼可以说是安全设计的典范，它应用了当时最先进的技术。

　　　1962年10月，当人们搬进大楼而且员工就位之后，对位于大楼地下室内崭新的、扩展式的供热系统进行了最后的调试。这一系统由三台并联的、以油为燃料的锅炉构成。这些锅炉是按低于6.0磅力每平方英寸(psi)的低压设计的，所以不符合美国机械工程师协会的锅炉和压力容器章程。每台锅炉都装备了一个弹簧安全减压阀，该装置的设计初衷是，如果锅炉中的压力过高，那么这个减压阀就会打开并向空气中释放蒸汽。每台锅炉还安装了一个由压力驱动的隔断阀，在锅炉压力过高时，它能切断流入锅炉燃烧灶的燃油。来自锅炉的蒸汽压力传输到蒸汽散热器中，每一个蒸汽散热器又有各自的减压阀。每台锅炉的顶端还有一个直径一英尺、刻度处和表面涂有红色"危险区"标志的压力表。如果压力过高，其他所有装置都失效时，这个压力表就会向管理锅炉的值班人员发出警报，值班人员就会关闭燃烧炉。

　　　1962年10月2日发生了以下事件：[24]

　　　(1)大楼值班员决定在这一年的秋季第一次点燃供热系统的1号锅炉。电工才刚刚将新配套的3号锅炉与控制系统连接起来，并成功测试了电子信号流。

　　　(2)值班员不知道电工还没有连接上燃料切断控制系统。电工之所以没有完成该控制系统的连接，是因为他们计划在下一周还要对3号锅炉进行额外的调试。他们打算以串联的方式将三台锅炉的燃料切断控制系统连在一起(也就是说，只要其中任何一台锅炉压力过高，三台都会停止运转)。

　　　(3)因为这天正好是温暖的小阳春天气，值班员认为不用把蒸汽输送到楼上的散热器里去，所以他机械地关闭了总管阀。这样，锅炉就把蒸汽压力传给了阻断阀，因此，蒸汽散热器阀就不在控制回路中。

　　　(4)后来的检测显示，在经过这一年春天的几次测试，锅炉最后一次点火工作后，减压阀就已经锈死了(后来，纽约州颁布法律，要求每24小时人工检查一次低压锅炉系统的减压阀，以保证它们没有锈住。而在当时，对低压锅炉系统并没有这样的要求)。

　　　(5)这天是星期四，发工资的前一天。值班员开启1号锅炉不久后是午饭时间，他散步去了不远处的银行，取一些现金。

　　　(6)自助餐厅在墙的另一面，而锅炉终端就紧挨着这一面的墙。员工们靠着墙边排起了长队，按顺序走向餐厅的服务台。这天排队的人比往常星期五的人还要多(星期五发工资，很多员工会出去兑换现金并在当地的餐馆吃中饭)。

　　　(7)1号锅炉发生了爆炸。离餐厅那堵墙最远的那个末端锅炉爆炸了，锅炉变成一个
128　火箭式的射弹。锅炉挣脱支撑向上升，撞向餐厅，接着，它继续以极快的速度上升，穿透了大楼的三个楼层。锅炉爆炸造成25人死亡，近百人受重伤。

导致这场灾难的各个事件是复杂关联的，我们不可能通过故障树或事件树分析来预测事件构成的链条。如果外面的气温再低一些，那么值班员也许就不会关闭总管阀，楼上每个房间的蒸汽散热器阀就会打开；如果每天都有人手动操作检查减压阀，那么就有可能发现它的失效并去纠正；如果时间不是在中午，不是在发工资的前一天，那么值班员可能就会待在地下室并看见高压读数，从而关闭燃烧炉；如果不是午饭时间，那些不幸的受害者就不会在靠近锅炉那堵墙的另一边的餐厅里排队了。

这些事件也是紧密地结合的。一旦压力开始上升，我们将没有足够的时间去解决问题，而且我们也无法隔离那个故障锅炉，使它不对大楼的其他地方带来灾难。如果一个工程设计改变了，并且被采纳了，那么事件链条将会断开，事故也就避免了。燃料切断系统无论以何种方式失效，切断燃油都是一件简单的事。然而，在像这样的复杂相关性系统中，后知后觉总是比先见之明容易。

正常化的偏差和自我欺骗

还有另一个因素增加了风险，也降低了我们预测危害的能力，它就是逐渐扩大了安全和可接受风险的标准所允许的偏差。社会学家黛安娜·沃恩(Diane Vaughn)称这种现象为"偏差的正常化"。[25]

每一项设计对它设计出的物体在应用中应该怎样发挥作用都会有一定的预测。有时候，这些预测并不能变成现实，而是发生了通常所说的异常。工程师或管理者通常不是去修正导致异常的设计和操作条件，而是常常忙于做其他不甚重要的事。他们只是简单地接受异常，甚至还扩大了可接受风险的界限。有时候这种过程会导致灾难的发生。

引发"挑战者号"灾难的事件正是对这一过程的引人注目而悲剧性的阐释。[26]不论是承包商莫顿聚硫橡胶公司，还是NASA，都不希望发动机喷出的炽热气体触及密封固态火箭助推器(SRB)接口的O形橡胶环，更不希望O形环被部分烧毁。然而，因为先前的飞船飞行证实了密封环受到了损毁，NASA和聚硫橡胶公司的反应都是接受这个异常，而不是努力去补救或解决导致异常的问题。

下面是灾难发生前偏差如何被正常化的几个例子：

(1) 1977年，测验结果显示SRB的接口在点火时会被旋开，从而在燃料箱和U形沟槽之间产生一个巨大的缺口。根据NASA工程师的研究，如果在点火循环的后期初级O形环被损毁，那么这个巨大的缺口将足以使二级密封变得不可能。虽然如此，在经过一些修改(如在O形环背面增加封油灰)后，尽管接口的状态已经偏离了设计时的预期值，但官方还是认定接口的风险是可接受的风险。[27]

(2) 1981年11月，在STS-2航天飞机飞行后人们发现了另一个异常，在右侧的SRB尾部接口的初级O形环受到了"冲击性侵蚀"。[28]炽热的推进气体穿透了接口处的锌铬酸盐封油灰中的"孔腔"。这个孔腔是由涂抹封油灰时的被困气体产生的。尽管这个令人困扰的现象原先并未被预测到，但是接口处的风险还是再次被认为是可接受的。

(3) 第三个异常出现于1984年STS-41-B航天飞机发射期间，当时第一次发现两个不同接口上的初级 O 形环都受到侵蚀。[29] 同样,这两个接口处的侵蚀也被认为是可以接受的风险。[30]

(4) 1985 年还出现了一个异常,当时"渗漏"的炽热气体已经到达密封固态火箭助推器喷嘴接口的二级密封层。喷嘴接口被认为是安全的,因为它们与表面的接口不同,它们有一个非常不同的而且十分安全的二级密封层——"表面密封"。问题在于,类似的故障还会在表面接口处发生,并且危害要严重得多。然而,这些问题并没有得到处理。

(5) 对于扩大可接受风险的界限,也许最引人注目的例子还是扩大了可接受发射温度的范围。在"挑战者号"发射之前,发射时密封层的最低温度应是 53°F(此时外围环境的温度高达 60°F)。不过,在"挑战者号"发射的前一晚,密封件的温度预计为 29°F,环境温度低于冰点。这样,可接受风险的范围被扩大了 24°F。

结果是:①接受了这些异常,而不是充分努力去改正这些基本的问题(密封层的粗糙设计);②降低了可接受的发射温度,就导致了"挑战者号"毁灭性的灾难和全体宇航员的遇难。沃恩认为,这类问题不可能通过技术系统来消除,并且其结果就是事故的不可避免。不管事实是否如此,可以肯定的是,技术强加给公众风险,并且这种风险通常是难以觉察和消除的。

这个案例也说明了正常化偏差中的自欺行为是如何限制工程师正确预测风险的能力的。一些工程师,特别是工程经理,不断说服他们自己,再允许一个偏离设计预期的异常,不会增加失败的概率,或至少是一个可以接受的风险。结果却是一场悲惨的灾难。

6.6 工程师对于风险的法律责任

我们已经了解到,风险是难以评估的,而且工程师常常放任偏差的累积,而不采取任何纠正措施,甚至扩大了可接受风险的范围来迁就它们。我们还了解到风险评估专家、外行与政府监管者对于可接受风险的定义不同,有时采取的是不兼容的方法。

引起工程伦理和工程职业关切的另外一个问题是风险的法律责任。这里至少包含两个议题:一是民事侵权法中的证据标准和科学中的证据标准是有差异的,这就产生了令人好奇的伦理冲突;二是在保护公众免遭不必要的风险的过程中,工程师自己会承受法律责任。让我们来思考这两个议题吧。

民事侵权法的标准

130

寻求伤害赔偿的诉讼绝大多数是通过诉诸侵权法来解决的,侵权法处理一个人遭到另一个人伤害的问题,这种伤害通常是施加伤害一方的过错或疏忽的结果。许多著名的涉及技术伤害的法律案例都是通过侵权法得以解决的。关于石棉造成伤害的诉讼就是其中的一例。克拉伦斯·博雷尔(Clarence Borel)1963 年成为绝缘材料企业的一名工人,1973 年他的后裔将纤维板纸品公司(Fiberboard Paper Products Corporation)告上了法庭:[31]

在博雷尔的职业生涯中,他曾经在很多地方(通常是在得克萨斯州)工作过,直到1969年他患上了石棉沉滞症不能继续工作。博雷尔的工作使他必须面对由绝缘物质产生的浓厚的石棉灰尘。在一次预审中,博雷尔的证词是,在他与含有石棉的绝缘物质打交道的日子里,每天工作结束时,他的衣服通常沾满了灰尘,以至于不把灰尘抖掉就几乎不能将衣服从灰尘中分辨出来。博雷尔说:"你只能抖掉一点灰尘,一会儿衣服又布满了灰尘,每天工作结束后,我从鼻孔里擤出大量的灰尘。我甚至将曼秀雷敦(Mentholatum)的薄荷膏塞在鼻孔里,以避免灰尘落入喉咙,但这并不能完全解决问题。你的衣服一直是布满灰尘的,除非你用吹风管将它吹走。"1964年,在与保险政策相关的医学检查中,医生告诉博雷尔,X光检查发现他的肺部有阴影。医生说,可能是由于他是安装工人,并且告诫他尽可能地避开石棉灰尘。1969年1月19日,博雷尔住进了医院,并做了肺部活组织切片检查。博雷尔被诊断为石棉沉滞症。因为这种病是不能逆转的,所以博雷尔被送回了家……在1969年剩下的日子里,他的病情进一步恶化。1970年2月11日,他接受了右肺切除的手术。医生确诊博雷尔患上了一种由石棉导致的、被称为间皮瘤的肺癌。由于这些疾病,博雷尔还没有等到这一案件进入开庭审理阶段就已去世了。[32]

得克萨斯州联邦地区法院裁决,博雷尔先生的后裔胜诉,第五巡回上诉法庭维持这一判决。

侵权法中的证据标准是证据优势,意思是说,存在着更多更好的证据对原告更为有利,而不是对被告有利。原告的证据必须表明:

①被告违反了侵权法所规定的有关的法律责任;②原告受到了侵权法中可要求赔偿的伤害;③被告的侵权行为导致了对原告的伤害;④被告的侵权行为是造成原告伤害的近因。[33]

假定某种物质是一种伤害的近因的证据标准不如科学家所要求的证据标准那么严格(科学家可能会要求证据有95%的确定性),那么它也不如刑事诉讼过程中的证据标准那么严格,后者要求证据毋庸置疑。

我们可以用鲁巴尼克诉威特科化工及孟山都公司的案件(*Rubanick v. Witco Chemical Corporation and Monsanto Co*)为例来说明这种证据的低标准。原告唯一的专家证人——纽约斯隆-凯特灵癌症中心(Sloan-Kettering Cancer Center)的一位退休的癌症研究者作证说,死者的癌症是由于接触了多氯联苯(PCBs)。他的理由是:

①30岁以下的男性患癌症的概率很低(死者才29岁);②死者有着良好的饮食和不抽烟的习惯,并且没有家族遗传癌症的诱因;③在威特科公司工作的另外105名工人中,有5人在同一时期内也患上了某种癌症;④大量证据表明,PCBs使实验动物患上了癌症;⑤科学文献支持PCBs能致人患癌的观点。[34]

131

法庭并不要求这位专家用流行病学的研究来支持自己的观点,仅仅要求他证明自己在科学的专门领域中受到过恰当的教育和训练,具有适当的知识和经验,以及他的观点有适当的事实作为基础。[35]

另外,像理查德·费尔比(Richard Ferebee)案例这样的著名案例也使用了在科学研究中所不能接受的因果联系的证据标准。理查德·费尔比声称,他的肺病是由于他接触了百草枯除草剂喷雾。[36]

然而,一些法庭开始对通过侵权法而要求赔偿损失的案件采取更高的证据标准,这种标准类似于科学中使用的证据标准。在橙色剂(Agent Orange)的一系列案件中,法官杰克·B.温斯坦(Jack B. Weinstein)认为,流行病学的研究是对因果判断唯一有帮助的研究,但以这个标准为基础原告将不可能立案。法律评论家伯特·布莱克(Bert Black)[37]持类似的观点。他认为,法庭(也即法官)应该积极审查专家证人的论证,要求他们的证词得到同行评议的科学研究的支持,或至少有坚实的科学基础。他认为,在一些案例中,他们甚至可以否决不是基于科学证据标准的陪审团的裁决。[38]

尽管这种观点偏离了侵权法中的常规的证据标准,但是,在某些情况下,它也许对被告更为公平,因为某些偏向原告的裁决也许并不是基于伤害责任的有效证据。但这种观点的缺陷同样也是明显的。通过要求更高的证据标准,法庭将会要求原告承担举证的责任,而这通常又是原告无法做到的。在很多情况下,仅凭科学知识是不足以确定因果关系的,这就对原告不利。另外,鼓励法官在司法行为中发挥这样积极的作用也是存在一些问题的。然而,主要的道德伦理问题是,我们是应该更加注重保护可能已经受到了不公正伤害的原告的权利,还是应该更加注重提升经济效率以及保护被告,使其不承担不公正的伤害赔偿。这是辩论的核心——伦理问题。

保护工程师免于法律责任

在民事侵权法中,可以较为容易地确定近因,这也许表明法庭应该对可接受的风险采取更严格的标准。但侵权法的其他条款却没能给公众提供应有的保护。例如,担心受到法律责任的牵连使得工程师不能充分地保护公众免遭风险。个体工程师可能会面对特别复杂的法律责任和风险问题,并且,在某些情况下,他们需要更多地免受法律责任牵连的保护。

例如,挖掘地基、管道和下水道存在的安全问题。[39]一条很深、两边陡峭的沟渠本身就是不牢固的,两边的侧壁迟早要坍塌。侧壁稳定而不坍塌的时间长短取决于很多因素,包括沟渠的长度和宽度、天气情况、土壤湿度、土壤成分以及沟渠的挖掘方式。在深渠下工作的人面对着相当大的风险,每年都有成百上千的劳工由于侧壁坍塌而伤亡。

为了减少风险,建筑工程师会在设计方案中详细说明沟槽箱的使用。沟槽箱是一个长箱子,横截面呈倒 U 形,沟槽箱插入渠中以保护工人。只要工人待在沟槽箱里,伤亡的风险就会大大降低。

不幸的是,沟槽箱的使用会大大增加工程建设的开支和时间。要花钱去购买或者租

132

借箱子，而且随着挖掘的进程还要不断移动箱子，这就延缓了工程建设的速度且增加了额外的开支。此外，沟槽箱的操作会引发另一种伤害工人的风险。在使用沟槽箱的问题上，尤其当建筑规范章程中没有要求使用沟槽箱时，工程师就会处于尴尬的境地。如果在设计书中不规定使用沟槽箱，那么这也许会使工人处于具有非常高的伤亡风险的境地。如果设计书中确实规定了使用沟槽箱，那么工程师也许要负担沟槽箱事故的法律责任。正是考虑到诸如此类的情况，国家职业工程师协会已经在积极游说美国国会，以期通过这样一部法律，在工程师规定了建设的安全措施，而这些措施没有被采纳或被不正确地采纳的情况下，如果发生事故，工程师不承担事故的责任。这样的法律能够使工程师更有效地保护工人的安全。可惜，这项动议至今也没成为法律。

沟槽箱的难题阐明了一个更为普遍的论题。如果工程师能够自由地规定安全措施，而不必为他们的忽略或使用不当而承担法律责任，那么他们将更容易地履行保护公众安全的责任。

6.7 成为一位对风险负责任的工程师

新技术的发展总是与风险紧密相关。工程师的责任就是在道德上对风险负责。要做到这一点，第一步是必须意识到，风险通常是难以评估的以及风险可能会以微妙的、变化莫测的方式得以扩大的事实。第二步是必须意识到，存在着确定可接受风险的不同方法。特别地，在看待风险时，工程师有强烈的量化偏向，这使得他们对公众以及政府监管机构的关注都不够敏感。第三步，作为技术专家，工程师与公众沟通风险问题，要承担起自己的责任，要全面意识到公众和政府监管机构对风险有着不同的看法。

我们的结论是尝试制定一个确定可接受的风险的原则。要制定这个原则，我们应进一步思考有关风险的法律问题。

法律对于风险和收益似乎有两种想法。一方面，有些法律不求平衡风险和收益。对1958年颁布的《食品、药品及化妆品法案》（Food，Drug and Cosmetics Act）的《化学食品添加剂修正案》（Chemical Food Additives Amendments）要求，"被认为是不安全"的化学物质不能添加到食品中，除非它能被"安全地使用"。[10] 参议院劳动与公共福利委员会（Senate Committee on Labor and Public Welfare）对安全使用的定义是，添加到食品中后"不会产生伤害"。[11] 著名的《德莱尼修正案》（Delaney Amendment）同样也禁止将对动物有致癌作用的化学品添加到食品中。[12]

另一方面，法律又常常试图在公众福利和个体权利之间寻找一个平衡点。1976年颁布的《有毒物质控制法案》（Toxic Substances Control Act）授权环境保护署对任何给"人类健康或对环境带来不合理的风险"的化学品进行管制，[13] 但是仅仅将"不合理的风险"纳入管制，所以它明确地容忍了一定程度的风险。众议院商务委员会在一份报告中描述了这种平衡的过程。

133

在如下两方面进行权衡：①伤害发生的可能性和量级以及严重程度；②拟议中的监管这种物质或合成物所带来的利益对社会效益的影响；需要考虑的是不需要监管的替代物质或替代化合物的可行性，以及这种监管行为可能对社会造成的其他的负面影响。

除了这些以外，该报告进一步指出，"在正式的成本—收益分析中，赋予风险以货币价值……以及赋予社会成本以货币价值"是不需要的。[44]

1954 年通过的《原子能法案》（Atomic Energy Act）仍然提到了"公众的健康和安全"，但却没有试图给出这些术语的定义。然而，在核管制委员会的规则中，却使用了"不带来过度的风险"的表述，似乎再次建议在风险和收益之间权衡。[45]在实际应用中，特别是在早些年的实践中，用一位法律评论家的话来说，"风险可接受性的主要衡量标准是产业部门能够在多大程度上降低风险，而同时不危及经济和金融环境，以及有益于技术的可持续发展"。[46]这里再一次表明，法律会试图在保护个体和促进公众福祉之间寻求平衡。

在最高法院受理的关于工作场所中苯暴露的案件中，OSHA 采取了对人根本尊重的立场，主张举证的责任应由企业承担，企业必须证明，浓度为多少的苯暴露是不会致癌的。对于 OSHA 的指责，最高法院主张，基于当前的标准不会对工人构成伤害的证据，在评估更严格的标准时，必须平衡风险与收益，并且举证的责任应该由 OSHA 来承担，OSHA 应当表明更严格的标准是正当的。[47]

基于这些考虑，我们能够建构出一个更为普遍的可接受风险的原则，这个原则能为我们确定一种风险是否处于道德允许的范围内提供一些指导。

应当保护人们免受技术带来的有害影响，特别是当伤害没有征得人们的知情同意或危害没有得到公平分配时，除非这种保护有时必须与以下两点进行权衡：①保护巨大的和不可替代利益的需要；②获取知情同意能力的局限性。

这一原则并没有提供一个可以机械地应用于各种风险情境的运算法则。在其应用中，会产生很多问题，必须基于其优点考虑每一种应用。我们可以列举一些在应用这个原则时所产生的问题。

134

第一，我们必须明确，"保护"人们免遭伤害的意思是什么。它的意思并不是说，确保人们得到一种完全没有危害的技术。最多只意味着，以危害发生的概率来表述"保护"，并且，我们已经了解，即使这样的保护也会发生相当多的失误。

第二，至于什么构成了危害，存在着很多争论。整天不得不忍受一种难闻的气味是一种伤害吗？那么对于在酿造厂或污水处理厂工作的工人来说呢？在那里，难闻的气味是无法消除的。所以，什么样的危害应当被消除的问题是不能与这一问题分开的：在不消除其他益处的同时，是否能将这种危害消除。

第三，在特定的情境中，必须确定什么构成了巨大的和不可替代的利益。一种可以使冷冻蔬菜颜色更加鲜艳的食品添加剂就不构成一种巨大的和不可替代的利益。如果发现这样的添加剂有强烈的致癌作用,那么就应该将其淘汰。另外,大多数人高估汽车的价值,尽管汽车有导致伤亡的可能性,但人们或许还是不希望淘汰汽车。

第四,我们已经指出过那些在确定知情同意时所遇到的问题,以及获得知情同意在许多情境下的限制。从尊重人的伦理学立场看,知情同意是非常重要的考虑。然而,人们常常难以解释和应用知情同意。

第五,伤害不公平分配的评判标准也是难以应用的。一些伴随着风险的伤害也许是不公平分配的。例如,与没有得到很好的建设或监测的有毒废物处置区邻近的地区的风险是不公平分配的。人们承认与煤炭开采相关的风险可能是不公平分配的,但是煤炭所提供的能源是一种巨大的和不可替代的利益。所以,减少矿业风险的需要也就是在不摧毁煤矿行业的情况下尽量降低采煤的风险。这就可能需要将煤价抬得足够高,以使采煤更安全且经济回报更多。

第六,一个在特定时刻的可接受风险,在另一时刻可能就不是可接受的风险了。承担操作责任以及设计职责的工程师有义务保护公众的健康和安全。这项义务要求工程师在新的风险浮现或风险意识改变时,甚至当技术创新允许进一步减少已知风险时,要降低风险。福岛核电站的运营商或监管机构并没有认可和履行这项义务,改善的海啸预警机制本应能引发应对海啸的对策。

6.8　本章概要

风险是工程的一部分,也是技术进步的组成部分。"安全因素"是工程中的重要概念。几乎所有的工程章程都把安全放在突出位置。工程师和风险专家看待风险的方式与社会上其他人的方式有些不同。对于工程师来说,风险是危害发生的概率和危害量级的乘积。当危害发生的概率和危害量级的乘积等于或小于收益概率和量级的乘积,并且不存在更大的收益概率和量级的乘积的选项时,这样的风险才是可接受的风险。在计算危害和收益时,工程师传统上会采用相对容易量化的因素来确定危害,例如,经济损失或死亡人数。"能力"方法试图通过开发一种更为适当的方式来衡量灾害对整体福祉的危害和好处,从而使计算更为精确。它通过人们的生活能力来衡量他们的生活价值。当发生的概率足够小,灾难的负面影响低于在原则上可接受的能力成就的最低阈值时,这样的风险是可以接受的。

公众并不把风险简单地定义为预期的伤亡,而是还会考虑其他因素,如所涉危害的严重程度是否令人无法接受,风险是否得到充分的知情同意。政府监管机构对化解风险采取了不同的方法,因为他们有保护公众免受危害的特别义务。因此,他们把化解风险更多的权重放在保护公众生命而不是公众利益上。基于这些不同的应对风险的方法,社会政策所考虑的角度必须比风险专家所考虑的角度更广。

通过提供专家的认识,并意识到公开辩论的视角不只是风险专家的视角,工程师,尤其是职业工程协会,有义务为风险的公开辩论做出贡献。对建筑规范章程的争论示例了对风险的这种公开辩论。

评估危害发生的原因和可能性会遭遇诸多困难。工程师会使用各种技术,如故障树和事件树分析来评估危害发生的原因和可能性。然而,"密耦合"和"复杂的交互作用"的现象限制了我们预测灾害的能力。接受与预期性能逐渐增加的偏离也会导致灾难。

工程师需要保护自己免受过度的风险责任牵连,但这种需要有时会引发重要的社会政策议题。一个议题是在科学的标准与侵权行为法的标准之间的冲突。在侵权行为法中,某事是否造成了危害的证据标准是证据的优势,但科学的证据标准要严格很多。侵权行为法的较低标准倾向于保护那些可能受到不公正危害的原告的权利,而科学的较高标准倾向于保护被告,或许也倾向于促进经济效率。沟槽箱的使用说明,工程师在保护自己避免承担不公正的责任并保护公众远离危害的过程中所遇到的问题。最后,可接受风险的原则,为确定一种风险是否在道德允许的范围内提供了一些指导方针。

6.9 网络上的工程伦理资源

通过访问配套的工程伦理网站,检查你自己对本章材料的理解。这个网站包括多项选择的研究问题、建议大家讨论的主题,有时候还有额外的案例研究以辅助你对本章材料的阅读和研究。

136

注 释

1. "B-25 Crashes in Fog." *New York Times*,July 29,1945,p. 1.

2. Peter Glantz and Eric Lipton,"The Height of Ambition," *New York Times Sunday Magazine*,Sept. 8,2002,p. 32.

3. Bazant,Z. and Verdure,M.,"Mechanics of Progressive Collapse:Learning from World Trade Center and Building Demolitions," *J. Engineering Mechanics*,ASCE,March 2007,pp. 308-319.

4. William W. Lowrance,"The Nature of Risk," in Richard C. Schwing and Walter A. Albers,Jr.,eds.,"Societal Risk Assessment Safe Enough?" *Plenum*,1980,p. 6.

5. 全国公共广播台在"晨版"(1992-12-03)上报道了这一故事。该批评引自 Newsletter of the Center for Biotechnology Policy and Ethics,Texas A & M University,2:1,Jan. 1,1993,p. 1。

6. 关于能力概念的进一步讨论以及本节对衡量伤害的方法的描述参见 Amartya Sen,*Development as Freedom* (New York:Anchor Books,1999);Martha Nussbaum,*Women and Human Development:The Capabilities Approach* (New York:Cambridge University Press,2000);Colleen Murphy and Paolo Gardoni,"The Role of Society in Engineering Risk Analysis:A Capabilities-based Approach," *Risk Analysis*,26:4,pp. 1073-1083;Colleen Murphy and Paolo Gardoni,"The Acceptability and the Tolerability of Societal Risks:A Capabilities-based Approach," *Science and Engineering Ethics*,14:1,2008,pp. 77-92。我们感谢墨菲教授和加尔多尼教授的研究为本书提供了参考。

7. S. Anand and Amartya Sen,"The Income Component of the Human Development Index," *Journal of Human Development*,1:1,2000,pp. 83-106.

8. Colleen Murphy and Paolo Gardoni,"Determining Public Policy and Resource Allocation Priorities

for Mitigating Natural Hazards：A Capabilities-based Approach，" *Science & Engineering Ethics*，13：4，2007，pp. 489－504.

9. Colleen Murphy and Paolo Gardoni，"The Acceptability and the Tolerability of Societal Risks：A Capabilities-Based Approach，" *Science and Engineering Ethics*，14：1，2008，pp. 77－92.

10. Chauncey Starr，"Social Benefits versus Technological Risk，" *Science*，165，Sept. 19，1969，pp. 1232－1238. Reprinted in Theodore S. Glickman and Michael Gough，*Readings in Risk* (Washington，DC：Resources for the Future)，pp. 183－193.

11. Paul Slovic，Baruch Fischhoff，and Sarah Lichtenstein，"Rating the Risks，" *Environment*，21：3，April 1969，pp. 14－20，36－39. Reprinted in Glickman and Gough，pp. 61－74.

12. Starr，pp. 183－193.

13. 此处及接下来的几点内容参见 Paul B. Thompson，"The Ethics of Truth Telling and the Problem of Risk，" *Science and Engineering Ethics*，5，1999，pp. 489－510。

14. Starr，op. cit.，pp. 183－193.

15. D. Litai，"A Risk Comparison Methodology for the Assessment of Acceptable Risk，" PhD dissertation，Massachusetts Institute of Technology，Cambridge，MA，1980.

16. John Rawls，A Theory of Justice (Cambridge，MA：Harvard University Press，1971)，p. 3.

17. Carl F. Cranor，*Regulating Toxic Substances：A Philosophy of Science and the Law* (New York：Oxford University Press，1993)，p. 152.

18. Ralph L. Kenny，Ram B. Kulkami，and Keshavan Nair，"Assessing the Risks of an LGN Terminal，" in Glickman and Gough，pp. 207－217.

19. 这些指导原则是保罗·汤普森(Paul Thompson)提出的四条"风险沟通格言"中所建议的，参见 Thompson，op. cit.，pp. 507－508。尽管此处提到的一些原则与汤普森的相同，但实际上我们对其进行了修改与拓展。

20. *World Trade Center Building Performance Study：Data Collections，Preliminary Observations and Recommendations*，FEMA 403，Federal Emergency Management Agency，Federal Insurance and Mitigation Administration，Washington，DC，September 2002.

21. Cranor，*Regulating Toxic Substances*，p. 11.

22. World Nuclear Association Web page on Fukushima Accident 2011，updated April 14，2012，found at http：//ww.world-nuclear.org/info/fukushima_accident_infl29.html.

23. Charles Perrow，*Normal Accidents：Living with High-Risk Technologies* (New York：Basic Books，1984)，p. 3.

24. 对一系列悲惨事件的描述参见 *New York Times*，Oct. 15，1962。工程细节引自 R.C.金(R. C. King)和 M. J. 马戈林(M. J. Margolin)递交给纽约建筑委员会的事故原因报告。

25. Diane Vaughn，*The Challenger Launch Decision* (Chicago：University of Chicago Press，1996)，pp. 409－422.

26. 参见 the Presidential Commission on the Space Shuttle *Challenger* Accident，"Report to the President by the Presidential Commission on the Space Shuttle Challenger Accident."

27. 参见 Vaughn，pp. 110－111。接下来的论述基于沃恩以及她与罗杰·博伊斯乔利之间的私人谈话，但这些论述应归属于本书作者，而不是黛安娜·沃恩或罗杰·博伊斯乔利。

28. 同上，pp. 121 ff。

137

29. 同上，pp. 141 ff。

30. 同上，pp. 153 ff。

31. Borel v. Fiberboard Paper Products Corp. et al., 493 F. 2d（1973）at 1076，1083. Quoted in Cranor，*Regulating Toxic Substances*，p. 52.

32. Cranor，*Regulating Toxic Substances*，p. 58.

33. 576 A.2d4（N.J. Sup. Ct. A.D.1990）at 15（concurring opinion）.

34. Cranor，*Regulating Toxic Substances*，p. 81. Summarized from "New Jersey Supreme Court Applies Broader Test for Admitting Expert Testimony in Toxic Case," *Environmental Health Letter*，Aug. 27，1991，p. 176.

35. "New Jersey Supreme Court Applies Broader Test," p. 176.

36. Ferebee v. Chevron Chemical Co.，736 F.2d 11529（D.C. Cir 1984）.

37. Bert Black，"Evolving Legal Standards for the Admissibility of Scientific Evidence,"*Science*，239，1987，pp. 1510 - 1512.

38. Bert Black，"A Unified Theory of Scientific Evidence," *Fordham Law Review*，55，1987，pp. 595 - 692.

39. R. W. Flumerfelt，C. E. Harris，Jr.，M. J. Rabins，and C. H. Samson，Jr.，*Introducing Ethics Case Studies into Required Undergraduate Engineering Courses*，*Final Report to the NSF on Grant DIR - 9012252*，Nov. 1992，pp. 262 - 285.

40. Public Law No. 85 - 929，72 Stat. 784（1958）.

41. Senate Report No. 85 - 2422，85th Congress，2nd Session（1958）.

42. c21 United States Code，sect. 348（Λ）（1976）.

43. Public Law No. 94 - 469，90 Stat. 2003（1976）.《易燃织物法案》（Flammable Fabrics Act）中也有关于"不合理的风险"的规范，参见 Public Law No. 90 - 189，Stat. 568（1967）.

44. Public Law No. 83 - 703，68 Stat. 919（1954），42 United States Code 2011 et. seq.（1976）.

45. 10 CFR 50.35（a）（4）.

46. Harold P. Green，"The Role of Law in Determining Acceptability of Risk," in *Societal Risk Assessment：How Safe Is Safe Enough?*（New York：Plenum，1980），p. 265.

47. Industrial Union Department，AFL-CIO v. American Petroleum Institute et al.，448 U.S. 607（1980）.

第7章 组织内的工程师

本章主要观点

● 沟通与文化是组织内至关重要的成分。雇员应当理解组织内的沟通渠道与文化规范。

● 价值强调的是他人从我们的努力中所获得的东西,价值观强调的是我们是谁。价值可以通过组织创新与努力工作得以创造和发展。

● 为了提高自身的完整性和独立性,员工应该充分利用组织资源。

● 组织与管理实践可能经年不变,这将导致伦理决策的盲点或障碍。了解这些障碍和对障碍的补救措施可以改善组织的沟通状况和伦理决策的制定。

● 许多组织聘请伦理和监察专员来调查不适当的政策和程序,并协助员工进行适当的沟通和日常的职业伦理选择。

● 工程师和管理者有不同的观点,这都是合理的,区分管理者应做出的决定或管理者的视角与工程师应做出的决定或工程师的视角是有意义的。

● 组织内的工程师之间以及工程师与管理层之间会存在不同的意见。需要利用谨慎的口头和书面的交流解决分歧。

● 当其他沟通途径失败后,有时举报便成为员工的必需选择。在举报之前,员工应该尝试多种解决组织问题的途径。新的联邦法规已经颁布,以帮助那些认为自己已经尝试了所有解决工作问题的办法的员工。

在 2012 年,《福布斯》杂志提名亚马逊公司的创始人兼首席执行官杰夫·贝索斯(Jefe Bezos)为"美国最好的领导人"之一。[1] 贝索斯说,他成功的秘诀之一是了解客户的需要和期待。亚马逊公司值得骄傲的两个新项目是 Kindle 平板电脑和电子书阅读器。贝索斯说,这些产品是"由客户的欲求,而不是工程师的品位驱动的"[2]。那些为贝索斯工作但不理解这一格言重要性的工程师很快将发现自己已不能胜任亚马逊的工作。这两个项目迎合了那些想要"一个能在 60 秒或更短的时间内下载一本书的电子书阅读器"的顾客。[3] 贝索斯解释说他不想被技术争论所牵制,宁愿让亚马逊的工程师以他们自己选择的方式自由地应对技术挑战。[4] 作为首席执行官,他喜欢削减成本,但他并没有在 Kindle 平板电脑或电子书阅读器上削减成本。金钱和时间不是问题。为客户提供最好的产品是他的主要目标,贝索斯更喜欢团队合作[5]。想要在软件及其他网络工程领域为亚马逊公司效力的工程师很有可能在亚马逊找到工作的乐趣。最近公司取得的许多成功可以归功于小的创新团队的快速应变。[6]

7.1 导　言

杰夫·贝索斯的组织领导风格类似于密歇根大学商学院教授大卫·乌尔里希(David Ulrich)所倡导的风格。乌尔里希支持组织领导者以聚焦于"价值观的价值"的伦理模板指导组织内的员工和领导者。他的模板始于个人的生活,然后延伸到组织机构内的员工和领导者。他的中心观点是个人负有对自己、同事、所在共同体的义务。"在所有这些领域中都必须不断地进行明智的伦理选择",对乌尔里希而言,这里也包括共同体。[7]通过了解共同体的价值观,个人才能更好地理解客户。

在"价值观的价值"里,乌尔里希强调价值聚焦于组织之外,而价值观来自组织内部的员工。[8]他认为价值强调的是他人从我们的努力中所获得的东西,价值观强调我们是谁。他强调,价值是可以通过组织创新与努力工作而创造和发展的;他认为价值观通常是可以继承的,并且可以通过自我意识和经验磨炼出来。[9]他解释道:"价值可以通过影响来衡量,价值观可以用我们性格的品质来衡量。价值起源于我们的工作对于利益相关者的价值;价值观反映了我们的工作对于我们自身的价值。价值和价值观对于共同体、组织和个人都很重要。"[10]

乌尔里希认为,除非组织为那些使用其产品或服务的人创造了价值,否则组织就失去了生存权。[11]亚马逊的贝索斯走了同样的道路。他解释道,每天每个员工都有更好的为客户服务的机会。亚马逊的员工知道他们不会享有豪华的办公室或航班的头等舱,但是他们将得到许多展示他们对于客户的价值的机会。贝索斯说,他的伦理观是提供客户所需要的产品。乌尔里希认为,组织的价值观由客户、投资者和组织所选择运作的共同体来界定。他评论道:

> 传统上,一个组织的文化被定义为公司内部的准则、期待、格局、不成文的规定以及礼仪。这些内部的格局将塑造我们的经验,并决定我们内在于还是外在于公司。当我们谈论文化时,我们更愿意从外部/内部去探究它。[12]

对于乌尔里希来说,从外部还是从内部探索一种文化是第一步。例如,作为一名员工,工程师应该努力从日常的工作中理解文化。"一个组织的文化价值不是组织内部人员外观的一致性,而是这种一致性如何能捕捉我们所服务的客户的思想、立场和心灵。"[13]乌尔里希发现,对于丰富的工作生活,下面才是价值观的价值:

> 在我们工作、学习、崇拜和娱乐的组织中,我们需要认识到为那些赋予我们公司生存权的客户和投资者提供价值,并且我们需要确定我们的个人价值观能留住善的传统。[14]

140

雷·C.安德森与英特飞公司

重视客户使雷·C.安德森(Ray C. Anderson)的企业成为其他企业的榜样。安德森的公司——英特飞全球地毯公司(Interface Carpets Global)是一家制造方块地毯的企业。安德森是英特飞地毯公司的创始人并且担任了 38 年的首席执行官(安德森于 2011 年去世)。他作为优秀毕业生,毕业于佐治亚州理工学院的工业与系统工程专业,1973 年创立英特飞地毯公司。20 年后,当来自公司研究部门的吉姆·哈茨菲尔德(Jim Hartzfield)工程师转述一个来自销售助理的问题时,安德森对待客户的个人态度和职业态度发生了转变,这个问题是:"有些客户想知道英特飞公司对环境的影响,我们应该如何回答?"[15]

安德森解释道,他曾经不像关心他的客户那样关心公司对环境的危害。他说:"我不会忽略任何客户的关切或拒绝任何一单生意。如果我们不回答吉姆转述的这个问题,那么我知道我们将失去其他生意。"[16]

正如乌尔里希和贝索斯可能认可的,安德森需要关注客户的需求。安德森开始阅读保罗·霍肯(Paul Hawken)的《商业生态学》(*Ecology of Commerce*)。这本书使安德森的客户驱动目标转向了一系列环保型的企业实践。"零的使命"是由安德森和英特飞地毯公司发起的一个承诺,即到 2020 年消除公司对环境可能产生的任何负面影响。在 2009 年,安德森估计英特飞地毯公司完成了一半的目标,重新设计流程和产品,开拓新技术,努力减少或消除废弃物和有害气体的排放,同时增加可再生材料和能源的使用。[17]

当上层管理者获得伦理上和经济上令人信服的信息时,企业可能会改变其价值观。安德森案例可以作为激励性的实例。

7.2　避免盲点

在工程师吉姆·哈茨菲尔德转述上述问题之前,雷·C.安德森似乎并没有意识到客户对环境的关切,他也不关心公司的生产对环境的影响。这可以作为一个纠正"盲点"的实例。丹尼斯·莫伯格(Dennis Moberg)将这个术语应用于组织和业务领域,他将业务盲点类比成我们驾驶汽车时所感受到的盲点。[18]一旦定期关注盲点,驾驶习惯便可以弥补这个感知缺陷。在驾驶的情况下,这样的调整是令人欣然接受的。然而,在业务领域,盲点通常保护我们避免必须面对的不受欢迎的信息。

《盲点》(*Blind Spots*)一书的作者,马克斯·H.巴泽曼(Max H. Bazerman)和安·E.特布伦赛奥(Ann E. Tenbrunsel)认为,虽然几乎我们所有人都认为自己在道德上是得体的,但盲点导致我们对自己的实际道德状况评价过高。[19]这个盲点不应与不道德的意图混淆。当然,我们也有能力区分盲点与不道德。但是,巴泽曼和特布伦赛奥更有兴趣去解释另一面,即得体的、善意的人们如何无意识地支持道德上不可接受的结果。

自我欺骗是其中的一个关键因素。虽然我们可能会真诚地反对不道德的行为并且不愿参与其中,但是我们可能也会受到极大的鼓动,也许因为恐惧或缺乏勇气去转向另一条道路。阻止不当的行动可能令人不快,有遭遇审查甚至报复(如降职或失业)的风险。我们不能对我们未注意到的事情采取反对行动。但在许多情况下,没有注意到可能就是我们所谓的故意视而不见。[20]

忽视重要信息明显阻碍了负责任行为。例如,如果一位工程师并没有认识到设计存在安全问题,那么他或她将无法胜任此事。有时,这种认知的缺乏是故意的逃避——回避信息,回避该信息可能带来的不得不面对的挑战。然而,认知缺乏通常是源于缺乏想象力,没有在适当的场所关注到必要的信息,或者未能坚持下去,或者源于截止期限的压力。虽然工程师的认知是有局限性的,不如人们期待的那么多,但这些例子表明,无知并不总是一个好的借口。

在"哥伦比亚号"灾难案例中,罗德尼·罗奇尔指责 NASA 管理者的"行为就像是鸵鸟把头埋在沙漠里"[21]。罗奇尔认为,NASA 的管理者似乎确信,过去的成功表明一个已知的缺陷不会引发问题,无须在测试和可靠的工程分析的基础上来决定其是否会引发问题。他们通常不是试图去修补缺陷,只是从事着偏差正常化的实践(在第 6 章讨论过)。在第 6 章我们看到在没有可靠工程基础的情况下,可接受风险的边界是如何扩大的。不是试图消除泡沫撞击或者对撞击是否造成了飞行的安全问题做出彻底的测试,管理者"越来越多地接受各种低于规定性能的组件和系统,理由是这样的偏差并没有干扰之前飞行的成功"[22]。偏差被扩大化了,"哥伦比亚号"事故调查委员会注意到"随着每次成功的着陆,NASA 的工程师和管理者越来越多地认为泡沫撕裂不可避免,要么认为这不可能危及安全,要么认为这只是一种可接受风险"[23]。

最后,在涉及航天飞机举证责任上出现了一个微妙的转变。不要求工程师证明航天飞机可以安全地飞行或泡沫绝缘材料撞击并未引起安全飞行问题,这是一种恰当的立场。"工程师们发现自己处于不寻常的地位,不得不证明情况是不安全的——与通常要求证明一种情况是安全的相反。"正如调查委员会注意到的"想象一下其中的区别,如果航天飞机的管理者只是简单询问,'向我证明"哥伦比亚号"并没有受到损害。'"[24]。

一个重要的教训是,组织需要不断地确定是否低估甚至忽略重要因素,并且确定这是否是由时间压力造成的,即仅仅从短期视野或一些其他缺陷上审视事情。无论如何,一旦组织发现了这样的问题,就需要积极寻求可能的补救措施。关键问题是:第一,在鉴定严重问题时,工程师扮演的是什么角色? 第二,他们如何恰如其分地将这些问题传达给在这些领域中负责任的管理者? 第三,他们有什么好的解决办法或者至少使这些问题最小化的建议?

142

在"哥伦比亚号"案例中,似乎 NASA 管理者常常忽视与该航天飞机相关的严重问题。原因之一是,随着信息送达的组织层级升高,越来越多的异议被过滤掉,导致事实过度"简洁"。根据"哥伦比亚号"事故调查委员会的结论,工程师和管理者之间存在一种"文化藩篱",这导致高层的管理决策建立在对事实缺乏充分了解的基础上。[25]

人类体验的一个共同特点是,倾向于从非常有限的视角来解释情境,并且需要特别努力才能获得更加客观的视角。巴泽曼和特布伦赛奥将这种特征称为界限伦理(bounded ethicality）。[26]虽然这些受限的视角有时会狭隘地利己。并不仅仅是利己主义干扰了我们从更大的视角去理解事物的能力。例如，我们可能怀着善意去对待他人，但却没能意识到，他们的观点在重要的方面与我们的观点有不同。比如，有些人可能不希望听到关于他们健康的坏消息，他们可能也假定别人在这方面与他们一样。因此，如果他们向别人隐瞒坏消息，就是出于一片好心——即使别人宁愿听到坏消息。类似地，工程师可能想要设计一个有价值的产品，但却没有意识到，一般消费者对如何使用它与设计者的理解会有多么的不同。这就是为什么测试典型的消费者是必需的。

鉴于 NASA 的管理人员可能只是从绝对的管理视角来做出决策，专注于诸如进度、政治后果和成本之类的因素，他们的思考过于狭隘。但这并不意味着他们的想法狭隘自私。他们很可能是考虑到组织和宇航员的福祉。虽然如此，从绝对的管理视角做出决策也会导致许多错误。

迈克尔·戴维斯警告过微观视野的危险。微观视野可能是精确的、准确的，但是它极大地限制了我们的视野。当我们窥视显微镜时，我们看到了以前看不到的东西——只有在显微镜聚焦的狭小视场中，我们才能从微观层次获得准确、详细的知识。同时，我们不再从更一般的层面看事物，这是在显微镜下观察事物的代价。只有当我们的眼睛离开显微镜，我们才会看见日常显而易见的事物。戴维斯说，每一种技巧，都涉及某种程度的微观视野：

> 例如，一个鞋匠能在几秒钟内说出的关于鞋子的信息比我准备一周后讲的要多得多。他可以看出鞋做工的精巧与粗糙，材质是好还是坏，等等，而我不能看到这些。但是鞋匠具备极强的洞察力是有代价的，当他在关注人们的鞋子时，他可能会忽略那些穿鞋子的人所说或做的事情。[27]

正如鞋匠需要抬起头向上看，倾听其客户的想法，工程师们有时也需要从他们的科学技术的专业世界中抬起头，环顾四周，以便了解他们所正在做的事情的更大意义。

大型组织倾向于培养成员的微观思考能力，每个人都有他或她自己做的专业工作，从组织的角度来看，他或她并不为别人的工作负责。NASA 的组织结构显然基本如此。这也可能是"哥伦比亚号"事故的一个促成因素。

7.3 自主与权威

工程伦理章程强调工程师在履行其职能时进行独立、客观判断的重要性。这有时被称为职业自主（professional autonomy）。与此同时，伦理章程强调工程师对雇主和客户有忠诚的义务。独立咨询工程师可能比绝大多数在等级森严的大型组织中工作的工程师更容易维护职业自主。大多数工程师不是自己的老板，他们要遵从组织的权威。

社会心理学家斯坦利·米尔格拉姆（Stanley Milgram）的一个重要研究发现是：倾向

于不加鉴别地服从权威的人的比例高得惊人。[28]在 20 世纪 60 年代他著名的服从实验中，米尔格拉姆要求志愿者对"学习者"进行管理，当他们未能正确地复述志愿者提前给他们的词语（如好/天、丰富/食物）时，志愿者立即给予他们电击。他告诉志愿者，这是一个实验，设计用来确定惩罚对于学习的效应，当然，实际上没有实施过电击。米尔格拉姆想通过测试来确定在何种程度上志愿者将继续遵守实验者的命令，以执行他们认为是越来越痛苦的电击。令人惊讶的是（甚至对于米尔格拉姆），将近三分之二的志愿者继续遵守指令，逐渐提高电压，一直到他们认为的 450 伏特的电击——即使听到隔壁房间"学习者"痛苦的呼喊和尖叫，他们也不叫停实验。这个实验重复了很多次，以确保最初的志愿者能很好地代表普通人，而不是特别残忍或麻木不仁的人。[29]

没有理由认为工程师在服从权威方面不同于其他人。在米尔格拉姆的实验中，志愿者被告知，"学习者"将体验痛苦却不会受到永久性的伤害或损伤。也许工程师会怀疑这一点，因为电击水平达到 450 伏特将明显导致休克。这只意味着这些数字也许需要为工程师做些改变，但这并不意味着，他们会不愿意执行他们认为会很痛苦的电击。

在米尔格拉姆实验中，一个有趣的变量是志愿者和初学者的各自位置。最佳的服从出现在当初学者和志愿者不在同一个房间的时候。志愿者倾向于接受权威人物的保证，即他会承担所有可能的意外后果的责任。然而，当志愿者和初学者在一个房间里并且完全可以看到彼此时，志愿者发现要使他自己摆脱责任是非常困难的。

米尔格拉姆的研究对工程师似乎具有特别的意义。如前所述，工程师一般在大型的组织机构中工作，劳动的分工通常使得追究特定个人的责任变得困难。大型组织的等级结构和专业工作的分工使得工程师的工作与它给公众造成的后果之间有了某种"距离"感。这会降低工程师对这些后果的个人责任意识。尽管这样的"距离"可能会使工程师在心理上更容易对他工作的最终后果保持冷漠，但不能真正地将一个人从那些后果的责任，至少是部分责任中解脱出来。

米尔格拉姆实验的一个更加有趣的特征是，当其他志愿者在场时，志愿者不太可能会继续执行电击指令。显然，随着实验的继续进行，他们强化了彼此的不适感，这使他们更容易违背实验要求。然而，正如下一节所讨论的，群体动力并不总是支持批判性的反应。往往恰恰相反的是，只有共同努力才能克服不加批判的一致性，这种一致性通常是高凝聚力群体的特征。

7.4 群体思维

工程师工作的组织环境的一个显著特征是个人倾向于以小组为单位工作和研讨。这意味着工程师将经常参与群体决策，而不是作为个人决策者独立决策。尽管这可能有助于更好地决策（"三个臭皮匠顶一个诸葛亮"），但也产生了一个著名的，却经常被忽略的，被欧文·贾尼斯（Irving Janis）称作群体思维的倾向——以牺牲审辨性思维为代价达成群体共识的情况。[30]贾尼斯记录了各种背景下的群体思维的实例，包括许多历史性的惨败（如珍珠港轰炸、猪湾入侵、朝鲜战争中越过"三八线"的决定)。[31]专注于以高凝聚力、团结和忠诚为特征(所有这些都是被组织珍视的)的群体,贾尼斯确定了八种群体思维的特征:

- 濒临失败时,群体无懈可击的幻觉;
- 一种视外人为对手或敌人,并且鼓励对他人持共同的固定印象的"我们的感觉";
- 倾向于把责任转移给他人的合理化;
- 一种假定群体具有固有的道德的道德幻觉,因此不鼓励对群体行为的道德影响进行仔细的检查;
- 源自不想"惹是生非"的欲望,个体成员具有自我审查的倾向;
- 全体一致的幻觉,视群体成员的沉默为默认;
- 对于那些表现出不同意见迹象的人施加一种直接压力,这通常由为维护群体的统一而进行干预的群体领袖来实施;
- 思想保护,防止不同观点的传入,从而使群体免受它们的侵入(如那些希望把自己的观点展示给群体的局外人)。[32]

传统上,工程师会因自己是良好的团队合作者而感到自豪,这就加重了群体思维的潜在困难。对于工程师来说,怎样才能使群体思维的问题最小化呢?这在很大程度上取决于群体领袖的态度,不管领袖是管理者还是工程师(或两者都是)。贾尼斯认为,领袖需要知道群体有群体思维的倾向,从而应采取建设性的措施来抵制它。他指出,在猪湾入侵古巴后,约翰·F.肯尼迪(John F. Kennedy)总统指派他的咨询小组的每一位成员担任评论家。他还邀请局外人参加一些会议,而他则经常缺席,以避免过度影响他们的审议。

NASA 的工程师和管理者显然经常受到群体思维的影响。管理层决定不寻找航天飞机左翼前缘的更清晰的图像以确定泡沫撞击是否造成了损害,在对此进行评论时,一名员工说道:"我不想成为胆小鬼。"[33]"哥伦比亚号"事故调查委员会描述了一种组织文化,其中"人们认为违背领导者的战略或群体共识是令人生畏的",其显然发现了 NASA 的这个特点。[34]NASA 异议文化的总体缺失助长了其群体思维。

要解决不审慎地接受权威的问题,组织必须建立一种文化,在这种文化中,异议是可以被接受的,甚至可以得到鼓励。"哥伦比亚号"事故调查委员会列举了鼓励不同意见的组织,其中包括美国海军潜艇防止搁浅与恢复项目以及海军核驱动项目。在这些项目中,管理者不仅有责任鼓励不同意见,而且如果下属没有不同意见,管理者会自己提出。根据"哥伦比亚号"事故调查委员会的说法,"NASA 通过陈述基于主观的知识和经验,而不是基于可靠数据的先入为主的结论,NASA 的项目管理者为不同意见设置了很大的障碍"。而且,NASA 明显缺乏对不同意见的宽容和鼓励。如果缺乏异议,就不会有审慎性思维。

另一个被广泛讨论的群体思维的实例是,20 世纪 60 年代初通用汽车公司科维尔车生产中涉及群体思维。工程师和管理者围绕安全性的分歧展开了激烈的争论。即使一些工程师坚持科维尔存在稳定性方面的问题,但汽车还是被公开发售了。[35]第一个模型车(1960—1963 年)有一个摆动轴悬架设计,这种设计导致在某些情况下车辆有"自动俯冲"的倾向,需要一个防侧倾杆来稳定车辆。[36]然而,解决这个问题必然要求更高的轮胎压力,

145

这个高压力水平已超出轮胎制造商推荐的限度。此外,根据拉尔夫·纳德(Ralph Nader)——该车型的强烈的批评者的观点,轮胎气压的改变并没有被明确地告知雪佛兰的销售人员和科维尔的买家。[37]该汽车工程设计问题的严重性未能被认识到。纳德声称,不去做必要的稳定性修正,而只是在仪表板上添加了风格装饰物,这些闪亮的仪表板造成了挡风玻璃眩光的视觉障碍,据称,眩光阻碍驾驶员的视野而触发撞车。这些风格装饰物的成本为 700 美元。据估算,安全修正所需的花费仅为 23 美分。[38]时任通用汽车公司工程师兼副总裁的约翰·德劳瑞恩(John DeLorean)认为,就个体而言,执行经理都是有"道德的人"。然而,作为一个群体,他认为他们做出了不道德的决定。[39]

146
7.5　工程师与管理者

管理理论家约瑟夫·A.瑞林(Joseph A. Raelin)说:"管理人员和职业人员之间有本质的冲突,因为他们在教育背景、社交、价值观、职业兴趣、工作习惯和观点上存在着差异。"[40]关于工程师和管理人员之间冲突的范围,我们可以给出某种程度的更精确的描述。

第一,虽然工程师并不总是像其他职业人员(如研究科学家)那样与更大职业团体的身份保持一致,但是工程师确实常常面对忠诚于雇主与忠诚于职业之间的冲突。[41]大多数工程师想要成为忠诚的雇员,他们关心公司的财务状况,欣然接受上级的指示。用许多工程章程中的话来说,他们想成为雇主的"忠实代理人"。同时,作为工程师,他们也有义务把公众的健康、安全和福祉置于首位。这种义务要求工程师坚持质量与安全的高标准。[42]

第二,大多数管理者不是工程师,也不具备工程专业知识,所以工程师与之沟通起来往往很困难。工程师有时抱怨,在向管理者解释技术问题时,不得不使用过于简单的语言,而他们的管理者却并没有真正地理解工程问题。

第三,许多不是管理者的工程师,渴望未来能够成为管理者,以得到更高的经济回报和声望。因此,许多目前还未具有工程师和管理者双重角色的工程师,希望在职业生涯中的某个时间可以实现这个愿望。这种冲突可能内化在同一个人身上,因为许多工程师拥有工程师和管理者的双重角色。例如,罗伯特·伦德是负责工程的莫顿聚硫橡胶公司的副总裁,当"挑战者号"灾难发生的时候,他身兼工程师和管理者两种角色。在灾难之前,伦德甚至接到上级指令,要求他以管理者的视角而不是工程师的视角看待问题。

这种工程师和管理者视角之间的差异表明了频繁冲突的可能性。这一预测被社会学家罗伯特·杰卡尔(Robert Jackall)的著名研究所证实。尽管他的研究很少聚焦管理者和职业人员之间的关系,但他偶尔提及的管理者与工程师和其他职业人员的关系,清楚地表明,他认为他关于管理者—雇员关系的一般描述适用于管理者与职业人员,包括工程师。在对美国几家大型企业管理者的研究中,杰卡尔发现,大型组织鼓励"功能理性",这是一个"寻求特定目标的、务实的思维习惯"。杰卡尔发现,他研究的管理者和公司具有某些特征,而这些特征并不利于信守负责任的职业人员的道德承诺。[43]

首先,组织的精神并不允许真正的道德承诺在公司管理者的决策中发挥作用,特别是在高层管理者的决策中。一个人可以选择她的私人道德信念,只要这些信念不影响她在职场的行为。她必须学会区分个人良知和企业行为。按照杰卡尔的观点,管理者一方面偏爱在道德原则之间权衡,另一方面倾向于私利。我们所认为的真正的道德思考在管理决策中起不了什么作用。劣质产品是不好的,因为它们最终会损害公司的公众形象,而且环境破坏对于生意不利,或者最终会影响作为消费者的管理者的角色。

杰卡尔的观点与怀特的观点形成了对比。作为雇员的怀特,他关注自己工作的工厂里的额外噪声的问题。怀特把由此对雇员可能产生的伤害定义为道德关注,而不是以实用主义观点看待它。在另一个例子中,杰卡尔叙述了布雷迪(Brady)的故事。布雷迪是一位会计师,他发现一个金融违规行为可以追溯到首席执行官。布雷迪视它为一个道德问题,而管理者却不这样看。在讨论这个案例时,管理者认为布雷迪本应保持沉默,弃之不理。毕竟,这种违规相对于企业规模来说是小的。[44]

其次,忠于同事和上级是管理者的首要美德。成功的管理者是团队成员,能接受挑战并以有利于自身与他人利益的方式完成工作。[45]再次,为了保护自己、同事和上司,责任的界限被蓄意地模糊。细节被推到了幕后,信誉被推到了台前。行为总是被尽可能地从结果中分离出来,这样就可以回避责任。在做困难的和有争议的决策时,一位成功的管理者总是尽可能地让更多的人参与进来,如果事情出错,那么他可以将责任推卸给别人。他也应该避免被记录,以免被问责。保护并掩护老板、同事和自己比其他的所有考虑都重要。

根据对管理决策的这一描述,职业人员的道德顾虑就没有存在的空间。在这种氛围中,有原则的职业人员常常除了违抗组织外别无选择。就像乔·威尔逊(Joe Wilson)的事例,作为一名工程师,他发现了一个关于起重机的问题,他认为这涉及公众健康与安全。威尔逊为老板写了一份备忘录,老板回答道,他不需要威尔逊写这样的备忘录,备忘录没有建设性。当威尔逊被解雇,事情公开,《纽约时报》调查研究后援引一位公司管理者的评论,威尔逊是某种人——"他不是一个团队成员"[46]。

如果工程师在像杰卡尔所描述的那种组织环境下工作,那么他们的专业和伦理关切将几乎不被尊重。但是,杰卡尔的研究还有更具建设性的一面。他确实提出了一些管理决策的特性,这些特性对于分析管理者—工程师关系是有用的。

(1)杰卡尔的研究表明,管理者对本组织的利益有强烈的并可能压倒一切的关注。利益主要以财务术语来衡量,但它还包括良好的公众形象和相对无冲突的组织运行。

(2)管理者很少具有超越他们对组织的义务的忠诚。例如,他们并没有优先于或能与他们对组织的义务相抗衡的职业义务。

(3)管理决策制定过程涉及在相关的多种考虑中做出权衡。伦理考虑仅仅是其中的一种考虑。此外,如果我们认可杰卡尔所言,那么管理者是不倾向于认真地考虑伦理问题的,除非这些道德问题能够被转化为影响公司利益的因素(如公众形象)。

杰卡尔描绘了一幅在组织中有道德担当的职业人员但地位却非常悲惨的图画。在下

一节中,我们提出一些方法,旨在为工程师与他们的组织之间建立起更积极和富有成效的
关系。

7.6　在组织内承担道德责任

组织文化的重要性

我们在前面列举的雷·C.安德森的例子说明了工程对高层领导人有积极、直接的影
响。像瑞林所描述的那样,首席执行官安德森和工程师对价值观的关切方式似乎与典型
管理者的看法相冲突。安德森的全球公司仍然致力于其 2020 年的目标,将对环境可能的
任何负面影响降为零,为实现这一目标,工程师参与的领域有工厂设计、地毯垫子的材料、
胶水甚至天然的地毯染料。[47]

以类似的方式,首席执行官贝索斯推动亚马逊的软件工程师和其他员工进步。1997
年他宣布,"这是我们上线的第一天,我们还有太多的东西要学"。他还把互联网描述为一
个"未知的世界,还未完全被理解,并在不断地产生新的惊喜"。[48]

贝索斯倾听了大卫·乌尔里希所建议的三个方面的声音——他自己、他的客户和通
过亚马逊购买了 2000 万部产品的共同体。亚马逊的管理者不断地评估约 500 个可测量的
目标,其中 80% 聚焦于客户。工程师经常讨论更好的客户评价方法。亚马逊拥有 1.54 亿
客户和 5.6 万名员工。贝索斯的资产净值约为 190 亿美元。[49]除了工资之外,大多数员工拥
有股票期权。在亚马逊,贝索斯的领导不仅仅产生"滴流效应",他还要求从雇员到管理层
都要参与讨论和创新。

三种类型的组织文化

并不是所有的组织都采用了英特飞地毯公司或亚马逊公司的进步方式。为了在组
织中承担起道德责任,并避免杰卡尔研究中那些员工的命运,工程师首先必须对他们所
在的组织有一定的了解。这些知识帮助工程师理解:①在组织的影响下,工程师和管理
者是如何确定问题框架的;②在组织中,如何以有效的、安全的和对道德负责的方式
行动。

我们在这里所考虑的组织质量通常属于"组织文化"的范畴。人们普遍认为,组织文
化是由顶层确定的——是由高层管理者、组织的总裁或首席执行官、董事确定的,有时是
由其所有者确定的。如果组织认为,成功和生产力的价值胜过正直和道德原则的价值,那
么这些价值观将有力地影响组织成员的决策。用一位作家的话说,价值观成为"一种心
态,一个参与者观察世界的过滤器"[50]。如果这个过滤器根深蒂固于组织文化(每位员工是
其中的一分子),那么它将对行为产生更加强大的影响。

一些作者使用术语"组织脚本"或"模式"来描述一个组织的成员以某种特定的方式看
待世界,他们看到了一些事情,而没有看到其他。丹尼斯·焦亚(Dennis Gioia)是福特汽车

公司的经理,即使斑马车在相对较小的事故中已导致乘客死亡,但他仍建议不召回。他描 　149
述他在福特公司的经历如下:

　　我自己被系统化的……知识影响了,根据主流的决策环境来认识召回事件,并非故意
忽略斑马车事件的关键特征,主要是因为它们不符合现有的脚本。尽管案件回顾的结果
带有明显的伦理色彩,但驱使我的感知和行动的模式却排除了伦理方面的考虑,因为脚本
中并没有包含伦理维度。[51]

　　在这里,我们必须小心,不要让组织文化的影响完全压倒个人道德责任的信念。无论
如何,员工,包括职业的雇员,确实是在他们受雇的组织的语境下做出决策的,他们需要理
解他或她的决策所承载的力量。

　　在日立公司(Hitachi Corporation)的资助下,迈克尔·戴维斯和他的同事研究了工程
师在工程公司里的地位。他们发表的研究成果,通常被称为日立报告,发现公司通常可归
为三种类型之一:以工程师为导向的公司(工程师至上)、以顾客为导向的公司(顾客至上)
和以财务为导向的公司(财务至上)。理解这三种类型的公司有助于我们理解工程师为之
工作的组织文化。

以工程师为导向的公司

　　这些公司普遍认同,除安全外,质量优先于其他的考量。正如一位管理者所说的:"我
们的产品进行了过度设计,我们宁愿亏钱也不能败坏信誉。"[52]这类公司的工程师经常这样
描述他们和管理者的关系,即协商或达成共识是至关重要的。工程师经常说,虽然当主要
涉及成本或市场营销问题时管理者会做出最后的决定,但面对重要的工程问题,管理者很
少会否决。这类公司的管理者说,他们从不对工程师隐瞒信息,尽管他们怀疑工程师有时
隐瞒信息是为了掩盖错误。

以顾客为导向的公司

　　这类公司制定决策的过程与以工程师为导向的公司类似,但在四个方面与其显著不
同。第一,管理者认为,工程师所持的观点与他们自己的不同。管理者必须关注诸如时间
和成本之类的商业因素,工程师则应注重质量和安全。第二,与以工程师为导向的公司相
比,这类公司将更多的重点放在商业考虑上。第三,与以工程师为导向的公司一样,这类
公司也认为安全比质量重要。有时为了将产品销售出去,可以牺牲质量。第四,与以工程
师为导向的公司相比,这类公司中的工程师和管理者之间的沟通可能更困难。即使有高
度的共识,管理者也更担心工程师隐瞒信息。

以财务为导向的公司

　　虽然关于这类公司的信息很少,但根据已获得的信息,戴维斯猜想,这类公司更集权,

150 集权具有重要的后果。例如,工程师可能接收到较少的决策信息,因此,管理者不是很看重他们的决策。管理者不太愿意达成共识,工程师被视为"员工",具有顾问的职能。

无须做出艰难抉择的道德行为

以符合伦理的方式来行事,并且对自己几乎没有伤害,在以工程师为导向的公司和以顾客为导向的公司比以财务为导向的公司更容易实现这一点。在前两种企业(公司)中,人们更重视那些工程师通常关注的价值,特别是安全和质量。沟通更容易,而且更强调通过协商,而不是管理者的权威,达成共识。所有这些使得工程师更容易以职业和道德的方式行事。然而,有一些额外的建议,可使以道德的方式行事更容易,并且对雇员的伤害更小。

第一,应该鼓励工程师和其他雇员报告坏消息。对即将发生的麻烦,有时有提出投诉和警告的正式程序。如果可能,应该有正式的投诉程序。最著名的程序之一是核管制委员会的不同职业观点和不同职业意见程序。[53] 另一个著名的程序是美国石油公司(AMOCO)的化学危险品和操作程序。[54] 此外,许多大公司有"监察员"和"伦理专员",他们不仅是投诉的渠道,也可以促进伦理行为。然而,有人认为,组织内部的伦理专员太多。相应地,他们主张,应该聘请外部的伦理顾问来处理投诉和内部分歧。论据是,内部伦理专员在组织文化中得到培养,依赖于组织的薪金,因此他们无法以一种真正客观的视角看待问题。[55]

第二,公司及其雇员应该采取一种审辨性的忠诚,而不是非审辨性的或盲目的忠诚。非审辨性地忠诚于雇主定义的利益,正如雇员定义的,就是将雇主的利益置于其他考虑之上。相比之下,审辨性的忠诚给予雇主的利益应有的地位,但仅在雇员的个人和职业道德的约束范围内。我们可以认为,作为一种创造性的中间方法,审辨性的忠诚旨在尊重组织的合法要求,但也承诺了保护公众的义务。

第三,在提出批评和建议时,雇员应该对事不对人。这有助于避免过度情绪化和人格的冲突。

第四,建议文字记录特别是关于投诉的文字记录应当被留存。如果最终涉及法庭诉讼程序,那么这些文字资料就很重要了。记录说了什么和什么时候说的也有助于"弄清真相"。

第五,投诉应尽可能保密,以保护涉及的相关个人和公司。

第六,当解决纠纷时,应由组织外的中立参与者制定参与规则。有时,组织内的雇员过于情绪化或带入太多的个人情结容易卷入纠纷,以至于不能对问题做出冷静的评价。

151 第七,如果雇员认为自己经历过报复,则可要求制定明确的保护条款和投诉机制以免被报复。除了害怕被立即解雇外,对一个与上级意见不合的雇员来说,也许最大的恐惧是,他或她会在晋升和工作分配中受到差别对待——即使距离争议解决后已有很长时间。免遭这种恐惧是雇员最重要的权利之一,尽管这也是最难享有的权利之一。

第八,应该尽快制定处理不服从组织现象的流程。推迟解决这种问题可能是一种惩罚异议的方法。足够的延期通常使得管理层去完成那些应对抗议的行动。与拖延调查过程相伴的悬念和疑云，实际上也是在惩罚抗议的雇员，即使他或她的行为是完全正当的。

7.7　恰当的工程与管理决策

工程师与管理者的职能

我们应该如何理解，应该由工程师做出的决定和应该由管理者做出的决定之间的界限？对这个问题的回答必须始于对一个组织中的工程师和管理者的适当职能的描述和对与这些不同职能相关的不同观点的描述。

工程师在组织中的主要职能是，使用他们的技术知识和所受过的训练来创建对组织和客户有价值的结构、产品和流程。但是工程师也是职业人员，他们必须坚持职业标准，以指导他们对技术知识的应用。因此，工程师具有双重的忠诚——对组织和他们的职业。他们对职业的忠诚应超越他们对当前雇主的忠诚。[56]

这些职能包括遵循那些通常与良好设计和公认的工程实践相关的标准。这些标准中的准则包括考虑设计的效率和经济性、对于不当制造和操作的抵抗态度、最先进技术的应用。[57]可以用一句话归纳这些思考——工程师特别关注质量。

工程师也将安全置于至高无上的地位。而且，在这方面他们保持着谨慎，宁愿在安全考虑上持保守的态度。例如，在"挑战者号"案例中，尽管工程师的推断显示飞机可能存在严重问题但他们并没有关于O形环在低温下性能的确切数据，所以他们倾向于不发射。

管理者的职能以及观察结果的视角是不同的（与工程师相比）。他们的职能是指导组织的活动，包括工程师的活动。他们并不倾向于超越自己组织的标准，而是更有可能受到组织内盛行的标准的约束，在某些情况下，他们的倾向可能是由他们自己的个人道德信念所支配。杰卡尔和日立报告，都表明管理者认为自己是组织的守护者，主要关心的是组织当前和未来的福祉。这种福祉在很大程度上是以经济术语来衡量的，但也包括对诸如公众形象和员工士气之类的考虑。

这一视角与工程师的视角不同。管理者不是根据职业实践和标准思考的，而是倾向于列举所有相关的考虑因素（如他们有时所说的，"把一切摆到桌面上"），相互权衡后得出结论。管理者感到降低成本的巨大压力，他们可能认为工程师有时过分追求安全，这常常会损害成本和适销性。与之相反，工程师则倾向于将与设计相关的各种考虑因素按顺序排列在一起，在考虑任何其他需要考虑的因素之前，必须先满足最低的安全和质量标准。[58]虽然工程师可能也愿意在某种程度上，在安全和质量与其他因素之间保持平衡，但是，在与管理者磋商时，他们更倾向于认为，他们有维护安全和质量标准的特别义务。他们通常会坚持，产品或工艺绝不能违反公认的工程标准，而且必须逐步改进。这些考虑表明我们所称的恰当的工程决策（PED）（即工程师或从工程角度应做出的决定）与我们所称的恰当的管理决策（PMD）（即管理者或从管理的角度应做出的决定）之间的区别。虽然我们不去从充分必要条件的角度给出 PED 或 PMD 的完整定义,但我们可以归纳出一些通常用来描述这两类决策过程的特征。我们将下列描述称为恰当的工程和管理决策的"特征"。

PED:一个决策应该由工程师做出或者至少受职业工程标准支配,因为它要么涉及需要工程专业知识的技术事务,要么涉及工程章程中的伦理标准,特别是那些要求工程师保护公众健康和安全的伦理标准。

PMD:一个应由管理者做出或至少由管理考虑支配的决策,因为:①它涉及和组织福祉相关的因素,如成本、进度安排、营销以及员工的士气和福利;②决策不能迫使工程师(或其他职业人员)做出与其技术或道德标准不一致的不可接受的妥协。

我们对工程和管理决策的特征做出三项初步评论。首先,PED 和 PMD 的特征显示,管理和工程决策之间的区别是因在决策过程中占据主导地位的标准和实践不同而产生的。此外,PMD 表明,当二者发生实质性冲突时,尤其是关于安全(甚至质量)问题时,管理标准不可能凌驾于工程标准之上。然而,对于什么是"实质性冲突"的问题,经常存有争议。我们并不清楚,如果工程师想要的是远远超过可接受的安全或质量,工程师的判断是否应该胜出。

其次,PMD 说明一个合法的管理决策不仅不能强迫工程师违反他们的职业实践和标准,也不能强迫其他职业人员这样做。尽管这里的主要矛盾是工程决策和管理决策的不同,但是对合理的管理决策的详细解释也应包含对于那些违反其他职业标准的更广泛的禁令。合理的管理决策的完整特征也应该包括对冒犯非职业雇员权利的禁令,但这会使其定义更加复杂,而且与我们的目的无关。

再次,即使由管理者做出适当的决定,但组织也期待着工程师提出建议。管理决策通常能够从工程师的建议中受益。即使没有安全方面的基础问题,工程师也可以在设计的改进、设计的替代方案和使产品更具吸引力等问题上做出重要贡献。而且工程师们最能够预测产品可能带来的各种问题,如明确产品的性能以及在必要时对其进行修理或改进。他们需要尽他们所能就即将面临的问题预先警告管理者,并告知他们可用的替代选择。这需要工程师锻炼想象力,运用沟通技巧与那些没有工程专业知识的人进行良好的沟通。

范式案例与非范式案例

在对 PED 和 PMD 这两种决策特征的描述中,我们故意没有对几个术语进行明确的定义。在 PED 的特征中,没有定义"技术事务",并且没有确切定义"健康"和"安全"。在 PMD 中,并没有充分说明那些典型的管理考虑因素,只引用"和公司福祉相关的因素,如成本、进度安排、营销以及员工的士气和福利"。在 PMD 的特征描述中,要求管理决策不能迫使工程师"做出与其技术或道德标准不一致的不可接受的妥协",但它没有定义什么是不可接受的。我们认为尝试给这些术语下任何的一般性定义是没有意义的。在一些例子中,这些术语的应用是相对不会引起争议的,想在任何有争议的案例中对术语的定义给出最终的说明都是徒劳的。

运用精细划界技术处理这一领域中出现的道德问题是有意义的。我们将多种 PED 和

PMD 的相对没有争议的例子作为范式。[59]前面描述的 PED 和 PMD 的特征旨在描述这类范式。这两类范式可以被视为案例谱系的两端。

我们可以容易地想象一个 PED 的范例。假设工程师简正在参与她的公司的一个拟建化工厂的设计。简必须在阀门 A 和阀门 B 之间做出选择,阀门 B 是简的领导的一个朋友出售的,但它不能满足这项工程的最低规格要求。事实上,在几起已经发生的涉及生命损失的灾难中它是有责任的,简对它仍在市场上出现感到惊讶。与之相反,阀门 A 是一种最先进的产品。除此之外,它还具有更快的关闭机制,在紧急情况下也不太容易发生故障。虽然阀门 A 比阀门 B 要贵 5%,但是它的价格却是简的公司能够负担得起的。因此,就质量和安全来说,阀门 A 是清晰和明确的选择。表 7.1 说明了这一点。

在这里,应由工程师简或其他工程师做出决定,或者至少由与工程考虑一致的人做出决定。这是因为:①该决定涉及与公认的技术标准有关的问题;②该决定在一些重要的方面关系到公众的安全和工程师的伦理标准。阀门 A 和 B 的选择是 PED 范式的一个例子。

表 7.1　PED 范式的一个例子

特　征	PMD	测　试	PED
专业技术	不需要	————————————X	需要
安　全	不重要	————————————X	重要
成　本	重要	————————————X	不重要
进度安排	重要	————————————X	不重要
营　销	重要	————————————X	不重要

© Cengage Learning

我们可以修改这个范例,使之成为一个 PMD 的范例。假设阀门 A 和 B 在质量和安全方面都是相同的,但是阀门 B 可以比阀门 A 更快地供货,价格便宜 15%,并且是由工程师简的公司一些产品的潜在客户公司制造的。阀门 A 是由一家有可能成为简公司某些产品的更大客户的公司制造的,但与这家公司培养关系需要长期的承诺,而且成本要更高。如果没有其他相关的考虑,那么关于购买阀门 A 或者阀门 B 的决定应由管理者做出,或者至少由与管理考虑一致的人做出。用 PMD 中的两个标准权衡该决策,我们可以说:①管理考虑(如交货速度、成本和应该培育哪一位客户的决策)是重要的;②任何一种选择都不会违反工程的考虑。表 7.2 说明了这个情况。

很多案例处在 PED 范例和 PMD 范例这两个极端之间。某些案例离虚拟谱系的中心太近,它们既可能会被归为 PED,又可能被归为 PMD。考虑相同案例下的另一个版本,阀门 A 有着长期可靠的稍好一些的记录(因此更安全),但是阀门 B 便宜 10%,可以更快地交付和销售。在这种情况下,在由工程师还是由管理人员做出购买哪种阀门的最终决定的问题上,理性和负责任的人会有很大分歧。可靠性和安全性是工程方面考虑的因素,但是成本、进度安排和营销是典型的管理方面考虑的因素。表 7.3 说明了这种情形。订购阀门B是一种"不可接受的"工程安全和质量标准的妥协吗？成本、进度安排和营销问题比工程的考虑还要重要吗？在这里,善良的理性人在判断上可能会有所不同。在考虑这样的案例时,正如在所有的划界案例中,重要的是要记住,必须考虑特征的重要性或道德的"权重"。一个人不能只简单地计算落在 PMD 或 PED 一边的特征的数量或者"X"应该落在直线上的哪个位置上。

表 7.2 PMD 范式的一个例子

特 征	PMD	测 试	PED
专业技术	不需要	X ———————————	需要
安 全	不重要	X ———————————	重要
成 本	重要	X ———————————	不重要
进度安排	重要	X ———————————	不重要
营 销	重要	X ———————————	不重要

© Cengage Learning

表 7.3 PED/PMD：非范式的一个实例

特 征	PMD	测 试	PED
专业技术	不需要	——————————X ——	需要
安 全	不重要	—————————X———	重要
成 本	重要	— X ——————————	不重要
进度安排	重要	————X————————	不重要
营 销	重要	————X————————	不重要

© Cengage Learning

关于污染的许多问题也说明了恰当的工程决策和恰当的管理决策的交界处可能出现的问题。假设,工艺过程 A 比工艺过程 B 昂贵得多,以至于使用工艺过程 A 可能会威胁到公司的生存。进一步地,假设工艺过程 B 污染更严重,但尚不清楚污染是否会对人类健康造成任何实质性的威胁。在这里,在思考应该是管理考虑优先还是工程考虑优先时,善良理性的人可能会持有不同意见。

7.8 负责任的不服从组织行为

在试图同时成为忠诚的雇员和负责任的职业人员方面,工程师有时会遇到困难。工程师发现自己不得不反对她的领导或组织。吉姆·欧登(Jim Otten)发现"不服从组织"的表述是一个通用的术语,可以涵盖雇员违背雇主意愿的所有类型的行为。鉴于这种行为与非暴力不合作行为的相似之处,这个术语似乎是恰当的。[60]我们没有精确地遵循欧登的定义，但是我们用了他的表述，把不服从组织定义为对组织的政策或行动进行抗议或拒绝遵从的行为。

记住关于不服从组织行为的以下两个要点是有帮助的。第一，职业雇员所不服从或抗议的政策可能是特殊的或一般的。它可能是上级的一项具体指示或一项普通的组织政策，或者是单一的行为，或者是持续的一系列行为。

第二，雇主可能并不打算犯任何道德上的错误。例如，当一个工程师反对生产一种有缺陷的钢管时，他并不一定需要声称他的公司打算制造劣质产品。准确地说，他在反对一系列可能会导致不幸的后果，而不是故意的行动。

至少在三个明显的领域中，负责任的工程师可能会牵涉到不服从组织行为：

（1）对立的不服从行为，即被管理层认为，从事与公司利益相悖的活动。

（2）不参与的不服从行为，即因为道德或职业上的反对，所以拒绝执行一项任务。

（3）抗议的不服从行为，即积极、公开地抗议组织的一项政策或行为。

决定在什么时候在这些领域实施组织不服从，以及应该如何实施这种不服从，负责任的工程师应该采取什么样的指导方针？我们在本节中讨论了前两种类型的组织不服从，下一节讨论第三种类型。

对立的不服从行为

工程师有时会发现，他们在工作场所以外的行为是令管理者反感的。管理者的反对通常涉及两个领域。第一，管理者可能认为员工的一个特殊行动或者一般的生活方式对于组织是不适宜的。例如，工程师可能是政治团体的一员，而这个政治团体通常得不到社群的尊重。第二，管理者可能认为员工以一种更直接的方式与组织利益发生冲突。例如，工程师可能是当地环保组织的成员，而这一组织正试图迫使他所在的公司安装并非法律要求的防止污染的设备，或游说阻止公司购买一些湿地，并试图排干其水分用于工厂扩张。工程师应如何处理这些微妙的情况？

虽然在此我们不能全面探讨所有的问题，但有一些观察是必不可少的。对立的不服从行为不是一个对组织有害的范例（例如，与盗窃或欺诈相比），而且组织的约束不是一个限制个人自由的范式（例如，与这一情况相比较——指挥员工做一些员工认为是严重不道德的事情）。但无论怎样，它们是伤害个人和组织的例子。让我们考虑一些可以用来证实这一论点的论据。

一方面，毫无疑问，在某种意义上，一个组织会受到员工在工作场所以外行为的伤害。一个公司如果雇用了生活方式与当地社群格格不入的人，那么它就会发现再雇用其他人是很困难的，而且公司也可能失去生意。当雇员从事与本组织利益直接对立的政治活动时，组织可能遭受的损害会更为明显。管理者可能有说服力地主张，五点以后雇员做的事对组织没有任何影响——这个过分简单的断言不符合企业和社区生活的现实。基于这些理由，管理者可能会断言，忠诚便是员工不以这些方式伤害组织。

另一方面，如果组织的限制迫使雇员削减他所参与的活动，那么雇员的自由就受到了实质性的伤害。即使管理者发现雇员在工作场所外的活动是令人讨厌的(因为这些活动可能会伤害到其他组织),管理者也不能令人信服地主张雇员应当辞职。雇员绝不应该损害公司利益,对这一观点的持续应用可得出这样一个结论:雇员不应从事有争议的政治活动或拥有另类的生活方式。这对雇员自由构成了实质性的限制。

在探讨这些观点时,我们认为,公司不应该就雇员的对立的不服从行为而惩罚他们。惩罚雇员的对立的不服从行为就等于对雇员个人自由的伤害。此外,雇员不可能简单地通过调换工作来避免对组织的这种类型的伤害。许多组织可能会因工程师的政治观点或工程师为改善环境所做的努力而受到伤害。于是,用这种类型的伤害为组织控制做辩护,其实就认可了组织对雇员在工作场所外的生活所施加的相当大的影响。在像我们这样一个重视个体自由的社会中,这种对个体自由的实质性的剥夺是难以得到辩护的。

尽管有这些考虑,但当许多管理者认为他们或他们的组织受到雇员工作场所以外的行为威胁时,也会采取强硬的行动。因此,两种考察可能是合适的。首先,与其他一些行为相比,员工在工作场所以外的某些行为会更直接地损害组织。与私人的性生活相比,工程师参与一场要求对她的公司所造成的环境污染实施更严厉制裁的活动,将会对她的公司产生一种非常直接的影响。在那些对他们的组织的伤害是非常直接的领域,工程师应当谨慎地行事。

其次,削减雇员在工作场所外的不同的活动,对他们自由的剥夺程度存在差异。缩减与个人身份和强烈的道德或宗教信仰密切相关的活动比限制与更外围(次要)的信念相关的活动更为严重。因此,与那些外在于他们最主要关注的核心领域相比,在那些与雇员最基本的个人承诺密切相关的领域中,应该给予他们更多的自由。

不参与的不服从

一个最著名的法律案件就属于这一类。格雷丝·皮尔斯(Grace Pierce),一位内科医生,强烈反对腹泻药物的人体试验。皮尔斯医生实际上并没有拒绝参加测试工作,但公司认为她会拒绝因而将她转到另一个部门,她最终辞职了。[61]工程师很有可能以不参与的不服从的方式对待那些与军事相关或对环境有负面影响的项目。工程师詹姆斯,一位和平主义者,发现他的公司签订了一份建造具有军事用途的水下侦察系统的合同,于是要求退出该项目。工程师贝蒂可能会要求不参加建在湿地的一套公寓的设计工作。

不参与的不服从行为,可以建立在职业伦理和个人伦理的基础上。工程师拒绝设计他们认为不安全的产品,他们的拒绝可以基于职业章程,章程要求工程师将公众的安全、健康和福祉置于首要的地位。因反对使用暴力而拒绝设计具有军事用途产品的工程师必须将他们的拒绝建立在个人伦理的基础之上,因为章程没有禁止工程师参与军事项目的规定。工程师拒绝参与他们认为可能会对环境造成危害的项目的依据更具争议性。一些工程章程有关于环境的陈述,有些则没有;即使有些有,其陈述通常也很笼统,并不总是容易理解。

关于不参与的不服从,应该牢记几件事。首先,对于雇员来说,滥用道德良知是有可能的(虽然也许不太可能),以此来拒绝他觉得无聊或不具挑战性的项目,或者避免与和他有私人矛盾的其他员工一起工作。雇员应注意避免任何会被如此解读的行为。第二,雇主有时很难同意雇员不服从工作安排的请求。例如,或许没有替代的任务,或许没有其他能胜任这份工作的工程师,或者这种改变可能对组织造成混乱。这些问题在小型组织中尤其严重。

尽管如此,我们仍然认为当请求是基于良知或相信项目违反了职业标准且组织可以同意的请求时,应当尊重大多数的不参与项目的请求。普遍认为,违反个人道德良知是一个严重的道德问题。雇主不应强迫雇员在失去工作与违反个人或职业标准之间做出选择。有时雇主可能没有任何可替代的工作任务,但许多组织已经找到了尊重雇员观点的方法,而且不会造成不必要的经济牺牲。

7.9　抗议的不服从

理查德·尼克松诉欧内斯特·菲茨杰拉德

1969 年,理查德·尼克松(Richard Nixon)总统要求解雇欧内斯特·菲茨杰拉德(Ernest Fitzgerald)——美国空军的一名工程师兼经理。1965 年,菲茨杰拉德是五角大楼管理系统的副总裁。在其早期的工作中,他就国防合同超支问题对上级提出警示。其他员工盲目地服从官员的命令,隐瞒费用超支,但菲茨杰拉德没有这样做。在 1968 年和 1969 年,他坚持在国会前作证洛克希德 C - 5A 运输机隐瞒了约 23 亿美元的成本超支。由于在国会前的证词,菲茨杰拉德因涉嫌泄露机密情报而被尼克松总统下令开除。[62] 菲茨杰拉德被国防部部长梅尔文·莱尔德(Melvin Laird)解雇了。他上诉后官复原职。[63] 菲茨杰拉德曾参与一些界定政府雇员权利的法律案件,包括美国最高法院诉讼案件——尼克松诉菲茨杰拉德案(*Nixon v. Fitsgerald*)。他在《公民改革法(1978)》(Civil Reform Act of 1978)中颇有影响力,该法案是 1989 年《举报者保护法》(Whistleblower Protection Act)的前身。[64]

我们将第三种不服从组织的抗议作为一个单独的部分,因为它是组织不服从中最广为人知和最受广泛讨论的形式。在某些情况下,工程师对雇主的行为很反感,以至于他们认为只是拒绝参加讨厌的活动是不够的。相反,一些形式的抗议或"举报"是必需的。我们从对举报做一些一般性的评论开始,然后再考虑举报的两个重要理论。

什么是举报?

"吹哨"(whistleblowing)比喻的起源和确切含义还不为人确切知晓。根据迈克尔·戴维斯的观点,这个比喻有三种可能的来源:一种是火车鸣笛警告人们离开铁道,第二种是裁判吹哨表示参赛者犯规,第三种是警察吹哨阻止不当行为。[65] 所有这些比喻中的一个问题,正如戴维斯指出的那样,是他们把举报者描绘成局外人。然而,举报者更像是一位呼叫自己球队犯规的球队球员。这表明了举报的两个特点：①揭示了组织不希望向公众或某些权威披露的信息；②通过未经批准的渠道做这件事。内部和外部的举报有重大区别。在内部举报中，有关不当行为的警报留在组织内部（尽管举报者可能绕过他的顶头上司），如果举报者的顶头上司参与了不当行为就更是如此。在外部举报中，举报者超越组织，将警报传给监管机构或者媒体。

举报的另一个重要区别在于公开举报和匿名举报。在公开举报中，举报者披露他的身份，而在匿名举报中，举报者试图隐匿他的身份。然而，无论是内部还是外部、公开还是匿名，举报者通常都被界定为局内人，他是组织的一分子。基于此，忠诚的问题总会出现。因此，举报需要一个正当理由。让我们看看两种解释举报的正当理由的路径。一种主要进行功利主义的考量，另一种是从尊重他人的观点出发。

举报：一种预防伤害的辩护

理查德·德乔治（Richard DeGeorge）提出了一套标准，他主张，必须满足这些标准，举报在道德上才是正当的。[66] 德乔治认为，举报在道德上是允许的，条件是：

（1）危害——"产品带给公众的危害是严重的和相当大的"；

（2）雇员向上级报告他们的忧虑；

（3）在组织内部"没有从顶头上司那儿得到满意的答案，他们用尽了所有可用的渠道"。

德乔治认为，举报在道德上是有义务进行的，前提是：

（1）雇员所拥有的"文献证据使得有责任心的、公正的观察者确信，他对问题的看法是正确的，而公司的政策是错误的"；

（2）雇员有"强有力的证据表明，向公众公开信息将在事实上抵御严重伤害的威胁"。

在德乔治的模型中，我们注意到不举报对公众的潜在危害。这激发了举报可能是正当的思考。如果消除了这些危害，公众将受益。举报对于组织也有潜在的危害，潜在的举报者必须首先设法通过组织内的可利用渠道尽量减少这种危害。举报对举报者也有潜在的伤害，只有在确保其他人相信这些可避免的错误和伤害存在的情况下举报者才会去承担伤害的风险。德乔治似乎认为，如果举报达到预期效果的概率很小，那么一个人没有理由拿其职业生涯去冒险。举报是否正当或所需的一般性标准，尚存许多可以探讨的地方。然而，在很多情况下，德乔治的标准太苛刻了。[67]

（1）第一个标准显得过于严苛。德乔治似乎假设雇员必须知道伤害必然发生，且伤害必然是严重的。有时雇员无法收集到完全可信的证据，也许仅仅根据手头上的最好证据来证明伤害会发生就足够了。

（2）雇员未必总是需要向上级报告他们的忧虑。通常，一个人的顶头上司就是问题的根源，雇员不会相信他们会对情况做出公正的评价。

（3）穷尽组织内的渠道并不总是必需的。有时在灾难发生前没有时间这么做，有时雇员没有有效途径让更高的管理层了解他们的抗议，除非依靠公众舆论。

（4）针对某个问题，要获得文献证据并不总是可能的。组织通常剥夺了雇员接触那些支持他们观点的决定性证明所必需的核心信息的权利。对于提出抗议的雇员,组织剥夺了他们接触计算机和抗议所必需的其他信息来源的权利。

(5) 抗议的义务也许并不总是意味着,将会有充分的证据表明,抗议将会防止伤害。让接触伤害的人对潜在的伤害有自由选择和知情同意的机会通常就是抗议的充分理由。

(6) 有些人主张,如果举报者没有证据使一个理性、公正的观察者确信,她对形势的看法是正确的(标准4),那么她的举报就不能防止伤害,甚至不是道德上允许的,更不是义务。因此,如果不能满足标准4,那么举报可能是不被允许的。[68]

举报:一种避免共犯的理由

迈克尔·戴维斯提出了一个非常不同的举报正当性的理论:"如果我们将举报者的义务理解成源于避免成为不当行为的共犯,而不是源于避免伤害的能力,那么我们可能会更好地理解举报。"[69]戴维斯以下列方式详细地描述了他的"共犯理论"。

在道德上,你必须向公众(或合适的代理人或代表)透露你所知道的情况。当

(C1)你揭露的内容源自你在组织中的工作;

(C2)你自愿为该组织服务;

(C3)你认为,虽然该组织是合法的,但它却从事了一种严重的道德不当行为;

(C4)你认为,如果(但非仅当)你不公开披露你所知道的,那么你在该组织的工作会(或多或少直接地)助长错误的形成;

(C5)根据信念 C3 和 C4,你是正当的;

(C6)信念 C3 和 C4 是正确的。[70]

根据共犯理论,举报的主要道德动机是避免参与不道德的行为,而不是阻止不道德的行为对公众的伤害。因此,它更符合尊重人的传统的基本思想。举报,首要方面是避免违反道德戒律。避免不道德的行为危害公众,当然也是可取的,但它并非举报的正当性的一个必要条件。

戴维斯对举报的道德论证的进路具有几个明显的优势。首先,既然避免不道德的行为伤害公众并非举报的必要动机,因此,一个人不必确定,如果他不举报,危害就将发生。其次,既然避免对组织的伤害并非举报的必要动机,因此,他就不必首先通过组织渠道举报。再次,既然避免伤害自己并非举报的必要动机,因此,一个人就不必确保举报不伤害到他的职业生涯。虽然如此,戴维斯的理论也是有问题的。[71]

第一,要求所披露的事情必须源自自己在组织中的工作(C1),并且这项工作必须促成了错误的形成(C4),似乎过于严格。假设工程师乔被要求审查由他受雇的组织的另一个成员完成的提交给客户的结构设计。乔发现这个设计有非常大的缺陷,事实上,如果按这一结构去建造,那么将会对公共安全构成严重威胁。根据戴维斯的理论,乔将没有任何义务去举报,因为这个设计与乔在该组织的工作无关。然而,这似乎是难以置信的。如果设计具有严重的威胁,那么乔也许有义务举报,而无论他自己是否参与了设计,因为它有可能危害公众。

161

第二，戴维斯也要求举报人是组织的自愿成员。但是，假设迈克尔（应征入伍者）发现了一个对战友构成严重威胁的情况，迈克尔有举报的道德义务，并且这与他应征入伍的事实似乎没有什么关联性。

第三，戴维斯认为，如果事实上一个人认为组织发生了严重的不当行为，那么举报才是正当的。另一个考虑是，如果一个人有充分的理由认为不当行为将发生，那么他就有举报的正当理由。即使这个人的举报后来被证实是错误的，他的举报也仍然是合理的，尤其是从尊重人的伦理立场来看。否则，一个人的道德完整性就会受到损害，因为他参与了至少他认为是错误的活动。即使在更客观的标准上，某人事实上并没有牵涉到不当行为，但从事他认为错误的事情仍然是对他道德完整性的严重损害。

最后，戴维斯并没有充分地考虑很多人认为的一个明确的——也许是最重要的——举报的正当理由，即它是为了避免对组织的伤害或对公众的伤害（更经常地）。尽管避免成为不当行为的共犯是举报的一个合法而重要的理由，但至少，它不必是唯一的理由。

162 　　尽管德乔治和戴维斯的理论都受到了批评，但它们似乎都有道理。对于戴维斯来说，举报必须是正当的，否则举报者就违反了忠诚的义务。防止自己成为不当行为的共犯为举报做了辩护。对于德乔治来说，举报对组织和举报者都会造成伤害，因此举报必须具有合理性。对公众可能造成的伤害有时会超过对组织和举报者造成的伤害。所有这些考虑似乎都是有根据的。从应用的角度来看，当对举报进行仔细思考时，它们都是重要的考虑因素。

关于举报的实用建议

在针对组织的不当行为进行抗议方面，我们提出了一些实用的建议，作为本节的结论。

第一，在准备抗议时，充分利用组织可能具有的任何正式或非正式的程序。你的组织可能有一个"伦理热线"或一个监察专员。核管制委员会有一个正式的登记程序，被称为"职业意见分歧"。[72]许多管理者有"接待日"。可能还有其他非正式的程序来向上级表达对情况的不同评价。

第二，确定哪一种方式更好。将你的抗议尽可能保密，或者让其他人参与进来。有时在一个组织中最有效的方法是秘密地工作，采取与上级和同事非对抗性的方式。在其他时候，重要的是让你的同事参与这个过程，这样领导就不会认定你的抗议是一个心怀不满的雇员所为，而理所当然地无视你的抗议。

第三，对事不对人。当受到人身攻击时，人们会采取防御和敌对的态度，不论这些人是其上级还是同事。然而，在这种情况下，尽可能用非人称的术语来描述问题通常是一种更好的策略。

第四，保留过程的书面记录。如果最终涉及法庭程序，那么这一点很重要。它也有助于"弄清真相"，例如，说了什么，什么时候说的。

第五，针对你的抗议提出正面的建议。你的抗议应该有这样的形式，"我有一个想引起你的注意的问题，但我也认为，我有一个解决这个问题的方法"。这种进路使你的抗议不是完全的否定性，而是给出了一种积极解决问题的办法。积极的建议对管理者有帮助，他们必须以实际的方式处理这一问题。

第六，举报有新的管理领域。2002年《萨班斯-奥克斯利法案》(Sarbanes-Oxley Act of 2002)[73]和2010年《多德-弗兰克法案》(Dodd-Frank Act of 2010)[74]鼓励甚至在经济上奖励举报。《多德-弗兰克法案》规定，在某些情况下，作为举报者，雇员可以获得一定比例的涉案资金作为奖励。[75]例如，经济惩罚超过100万美元的情况下，奖励的幅度可以从10％到30％。[76]然而，大多数雇员更可能在向媒体或政府披露组织的问题之前，谨慎地与管理者一起工作来纠正问题。

7.10 雇员与雇主

保罗·洛伦兹(Paul Lorenz)是一名受雇于马丁·玛丽埃塔(Martin Marietta)的机械工程师。据称因没有参与公司涉案的为NASA设计设备所用的材料质量的欺骗和歪曲活动，1975年7月25日他被解雇了。该设备是为航天飞机计划服务的外部燃料箱。在他被解雇之前，洛伦兹被告知，他应该"与管理层踢皮球"。被解雇后，他对马丁·玛丽埃塔提出了非法解雇的侵权指控，理由是他因拒绝履行违法行为而被解雇。联邦法律禁止故意和自愿向联邦机构做虚假陈述。但是，初等法院驳回了洛伦兹的指控，理由是科罗拉多州没有针对雇主的非法解雇的法律条款。

1992年，科罗拉多州最高法院的结论是："在庭审中，洛伦兹的确展示了证据，为依据公共政策例外下的自由雇用原则下的非法解雇的立案，提供了初步的证据。"根据其调查结果，法院制订了新的庭审计划，但新的庭审从未举行过，可能因为洛伦兹先生和他的前任雇主庭外和解了。[77]

洛伦兹案例分析

这是有关工作场所职业雇员权利的法律发展中的一个重要案例。该案例中至关重要的理念是所谓的"公共政策例外"是对"自由雇用"的传统普通法的例外。普通法是起源于英国的传统判例法，或称"法官造法"，它是美国法律的基础。它基于一种传统，在其中司法裁决确立了先例，其被后来的法官作为类似案件的判决依据。普通法区别于成文法，即立法机关制定的法律。

传统上，美国法律受"自由雇用"的普通法原则的制约，即在没有合同的情况下，雇主几乎可以在任何时候以任何原因解雇雇员。最近的法院判决，例如，洛伦兹案例说明如果案件涉及公共利益，则必须修改传统的自由雇用原则。公共政策例外延伸的范围究竟有多大，仍处于法院的裁决实践中，但它包括拒绝违法行为（如洛伦兹案）、执行重要的公共义务（如陪审团的义务）、行使明确的法律权利（如行使言论自由权或申请失业补偿）以及保护公众免受健康和安全的威胁条款。总之，如果仅是雇员与雇主在判断上有差别，那么公共政策例外不会被用于保护雇员。[78]对于行政和司法机构（如国家监管委员会）的章程，法院给予了更多的重视，而对于职业协会颁布的章程，法院的重视程度则较低。[79]

除了按自由意志雇用原则获得司法修正外，持异议的雇员主要是通过举报者法规来获得司法保护的。1981年4月，密歇根州成为第一个通过《举报者保护法》的州。如果雇员因为向政府当局举报涉嫌违反联邦、州或地方法律的行为而受到不公平的处罚，雇员可以获得欠薪归还、工作复职、赔付诉讼费及律师费的补偿。雇主也可能被处以最高达500美元的罚款。[80]新泽西州《尽职雇员保护法》（Conscientious Employee Protection Act）禁止终止为遵循"与关心公众健康、安全或福祉有关的公共政策的明确指令"而采取的行为。[81]在很多情况下，该地区普遍称之为"雇员权利"。一些案例涉及非职业雇员，但是我们对职业雇员特别感兴趣，尤其是工程师。像洛伦兹案一样，许多案例涉及职业雇员和管理者之间的冲突。实际上，工程伦理中的大多数经典案例涉及工程师和管理者之间的冲突。

7.11 罗杰·博伊斯乔利和"挑战者号"灾难

工程师罗杰·博伊斯乔利职业生涯的两个事件都与"挑战者号"灾难有关，这两个事件说明了本章的几个主题。其中一个事件是莫顿聚硫橡胶公司和NASA在"挑战者号"发射前一晚的电话会议。这个悲剧性的事件说明了工程师和管理层在决策过程中的冲突。第二个事件是博伊斯乔利就"挑战者号"航天飞机事故在总统委员会听证会上发表陈词。博伊斯乔利的证词引申了举报问题和工程师对其所雇组织忠诚的合理性程度的问题。

恰当的管理与工程决策

罗伯特·伦德，莫顿聚硫橡胶工程部的副总裁，是一名工程师兼管理人员。在重大发射前一天晚间的电话会议上，他与其他几位工程师一起提出反对发射的意见。这项建议基于一项判断，即在发射时的低温状态下，一级和二级O形环可能无法正常密封。NASA的官员对于不能发射的建议表示失望，莫顿聚硫橡胶公司的高管要求中断电话会议，请求重新评估他们的决定。在30分钟的中断期间，杰拉尔德·梅森——莫顿聚硫橡胶公司的高级副总裁，转向伦德，告诉他"摘下你工程师的帽子，戴上管理者的帽子"。后来，伦德推翻了他的不发射建议。

在劝告伦德摘下工程师的帽子、戴上管理者的帽子时，梅森说，发射决策应该是一个管理决策。在负责调查"挑战者号"事故的罗杰斯委员会听证会上，梅森对这个信念提出了两个理由。首先，工程师的意见并不一致，"好吧，在这一点上我很清楚，我们不会得到一致的决定"。[82]如果工程师没有达成一致，那么这一决定可能没有明显违反工程师的技术或道德标准，因此，可以认为，这一决定也没有违反PMD标准。

然而，人们有理由怀疑梅森的说法是否真实、准确。1987年在麻省理工学院（MIT）围绕"挑战者号"事件进行的陈述中，罗杰·博伊斯乔利说道，梅森询问他是否是"唯一想让飞机起飞的人"。[83]这表明在当时他并没有证据证明其他工程师想让飞机起飞。无论梅森能为他的论点提供怎样的合理性论证——一些工程师支持发射（因此，工程师们反对发射的意见不统一），都显然是基于电话会议后与个别工程师的对话。如此，在电话会议上，梅森可能几乎没有理由认为，作为非管理者的工程师没有意见一致地反对发射。然而，梅森认为，最有资格做出判决的人之间存在分歧，即使这些信息在事件发生后才得以证实，但梅森在这一点上也许是对的。如果工程师对技术问题意见不一，那么工程上的考虑也许不如工程师们意见一致时那样令人信服。因此，PED标准的第一部分可能并没有完全被满足。那些没有发现技术问题的人可能也不会发现一个伦理问题。因此，PED的第二个标准也可能没有完全被满足。

　　梅森的第二个理由是，在不同温度下，O形环密封所需的时间是无法确定的。

　　基尔（Keel）博士： 因为伦德先生是你的工程部副总裁，因为他提供了图表，并且不发射的建议超出了你的经验基础——53℉以下时O形环的密封性能。在先前的东部标准时间20：45的电话会议中，当你要求他摘下工程师的帽子，戴上管理者的帽子时，你是怎么想的？

　　梅森先生： 我想的是，事实上我们已经确认，我们不能量化初级O形环的运行时间。我们没有数据支持我们这么做，因此，为了得出我们需要的结论，只能采取一种判断，而不是精确的工程计算。[84]

　　这也可以被认为是决定发射没有违反PMD标准2、没有明确满足PED标准1的一个理由。然而，不能计算出在不同温度下O形环密封所需要的时间的事实并没有为应该做出管理决策的结论提供必需的辩护。毫无疑问，O形环密封失效会摧毁"挑战者号"的事实意味着工程考虑是更重要的，即使没有充分的理由。工程师对安全的关注仍然是意义重大的。

　　然而，梅森的评论可以构成一种有效的观察。鉴于工程师们通常偏爱在定量计算的基础上做出判断，他们可能对这样的事实感到不满：没能精确地计算出在更低的温度下，O形环的破坏程度的数值。因此，工程判断没有达到应有的果断程度。罗杰·博伊斯乔利可以主张的是，O形环破坏的程度似乎与温度相关，即使他用来支持这一论断的数据是有限的。

　　综上所述，梅森的论点可以被视为一种满足PMD标准2的尝试。如果建议发射的决定没有明显违反工程惯例，那么工程师建议发射就不会违背他的技术实践。这样，梅森的论点就是，是否发射的决定至少不是一个PED范例。一个PED的范例是这样一种事例，在其中（在其他事例之中）专家明确地意见一致，明确指向一个选项，而不是另一个选项的定量的测量。因此，发射建议至少不是一个违反技术工程惯例的范例。

　　梅森也可能会认为，他的主张符合PMD的标准1。与NASA续签的合同还未达成，而不发射的建议也许会成为NASA不与莫顿聚硫橡胶公司续签合同的一个决定性的因素。由此，公司的利益可能会因不发射的主张而受到实质性的损害。

　　尽管有这些争论，但我们还是认为，发射的决定是一个工程的决定，即使它可能不属于这种决定的范例。

第一，PMD 标准 1 并不像梅森所设想的那样是一种迫切的考虑。没有证据可以证明，不发射的决定将会威胁到莫顿聚硫橡胶公司的生存，或者会从根本上危及莫顿聚硫橡胶公司的财务状况。在任何情况下，工程的考虑应该优先。

第二，PMD 标准 2 并没有得到满足，因为发射的决定违反了工程师对发射参数略做修正或调整的惯例。与以往的任何一次发射时的温度相比，这一次温度低了约 20℉。这是一个巨大的误差，它应该成为工程师反对发射的一个很好的理由。

第三，PED 的标准 1 尽管定量数据有限，并且缺乏明确地暗示将有一场灾难的决定性的证据，但是已有数据确实指向了那个方向，因此定量测量应当得到某种程度的满足。再者，工程师警觉这样的事实：如 O 形环的组成成分的化合物是温敏性的，人们有理由认为较低的气温完全会产生更大的泄漏问题。

第四，PED 的标准 2 与生命相关联，因为性命攸关。当涉及公众健康和安全时，工程师的伦理章程要求他们有义务异乎寻常地审慎。当身处危险的人未对特殊危险知情同意时，这一点尤其重要。这正是"挑战者号"宇航员遇到的问题，他们对 O 形环的问题一无所知。举证责任由提出发射决定的人承担，而不是由反对发射决策的人承担，这违反了实践惯例，导致安全问题的重要性进一步凸显。在罗杰斯委员会听证会上，罗伯特·伦德详述了举证责任这个非常重要的转变。

罗杰斯主席：当你转变了角色时，你似乎改变了你的观点，你如何解释这一事实？

伦德先生：我想我们应该追溯得更远些来考虑问题。我们与马歇尔打交道已经有很长时间了，我们总是说，我们的确做好了发射的准备，我想，直到会议后，大概几天之后了，我才意识到，我们完全改变了我们先前做事的立场。但是，在那天晚上，我想我从未从马歇尔方面的人那里获知我们必须向他们证实我们没有准备好……所以，我们陷入这样一种思考程序，我们试图寻找某种方式，向他们证明不能发射，但我们没能做到这一点。我们不能绝对地证明助推器无法工作。

罗杰斯主席：换句话说，你的确认为你有责任证明不能发射吗？

伦德先生：嗯，那是我们在那天晚上进入的模式。似乎我们一直处于相反的模式。我应该觉察到这一点，但是我没有，我的角色切换了。[85]

长期奉行的习惯政策在决定发射前的最后一刻颠倒了，要求反对发射的人举证，而不是要求主张发射的人来承担举证的责任，这是一种对保护人类生命的工程责任完整性的严重破坏。

似乎是否发射的决定是一项工程决策而非管理决策（尽管它可能不是一个恰当的工程决策的范例），这样的后见之明毫无疑问有益于我们的判断。没有充足的理由认为，这一事件如此偏离典型的工程决策，以至于管理考虑应当超越工程考虑。工程师，而不是管理者，应该对是否发射拥有最终的发言权。或者说，如果一个人既是工程师又是管理者——就像罗伯特·伦德那样,那么他就应该以工程师的身份来做决定。范例工程决策和范例管理决策之间的区别以及伴随的方法论的发展证实了这一结论。

举报与组织忠诚

博伊斯乔利在电话会议上试图阻止发射的决定可能不是举报的例子。它肯定不是外部举报的例子,因为博伊斯乔利没有试图提醒公众或莫顿聚硫橡胶公司和 NASA 以外的官员。他在发射前一晚的行为甚至可能不是内部举报,因为:①没有涉及披露未知的信息(相反,他们争论的是已获得的信息);②他没有在现有的渠道外行动。然而,他在罗杰斯委员会上的证词,可能被视为一种典型的举报的例子,因为它满足了这两个标准。他的证词揭示了公众不知道的信息,并利用了组织以外的渠道,即罗杰斯委员会。那他的证词是一个正当举报的例子吗?

首先,让我们看看德乔治的标准。因为他的标准是功利主义取向的且聚焦防止伤害,我们的第一反应可能是博伊斯乔利在罗杰斯委员会上的证词不是一个举报的例子,因为悲剧已经发生。不过,一位作家辩称,博伊斯乔利认为他的证词可能有助于未来飞行的安全。他援引博伊斯乔利在麻省理工学院的演说作为证据,当时博伊斯乔利提醒听众,作为职业工程师,他们有责任"捍卫真相,揭露任何可疑的、可能会产生不安全产品的实践活动"[86]。无论博伊斯乔利是否确实认为他的证词可能会防止未来的灾难,我们都可以探讨,他的证词作为一种防止未来的灾难的可能的方式,在事实上是否是合理的。当然,未来灾害的伤害是严重的、相当大的(标准1)。我们也许能够同意,鉴于他过去的经验,博伊斯乔利有理由认为,向他的上司报告他的担忧并不会得到满意的答复(标准2和标准3)。如果这是正确的,那么他的证词被视为一个举报的例子就是合理的。鉴于"挑战者号"灾难的事实,他的证词很可能会说服一个负责任的、公正的观察者去做点什么来弥补 O 形环问题(标准4)。他是否具有强有力的证据认为,公开这些信息可以阻止未来发生这样的伤害(标准5),这可能是更加令人怀疑的。

因此,我们可以大体断定,从德乔治的标准来看,博伊斯乔利的举报是正当的,但不是必需的。无论如何,很明显——正如采取功利主义标准的人所期望的——要处理的主要问题是,我们对某些行动后果的信念是否合理。

现在让我们从戴维斯关于正当的举报的标准的角度来思考博伊斯乔利的证词是否是正当的举报。与德乔治的标准不同,在那里必须首先考虑的问题是防止未来的伤害,在戴维斯这里我们必须关心博伊斯乔利需要保护自己的道德完整性。他是否被深深地卷入以至于必须靠举报来保护自己的道德完整性?回顾一下戴维斯的标准,他的举报无疑和他在组织内的工作有关。此外,他是那个组织的成员。并且,他几乎确实认为,尽管莫顿聚硫橡胶公司是一个合法组织,但它却犯了一个严重的道德错误。第四个标准提出了中心问题,即他是否认为他为莫顿聚硫橡胶公司工作会(或多或少直接地)带来灾难,以至于如果(但不是当且仅当)他没有公开透露他知道的信息,他将是一位灾难的促成者。随之而来的问题是,他是否有理由认为,继续沉默会使他成为不当行为的共犯,以及事实上这种信念是否正确。

168

为了更好地关注这一问题,即某人的工作促成了不当行为的发生,这到底意味着什么。A.大卫·克兰(A. David Kline)要求我们考虑下面的两个例子。[87] 在第一个例子中,研究人员1接到他的烟草公司的指令,要他提供一份统计分析报告来表明吸烟不会上瘾。他知道他的分析会受到严重批评,但他的公司仍然会利用他的工作去误导公众。在第二个例子中,研究人员2受命于他的烟草公司,公司要求他研究吸烟与成瘾的问题。他总结道,有强有力的证据表明吸烟会上瘾,但他的公司忽视他的工作,公开声称吸烟不会上瘾。克兰表示,研究人员1是欺骗公众的共犯,研究员2不是共犯。然而,依据克兰的说法,博伊斯乔利的情形更接近于研究人员2而不是研究人员1。既然博伊斯乔利是不当行为的共犯这种声称是错误的,那么克兰认为,戴维斯不能依据他的标准来证明博伊斯乔利举报的合理性。博伊斯乔利不需要通过举报来保护自己的道德完整性。

然而,让我们修改一下戴维斯的标准,使问题变成,保持沉默是否会使博伊斯乔利成为莫顿聚硫橡胶公司未来不当行为的共犯。在这里,有两个问题:举报是否可以防止未来的不当行为(一个事实的问题),以及沉默是否会使博伊斯乔利成为不当行为的共犯(一个应用的问题)。如果这两个问题的答案都是肯定的,那么博伊斯乔利应该举报。

我们应该让读者更深入地探讨这些问题,但我们仅仅指出了举报的两种理论,为道德问题的多方位研究添加有价值的维度。重要的是,探讨举报是否能防止不道德行为,并且在何种程度上我们自己的道德完整性会被沉默所破坏。在实际应用中,这两个问题都很重要。博伊斯乔利证词引发的最后一个问题是,他是否违反了忠诚于公司的义务。他的行为很可能违反了非审辨性的忠诚,但它并不违反审辨性的忠诚(至少当他的举报是正当的时候)。在这种情况下,这两个问题不能分离。

7.12 本章概要

杰出的组织领导人,如亚马逊的杰夫·贝索斯和英特飞地毯公司的雷·C.安德森,他们对组织行为和沟通提出了高标准。这两位领导人都希望员工有道德,将客户和他们公司所在的社区置于较高的地位。有了深入的沟通、小型工作团队的配合和其他策略,组织内的文化才能令人愉快。

雇员之间的冲突,包括工程师之间以及工程师和管理者之间的冲突,常常在工作场所发生。社会学家罗伯特·杰卡尔对管理者的道德完整性做出了否定性的描述,这意味着很难让一位雇员在工作场所中保持他的道德完整性。然而,其他学者却反驳了这一说法,意指雇员通常可以在道德上负责,而又不必牺牲自己的职业生涯。为了维护他们的职业和他们的正直,雇员应该在组织"文化"中训练自己。他们也应该运用一些常识性的技巧,在做出合理抗议的同时,尽量减少对他们职业生涯造成的威胁。

鉴于工程师和管理者有不同的视角,如果组织能区分应由管理者做出的决定和应由工程师做出的决定,那么很多问题是可以避免的。一般来说,当涉及技术问题或职业伦理问题时,应该由工程师做出决定。当涉及与组织福利有关的事项时,以及当工程师的技术和伦理标准无法妥善解决问题时，应该由管理者做出决定。许多决定并不能十分清晰地归入这两个类别中，判断应该由谁做出决定，划界方法是有用的。

有时不服从组织行为是必要的。一种类型的不服从组织行为是从事与组织利益相对立的活动（通常在工作场所之外），而组织利益又是由管理者界定的。另一种类型的不服从组织行为是拒绝参与或要求免除参与组织的某些任务。第三种类型的不服从组织行为是抗议组织的一项政策或行为。受到最广泛讨论的第三种不服从组织行为的例子是举报。理查德·德乔治的正当举报理论聚焦于相关伤害和利益的权衡。迈克尔·戴维斯的正当举报理论聚焦的问题是，为了避免成为不当行为的共犯是否应当举报。《萨班斯-奥克斯利法案》和《多德-弗兰克法案》有奖励雇员举报的导向。雇主希望，在信息公开之前，问题能够在组织内部得到解决。关于工作场所雇员权利的普通法受到了自由雇用普通法理论的制约，该理论认为，在没有合同的情况下，雇主几乎可以在任何时间以任何理由解雇雇员。通过诉诸对雇员的某些行为给予保护的"公共政策"原则，最近的一些法庭判决对这一理论做出了修改。一些成文法还授予雇员反对雇主的某些权利。

7.13　网络上的工程伦理资源

通过访问配套的工程伦理网站，检测你自己对本章材料的理解。这个网站包括多项选择的研究问题、建议大家讨论的主题，有时候还有额外的案例研究以辅助你对本章材料的阅读和研究。

注　释　　　　　　　　　　　　　　　　　　　　　　　　　　　　　　　170

1. George Anders，"Jeff Bezos Gets It，" *Forbes*，April 23，2012，p. 76.

2. 同上，p. 81。

3. 同上。

4. 同上，p. 82。

5. 同上。

6. 同上，pp. 82，84。

7. David Ulrich，"The Value of Values，" Talk at Utah Valley University，March 1，2010，p. 1.

8. 同上，p. 2。

9. 同上。

10. 同上。

11. 同上，p. 11。

12. Anders，"Jeff Bezos Gets It，" p. 82.

13. Ulrich，"The Value of Values，" p. 4.

14. 同上。

15. Ray C. Anderson and Robin White，*Confessions of a Radical Industrialist：Profits，People，Purpose—Doing Business by Respecting the Earth*（New York：St. Martin's Griffin，2009），p. 17.

16. 同上。

17. 同上。

18. Dennis Moberg，"Ethics Blind Spots in Organizations：How Systematic Errors in Person Perception Undermine Moral Agency，"*Organizational Studies*，27，no. 3，2006，p. 414.

19. Max H. Bazerman，and Ann E. Tenbrunsel，*Blind Spots：Why We Fail to Do What's Right and What to Do about It* (Princeton：Princeton University Press，2011)，p. 29.

20. 要了解故意视而不见的各种形式的精彩讨论，请参阅 Margaret Heffernan，*Willful Blindness* (Princeton，NJ：Walker and Company，2011)。

21. "Dogged Engineer's Effort to Assess Shuttle Damage，" p. Al.

22. *Columbia* Accident Investigation Board，p. 24.

23. 同上，p. 122。

24. 同上，p. 198。

25. 同上，pp. 168，170，198。

26. Bazerman and Tenbrunsel，p. 5。

27. 这一表述由迈克尔·戴维斯引入工程伦理文献，参见 Micheal Davis，"Explaining Wrongdoing，" *Journal of Social Philosophy*，XX，now 1 & 2，Spring-Fall 1989，pp. 74 - 90。戴维斯把这个见解应用到 "挑战者号"灾难，尤其是当罗伯特·伦德被要求摘下他的工程师帽子、戴上他的管理者帽子的时候。

28. Stanley Milgram，*Obedience to Authority* (New York：Harper & Row，1974)。

29. 有人可能会认为，经过一系列不得人心的战争和社会抗议运动后，米尔格拉姆的实验结果在今天不可复制——我们不大可能服从或不加评判地接受权威。但是，最近的一次实验与米尔格拉姆实验的大部分结果一致，这说明上述论点不成立。参见 Jerry Bulger，"Replicating Milgram：Would People Obey Today?" *American Psychologist*，2009，vol. 64，no. 1，pp. 1 - 11。

30. Irving Janis，*Groupthink*，2nd ed. (Boston：Houghton Mifflin，1982)。

31. 麦克劳希尔(McGraw-Hill)的录像《群体思维》(*Groupthink*)的最新版本以"挑战者号"灾难来说明贾尼斯的关于群体思维的特征。

32. 同上，pp. 174 - 175。

33. "Dogged Engineer's Effort to Assess Shuttle Damage，" p. Al.

34. *Columbia* Accident Investigation Board，p. 203.

35. J. Patrick Wright，*On a Clear Day You Can See General Motors*，(Detroit，MI：Wright Enterprises，1979)，p. 237.

36. 同上。

37. Ralph Nader，*Unsafe at Any Speed*，New York：Grossman Publishers，1965，p. 14.

38. 同上。

39. Wright，*On a Clear Day*，p. 237.

40. Joseph A. Raelin，*The Clash of Cultures：Managers and Professionals* (Boston：Harvard Business School Press，1985)，p. xiv.

41. 同上，p. 12。

42. 同上，p. 270。

43. Robert Jackall，*Moral Mazes：The World of Corporate Managers* (New York：Oxford University Press，1988)，p. 5.

171

44. 同上，pp. 105 – 107。

45. 同上，p. 69。

46. 同上，p. 112。

47. Anderson and White，*Confessions*，p. 28.

48. Anders，"Jeff Bezos Gets It，" p. 82.

49. 同上，p. 76。

50. Christopher Meyers，"Institutional Culture and Individual Behavior：Creating the Ethical Environment，" *Science and Engineering Ethics*，10，2004，p. 271.

51. Patricia Werhane，*Moral Imagination and Management Decision Making*（New York：Oxford University Press，1999），p. 56（Quoted in Raelin，*Clash of Cultures*，p. 271.）.

52. Michael Davis，"Better Communication between Engineers and Managers：Some Ways to Prevent Many Ethically Hard Choices，" *Science and Engineering Ethics*，3，1997，p. 185；随后的讨论参见 pp. 184 – 193。

53. Stephen H. Unger，*Controlling Technology：Ethics and the Responsible Engineer*，2nd ed.（New York：Wiley，1994），pp. 122 – 123.

54. 参见戴维斯的讨论，op. cit.，p. 207。

55. Meyers，op. cit.，p. 257.

56. 瑞林也指出超越组织的职业忠诚的重要性，他将管理者的"地方性"导向与大多数职业人员的"世界性"导向对立起来。但是他将工程师描述为地方性导向强于大多数的职业人员，瑞林并没有否认有时工程师忠诚于职业规范会超越忠诚于他们的组织。参见瑞林关于地方性—世界性导向的描述（Raelin，pp. 115 – 118）。

57. 最先进的技术并不总是合适的。如果工程师正在设计一个工业化程度低的国家使用的设备，那么简单、容易修理、配件容易获得等可能比使用最先进的技术更重要。

58. 在这一节中我们引用了迈克尔·戴维斯的这个和其他若干个观点，在此对他表示感谢。戴维斯应用了约翰·罗尔斯的术语"词汇顺序"来描述任务的先后顺序。但是罗尔斯似乎将连续顺序等同于词汇顺序。他将词汇顺序定义为："一种顺序，我们需要满足顺序的第一条原则之后，才能移到第二条，满足了第二条，才能移到第三条，以此类推。一条原则，只有当前面的那些原则要么完全被满足了，要么没有被应用时，才会出现在游戏中。因此，连续顺序避免了必须平衡所有原则；那些在顺序中较早出现的原则与后面出现的相比，具有绝对的权重，毫无例外。"参见 John Rawls，*A Theory of Justice*（Cambridge，MA：Harvard University Press，1971），p. 43；也可参见 Michael Davis，"Explaining Wrongdoing，" *Journal of Social Philosophy*，20，Spring-Fall 1988，pp. 74 – 90。

59. 我们假定所有的决定要么是 PED 范式，要么是 PMD 范式。也就是说，它们应该是工程师或管理者的决定，而不是任何其他人的。

60. Jim Otten，"Organizational Disobedience，" in Albert Flores，ed.，*Ethical Problems in Engineering*（Troy，NY：Center for the Study of the Human Dimensions of Science and Technology，1980），pp. 182 – 186.

61. *Pierce r. Ortho Pharmaceutical* 319 A2d，p. 178.这一事件发生在 1982 年。

62. Alison Ross Wimsatt，"The Struggles of Being Ernest：A. Ernest Fitzgerald，Management Systems Deputy in the Office of the Asst. Sec of the Air Force，" *Industrial Management*，July 2005，p. 28.

63. 同上。

64. 同上。

172

65. Michael Davis，"Whistleblowing，" in Hugh LaFollette，ed.，*The Oxford Handbook of Practical Ethics* (New York：Oxford University Press，2003)，p. 540.

66. Richard T. DeGeorge，Business Ethics (New York：Macmillan，1982)，p. 161. 这一说法直接引自：Richard T. DeGeorge，"Ethical Responsibilities of Engineers in Large Organizations，" *Business and Professional Ethics Journal*，1，no. 1，Fall 1981，pp. 1－14。

67. 这些评论中的一部分来自：Gene G. James，"Whistle-Blowing：Its Moral Justification"，重印收录于：Deborah G. Johnson，ed.，*Ethical Issues in Engineering* (Englewood Cliffs，NJ：Prentice Hall，1991)，pp. 263－278。

68. 同上。

69. Michael Davis，"Whistleblowing，" p. 549.

70. 同上，pp. 549－550。

71. 这些评论中的一部分引自 A. David Kline，"On Complicity Theory，"*Science and Engineering Ethics*，12，2006，pp. 257－264。

72. Unger，*Controlling Technology*，pp. 122－123。

73. Sarbanes-Oxley Act 2002. "The Sarbanes-Oxley Act." Last modified 2006. Accessed April 7，2012. http：//www.soxlaw.com.

74. Dodd-Frank Wall Street Reform and Consumer Protection Act of 2010，Pub. L. No. 111－203，124 Stat. 1376 (2012)，(http：//www.sec.gov/about/laws/wallstreetreform-cpa.pdf).

75. Allen B. Roberts，"Dodd-Frank Bounty Awards and Protections Change：Whistleblower Stakes—Will Opportunity for Personal Gain Frustrate Corporate Compliance?" *Bloomberg Finance L. P.*，5，no. 23，2011.

76. 同上。

77. Justice Quinn，"The Opinion of the Court in *Lorenz v. Martin Marietta Corp.，Inc.*" 802 P.2d 1146 (Colo. App. 1990).

78. "Protecting Employees at Will against Wrongful Discharge：The Public Policy Exception，" *Harvard Law Review*，96，no. 8，June 1983，pp. 1931－1951.

79. Genna H. Rosten，"Wrongful Discharge Based on Public Policy Derived from Professional Ethics Codes，" *52 American Law Reports*，5，p. 405.

80. *Wall Street Journal*，April 13，1981.

81. NJ Stat Ann at 34：19－1 to 19－8.

82. *Report of the Presidential Commission on the Space Shuttle Challenger Accident*，vol. IV，Feb. 26，1986 to May 2，1986，p. 764.

83. Roger Boisjoly，"The *Challenger* Disaster：Moral Responsibility and the Working Engineer，" in Deborah Johnson，*Ethical Issues in Engineering* (Englewood Cliffs，NJ：Prentice Hall，1991)，p. 6.

84. *Presidential Commission on the Space Shuttle Challenger Accident*，pp. 772－773.

85. 同上，p. 811。

86. Roger Boisjoly，"The Challenger Disaster：Moral Responsibility and the Working Engineer，" op. cit.，p. M. Quoted in A David Kline，"On Complicity Theory，" Science and Engineering Ethics，12，2006，p. 259.

87. Kline，op. cit.，p. 262.

第8章 工程师与环境

本章主要观点

● 工程章程和环境法规都关注环境,但对环境的职业义务或法律义务的性质和范围,尚存相当大的争议。

● 一些环保作家在呼吁环保上起到了重要作用,并且他们的思想至今仍有影响。

● 环境哲学的核心是诸如人类中心主义、非人类中心主义、对后代人的义务以及环境正义之类的概念。

● 企业对环境监管的反应各不相同,如抵触、顺从、高于环境监管的规定等。企业可以用高于法律要求的方式保护环境,如采取环境责任经济联盟(CERES)原则。

● 工程应对环境挑战的一个主要方面在于追求可持续性,尤其是通过生命周期分析追求可持续性。

● 环境管家哲学为职业的环境责任提供了基础。为使之有效实施,工程师应该拥有对违反环境保护的组织行为表达职业异议的权利。

马克·霍尔茨阿普尔——得克萨斯农工大学化学工程教授,是具有环保意识的工程师的典范。在其职业生涯的早期,他就决定致力于研发高效能和环保的技术。为了实现这个目标,他正在从事几个领域的研究,包括:

● 生物质能转化。他正在研发一种可以将生物物质转化成有用的燃料和化学物质的工艺。该工艺的原料包括城市固体垃圾、下水道淤泥、农业残余物(如甘蔗渣、玉米秸秆或肥料)和能源作物(如能源甘蔗或甜高粱)。在学校附近,他有一个实验场所,在那里可以收集帮助将此工艺商业化所需要的数据。这种工艺是可持续的,而且还可以减少温室气体的排放。

● 水空调器。这种空调器并不使用对环境有害的制冷剂,而且比常规的空调器更节能。

● 星转子发动机。这种旋转的发动机非常高效,并且基本无排放。它可以使用许多种燃料,包括汽油、柴油、甲烷、酒精,甚至包括植物油。他认为,如果这种发动机用在汽车上,那么汽车最长可以跑 100 万英里。

174

● 海水脱盐技术。目前他正在研发一种他认为能高效地将海水转化为适合人类饮用的淡水的脱盐工艺。

霍尔茨阿普尔教授获得过多项奖励，其中一项是美国总统和副总统颁发的 1996 年度绿色化学挑战奖(Green Chemistry Challenge Award)。

8.1 导　言

工程师与环境有着复杂的关系。一方面，他们促成了一些困扰人类社会的环境问题。空气和水污染、农田被洪水淹没、湿地干化等都可以部分地归咎于工程。另一方面，像霍尔茨阿普尔博士那样的工程师可以设计项目、产品和工艺，来减少或消除对环境完整性的威胁。如果说工程师促成了环境问题，那么他们也是解决环境问题的基本力量。

工程职业对环境承担什么义务？应该怎样履行这些义务？本章将讨论这些问题。首先我们指出，工程章程正将环境义务施加于工程师。我们继续指出，法律也设置了工程师必须遵守的关于环境的规范。然后，我们讨论由环境关切引出的伦理问题以及一些与它们相关的可以采取的解决办法。最后，我们建议工程师应该践行良好的环境管护原则。

8.2　工程章程和法律中的环境要求

现今许多工程章程中都提到了环境，但大多数的条款规范相对薄弱。例如，美国国家职业工程师协会伦理章程，只是"鼓励"（而非要求）工程师"为子孙后代，坚持可持续发展原则来保护环境"(Ⅲ.2.d)。美国土木工程师协会章程指出，工程师"应致力于通过坚持可持续发展原则来改善环境，以提高普通公众的生活质量"(1.e)。这部章程还在其他强制性指导方针中使用了"应该"这个词。而其他工程章程对于环境保护的要求往往语焉不详。

20 世纪 60 年代开始颁布的联邦环境法，通过对工程实施限制来保护环境。1969 年国会通过了《国家环境政策法案》(NEPA)，这很可能是历史上最重要、最具影响力的环境法。它不仅在美国特定的州，而且在其他许多国家，成为立法的典范。该法案公布了"一项鼓励富有成效、令人愉快的人与环境和谐关系的国家政策"。该法案试图"确保所有美国人的安全、健康、高效和美学及文化上令人愉悦的环境"。[1]最著名的法令之一就是环境影响报告书，目前当联邦机构的决定会影响环境时，环境影响评价就是必需的。于是，国会设立了环境保护署来强化法案的实施。

175　《清洁空气法案(1970)》(Clean Air Act)(1970)、《资源保护和回收法案(1976)》(RCRA)(1976)和其他许多法案，扩展了联邦政府在环境领域的司法管辖权。1990 年颁布的《污染防治法案》(Pollution Prevention Act)将污染防治确立为一个国家的目标，该法案值得特别关注。该法案授权 EPA 制定并实施一项促使污染源减少的战略。这项法案与大多数的环境保护法形成了鲜明的反差，后者只是简单地试图在污染物产生后再对其进行处置,而该法案将污染预防作为最可取的行为,其次是回收循环利用、处理和处置污染物,它们按照优先顺序依次降序排列。

面对解释环境法律的挑战,法庭通常采用了极端之间的中间路线。一方面,正如最高法庭做出的关于工作场所苯含量许可水平的著名裁定所表现的那样,"安全"并不意味着"无风险"[2]。另一方面,正如哥伦比亚特区巡回法庭1986年做出的裁定所显示的那样,出于保护环境的考虑,只要工业成本与能达到的安全水平不是"严重不成比例",工业成本都应该被承受[3]。

大多数环境法规聚焦于使环境"清洁",即免受各种污染物的污染,但关于"清洁"的恰当标准却存在着相当大的争议,制定法庭认可或者似乎合理的准确的"清洁"标准也是不容易的。这里有几种可能性需要考虑:①根据比较标准,如果环境对人类生命或健康没有造成比其他风险更大的威胁,那么环境是"清洁的"。②根据常态标准,如果环境中出现的污染物与自然界中正常存在的程度相同,那么环境就是"清洁的"。③根据最佳污染减排标准,如果进一步减少污染所需的资金用在其他方面,能够产生更大的人类整体福祉,那么就说环境是"清洁的"。④根据最大保护标准,只有在现有技术和执法都尽了最大努力,对人类健康造成威胁的任何可识别污染风险被完全消除的情况下,环境才是"清洁的"。⑤根据可证明伤害的标准,如果所有已证明的对人类健康有害的污染物都被清除了,那么环境就是"清洁的"。⑥根据伤害度标准,在消除对人类健康有明确的、紧迫的那些威胁时,如果成本不是一个限制因素,那么环境就是"清洁的",但当对人类健康伤害程度不明确时,就应考虑经济因素。

前两个标准是相当弱的标准。第三个标准显然是功利主义的,是一种成本—收益分析的形式。第四个标准忽略了对成本的考虑。第五个标准要求有对人类健康伤害的证据,这些证据有时是很难获得的。第六个标准,对本书作者来说,似乎提供了一种成本和健康考量的最佳平衡,并可能最接近于许多法庭裁定的立场。

8.3　环境挑战

在过去的几十年里,在美国和其他地区通过的环境法规以及工程章程中的环境声明都反映了一种逐渐获得广泛认同的信念,即人类对环境的影响是一个引人关注的问题。这种信念有许多不同的来源。其中的两个是两本有影响力的著作,一本是环境思想家的著作,另一本是环保主义者的哲学讨论著作。在接下来的两个部分,我们将讨论这些资源。这些资源挑战了传统上对环境的忽视。

三位具有影响力的作家

奥尔多·利奥波德(Aldo Leopold)是一位美国作家和科学家。他在1949出版了环境运动中最重要的著作之一——《沙乡年鉴》(A Sand County Almanac),其是有关环境主题的系列文章,其中的一些描述了他的家乡威斯康星州索克县的土地。利奥波德用词语"生物群落"指代自然界中的生物和非生物成分。利奥波德的观点是,自然是我们所归属的东西,而不是归属于我们的东西。

我们滥用土地,因为我们把它当作属于我们的一种日用品。当我们将土地视为我们所归属的群落时,我们或许才会开始带着爱和尊重来使用它……通过以自然的、野性的和自由之类的术语来重新评估非自然的、被人类驯化的和受人类控制的事物,也许才能达到上述价值的转换。[4]

利奥波德认为,把自然看作相互依赖的生物群落,自然会引发一种伦理方面的回应,他把这种伦理回应叫作"土地伦理",并用以下文字阐述了它的道德标准:"如果试图去保持生物群落的完整性、稳定性和美丽,那么这件事就是正确的。反之,它就是错的。"[5]

蕾切尔·卡森(Rachel Carson)是一名深爱自然界的海洋生物学家,曾就职于美国鱼类和野生动物管理局(US Fish and Wildlife Service)。在她的时代,DDT 被公认为可行的最强有力的杀虫剂,但它的应用却导致大量昆虫死亡。在《寂静的春天》(*Silent Spring*)这部历时 4 年完成并在 1962 年出版的著作中,她描述了 DDT 如何进入食物链并在人体和动物的脂肪组织中累积。在其中一章,她描述了一个虚构的场景,这个场景是一个寂静的春天,所有鸟类以及许多其他的生物因接触 DDT 而被杀死了。

1968 年加勒特·哈丁(Garrett Hardin)在《科学》杂志上发表了论文《公地悲剧》("The Tragedy of the Commons")。在这篇著名而有影响力的文章中,哈丁描绘了一个可以用以下方式来描述的问题。[6]设想有一块可以供养一些动物的土地,我们假定这块土地的承载能力(容纳量,carrying capacity)为 100 只动物。这块土地是 10 位农民共同拥有的,每位农民拥有 10 只动物,使土地达到了其承载能力。假设每只动物价值 1 美元,那么每位农民拥有的动物的价值为 10 美元。一位贪婪的农民,决定在他的牧群中增加 1 只动物,这样就使得所有的动物在超出土地承载能力的条件下使用土地,所有的动物变瘦了,每只仅值 0.95 美元。虽然现在其他农民的牧群价值减少,但贪婪农民却有 11 只动物,他的牧群的总价值为 10.45 美元。贪婪农民损害了其他农民的利益而换来了自己的利益。最终,每位农民可能都会受苦,因为过度使用土地可能会持续降低土地的生产力,但短期内贪婪农民以损害邻居们的利益为代价而获益。对哈丁的这个简单故事,我们考虑的要点是,人们在自身利益的驱使下,可能会以最终损害每个人利益的方式滥用环境,这样的做法对后代尤其有害。哈丁的故事经常被用作可持续性发展的论据。

重点的环境概念

上述的环境思想家、环保主义者和其他的环境"先知"(他们可能被如此称呼),强调了环境迫使我们构建伦理要求的必要性。然而,这种构建一直以来是有争议的,因为我们的伦理体系主要是面向人类间彼此的责任(至少在西方是这样)。我们并不习惯思考我们对非人类世界的伦理义务。通过考虑我们以前所使用的两种道德模式,我们就会清楚地了

177

解为什么会出现这样的情况了。从功利主义的立场来看，我们首要的甚至可以说是唯一的义务，是促进人类幸福或安康。从尊重人的立场来看，只有人类被认为是道德主体，所以只有人类才有权利赢得我们的尊重。在这一节中，我们只能列举一些当我们思考环境时会出现的最重要的哲学问题。

鉴于这种西方传统伦理学的以人类为中心的或人类中心主义的倾向，一种常见的环境伦理形式是人类中心主义也就不足为奇了，它认为非人自然物，包括其他动物，只有在贡献于人类福祉时才有价值。我们可以说，自然的物体只有工具性价值，也就是说当且仅当它们被人类使用或欣赏时才存在价值。森林的破坏会影响到木材的供应和娱乐机会的获得，洪水淹没农田或破坏生态系统会减少人类的食物供应，排干湿地会破坏生态系统，最终也将伤害到人类。自然界的美具有价值，因为它给人以愉悦。

加勒特·哈丁对环境关切的论点似乎主要是人类中心主义取向的：违反土地的承载能力，最终会伤害我们或至少危害后代。蕾切尔·卡森的说法也可能是人类中心主义的，但这一点并不明确。工程章程似乎给出了人类中心主义的——并且大体上是功利主义的——保护环境的正当理由。大多数章程将公众的安全、健康和福祉置于工程师伦理责任的首要位置。只要保护环境是保护人类安全、健康和福祉所必需的，那么章程就隐含着环境保护的要求，无论其中是否明确提到环境。正如我们已经看到的，许多工程章程现在有明确的环保条款，它们中的大部分或全部似乎都是人类中心主义取向的。

一些环保主义者认为，完全以人为本的伦理思想无法恰当地为对环境的适当关注做辩护。相应地，他们提出的非人类中心主义的伦理观认为，除人类之外，至少有一些自然的物体，除了它们对人类的有用性之外，其自身还具有价值。说非人实体可以具有自身价值，也就是说，它们有内在价值，而不是单纯的工具性价值。关于非人实体的内在价值，非人类中心主义者意见不一。这些意见的差异与道德主体的标准相关，或者与非人类中心主义者所认可的出于内在价值而履行道德义务的能力有关，这些内在价值是非人类中心主义者所采纳的。[7]功利主义者在体验快乐、痛苦和其他有意识的心理状态的能力中找到了标准。这一标准将道德主体的范围从人类扩展到大多数脊椎动物（哺乳动物、鸟类、鱼类、爬行动物和两栖类），甚至可能包括一些复杂的无脊椎动物。其他人认为，任何努力维护其存在并繁衍同类的生物都具有道德主体性，从而将伦理关怀的范围延伸到所有的有机生命。还有一些人认为，没有支持的生态系统，有机生命不能存在，因此整个生态系统都具有道德主体性。奥尔多·利奥波德的"土地伦理"便属于这一范畴。

将人类中心主义和非人类中心主义伦理的要素结合起来是可能的。例如，一种不仅有比利奥波德的标准具有更强的人类中心主义元素，而且也同时具有重要的非人类中心主义成分的可能的道德标准的建构。

178

如果一种行为能够保护自然世界，那么即使它对促进人类的福祉并非必需，它也是正确的；如果一种对环境有害的行为对人类有足够大的益处，那么该行为也是正当的。

考虑这个例子。盲蝾螈生活在得克萨斯奥斯汀城下的含水层中。它们并没有服务于人类的作用,但城市居民认为,它们应该受到保护。然而,如果毁灭蝾螈是拯救众多奥斯汀人的唯一途径,这种毁灭就可根据上述标准得到辩护。可能并不存在界定上述标准中的"充分"术语的一般方法。人们必须在特定情况下决定这个词的含义。

我们并没有非常深入讨论环境问题,特别是关于可持续性,直到另一个问题的出现:如果我们对后代承担道德义务,那么这是什么样的道德义务?人类中心主义取向是一种被最广泛接受的论证基础,用以论证我们对子孙后代幸福的义务。当被问及为什么我们有义务保护环境,许多人会回应道:"因为我们有义务传给我们的孩子一种好的环境。"事实证明,这种义务的理由及其广泛性,具有非常大的争议。一些对我们对后代人负有义务的观点持怀疑态度的人指出,道德义务通常是建立在互惠基础上的。例如,如果我有生存权,那么你就有不杀我的义务。在当代和未来几代人之间不存在这样的互惠关系,因为后人无法以任何方式回报我们。另一种反对意见是,我们不知道后代会向我们索求什么。尽管有各种难题,但大多数人可能认为,我们对后代负有义务。此外,不管后面几代人的欲望和需求与我们的有多大的不同,他们都需要一些基本的东西,比如清洁的空气、清洁的水和自然资源。

环保主义者提出的最后一个问题值得一提——环境公正(environmental justice)。环境公正涉及环境红利及危害的公平分配的问题,特别是关于污染和资源枯竭的问题。例如,在20世纪80年代,研究表明,得克萨斯的休斯敦市,把所有的垃圾填埋场和75%的垃圾焚烧炉设置在非洲裔美国人的社区(尽管非洲裔美国人只占当地人口的25%)。其他的研究表明,加利福尼亚州环境污染最严重的地区是拉美裔和非洲裔美国人集聚区。[8]许多工程灾难中都涉及环境公正问题,如在印度的博帕尔以及切尔诺贝利发生的灾难,对工程责任提出了严重问题。

8.4 应对环境挑战: 企业的反应

对环境的三种态度

企业对于环境的态度大致可以分为三种。[9]第一种态度我们可以称为抵触的态度。在满足环境规范方面,这种类型的企业尽可能少地付出行动,有时达不到环境法规的要求。这些企业通常没有应对环保问题的全职人员,在环保问题上投入的资金也最少,而且对抗环境监管。如果支付罚金的金额低于按照规定改造的成本,他们就会不进行改造。这类企业的管理者通常认为,企业的首要目标是赚钱,而环境监管只是实现这一目标的障碍。

第二种态度是我们所称的保守(minimalist)或者顺从的态度。有这种倾向的企业将接受政府监管作为企业的一种成本,但是它们的服从常常是缺乏热情或承诺的。管理者们常常对环境规章的价值抱有极大的怀疑。虽然如此,这些企业通常制定了明确的管理环境问题的政策,并且建立了致力于处理这些问题的单独的部门。

第三种态度是我们所称的进取的态度(progressive attitude)。在这些企业中,对环境问题的回应获得了首席执行官的全力支持。这些企业设置人员齐备的环保部门,使用最先进的设备,并且通常与政府监管机构保持有着良好的关系。这些企业一般将自己视为好邻居,并认为,高于法律要求很可能符合它们的长远利益,因为这么做可以在社区塑造良好的形象并避免诉讼。然而,还不止如此,它们或许真诚地致力于环境保护甚至环境改善。

进取态度的实例:环境责任经济联盟(CERES)原则

在埃克森·瓦尔迪兹号(Exxon Valdez)溢油事故之后,一些石油公司自愿地采用了一套体现对环境的进取态度的原则。这些原则最初被称为瓦尔迪兹原则(Valdez Principles),后来以刻瑞斯(Ceres)——罗马农业和丰饶女神的名字重新加以命名。我们强烈建议读者在 http://www.iisd.org/educate/leam/ceres.htm 浏览这令人钦佩的环保原则的完整表述。以下是我们以简化的形式对这十项原则的总结:

(1)保护生物圈。在减少并消除对环境有害的物质、保护栖息地、保护空地和荒野方面取得进展,同时保护生物多样性。

(2)自然资源的可持续使用。可持续地使用可再生的自然资源,如水、土壤和森林,并谨慎地使用不可再生资源。

(3)废弃物的减量与处置。减少并且消除(如果可能)废弃物,以安全和负责的方法处理和处置废弃物。

(4)节能。节约能源,提高所有作业的能源效率,并尝试使用环保和可持续的能源。

(5)减少风险。努力将雇员和周围社区的健康和安全风险以及环境危害最小化,并为突发事件做好准备。

(6)安全的产品和服务。减少并消除(如果可能)那些造成环境损害或对健康、安全带来危险的产品及服务的使用、制造或销售,向客户通报产品或服务的环境影响。

(7)环境恢复。及时负责地更正公司造成的危及健康、安全或环境的状况,对损害做出赔偿,并恢复已遭损害的环境。

(8)向公众通报。及时向可能被公司影响健康、安全或环境的行为危及的所有人通报,避免对向管理部门或有关当局报告危险事件的雇员进行报复。

(9)管理层承诺。在公司运行过程中执行这些原则:确保董事会和首席执行官充分知晓环境问题,对环境政策完全负责,并将对环境的承诺作为选择董事会成员的一个因素。

(10)审计和报告。对这些原则的实施进程进行年度自我评价,完成并公布年度环境责任经济联盟报告。

毫无疑问,在激励公司采纳这些原则方面,企业自身利益起到了重要的作用。许多公司和行业团体仅在遇到法律问题和受到强烈且持续的公众批评之后,才开始采纳进取的环境保护政策。也许采纳这些政策的动机之一是，重获公众信任和避免更多的负面宣传。首先，进取的环境政策也使得公司远离麻烦。最终，进取的环境政策可能导致新产品和工艺的产生，而随着环境法规的日益严格，它们可以让企业在市场上赢利。

8.5 应对环境挑战： 可持续性

什么是可持续性？

当代环境运动中的一个主要因素（特别是当它影响工程时），是对可持续性的强调。"可持续性"这个术语是什么意思？根据《美国传统字典》，它意味着"保持存在，维护；延长"。当应用于环境领域时，可持续性意味着不仅保持事物的存在，而且将其维持在大约同一质量或功能水平上。因此，可持续农业不仅保持了土地生产粮食的能力，而且保持了其生产大致相同质量和数量粮食的能力。

最著名的可持续性的定义是世界环境与发展委员会（WCED）的报告给出的，这份报告通常被称为布伦特兰（Brundtland）报告（G. H. 布伦特兰，挪威总理，该委员会的主席）。这份文件并没有定义可持续性，而是将"可持续发展"定义为"既满足当代人需求，又不危及未来子孙后代满足其需求的能力的发展"。[10] 报告确定了可持续发展的五个目标：经济增长、维持经济发展的资源的公平分配、更民主的政治制度、采用更加适应地球生态的生活方式（特别针对发达国家的一个目标）以及保持更加适应地球生态的人口水平（特别针对发展中国家的一个目标）。

181 这份报告试图将发展中国家为了提高生活水平而持续发展经济的需求，与地球资源的有限和子孙后代对可持续性的需求结合起来。通过结合可持续性和发展这两种理念，世界环境与发展委员会表明，可持续性和经济持续发展是可以并存的。一些人否认了这种可能性，甚至坚持认为，"可持续发展"一词结合了两种不相容的思想，因为地球上的资源是有限的。

我们如何构建一个现实（可行）的可持续性的概念？首先，考虑以下两个作者的思想。经济学家罗伯特·索洛（Robert Solow）说道，可持续性是这样一种义务——我们应当以一种能使后代生活得像我们一样好的方式行事："我们传交给后代的是一种生活得像我们一样好的一般的能力。"[11] 索洛并不区分诸如森林之类的可再生资源和诸如碳氢化合物之类的不可再生资源。在他的分析中，他还假定，自然资源（水、碳氢化合物等）和人造资源（人类活动产生的产品）没有区别。另一个假设是资源的可替代性，即总能为我们技术所要求的每种资源和生态系统找到替代品或替换品。例如，也许我们可以用太阳能取代化石燃料。工程师和环境思想家约翰·埃伦费尔德（John Ehrenfeld）将可持续发展定义为"人类和其他生命在地球上可永续蓬勃发展的可能性"[12]。埃伦费尔德对可持续发展的定义也假定可以找到人类所需的所有资源的替代品。虽然如此，这说明了可持续性应该被认为是包括工程师在内的人类应努力的目标或取向。

我们可以把这些定义看作指向一种现实的可持续性的目标,它包括以下要素:①尽量减少对不可再生资源的使用,用可再生资源替代;②仅根据可再生资源再生的速率来利用可再生资源;③设计可回收的产品和工艺,尽量减少废弃物;④促进地球资源和全球范围内的经济发展利益的公平分配。虽然第四个目标似乎超出了工程职业的范围,但它是可持续性的一种重要的实际考虑,因为没有它,社会稳定也许将是不可能实现的。实际上,对大多数工程师而言,前三个目标是最重要的。那么,我们要如何实现这些目标?

生命周期分析

工程项目的大量资金来自美国国家科学基金会(NSF),NSF 在其"研究与创新新兴前沿资助"中强调可持续性。私营企业也发现"绿色"项目越来越有利可图。开发环保产品的最重要的技术之一是生命周期评价(LCA)。[13] LCA 是一个产品或一项工艺"从摇篮到坟墓"全程的环境影响分析——从地球上的原材料获取到产品制造和使用,再到其最终处置。LCA 并不评估很多对企业来讲至关重要的因素,如成本、产品的实用性和市场化,所以它并不针对所有相关的因素进行评估。然而,在许多方面,它对企业是有价值的:做出有关环境影响的决策,向政府机构报告环境影响,宣传环保产品。

LCA 方法由四个部分组成:①在确定目标和范围阶段,界定产品或工艺,评估背景、分析的边界和要考虑的环境影响。分析的边界包括要考虑的地理区域、研究的时间边界以及目前的生命周期和其他技术系统的相关生命周期之间的界限。②在清单分析(inventory analysis)中,列出产品的相关输入和输出,确定并量化能量、水、所使用的材料和环境释放量(包括二氧化碳和其他温室气体的释放)。必须恰当地设计数据收集表格,当然,数据必须准确。数据采集是 LCA 最消耗精力的部分。③在影响评价中,确定并量化与产品相关的对环境的最重大的影响,包括资源使用、人类健康和生态后果以及温室气体排放。在这个阶段,在清单分析中确认能源、水和所用材料对人类和生态的潜在影响是分析的焦点。④在解释阶段,评估前三个阶段的结果以及所做出的假设和假定的不确定性程度,然后选择更优的产品或工艺。

这里有一些应用 LCA 的例子。一项已完成的生命周期分析是关于在都市环境中行驶的公交车队使用的柴油机和在高速公路条件下行驶的卡车车队所使用的柴油机的分析。这一生命周期分析的主要目的是从环境角度出发,确定使用含有乙醇的柴油机燃料而非传统燃料是否有益。[14] 在另一个 LCA 案例中,人们将钢和塑料包装进行比较,以确定哪种包装对环境影响更小,在交付给最终用户后包装会发生什么,以及瑞典和世界其他地区的包装有什么差异。

8.6 环境管护、工程职业主义与伦理

环境问题的出现及其日益凸显的重要性展现出一个反复出现的主题——对自然界的

关照或管护态度的重要性。在这一节中,我们讨论了这一主题以及它对工程职业主义和伦理的影响。

一种环境管护哲学

管家是负责管理、照料财产的人,财产通常是另一个人的,比如国王。管家有两个方面的责任是至关重要的。首先,管家有责任照顾其负责的财产。第二,管家负责的财产是有价值的,通常价值巨大。管家的概念被应用到人类与自然界的关系上意味着人类对自然世界负有责任,自然界具有巨大的价值。

无论是以人类中心主义还是非人类中心主义为根据,管家伦理均可被合理解释。一个持人类中心主义观点的人会说,为了保护人类的健康和福祉,对自然界的关照是必要的。环境衰退和自然资源的浪费会产生健康问题,减少食物产量,限制自然为当代和未来几代人提供物质福利的能力并产生其他不良后果。持非人类中心主义观点的人会说,除了对人类的有用性之外,自然界还具有内在价值。从工程师的实用的角度来看,管家伦理的优点之一是,不需要解决人类中心主义和非人类中心主义之间的争议。重要的是,由于工程师与环境之间的特殊工作关系,他们对关照自然界有着特殊的责任。

虽然有人认为尊重人和功利主义的思想为管家伦理与对自然界的关照提供了理论基础,但在传统的西方伦理学中其并没有得到重视。首先,考虑尊重人的伦理立场。这一立场传统上聚焦于我们尊重作为道德主体的人的责任。从根本上说,它是人类中心主义的:非人实体,更不必说无生命的物体,没有道德主体性。因此,许多西方伦理学家认为,将尊重人的伦理应用到环境问题的唯一途径是通过人类中心主义的途径:由于自然界对于道德主体的重要性,所以我们应该珍视和照料它。道德主体依赖自然界的资源达到他们的目的,甚至为了生活本身。基于这些理由,环境管护是必要的。

站在功利主义的立场看,情况就更复杂了。从 19 世纪功利主义运动开始,功利主义者认为,任何能够体验快乐的存在都应该得到道德考量(体验痛苦的存在就更是如此),因此,许多动物被视为具有道德主体性。将不能够体验快乐和痛苦的动物以及植物和无生命物体包括其中,这是可以得到辩护的,仅仅因为它们对人类福祉重要。然后,功利主义者可以认同,植物、地球、空气和水具有价值,但这个价值仅仅是工具性的。虽然功利主义不是完全的人类中心主义或完全的以人类为中心,但它却无法把内在价值归于自然界本身。如果我们认为,整个自然界都具有内在价值,值得我们的管护,我们就必须超越尊重人和功利主义的观点。发展这种新伦理观是当代环境伦理的一个重要的组成部分。

环境管护和职业义务

因为工程师创造的大量技术既涉及环境退化又涉及环境改善,所以他们对环境有着特殊的职业义务。因此,工程师应该分担对环境问题的责任,他们通常是影响环境的工程项目或活动的直接责任人。工程师设计淹没农田和天然河流的水坝、污染空气和水的化工厂，他们也设计使水电工程不再必要的太阳能系统以及消除排入空气和水中的污染物的污染控制系统。此外，他们通常（或应该）能意识到他们的工作对环境的影响。在影响环境的问题上，如果工程师是道德上负责任的主体，那么他们也应该是好的环境管护职业人员。

一些批评家反对对工程师施加环境责任。一种反对意见是，许多关于环境的判断超出了工程职业的专门知识，并且我们发现，往往这些判断是基于生物科学的。工程师玛丽反对在一块排干的湿地上设计一座工厂，因为她认为，这将导致该地区生态系统不可接受的损害，她其实是在她的专业能力以外的领域做出判断的。不过，玛丽可以基于这一领域的专家证词提出反对意见，或者这些知识可能如此常见并被普遍接受，以至于它不再是专家的专属知识。

另一种反对意见是，对工程师施加大量的环境义务，可能会导致个体工程师与雇主之间的问题。如果工程师认同环境义务，而他们的雇主并不认可，那么在极端情况下他们可能面临着被解雇的风险。这种反对意见表明，工程章程应对不同于组织指令的职业异议提供保护。下述对职业章程的补充体现了这一权利：

工程师有权对他不同意的组织指令表达负责任的反对意见。在可能的情况下，组织不得强迫工程师参与违反其职业义务或个人良心的项目。

工程环境义务的性质和范围仍处于讨论中，可以肯定这些义务将会继续增加。

8.7 本章概要

许多工程章程含有关于环境的声明，但这些声明非常笼统，并且明确表示这些声明是建议，而不是要求工程师采取保护环境的行动。联邦环境法规大部分是在20世纪60年代或之后颁布的，法院认为这些法规是中立的，以平衡环境义务与其他方面的考虑。"清洁"环境的构成标准也有巨大的变化。

在可以被视作环保运动"先驱"的作家中，最具代表性的是利奥波德、蕾切尔·卡森和加勒特·哈丁。在当代环境运动的源起中，他们的作品是非常重要的。在新兴的环境哲学中，几个概念和问题也意义重大：人类中心主义、非人类中心主义、环境公正和我们对未来子孙的义务的性质。

对于日益增长的对环境保护的关切，企业的态度有着相当大的不同。这些态度可以分为三种：低于最低限度者、最低限度者或顺从者以及进取者。而环境责任经济联盟（CERES）原则是商业团体进取态度的一个典范。

工程界对环境保护主义的回应之一是追求可持续性，但其定义却是有争议的。最广为人知的定义是世界环境与发展委员会给出的，它将可持续发展（并非可持续性）定义为

"一种既满足当代人需要，又不危及子孙后代满足其需要的能力的发展"。与提出的其他定义一样，这个定义存在着争议。生命周期分析(LCA)是实现可持续性的途径之一，这是一种评估一项产品或一种工艺"从摇篮到坟墓"的环境影响的方法。它不考虑一些对商业很重要的因素，如成本和市场性。

185

环境管护哲学提供了一种合适的方式来关注工程师面临的环境挑战，它避免了人类中心主义与非人类中心主义之间的争论。然而，环境义务可能使工程师难以面对其雇主。为此，工程章程应该有一个主张职业雇员权利的条款，以使其能负责任地对雇主的政策表达异议。这样的条款还应认可工程师的愿望——避免参与违背他们职业义务的项目，如果实际上能够做到这一点。

8.8 网络上的工程伦理资源

通过访问配套的工程伦理网站，检测你自己对本章材料的理解。这个网站包括多项选择的研究问题、建议大家讨论的主题，有时候还有额外的案例研究以辅助你对本章材料的阅读和研究。

注 释

1. 42 United States Code [USC] sect. 4331 (1982)，note 20.

2. Industrial Union Dept. AFL-CIO v. American Petroleum Institute，448 US 607，642(1980)

3. Natural Resource Defense Council v. EPA，804 F.2d 719 (DC Cir. 1986).

4. Aldo Leopold，*A Sand County Almanac* (New York：Oxford University Press. 1994)，pp. vii，ix.

5. 同上，pp. 224 – 225。

6. 对这个问题的说明参见 David Schmidtz and Elizabeth Willott，"The Tragedy of the Commons" in R. G. Frey and Christopher Heath Wellman，eds.，*A Companion to Applied Ethics* (Malden，MA：Blackwell，2003)，pp. 662 – 684。

7. 这一讨论要感谢玛丽·安·沃伦(Mary Ann Warren)提出的"道德地位"，参见 Mary Ann Warren's "Moral Status" in R G. Frey and Christopher Heath Wellman，eds.，*A Companion to Applied Ethics* (Malden，MA：Blackwell，2003)，pp. 439 – 450。

8. Kristin Shrader-Frechette，"Environmental Ethics" in Hugh LaFollette，ed.，*The Oxford Handbook of Practical Ethics* (Oxford：Oxford University Press，2003)，p. 201.

9. Joseph M. Petulla，"Environmental Management in Industry," *Journal of Professional Issues in Engineering*，113：2，April 1987，pp. 167 – 183. 虽然关于企业对环境的态度的调查现在看来有点过时，但是一位工程界的环境工程同事坚信，行业对环境的响应仍然大致分为这三种。幸运的是，更多的行业似乎已经开始提升环保标准。

10. World Commissionon Environment and Development，*Our Common Future* (Oxford：Oxford University Press，1987)，Cited in Stanley R Carpenter，"Sustainability" in *Encyclopedia of Applied Ethics*，Ed. Ruth Chadwick (San Diego，CA：Academic Press，1998)，pp. 275 – 293.

11. Robert Solow，*Sustainability*：*An Economist's Perspective*．In Dorfman，R and Dorfman，N．(eds.)，*Economics of the Environment*（New York：W. W. Norton & Co.，1991），pp. 179－187．

12. John R. Ehrenfeld，Sustainabililty by Design（New Haven，CN：Yale University Press，2008），p. 6. Italics the author's．

13. 关于对 LCA 的说明，我们要感谢得克萨斯农工大学土木工程学院的罗宾·奥顿里斯（Robbin Autenrieth）教授。 186

14. http：//www.dantes.info/Publications/Publications-info/proj_info_pubLEdiesel.html．

15. http：//www.dantes.info/Publications/Publications-info/proj_info_pubLPackaging.html．

第9章 全球化背景下的工程

本章主要观点

- 国际技术准则的建立已经取得了一些进展。在建立国际行为准则方面,创建"职业主义"这一普遍概念将促进工作的开展。

- 国家间经济、文化、社会的差异有时会造成工程师的"跨界问题"。这些问题的解决一定要避免绝对主义和相对主义,并且应当找到一条位于道德严格主义和道德松散主义之间的路线。

- 本土国、东道国处理在国际工程领域引发的道德困境,无论是不加修改地应用工程师所在国的准则,还是不加审辨地采纳工程师所服务国家的准则,都不是一种令人满意的解决方案。

- 对在第2章中所讨论的解决伦理问题的方法和准则进行调整,使之更适用于在国际舞台上出现的问题。其中涉及的创造性的中间道路的解决方案通常特别有价值。

- 在国际舞台上,工程项目可能会引发许多伦理问题,包括剥削、行贿、索贿、打点、裙带关系、过度送礼、家长主义以及在可协商税金的国家缴纳税金的问题。

沃尔玛是世界上最大的零售商。[1]它在墨西哥取得了在美国本土之外最大的成功。目前,五分之一的沃尔玛商店位于墨西哥。然而,2012年4月的纽约《时代》周刊披露了大规模行贿在沃尔玛墨西哥公司业绩显著增长过程中所起的重要作用。大约自2005年至今,沃尔玛的管理者支出2400多万美元用于行贿,以加速建筑施工许可的审批,降低环保要求,并消除快速扩张面对的其他所有障碍。装有现金的信封会递交给政府官员,包括市长、市议员、城市规划师以及负责颁发许可的低层官员。有些贿款是由中间人传递的,他们会抽取6%作为自己的酬劳。沃尔玛的确将行贿的艺术做到了极致,用假账将贿款隐藏。

行贿的始作俑者之一就是沃尔玛墨西哥公司的前任首席执行官爱德华多·卡斯特罗-
赖特(Eduardo Castro-Wright)。他和其他的高管一步步采取措施隐匿了位于阿肯色州本顿维尔市的沃尔玛总部的钱款。当总部收到大量行贿消息的时候,起初派出了调查员,但后来却停止了调查。涉及行贿的高管没有一人受到纪律处分,而且有人还得到了提拔,其中就包括2008年就任沃尔玛副总裁的卡斯特罗-赖特。

9.1　导　言

虽然上面的故事并没有直接涉及工程师，但它也许说明了美国工程师在其他国家工作时面临最普遍的伦理问题——贿赂，在美国本土工作时也常常如此。然而，正如我们看到的，这绝不是工程师在国际舞台上所面临的唯一问题。目前，工程正在成为一种全球化的职业，美国和其他国家的工程师受雇于世界的各个地方。工程师也纷纷建立了地区性甚至全球性的工程组织，或者达成了某些工程协议。绝大部分组织都致力于工程教育标准和认证标准的标准化，有些组织也建议规范其成员的伦理与职业道德标准。建立全球职业标准是工程国际化的一个重要方面。

本章聚焦于由工程职业全球化所带来的伦理与职业的问题。首先，我们考虑尝试标准化工程教育和技术资格认证，接下来讨论的问题是，是否存在国际职业主义的概念。最后，我们会列举一些工程师在国际舞台上面临的伦理与职业问题。

9.2　国际工程标准的出现

也许制定工程教育标准最重要的一次尝试是签订《华盛顿协议》（Washington Accord）。它签订于 1989 年，是一份机构之间的协议，各机构有权在各自的国家或司法管辖区内授予工程学位。美国工程与技术认证委员会（ABET）代表美国签署了《华盛顿协议》，它负责美国国内工程学位的认证。该协议承认各签约国在工程教育方面的要求"实质性一致"，结果就是各签约国或拥有管辖权的主体都要承认毕业于其他签约国或拥有管辖权主体之授权机构的工程师的学位资格。得到专业认证的工程师不仅要达到技术标准的最低要求，而且要保持他们的能力，并遵守行为规范，即使协议几乎没有说明这些行为规范所应包含的内容。《华盛顿协议》的创始成员有英国、爱尔兰、美国、加拿大、澳大利亚和新西兰。随后签署的成员包括中国香港、南非、日本、新加坡、中国台北、马来西亚和土耳其。

其他协议在相关领域促进了类似的资格互认。2001 年签订的《悉尼协议》针对本科工程学历互认，2002 年签订的《都柏林协议》针对工程技术员学历互认。[2]

一个更加早期的组织——欧盟国家工程协会（FEANI），已经在欧洲建立了个体工程师执业许可的共同标准。FEANI 并不对工程学校给予认证（这是《华盛顿协议》的关注点），而为那些"促进欧洲工程师资格互认，强化工程师的社会地位、角色和责任"的工程师授予"欧洲工程师"（EUR ING）职业头衔。"欧洲工程师"头衔与美国职业工程师（PE）头衔十分类似。FEANI 在 2012 年庆祝其成立 60 周年[3]。

一些国际组织将提升工程职业的道德理想，而不是教育和许可认证放在了突出的位置上。亚太工程组织联合会（FEIAP）的目标是"鼓励将技术进步应用于全世界的经济与社会发展中；将工程发展成为全人类造福的职业；促进世界和平"[4]。拥有 44 个成员的英联邦工程师协会（CEC），致力于"为全人类的利益服务，推动科学、人文与工程实践的发展"。该组织在协议中提到"工程是社会与经济发展的核心。作为工程师，我们要认识到我们的责任，以及与其他职业、与广泛的工程共同体协同工作的重要性"。CEC 也致力于可持续发展。[5]

　　作为一个整体，这些国际组织承诺，既强调预防性伦理，又强调激励性伦理。在促成工程院校认证和个体工程师的高标准执业许可方面，这些国际组织对预防性伦理的关注是明显的。这些标准旨在防止职业不胜任现象的出现，这是预防性伦理所关注的。工程对于经济的发展和生活质量的提升具有重要性，对此的认可反映出激励性伦理的取向。

9.3　国际工程职业主义的概念

　　在工程教育与认证的全球化标准即将形成之时，建立世界性的职业行为规范的进展却并不明显。既然职业伦理通常被认为是基于职业主义概念本身的，那么建立世界范围内的职业行为规范的一个前提条件可能就是对职业主义概念本身的认同。然而，一些伦理学家认为实现这一目标很困难。比如，日本学者伊势田彻二（Tetsuji Iseda）认为"职业主义"是一种并非普遍适用的西方的观点。他认为，例如，"职业"的概念在日本文化中并没历史根基。彻二指出，西方的职业概念是与职业人员和更大的社会之间内在的社会契约的概念密切相关的，根据这一契约，职业人员提供专业的服务并且自我管束，以此换取高额的回报与社会声望。而日本的工程师并没有享有这些优势。他们的报酬比社会科学家低，并没有许多其他专业群体所具有的很高的社会声望。彻二认为，成为一位"职业人员"，对于日本工程师来说似乎具有相当的吸引力，或者足以激励工程师遵守与职业主义相关的高标准的行为，是令人怀疑的。彻二提出，应该通过激发日本工程师对工作本身的自豪感，以替代职业主义，鼓励他们遵守更高标准的行为准则，这是对工程师工作本身的一种内在自豪感的呼吁，而不论其社会认可度如何。[6]

　　鉴于这些问题，能建立一个国际工程职业主义的概念吗？回应这个问题的一种可能的方式就是将职业的概念作为一种社会角色的特例。正如彻二认为的，社会认同是传统职业主义概念的一个重要部分，因此，社会认同的角色是职业主义概念的基础。社会角色是什么？我们可以说，社会角色就是由一系列职责、特权和美德所限定的一种人与人之间的关系，而这些职责、特权和美德的内涵是由这种关系本身决定的。幸运的是，事实上，在每一种文化中，人们对社会角色都有一定的理解，包括对与角色相伴的职责、特权和美德的理解。也许得到最普遍认同的角色就是父母的角色。一方面，父母有责任为他们的孩子提供物质与情感上的幸福；父母有某些特权，如培养孩子早期的宗教信仰和道德信念；而且他们也应具有与父母角色相匹配的某些美德，如照料子女的美德。另一方面，孩子也有遵从父母教导的责任，有权利期望在他们幼年时得到物质和情感方面的照料。他们也应具有某些与孩子角色相匹配的美德，如尊重和服从。

　　父母的角色并不是唯一的得到普遍认同的社会角色。大部分文化都有许多十分明显的、已成为惯例的社会角色：父母、孩子、军官、牧师或其他宗教角色、政府部长和许多其他的社会角色。在印度，传统的种姓制度仍然影响着印度社会，这一制度将特定的角色职责和特权分配给各级种姓，包括工人、战士和祭司。儒家文化尤以其对服从于社会角色之要求的重要性的强调而闻名。下面是孔子对社会角色的恰当行为（即"礼"）的阐述：

> 我所探求的是礼，凡人之所以为人者，礼义也。无礼，我们就不知道如何恰当地遵从宇宙之精神；无礼，就不知如何建立君臣关系、统治者与被统治者的关系、长幼关系；无礼，就不知如何建立道德的男女关系、父子关系、兄弟关系；无礼，就不知如何把握家庭成员不同等级的分寸。这就是一个君子如此敬重礼的原因。[7]

对于许多儒家学者来说，有五种社会角色及相应的美德是重要的：父慈，子孝；兄宽宏，弟谦恭；夫虔诚，妻和顺；尊老，爱幼；君主仁，臣民忠。[8]

社会角色具有以下几个特点：①一种社会角色支持一种在社会中被普遍认同的善行。比如，社会中的大部分人认同父母和子女的关系是一种有利于抚养孩子的关系。②社会角色通常和正式或非正式的社会制度相联系。家庭也许被认为是一种更加非正式的制度，而政府部长却与更加正式的制度相联系。③一种社会角色通常与包含职责、特权和美德的"角色道德"相关联，而这些角色道德又与角色的社会职能相关联。上面提及的父母角色就是一个例子。④社会角色可能会彼此冲突。大多数人同时拥有几种社会角色，而这些角色可能对应着不同的义务。在某些情况下，仅仅是扮演不同角色所需要的时间安排就可能会引发冲突的问题。由于各自所需的时间相互冲突或者其他的原因，一个人作为父母的角色可能就会与他或她承担的雇员角色相冲突。⑤一个人的社会角色可能会与他或她生活中的其他方面相冲突。子女在遥远的城市追求事业的愿望可能会与他或她照顾年迈父母的义务相冲突。

在大多数文化中，人们对社会角色的理解与西方的传统职业主义（包括工程职业主义）概念并行不悖，这是显而易见的。①职业，包括工程职业，在大多数文化中，被视为一种履行社会善的职能。在工程职业中，这种功能包括技术的开发、运行和分配。②像其他的社会角色一样，职业，包括工程职业，是与社会机构相关的。这些机构包括政府机构、各种企业以及职业协会。③职业，包括工程职业，拥有角色道德，这些角色道德是以伦理章程或者其他行为规范的形式来约束从业人员的行为的，并与他们的职业功能紧密相关。比如，对受过高等教育、禁止利益冲突和禁止在专业知识领域之外从业的要求，是包括工程职业在内的大多数职业的伦理的重要内容。这些要求是正当的，因为它们确保了职业人员向客户和雇主所提供服务的质量。④包括工程师在内的职业人员的角色，可能会与其个人所扮演的其他的社会角色相冲突。比如，工程师角色会与他们的雇员角色相冲突。如果雇主要求工程师去做与他的职业人员身份不相符的事情，比如，在公开声明中对技术问题做出虚假陈述，这时工程师便面临工程师角色与雇员角色之间的冲突。⑤职业人员——包括工程师——的角色义务可能会与个人信念相冲突。例如，工程师保护环境的

191

信念会与其职业要求相矛盾。尽管工程伦理规范要求工程师保护环境,但是工程师可能不赞同。

事实上,所有的文化中都有在其社会功能中起着核心作用的社会角色;同理,职业,包括工程,是另一类型的社会角色。如果此命题成立,那么确立一个为全球所接受的"职业"概念及相伴而生的特权、职责和美德,并且把工程作为一种职业,或许是可能的。如何才能鼓励人们将工程作为一种新的社会角色加以接受呢?首先,工程师必须努力说服人们意识到工程在社会中的重要性和价值。工程师应该向公众宣传作为工程工作的结果的新的工程项目,以及新产品和技术设备的重要意义。特别有价值的可能是向公众推广和宣传那些改善公众物质生活水平的项目,如清洁水供应、卫生设施的改善、更好的住房和更高的食物产量。第二,工程师应当设法在本国建立与其职业有关的社会团体,如职业协会和职业管理机构。正如我们所见,现在已经建立了一些这样的机构。第三,工程师应该促进并要求获得高标准的职业教育以及职业实践能力。这些标准包括行为标准,如工程伦理章程中的那些规范。一旦工程师被视为拥有很高声望的社会角色,那么人们可能就会期望工程师做出符合其角色规范的行为。

9.4　面向全球化的工程师行为标准

《华盛顿协议》的目标在于就工程学位标准达成"实质性一致"。在职业主义和行为领域,一些人认为,工程职业的最终目标应该是就工程师的全球伦理标准达成类似的"实质性一致"。然而,不同的文化和伦理传统使得这一目标难以实现。不同的伦理传统往往会产生难以解决的困境,特别是当经济不发达带来的问题使这些困境复杂化时。

两组工程师以一种特殊的方式处理这些问题。一组是美国和其他西方国家的工程师,到美国之外的其他国家或地区工作,特别是去有着不同伦理传统的非西方国家,在那里,他们必须决定如何并且在多大程度上使他们的伦理标准适应新的环境。另一组是非西方国家的工程师,他们试图参照西方的和其他可能与之不同的标准,来为他们自己和本国的其他工程师制定行为标准。为了简单起见,本章将重点介绍美国工程师在进入不同的文化中所遇到的问题,他们有的作为工程师,有的作为管理者。我们称这些工程师面临的问题为"跨界问题"。我们称工程师最初生活的国家(在这个案例中,指美国)为本土国,而称他们前往的国家为东道国。

解决跨界问题的简单方案具有吸引力,但通常让人难以接受。一种简单的解决方案是坚持本土国的价值观和处事方式,不考虑它们与东道国价值观的差距。我们称之为绝对主义方案或帝国主义方案,因为这个方案要求将本土国的价值观导入一个不同的社会。然而,如果将本土国的标准应用在东道国,可能会造成严重的难以处理的问题。例如,收受打点之类的风俗或许随处可见并且在东道国的风俗习惯中根深蒂固,以至于在这些国家不遵从这种风俗,就不可能做成生意。正如与本土国的价值观与行为标准一样,东道国的价值观与行为标准在本土国或许是合理的,只不过互不相同罢了。

与之相对的另一种极端办法是相对主义解决方案，该方案所遵循的规则是"入乡随俗"。采用这一方法，即使东道国的法律、习俗和价值观与本土国的标准完全相反，本土国的公民也必须永远遵守。这种解决方法也会产生严重的问题，甚至可能会导致非法行为。例如，1977 年美国国会通过了《反海外腐败法》(FCPA)，根据该法案，美国公民采取某种形式的行贿以及某种形式索贿的行为均涉嫌违法，尽管这些行为在东道国可能是普遍的。另一个问题是，东道国的某些实践活动是如此令人讨厌，以至于本土国的工程师难以遵从。例如，当地的健康和安全标准也许非常低，以至于会深深地危及工人或工程师自身的健康与安全。

另一个相关的问题是不在于采用什么标准，而在于如何应用道德原则。一个极端是道德松散主义，这种观点认为，在某些情况下，道德原则似乎如此远离现实的情形，以至于不能以任何准确的方式应用于现实，因此，几乎所有的行动都是允许的。[9]因此，道德松散主义者允许严重违反本土国或东道国道德原则的道德问题的解决方案。此外，道德松散主义者所达成的解决方案，在现实中也许就是那些符合个人或公司自我利益的方案。另一个极端是道德严格主义，这种观点认为，无论是本土国还是东道国的道德原则，在任何情境下都必须严格地应用于所有的场景中。[10]虽然一种特定的行为并不理想，但它可能是一个人在这种情境下能做的最好的事情，对于这样的事实，道德严格主义者并不愿意接受。几乎没有什么道德问题的解决方案是落入道德严格主义或道德松散主义这两个极端的。但是理解这两种观点之间的区别，对于理解许多道德问题的解决方案的本质是很重要的。比如，创造性的中间道路解决方案，就是落在这两个极端之间的典型方案。

9.5　全球化工程的伦理资源

下列对资源的描述应被视为工具箱中部分工具的罗列，它们可以用于思考美国工程师应该如何处理在其他文化中遭遇的问题，以及非美国工程师应该如何来构建契合他们工作的标准。在使用这个工具箱的时候，你可以选择解决特定问题所需要的资源，换言之，你可以选择与你的特定任务最契合的工具。

创造性的中间道路

劳拉(Laura)的公司在 X 国经营着一家生产化肥的工厂，工厂所在地的农民勉强糊口。该工厂生产当地农民可以用得起的相对便宜的化肥，但它也产生了相当大的污染——远远超过美国所允许的标准。但这种污染没有违反 X 国的环境标准。治理污染问题将抬高化肥的价格，以至于农民负担不起，或许最终会导致该地区许多人口的死亡。那么美国工程师应该参与这家工厂的运营吗？

一种创造性的中间道路解决方案也许是会选择参与工厂的运营，但努力找到一种更经济的治理污染问题的方法。注意这不是从美国法律和标准的角度出发的极端的道德严格主义者的解决方案，因为它允许有相当大的污染存在，即使这些污染可能会伤害到个人和环境。这也不是极端道德松散主义的解决方案，因为它并不要求完全放弃对环境的关注，或者简单地只考虑自我利益。

黄金法则

当使用黄金法则时，工程师会问："我愿意接受这一行为产生的结果吗?"当要求工程师将自己放在一个文化、经济状况、生存环境和价值观也许完全异于本国的另一个国家的位置上时，这个问题特别难以回答。因此，对于一位身处东道国的工程师，当他使用黄金法则时，这个应用黄金法则的经典问题是特别敏感的，此外，它甚至也会给试图构建他们自己国家标准的工程师带来困难。然而，很难想象一个人会甘心受到剥削，或者心甘情愿地违背早已根深蒂固的道德或宗教信仰，或者受到人身侵犯。相比而言，我们可以设想，如果唯一的选择是完全没有能力购买化肥以及应对随之而来的饥饿风险，那么人们也许会欣然接受来自自己国家的化肥厂相对严重的污染。

普遍人权

目前，包括非西方国家在内的很多国家的人民，都在呼吁人权——从最低限度的生活标准到免除酷刑或政治压迫。我们已经看到，按照尊重人的伦理原则，人权是正当的，因为它能保障个人的道德主体性。功利主义者也经常认为，尊重个人权利会提升人类的幸福和福祉。只有基本权利得到保护，人民才会生活得更幸福。从功利主义的视角来看，权利是实现功利目的的手段，而不在于它本身的价值和它所带来的价值。

"讲人权"已成为一个伦理学话语中非常普遍的词语。衡量"讲人权"的跨文化性质的一个标准就是联合国于 1948 年通过的《国际人权宪章》以及另外两份随后通过的文件《经济、社会和文化权利国际公约》和《公民权利和政治权利国际公约》。[11]这些文件赋予人类以下权利：

- 生命权
- 自由权
- 人身安全权
- 法律面前人人平等
- 公正审判权
- 婚姻权
- 财产所有权
- 思想自由权
- 和平集会和参政权
- 社会保障和工作权
- 享受教育权
- 参加和组建工会权
- 不受歧视权

- 最低生活保障权

它们也确认了不受奴役、折磨、非人道或羞辱的处罚以及不被迫结婚的权利。

值得注意的是,其中的某些权利是我们所称的"积极的权利"。也就是说,它们不仅仅是不受他人干扰的权利,比如不被奴役或者折磨的权利,而且还包括享受某些利益的权利,比如享受教育权、社会保障和工作权。积极的权利不仅要求我们承担不干扰他人的消极的责任,而且还要求我们承担帮助他人享有这些权利的积极的义务。我们大多数人会认为,所有这些权利都是迫切需要的。问题是,它们是否应该被视为权利,还是仅仅是我们们需要拥有的东西。

詹姆斯·尼克尔(James Nickel)提出三条标准来决定一项权利能否作为我们所称的国际权利,也就是说,如果资源和条件允许,每个国家都应该授予其公民的权利。以一般性和抽象性术语而言,国际权利介于由尊重人的理论派生出来的非常抽象的权利和由政府制定的特殊的法律与宪法所保障的更为具体的权利之间。尼克尔提出的国际权利的条件与我们所讨论的最相关的是以下三项:

(1)权利必须保护具有普遍重要性的事物。

(2)权利必须受到实质性的和经常性的威胁。

(3)权利所带来的义务或责任必须是一个国家承担得起的,这涉及该国的资源、该国必须履行的其他义务以及国民间责任的公平分配。[12]

联合国人权清单中的一些权利也许并不适用这些标准。有些国家也许没有经济资源来支持基本教育和生存的权利,无论这些权利是多么值得拥有。或许我们应该说,只有在一个国家能够提供这些权利的情况下,这些权利才是值得拥有的。

促进人类基本福祉

另一个确定伦理问题解决方案是否令人满意的道德考量是该方案是否促进了与此相关的人的福祉。如果一个方案不能促进人的福祉,那么这个方案就不是令人满意的。工程能够促进人类福祉的重要路径之一是经济发展。然而,单纯的经济进步也许并不是一个恰当的评判标准。正如在风险那一章提到的,经济学家阿玛蒂亚·森和哲学家玛莎·努斯鲍姆已经讨论过这一问题。特别是努斯鲍姆提出了一套"人类的基本能力"理论,也就是说,一个人具备享受合理的生活品质的基本能力:[13]

(1)寿命能够达到人类正常水平。

(2)享有健康、营养、居所、性满意和身体活动。

(3)能够避免不必要的和无益的痛苦,拥有愉悦的经历。

(4)能够利用感官、想象、思考和推理。

(5)能够对事物和人形成眷恋。

(6)能够形成善的观念,对个人的生活计划能够进行审辨性的反思。

(7)能够关心他人并参与社会交往。

(8)能够关心自身与动物、植物乃至整个自然界的关系。

（9）能够笑、玩耍、享受娱乐性的消遣活动。

（10）能够过好自己的而不是别人所期待的生活。

根据努斯鲍姆的观点，工程师直接或间接地涉及所有这些对人类福祉有贡献的能力。通过提供清洁用水和污水排放系统，工程师为人类的健康和长寿做出了重要的贡献。化肥生产以及其他对农业的帮助提高了人类自给的能力。技术发展会极大地提升财富，这对于努斯鲍姆提到的其他能力来说是重要的。

工程社团的章程

典型的西方工程章程为造访东道国的个体工程师提供了指导，也为那些东道国的工程师制定适合于自己以及伙伴国的工程师同行的指导方针提供了指导。美国的一些工程章程显然旨在适用于其成员，无论他们生活在哪里。电子与电气工程师协会显然就是一个国际组织。它的章程开篇语就确认"我们的技术在影响全世界人民生活质量方面的重要性"。先前的美国机械工程师协会，如今的美国（国际）机械工程师协会，其章程同样涉及国际环境。1996 年由国家职业工程师协会（NSPE）伦理审查委员会做的一个决定（案例96-5）显示，NSPE 的成员，即使在其他国家，也要受到该委员会伦理章程的约束。这个案例中的问题是，从伦理上来说，美国工程师是否可以留用（retain）一位为了获得合同而向东道国官员行贿的东道国的工程师。该委员会认为，这一行为违反了 NSPE 的章程，并且对于美国工程师而言，参与这样的行为是不符合伦理要求的。

已确立的职业章程可以为在国际舞台中工作而面临伦理困境的个体工程师提供重要的指导。对于想要制定本国章程的东道国工程师，以及正在思考制定国际工程章程可能性的工程师而言，这些章程也具有指导意义。在接下来的部分，我们要考虑这样的工程师可能遇到的一些更具体的问题。

9.6 经济欠发达：剥削问题

剥削，特别是对弱者和易受伤害群体的剥削，是一个严重的道德问题，它尤其可能在经济欠发达的国家发生，那里的工人几乎没有选择工作的机会。按照罗伯特·E.古丁（Robert E. Goodin）的观点，当以下五个条件存在时，剥削的风险就会出现。[14]

- 支配方与从属方或被剥削的一方（通常是经济上）能力上不平衡。
- 从属方需要支配方的资源来保护自己的切身利益。
- 对于从属方来说，剥削关系是这种资源的唯一来源。
- 在这种关系中，支配方能任意控制所需要的资源。
- 对从属方的资源（自然资源、劳动力等）的使用没有给予恰当的补偿。

思考下面的案例：

乔所在的铜巨人公司是世界上最有实力的一家铜矿开采和冶炼公司。该公司控制着世界铜市场的定价,并把竞争对手驱逐出最能赚钱的铜矿资源领域。乔在位于 X 国的铜巨人公司工作,该公司拥有最赚钱的铜矿资源。在 X 国,铜巨人公司以远低于世界市场的价格购入铜,而且它付给工人的工资在全世界采铜及冶炼行业中是最低的。结果,铜巨人获得了巨额的利润。由于该公司向 X 国的政府官员支付佣金,并对世界铜市场有很大的垄断权,所以其他的采铜及冶炼公司无法进入 X 国。X 国极端贫困,而且铜矿资源实际上是 X 国外汇的主要来源。

这个案例符合古丁提出的剥削的五个条件。铜巨人公司在 X 国的雇员与乔所在的公司之间存在着权利的不平衡。X 国的工人极度需要工作,而且 X 国需要外汇。对于 X 国来说,乔所在的公司是唯一(或主要)的就业机会和外汇来源。通过对市场的控制,乔所在的公司便可以随意操控工作机会和外汇。最终,铜巨人公司对 X 国的自然资源和劳动力资源的使用没有给予恰当的补偿。这就是铜巨人公司剥削 X 国及该国工人的范例。

通常,剥削是错误的,因为它违反了若干个我们前面所提及的道德标准和检验标准。它违反了黄金法则,因为在正常情况下,在任何文化中,都难以想象一个人会心甘情愿地成为剥削的牺牲品。它违反了功利主义的考虑,因为它不能满足 X 国公民的最低生活标准,并使 X 国的公民意识不到努斯鲍姆所提及的多种能力。尽管功利主义者可能会为剥削的正当性做论证,因为这是 X 国经济发展必须经历的唯一的道路,这种发展最终将惠及全体公民,但是这种观点是没有说服力的,因为没有这种剥削,经济的发展也必定会出现。

既然在这个案例中所描述的剥削不是正当的,那么我们必须得出的结论是,该案例所描述的情境应该改变。应提高薪水,将铜的价格提高到市场水平,但这样改变或许依然无法向铜巨人公司的雇员提供足够的补偿。在这一点上,创造性的中间道路视角也许会认为这种状态是合理的,因为薪水的进一步提升可能会导致铜巨人公司的破产,或者导致它从这个国家退出。这也许会使 X 国的工人与经济陷入比之前更糟的状况。

大部分真实的情况不是剥削的范例,因为它们并不满足剥削的所有条件。特别地,一家公司也许并不任意控制资源,但却为了支付更高的薪水而提高其产品的价格,这也许会使公司在市场上失去竞争力。一个特定的补偿水平是否是"恰当的",可能会引发理论上、应用上和事实上的问题。薪水也许会低于美国的标准,但仍可以达到东道国的最低生活标准。没有任何章程或一般的陈述可以解决这些问题,但是剥削这一根本问题是个体工程师必然经常面对的问题,也是国际工程章程中值得注意的问题。

9.7　特别待遇的代价: 贿赂问题

贿赂是美国工程师在东道国工作时遇到的最普遍问题之一。为应对这一难题,美国国会于 1977 年通过了《反海外腐败法》。该法案有其限制范围。它仅仅禁止向政府官员行贿,而且允许支付索贿费用以保护已有的财产。贿赂通常是指向政府官员行贿以使其违背法定的义务与责任。比如,贿赂将导致官员做出不按产品自身的价值来购买的决定。

下面是一个关于贿赂的典型案例：

> A公司的执行经理希望向X国的国家航空公司出售25架飞机。这项交易需要得到X国交通部官员的正式批准。执行经理了解到，这位以诚实出名的政府官员可以在别处达成更好的交易，但他也正面临着个人的经济困难。因此，执行经理向这位政府官员提供30万美元的酬金，以促成该国从A公司购买这批飞机。这位官员接受了贿赂，并批准了从A公司订购飞机的计划。[15]

以这个贿赂范例为基础，我们可以给贿赂下一个定义："贿赂是一种向他人给付金钱（或有价物）的行为，作为交换，接受方对行贿者给予特殊的照顾，这种特殊的照顾是与接受方所承担的职责、地位或角色不相符的。"[16]

贿赂也会诱导受贿者给予行贿者不应得的东西。要记住，贿赂预先假定了贿赂必定可以换取某种行为的默契。如果没有这种默契，那么我们很难将贿赂与赠礼或报酬区别开来。

行贿和受贿都是被职业工程章程禁止的，有几条理由予以支持。首先，如果一位工程师接受了贿赂，那么她就很有可能扭曲她的职业判断，并且玷污工程职业的声誉。第二，如果她向他人行贿，那么她就在从事玷污她的职业声誉的活动，而且可能违反了她的促进公众福祉的职责。收受贿赂的人，例如政府官员，因违背为公民或委托方的最大利益而行动的责任，所以涉及犯罪。第三，贿赂行为通过诱使一个人购买并非物有所值的产品破坏市场效率。第四，贿赂行为会给予一个人超出他或她的竞争对手的不公平的好处，从而也就违背了正义和公平竞争的原则。

法学家和道德史权威约翰·T.努南（John T. Noonan）认为，全世界反对贿赂的呼声越来越高。[17]在日本、意大利和其他国家，公众对贿赂行为普遍感到不满。反贿赂伦理正日益在法律中得以具体化。甚至连与贿赂行为有许多相似之处的竞选捐赠也受到越来越多的质疑。虽然在贿赂与奴隶制之间存在着许多的不同，但是依然有理由认为，正如曾经一度被认可的奴隶制现在受到普遍的谴责一样，同样地，即使贿赂现在依旧发生着，但在道德上其越来越不被接受。因此，应该避免贿赂这样的事。至少在大多数情况下，没有可接受的创造性的中间道路。

9.8 为应得的服务付费：索贿与打点问题

索　贿

许多似乎是行贿的行为实际上是索贿的案例。我们将前文所描述的A公司执行经理的案例稍做修改。假设他向X国有权批准为国家航空公司购买飞机的官员提供了一笔最好的买卖交易。然而，执行经理知道，除非他向那位官员提供一大笔现金，否则他的竞标甚至不会被考虑。送出钱款不能保证 A 公司得到合同,仅表示投标至少会被考虑。如果执行经理支付现金,那么他是在支付索贿,他的作为不是行贿。

与行贿相比,给索贿建构一个定义更困难。这里我们推荐一个并不完善的定义:"索贿是指这样一种行为,索贿者以对某人造成伤害(索贿者无权施予的伤害)相威胁,来获得他自己并无权优先获得的利益。"[18] 这个定义并不全面,因为一些没有被该定义所涵盖的行为仍然是索贿行为。例如,索贿的情况可能是这样的:如果有人威胁要揭发某位政府官员的不端行为,除非官员肯付给他一大笔钱——即使这种对官员的揭发在道德和法律上都是容许的。然而,我们发现,不可能赋予索贿一个全面的定义。我们所能说的是,上面提供的定义给出了索贿的一个充分条件,虽然它不是一个必要条件。

有时很难知道一个人是在行贿还是在索贿。一位海关检察员向商人索要回扣,才会批准他的一批货物进入该国,否则这位检察员可能会说这批货物并不符合该国标准。因为法律是如此的复杂,以至于我们也许很难知道海关官员是否在说谎,查清楚的成本太高了。在这个案例中,如果这位商人决定支付回扣,那么她或许也不知道这是在行贿还是被索贿。当然,商人的公司不努力去寻找真相可能是不负责任的。[19]

许多臭名昭著的腐败案件似乎就位于行贿和索贿的边界上。比如,在 1966 年至 1970 年间,海湾石油公司曾向韩国执政的民主共和党支付了 400 万美元。这导致海湾公司认为其在韩国的持续发展依赖于这笔钱。如果这笔钱给海湾公司带来的是优于竞争对手的特殊待遇,那么支付这笔钱就是行贿。如果他们的任何一个竞争对手都被要求付这笔钱,以作为消除不当报复或限制的条件,那么索要这笔钱就是索贿。[20]

支付索贿的道德状况与行贿、受贿的道德状况并不相同,有如下几个理由。第一,支付索贿通常不会被索贿者扭曲职业判断,而贿赂经常会扭曲接受者的职业判断。第二,虽然支付索贿会玷污某人的职业声誉,但可能也不如贿赂那么严重。职业人员可以辩称,为了维持生意不得不支付索贿——也就是说,他是一个牺牲者,而不是罪犯。第三,支付索贿不会使人做出有悖于其雇主或客户最大利益的行为,例如,选择一种次品。不过,这也许涉及无效地使用雇主或者客户的资金。第四,虽然支付索贿不会以购买某种劣质的或更昂贵的产品的方式来破坏市场效率,但它确实没有发挥资金的最佳效用。第五,除了那些不愿意拿或拿不出索贿资金的人,支付索贿并不给某人优于其他人的不公平的好处。有时,支付索贿是在一个国家做生意的条件。假设这种生意对于本土国和东道国都有利,而且也并不严重违反其他道德准则,那么支付索贿也许可以算是正当的。

打　点

200

打点通常用来加快官员例行决策的速度,比如加快货物通过海关或者加速审批流程。与许多行贿或者索贿的资金相比,打点通常涉及相对小额的资金。在本章开篇时提到的沃尔玛管理者的案件里,某些支付款项也许属于打点——某些数额巨大,以至于将其归为贿赂更为合适。如果打点是为了让合法的货物通关或者避免在审批流程中过分的甚至近乎无限期的拖延,那么打点就是小额索贿的形式。如果是为了让非法货物通关,或者是插队排在"队伍的第一名",这样对其他人是不公平的,那么这种打点就是小额行贿。有时打点是政府默许的。比如,许多国家的政府官员薪水很低,政府可能假定这些官员会收受打点作为薪水的补充,就像雇主假定服务员是用小费补充薪水一样。

在此,道德严格主义者可能会认为,打点是不被允许的,而且如果薪水足够,打点就会消失,这样肯定会更好。薪资的支付将会公开,而不是像大多数打点那样是私密的。此外,正如我们所见,打点有时与贿赂相似,因为它们使付款人可以得到他或她本不该得到的特殊关照。如果一个人不是道德严格主义者,那么他或她有时也许会发现,若不严重违反其他的道德标准,打点有时还是可以接受的。

9.9 家庭单元的延伸: 裙带关系问题

在世界上的许多地区,社会的基本单元并不像现代西方社会那样是个人,而是一些较大的群体。这些较大的群体也许是家庭的延伸,包括兄弟姐妹和他们的家人、姑、姨、伯、叔、舅及堂、表兄弟姐妹等。这些群体甚至可能更大,譬如一个部落。群体中成员间的关系是一种相互支持的关系。如果群体的一位成员发生了不幸的事,那么其他成员就有照顾他或她的义务。同样,如果群体的一位成员交了好运,那么他或她也有义务为他或她的亲戚找工作——也许是兄弟或者姐妹,也许是他们的配偶或者子女。不过,这种风俗也许会给公司带来难题。考虑下面的例子,它是以真实案例为原型的。[21]

你在印度的一家钢铁公司工作,这家公司有一项倾斜性的补偿政策,承诺可以雇用雇员的一个孩子。在有为自己的孩子和延伸家庭的成员提供工作的传统的国家中,这一政策是非常普遍的。但是,对于你,这种政策意味着裙带关系,而且与雇用最有资质申请者的更合理的政策相冲突,你应该怎么办?

如果一个人不是道德严格主义者,那么他或她也许会认为这是一个可以接受的创造性中间道路解决方案。在所有的情况下,雇用最有资质的申请者的政策肯定是最合理的政策,因此,很显然,这是一种选择。雇用雇员家庭的许多成员,而不论其资质,是不可接受的,因为这会严重损害经济效益。这一政策也严重违反了正义的原则,侵害了其他申请者不受歧视的权利。相比之下,仅仅雇用一位家庭成员的政策,似乎是一种可以接受的创造性中间道路解决方案。对于生活在以传统为导向的文化中并对坚定信仰传统文化的许多人来说,这种方案是一种妥协,而且它促进了工作场所的和谐(也许这种和谐也提高了经济效益)。这一解决方案再次表明,在道德严格主义和道德松散主义之间采取中间道路解决方案的必要性。

9.10 生意和友谊: 过度送礼问题

在许多文化中,商业关系是建立在人际关系上的。两人首先成为朋友,然后他们一起做生意。"别把生意和娱乐混为一谈",这条通常被西方接受的规则,似乎是冷酷和无人性的。友谊经常由礼物来巩固——表达感情和信任的方式就是送礼。

对于许多西方人来说，贵重的个人礼物更像是贿赂。有没有一条创造性的中间道路来解决这个问题呢？杰弗里·法迪曼（Jeffrey Fadiman）的建议是：给团体送礼而不是个人。他举了一个例子，一家公司在一块荒凉的土地上种植了大量树木，以此作为礼物送给团体。在另一个例子中，一家公司向一个实行公园里严禁捕杀动物的法律的国家提供车辆和零配件，这些礼物表达了美好的愿望，并没有向个人行贿。当然，对于某些人来说，这些礼物与贿赂还是有许多共同之处的，即使它们确实不是贿赂的范例。像贿赂一样，它们是通过赐予恩惠来施加影响的。不过，与贿赂不一样的是，送礼是公开的而不是私密的，而且并不是赠予个人。除非一个人是道德严格主义者（即主张在任何意义上任何像贿赂的行为都是错误的），否则这样的解决方案在某些环境下可以以最低限度的方式被接受。一条道路是避免贿赂的道德要求，另一条道路指向在东道国达成令人满意的生意目标，而送礼是这两条道路之间创造性的中间道路。然而，既然这种做法与贿赂有一些相同的特征，因此，我们就不能认为，它是一个完全令人满意的解决方案。

与以上情境相反，有时赠予个人的礼物至少以美国的标准来看是很贵重的。在东道国看来是一份"正常"的礼物，也许以美国的标准来看其就是"过分的"。设想一下，X 国的富人按照惯例相互赠送贵重的礼物，作为友谊和尊重的象征。因为每个人都是例行地礼尚往来的，所以他们并不期待任何特别的恩惠。对于一位在 X 国工作的工程师而言，这种行为是可以接受的吗？

下面是一些相关的考虑。第一，我们必须在东道国调查赠送礼物的惯例，以东道国的标准来判断这个礼物是否"过度"。如果礼物符合东道国的日常标准和惯例，那么赠送礼物者可能就没有期待得到任何特殊的恩惠。第二，我们必须牢记禁止过度送礼以避免奉迎特殊的喜好以及因此产生的商业竞争中的不公平。不违反这个意图，这是工程师主要考虑的一个因素。得克萨斯州仪器公司（TI）制定了一个有关在非美国国家馈赠礼物的政策，似乎具体化了这两方面的考虑。

TI普遍遵守以保守的规则管理礼物的赠送和收受。然而，在美国，我们对于昂贵礼物的定义可能与世界上其他地方海关的规定是不同的。我们曾以美元来规定礼物的限制，但在处理国际事务时这一做法是行不通的。因此，相应地，我们强调赠送礼物应遵循该原则：不应为了赢得交易或暗示应得到相应补偿，以让收受方感到过分压力的方式赠送礼物。[22]

我们认为，这一政策在道德上是可接受的。这是居于下述两者之间的一条创造性的中间道路：一方面，直接拒绝东道国的惯例可能会导致在那里做不成生意；另一方面，明显地进行贿赂。

9.11 技术科学素养的缺失：家长主义问题

在工业化程度低的国家中，由于公民受教育水平较低，而且在日常生活中一般接触不到技术，因此，他们容易误解许多与技术相关的问题，特别是那些与风险、健康、安全与环境有关的问题。这种状况会诱发剥削或者家长主义。当个体（包括工程师）、政府或企业利用这种无知来谋取他们自己的私利时，剥削就出现了。比如，当工人没有意识到危险时，他们可以采取让工人暴露在不必要的健康和安全风险中的政策。

当个体（包括工程师）、政府或企业为了他人的利益，但又无视他人的能力，来决定他们应该（或不应该）做什么时，家长主义就出现了。无视他人的决策能力是为了保障他人的利益，这是家长主义而不是剥削。家长主义的行为动机和剥削的动机很不相同——关心他人而不是利益。然而，家长主义行为会引发严重的道德关切，因为它会无视他人的决策或者至少他人决策的能力。

我们称为他人做出决定的人为家长主义者，称家长主义行为的对象为接受者。在此，举一个家长主义的例子。罗宾（Robin）的公司在 X 国经营一家菠萝种植园。在工人健康维护方面，公司存在着诸多问题。罗宾确定工人健康问题的一个主要依据是，他们居住的传统村庄的卫生条件不符合要求。为了解决这个问题，罗宾要求工人们离开他们居住的传统的村庄，搬到统一修整过的街道上的规格一致但面积较小的单元宿舍中。他认为，工人受到"教育"后，会理解不卫生的传统村庄与疾病高发之间的关系，而且会欣赏新的居住环境的优点。然而，工人们却拒绝了这一要求，因为新的居住环境很单调乏味，而且会打乱他们传统的生活方式。

为了讨论罗宾行为的道德状况，我们必须区分强家长主义与弱家长主义。在弱家长主义看来，当有理由认为接受者不能有效地履行其作为道德主体的职责时，家长主义者就会无视接受者的决策权力。而在强家长主义看来，即使没有理由认为接受者不能有效地履行其作为道德主体的职责，家长主义者也会无视接受者决策的权力。这通常是因为家长主义者认为，接受者只会做出"不好的"决策。当然，家长主义者是根据他或她自己的价值观来解释什么是"好"或"不好"的。在这两种情形中，正如家主义者所认为的，他们是为了接受者的好而无视接受者的决策权力的。

从功利主义和尊重人的角度来看，弱家长式有时是正当的。从尊重人的角度来看，弱家长主义行为保护了接受者的道德主体。在对接受者施加家长主义控制的时候，家长主义者会真正地去保护接受者的道德主体，而不会破坏它。从功利主义的角度来看，接受者或许没能理性地行动，家长主义者的行为可以为接受者，也许还为其他人带来更好的福祉。

如果以下的任何一种情况出现，那么一个人也许就不能有效地履行道德责任了，因此，下列任何一种情况都足以说明弱家长主义的正当性：
- 一个人可能处于过度的情绪压力下，因此他或她不能做出理性的决策。

● 一个人可能对他或她行为的后果一无所知,因此他或她不能做出真正明智的决策。

● 一个人也许过于年轻,以至于无法理解与他或她的决策相关联的因素,因此他或她不能做出理智的知情决策。

● 家长主义者或许需要时间来确定一个人是否做出了自由和知情同意的决策,因此,在可以确定接受者会做出自由和知情同意的决策之前,家长主义者有正当的理由采取干预措施不让接受者做出任何决策。

站在强家长主义的立场上,我们假定接受者会做出自由和知情同意的决策,但站在家长主义者的立场上,假定的却是,接受者不会做出"正确"的决策。从尊重人的角度看,强家长主义可能是不正当的,但从功利主义的视角看,有时其却是正当的。功利主义观点认为,接受者不会做出使他或她的自身利益(或全体利益)最大化的决策,即使他或她也许认为自己做出的是正确的决策。

现在我们回到上面那个例子中。从给出的简短描述中,我们并不清楚,罗宾持强家长主义还是弱家长主义。如果工人不能充分理解他们传统村庄的生活方式与健康风险相关,那么罗宾强制他们搬进更卫生的村庄,就是在实施弱家长主义的行为。如果工人确实理解了相关后果,但仍然偏爱有更大疾病风险、甚至更缺乏疾病防控的传统生活方式,那么罗宾就是在实施强家长主义的行为。从道德立场上看,与弱家长主义相比,强家长主义更难被认为是正当的(因为它无视道德主体的决策权力),所以证明罗宾行动是正当的举证责任就要大得多。

在工业化程度低的国家中,公民可能特别容易体会到弱家长主义的合理性,甚至有时也容易体会到强家长主义的合理性。低水平的受教育程度和技术素养会使得低工业化国家的公民更不可能为自己的福祉做出负责任的决策。在这样的情况下,一个有理智的人也许会愿意接受家长主义,而且在少数情况下,接受者甚至其他许多人的总体福祉能为强家长主义做出辩护。

在以下这个例子中,弱家长主义可能是正当的。约翰受雇于一家在 X 国售卖婴儿配方奶粉的大公司,该公司是 X 国唯一的一家售卖婴儿配方奶粉的公司。许多母亲用受到污染的水来冲泡奶粉,因为她们不知道这对婴儿健康的威胁。为了省钱,她们把奶粉过度稀释,没有意识到这会导致婴儿营养不良。约翰建议公司在 X 国停止售卖该产品,管理层赞成并停止了在 X 国出售该产品。 204

在这个案例中,至少存在一种使弱家长主义对行为后果的无知正当化的情况是令人满意的,因此,终止初生婴儿配方奶粉的售卖——剥夺了 X 国母亲对于使用的初生婴儿配方奶粉的选择——是能获得辩护的。有充足的证据表明,母亲没有能力以自由和知情同意的方式履行她们的道德主体责任。

9.12　不同的商业惯例：协商税金问题

有时,东道国的商业惯例会给美国工程师,或许也会给东道国的工程师带来困扰。考虑下面的案例,它阐释了许多国家的情况。詹姆斯为在 X 国的一家美国公司工作,以过高的税率征税是该国政府的惯例,因为政府希望公司只申报它们实际利润的一半。如果公司如实申报利润,那么重税将强迫公司退出。詹姆斯的公司正考虑是否应当采取这种不诚实的向 X 国政府申报利润的地方惯例,因为这种行为在美国是违法的。无论怎样决策,公司都会继续诚实地向美国政府申报它的利润。

X 国的这种惯例可能不是最好的征税方式。既然有些公司希望通过谈判得到比其他公司更低的税款(尤其是如果他们向官员行贿),所以在磋商的过程中可能会打开一扇贿赂之门,遭致对税额的不公平的评垢。无论怎样,詹姆斯的公司仅向 X 国政府申报一半的利润的做法,只要不违反公司的内部政策,并且公司不向美国政府报告不准确的利润数额,那么这在道德上或许是被允许的。[23] 既然公司愿意看到其他公司也这么做,那么这种行为并没有违反黄金法则。假设公司在 X 国的工作让其雇员和公民受益,那么这种行为就并没有严重违反任何人的权利,而且可能会比任何其他选择产生更多的整体利益。再者,虽然这种征税方式也许不是最令人满意的,但它却负担了 X 国政府合法活动的经费。这种行为不是秘密的,因为每一家在 X 国生存下去的公司都知道并且遵从这一惯例。

9.13　本章概要

在迈向全球化的过程中,工程职业试图为技术教育建立国际化的标准。1989 年签署的《华盛顿协议》,试图在成员间建立工程教育方面"实质性一致"的要求。一个更早的组织,欧盟国家工程协会(FEANI)在欧洲建立了个体工程师执业许可的共同标准。其他的国际组织已开始强调工程师的社会责任。

205　　　然而,为职业行为建立国际标准的进程要慢许多。要建立这样的标准,那么拥有一个国际认可的职业人员的确切概念就是十分必要的。即使"职业"的概念是一个西方的概念,但这个概念依然有国际化的可能,因为职业道德是角色道德,而且所有文化似乎都认为角色(比如父母)有与之相伴的责任和义务。

工程师在跨越文化边界时所面临的问题被称为跨界问题。简单地将自己的价值观输出到其他文化中,或者不加评价地接受其他文化的标准,都无法轻松地解决问题。不过,在解决跨界问题时,第 2 章所述的伦理资源非常有用,特别是如果以谨慎的态度应用这些资源。在解决跨界问题时,创造性的中间道路特别有帮助,但诉诸黄金法则、普遍人权、努斯鲍姆提出的人类福祉的必要条件以及工程章程,也很有价值。

工程师在国际环境中所面对的另一个问题是对易受害人群的剥削。贿赂,指通过支付钱财来获得与一个人的职责、地位或角色不相符的特殊关照,这也许是最普遍的问题。支付索贿,是为自己值得获得的东西支付钱财,或许在道德上它的严重性要低于贿赂。打点是钱财或者有价值的东西的小额交易,它或许是行贿,或许是索贿,这取决于具体情境。

即使家庭成员并不是最有资质的,许多国家的惯例和传统也要求家庭成员为其他家庭成员提供工作保障,有时可以用创造性中间道路的方式解决这种裙带关系的问题。在许多文化中，常见的赠予贵重礼品的惯例，也许并不一定涉及行贿或索贿。为了适应这种惯例，可能得赠送比美国允许的礼物贵重得多的礼物，但礼物一定不能用于贿赂。技术—科学素质的缺失会导致家长主义的行为，这种行为通常是有问题的。一般而言，弱家长主义比强家长主义更容易被认为是正当的。最后，协商税金的惯例会导致贿赂和其他形式的滥用权力，但不应全盘否定这一惯例。

9.14　网络上的工程伦理资源

通过访问配套的工程伦理网站，检查你自己对这一章材料的理解。这个网站包括多项选择的研究问题、建议大家讨论的主题，有时候还有额外的案例研究以辅助你对这一章材料的阅读和研究。

注　释

1. http：//www.nytimes.com/2012/04/22/business/at-Walmart-in-mexico-a-bribe-inquiry-silenced.html? pagewanted＝all.

2. http：//www.washingtonaccord.org.

3. http：//www.feani.org/sne/.

4. http：//www.feiap.org/.

5. http://cec.ice.org.uk/.

6. Tetsuji Iseda，"How Should We Foster the Professional Integrity of Engineers in Japan：A Pride-Based Approach，" *Science and Engineering Ethics* (2008)，14：165 – 176.

7. Lin Yutang，*The Wisdom of Confucius*，(The Modern Library，Random House，1938)，p. 216. Quoted in John B. Noss，*Man's Religions* (New York：Macmillan，1956)，p. 348.

8. 同上，p. 351。

9. James F. Childress and John Macquarrie，eds，*The Westminster Dictionary of the Christian Church* (Philadelphia：Westminster Press，1986)，p. 499.

10. 同上，p. 633。

11. *The International Bill of Human Rights*，with forward by Jimmy Carter (Glen Ellen，CA：Entwhistle Books，1981). No author.

12. James W. Nickel，*Making Sense of Human Rights：Philosophical Reflections on the Universal Declaration of Human Rights* (Berkeley：University of California Press，1987)，pp. 108 – 109.

13. Martha Nussbaum and Jonathan Glover，eds.，*Women，Culture，and Development* (Oxford：Clarendon Press，1995)，pp. 83 – 85.

14. Robert E. Goodin，*Protecting the Vulnerable：A Reanalysis of Our Social Responsibilities* (Chicago：University of Chicago Press，1985)，pp. 195 – 196.

15. 这一案例对迈克尔·菲利普斯(Micheal Philips)的《贿赂》("Bribery")的改编，出自 Patricia Werhane and Kendall D'Andrate，eds.，*Profit and Responsibility* (New York：Edwin Mellon Press，1985)，pp. 197 – 220。

16. Thomas L. Carson，"Bribery，Extortion，and the 'Foreign Corrupt Practices Act，'" *Philosophy*

and Public Affairs,14：1,1985,pp. 55－90.

17. John T. Noonan,*Bribery* (New York：Macmillan,1984).

18. Carson,"Bribery,"p. 73.

19. 同上,p. 79。

20. 同上,p. 75。

21. 要了解这个案例及相关的讨论,参见 Thomas Donaldson and Thomas W. Dunfee,"Toward a Unified Conception of Business Ethics：Integrated Social Contract Theory," *Academy of Management Review*,,19：2,1994,pp. 152－284。

22. http：//actrav-english/teleam/global/ilo/texas.htmll

23. 要了解具有相似结论的一个类似的案例,参见 Thomas Donaldson and Thomas W. Dunfee,Ties that Bind：*A Social Contracts Approach to Business Ethics* (Boston：Harvard Business School Press,1999),pp. 198－207。

案　　例

　　这里列出的案例可与第1～9章的材料结合使用,它们的长度、复杂度和目的各不相同。其中有些案例呈现了一些真实事件和情况;还有一些是虚构的,但反映的情况却很真实。有一些关于工程师个体的伦理问题,另一些则主要关注工程师工作的公司或机构。有些案例,如案例44"女性在哪里?"专注于工程职业中的一般问题;还有一些案例从个人视角和集体视角关注像全球变暖之类的大规模议题,以及这些议题给工程师带来的挑战和机遇。有些案例关注的是不道德行为和不负责任的行为,还有些案例阐释了工程实践的典范。在后文中,我们将依据主题对案例进行分类。

　　本书不包括前几版中提到的许多案例。但它们中的大多数,以及其他许多案例,很容易在网上找到。在线伦理中心(www.onlineethics.org)和得克萨斯农工大学的工程伦理网站(www.ethics.tamu.edu)有迈克尔·S.普理查德(Micheal S. Pritchard)等人所著的《工程伦理:一种案例研究方法》,这是在美国国家科学基金会项目赞助下完成的。它包括了30多个案例及其评注。得克萨斯农工大学工程伦理网站呈现了这些案例的原本形式,并根据其主要的主题(如安全与健康、利益冲突和诚信)对案例进行了分类(这些案例摘录于1992年NSF赞助的"工程伦理案例研究"),还包括普理查德的一篇引论。在线伦理中心提供了相同的案例,但有不同的标题,以及关于每个案例的简短评述。由查尔斯·E.哈里斯(Charles E. Harris)和迈克尔·J.雷宾斯(Micheal J. Rabins)指导的两个NSF资助项目中的案例和论文都能在得克萨斯农工大学网站上找到。也可以访问在线伦理中心获取得克萨斯农工大学提供的数字和设计问题及工程伦理案例。这些内容位于标题"专业实践"及其下级标题"案例"之下。在线伦理中心的大量案例和文章可以与本书结合使用。工程实践中的职业伦理——基于NSPE BER案例的讨论(Professional Ethics in Engineering Practice:Discussion Cases Based on NSPE BER Cases)非常有趣,它包含职业工程师协会伦理审查委员会提供的案例和评论。这些内容出现在标题"专业实践"及其下级标题"案例"(来自NSPE的讨论案例)之下。

网络上的工程伦理资源

　　通过访问配套的工程伦理网站,检查你自己对本部分材料的理解。这个网站包括多项选择的研究问题、建议大家讨论的主题,有时候还有额外的案例研究以辅助你对本章材料的阅读和研究。

案例列表

案例分类表

212

案例1

阿伯丁三人

阿伯丁试验场是美国陆军的一个兵器试验机构，美军在这里进行化学武器的开发及其他研究项目。自第二次世界大战以来，美国陆军就在这里开发、测试、存储并处理化学武器。在 1983 年至 1986 年的定期检查中，如今被称作试验工场（Pilot Plant）的那部分试验设施暴露出严重的问题。这些问题包括：

- 易燃和致癌物质露天存放；
- 混合后可致命的化学药品被放置在同一个房间里；
- 盛装有毒物质的圆桶正在发生泄漏。

到处都是化学药品——放错地方的、没有标签的或者包装不严的。屋顶发生局部崩塌，砸碎了若干存储化学药品的圆桶，好几个星期都没有人来清理或移走泄漏的物质以及破损的容器。[1]

一个盛有硫酸的露天储存池泄漏了 200 加仑酸到附近的河里，州和联邦的调查员奉命对此进行了调查。他们发现该化学药品储存池处于破损状态，并且设计用来储存和处理有害化学物质的设备系统也已经被腐蚀，因而导致化学药品泄漏到地面。[2]

1988 年 6 月 28 日，经过两年的调查之后，三位化学工程师——今天被称作"阿伯丁三人"的卡尔·杰普（Carl Gepp）、威廉·迪伊（William Dee）和罗伯特·伦茨（Robert Lentz）——因为违法操作、分类和处置有害化学废物，触犯了《资源保护与回收法》（RCRA）而受到刑事指控。虽然这三位工程师并没有直接处理这些化学药品，但他们是对这起违法事件负有最终责任的管理者。司法部的调查员认定，在试验工场中，他们是充分了解这些问题并对此违法行为承担责任的最高级别的负责人。这三位工程师是有能力的专业人员，在美国的化学武器开发中扮演过重要角色。威廉·迪伊是双化学剂合成神经毒气弹（binary chemical weapon）的开发者，领导着化学武器研发团队，罗伯特·伦茨负责开发用以制造这些武器的工艺过程，卡尔·杰普是迪伊和伦茨手下的试验工场的一名管理人员。

在提起公诉 6 个月后，司法部把三位被告送上了法庭。每位被告被指控犯有违法存储和处理有毒废物等四项罪行。威廉·迪伊在其中一项指控上罪名成立，伦茨和杰普在其中三项指控上罪名成立，而每一项罪名都违反了《资源保护与回收法》。虽然每个人面临最高达 15 年的监禁和 75 万美元的罚款，但是，他们最后只受到了 1000 小时的社区服务、缓刑 3 年的判决。法官认为，相对从轻的判决是正当的，因为被告具有较高的社会地位，而且他们实际上已经支付了巨额的审判费用。由于这三位工程师受到的是刑事起诉，所以美国陆军无法向他们提供法律保护。这是第一例依据《资源保护与回收法》对联邦雇员进行刑事定罪的案例。

大挖掘隧道的坍塌[3]

2006 年 7 月 10 日,一对夫妇驾车穿行在波士顿大挖掘隧道系统(the Big Dig tunnel system)的一个连接隧道中。该系统修建了在波士顿市中心下方运行的 93 号州际公路,并将马萨诸塞州的收费公路延伸到了洛根机场。当那辆汽车经过时,一块悬挂着的混凝土天花板从上面掉下来,至少 26 吨重的混凝土块砸向汽车。妻子当场死亡,丈夫受了轻伤。次日,马萨诸塞州总检察长办公室向涉事的大挖掘项目的相关人员发出传票。不久后,联邦调查就开始了。

美国国家运输安全委员会(NTSB)于一年后发布了对该事件的调查报告,报告重点关注的是被用来将混凝土面板和硬件固定在隧道天花板上的锚固用环氧树脂,该产品是由鲍尔斯紧固件公司(Powers Fasteners,Inc.)推向市场并分销的。这是一家专门生产和销售混凝土类、砖石类和钢类锚定和紧固材料的公司。

调查人员发现,鲍尔斯公司销售两种环氧树脂——标准型和快速型。后一种即快速型环氧树脂,被使用在塌落的天花板中,它容易受到"蠕变"的影响,这个"蠕变"的过程就是通过环氧树脂的变形,使支撑锚自由拉伸而完成的。调查人员得出结论,正是这个过程导致了 2006 年 7 月 10 日那块天花板的掉落。

根据 NTSB 的报告,鲍尔斯公司知道快速固化的环氧树脂是容易蠕变的,因此其仅适用于短期的负荷承重。鲍尔斯公司在营销这些材料时,并没有对此做出明确的区分——这些材料正是向隧道工程管理人员和工程师销售的材料。报告还提到"对于该公司的快速固化环氧树脂是否能够维持长期的张力负荷,鲍尔斯公司并没有向主干道/隧道项目提供足够完整、准确和详细的信息"。该报告还指出鲍尔斯公司未能鉴定出 1999 年大挖掘隧道系统中发现的、使用快速固化环氧树脂所引起的蠕变所导致的锚位移。

基于 NTSB 的报告,鲍尔斯公司在仅仅几天之后就收到了马萨诸塞州总检察长办公室递交的过失杀人起诉书。起诉书指控"鲍尔斯公司有足够的知识和机会来预防致命的天花板坍塌,但它却未能做到"。

NTSB 还指出了这一事件的其他责任来源(虽然没有另外的起诉)。它认为,建筑承包商——甘尼特·弗莱明公司(Gannett Fleming,Inc.)和贝切特/皮尔森·布林克霍夫(Bechtel/Parsons Brinkerhoff)未能谨慎考虑长期负荷条件下的蠕变可能性。该报告指出,人们本应该要求这些相关部门在进行荷载试验之后再使用该黏合剂,而且马萨诸塞州高速公路管理局本应定期检查隧道的各个部分。它宣称,如果管理局真的进行过这种检查,那么蠕变可能早已被发现,如此便可避免灾难的发生。

该报告还向大挖掘隧道事件中的相关部门提供了一些建议。对美国土木工程师协会,报告提出如下建议:

以 2006 年 7 月 10 日在马萨诸塞州波士顿市所发生的事故状况,通过你单位的出版物、网站和会议等适当的媒介,向你单位的成员强调:必须在评估锚固黏合剂的蠕变特点之后,才能将这些锚固黏合剂应用于长期的张力负荷中。

工程师必须对项目中所使用的各种材料和工艺过程做到何种程度的了解,才能确保安全? 如果知识储备不足是大挖掘隧道坍塌的部分原因,那么这种理解如何能特别有效地帮助工程师在今后避免类似事件的发生? 工程师还能采取什么措施避免类似的灾难发生?

参考文献:

216

1. National Transportation Safety Board,Public Meeting of July 10,2007,"Highway Accident Report Ceiling Collapse in the Interstate 90 Connector Tunnel,Boston,Massachusetts," July 10,2006. 此文可以在线查看,网址为 www. ntsb.gov/ Publictn/2007/HAR－07－02.htm。

2. The Commonwealth of Massachusetts Office of the Attorney General,"Powers Fasteners Indicted for Manslaughter in Connection with Big Dig Tunnel Ceiling Collapse." 此文可以在线查看,网址为 www. mass.gov。

案例3

桥[4]

2007 年 8 月 1 日,明尼苏达州明尼阿波利斯市横跨密西西比河的 I－35W 大桥在交通高峰时段坍塌,造成 13 人死亡和大量人员受伤。这座桥自 1967 年竣工后每两年检修一次,并且从 1993 年开始每年都要检修。最近的一次检查,是在 2007 年 5 月 2 日,当时的检修报告仅仅提及了与焊接细节有关的一些轻微的结构性问题。当时,这座桥在 0 至 9(0 表示关闭,9 表示完美)的等级测度中得到的结果为 4。等级 4 虽然标志着桥的一些组件状况不好,但也意味着大桥可以开放并且没有荷载的限制。

一座等级为 4 或更低的桥梁被认为是"有结构缺陷的"。根据美国交通运输部的规定,这个标签意味着"桥梁中的一些组件需要监测和(或)修复。一座桥'有缺陷'并不意味着它有坍塌的可能或者它是不安全的。但它意味着该桥梁必须被监测、检查和维护"。在某些情况下,结构有缺陷的桥梁有荷载的限制。

尽管 I－35W 桥崩塌的原因还在调查中,然而该事故却引发了大家对于美国各地桥梁状态的极大关注。在明尼苏达州,1907 座桥梁有结构上的缺陷,也就是说,它们也得到了等级为 4 或更低的审查结果。桥梁也可能被认为是"功能过时的",美国土木工程师协会的美国基础设施报告将之定义为:"一座设计上较为老旧的桥,虽然它并非对所有的车辆来说都不安全,但它确实不能安全地承载现有的交通流量、车辆的大小和重量。"到 2003 年,美国有 27.1% 的桥梁被认为要么有结构性缺陷,要么功能过时。

ASCE 敦促"美国必须改善其交通行为,各级政府应加大对交通的投资,并应用最新的技术"来减轻桥梁体系的基础设施问题。只有让美国人意识到这个问题,他们才能回应这个提案。在让公众知晓美国桥梁的状况时，工程师以及工程协会应该扮演什么样的角色？工程师是否应该游说国会支持并适当地给予联邦拨款以用于桥梁的维修和重建？

参考文献

1. ASCE，"Report Card for America's Infrastructure，" 2005. 此文档可以在线访问，网址为 http：//www.asce.org/reportcard/2005/index.cfm。

2. Minnesota Department of Transportation，"Inter state 35W Bridge Collapse，" 2007. 此文档可以在线访问，网址为 http：//www.dot.state.mn.us/i35wbridge/index.html。

3. U.S. Department of Transportation，Federal Highway Administration，"I - 35 Bridge Collapse，Minneapolis，MN." 此文档可以在线访问，网址为 http：//viww.fhwa.dot.gov/pressroom/fsi35.htm。

217

案例4

凯迪拉克的芯片[5]

由于所安装的计算机芯片导致凯迪拉克车排放出过量的二氧化碳而受到指控，通用汽车公司于 1995 年 12 月同意召回近 50 万辆新型凯迪拉克车，并支付了约 4500 万美元的罚款及召回费用。环境保护署和司法部的律师认为，通用汽车公司应该知道设计变更会导致污染问题。通用汽车公司发表了一项声明，拒绝接受这样的指责，声称这种情况是复杂规则的"理解问题"，并且公司已经"非常努力地解决这个问题以避免卷入诉讼之中"。

根据环境保护署和司法部官员的说法，这一被处以 1100 万美元的民事罚款案件，是污染案中的第三大案，是触犯《清洁空气案》的第二大案，是涉及机动车辆污染的第一大案。这也是第一宗法庭下令召回汽车以减少污染而不是为了提高安全性或可靠性的案件。

政府官员说，在 1990 年，凯迪拉克的塞维尔（Seville）和德维尔（Deville）型汽车的发动机控制使用了一种新设计的计算机芯片。这是针对车主的投诉而做出的改进，车主们投诉在打开空调控制系统时这些车子会出现动力不足而停转的现象。当空调控制系统打开时，新设计的芯片会向发动机注入更多的燃料，但这会导致从尾管排出的二氧化碳量超标。

当空调控制系统打开时，通常车辆是在运行中的，但是，检验排放是否达标的测试是在空调控制系统关闭时进行的，这是整个汽车行业进行尾气测试时的通常做法。

然而，环境保护署的官员主张，根据《清洁空气法案》，通用汽车公司应该事先告诉代理商，凯迪拉克的设计变更将会导致汽车在正常行驶时排污超标。这些官员说，汽车制造商在 1970 年就接到指示，不要通过这样的设计来规避测试规则——它们在技术上能通过检测，然而却导致了本可避免的污染。这些官员坚持认为，通用汽车公司的竞争者们都遵守了这一指示。

通用汽车公司的一位发言人说，当空调控制系统开着时，检测尾气排放是不必要的，因为"它既不在规章的要求之内,也不在条例规定的范围之内,也不在《清洁空气法案》的范围内"。然而,司法部的环境律师托马斯·P.卡罗尔(Thomas P. Carroll)宣称,通用汽车公司在1991年就发现了这个问题,他反对通用汽车公司在1992—1995年的车型中继续使用这种芯片,"他们应该召回汽车,并重新设计管理发动机的芯片来改善排放"。

在同意召回那些汽车后,通用汽车公司说,现在已找到了可以解决发动机停转问题而又不会增加污染的方法。通用汽车公司说,这里涉及一种"新型输油校准"技术,而且这种技术"对汽车驾驶性能没有任何的负面效应"。

就凯迪拉克塞维尔和德维尔型汽车污染问题的产生或解决而言,通用汽车公司的工程师应负有怎样的责任?

案例5

卡　特　克　斯

本(Ben)的上司卡特克斯(Cartex)委托本对一种超声波测距仪进行改造。在从事这个项目的时候,本发现,如果对该设备进行一些改造就可以把它应用于军用潜水艇。一旦改造成功,公司就会获得大额利润。然而,本是一位和平主义者,他不愿以任何方式对军事装备的发展有所贡献。所以,本既没有就自己的新思路进一步地展开研究,也没有向公司中的其他任何人透露他的想法。本已经和公司签署了一项协议:本在工作期间所做出的一切发明均属于公司资产。但他认为,在这种情况下,协议是不适用的。因为,第一,他的这个想法并未展开。第二,上司知道他的反军事倾向。但本仍然感到困惑的是,自己向雇主隐瞒新思路,这在伦理上是否正当。

历史上有一个有趣的先例:莱昂纳多·达·芬奇(Leonardo Da Vinci)在他的航海日 218 记中记录道,他已经发现了一种使船在水下运动的方法——某种形式的潜水艇。但是,他拒绝将此想法与其他人分享,因为他担心它会被用于不道德的目的。"我不公布或透露的原因是考虑到人类邪恶的本质,他们会将它用在海底的谋杀上——通过在船只的最底部捣毁船只,让船只连同船上的所有人一起沉没。"[6]

案例6

花旗银行大厦[7]

威廉·勒曼歇尔生平的得意之作当属他于1977年设计的、坐落于纽约市中心曼哈顿区的花旗银行大厦。在这座大厦的结构设计中,他以极富创造力的方式解决了一个令人困扰的设计难题。这座59层的大厦建造在一个街区的一隅,然而在那里有一座教堂。为了解决这个问题,勒曼歇尔设计的大厦凌空跨越教堂,与传统方法不同的是,四根支柱分别位于大厦底部每条边的中点而非顶点上。大厦的第 1 层相当于普通建筑物的第 9 层,这样就为教堂提供了充足的空间。此外,勒曼歇尔以对角线支撑的设计将大厦的重量分散到四根支柱上,并且他还设计了一个大型协调减震器——在液压轴承座上悬浮一块重达400 吨的混凝土块,以抵消楼群风对大厦造成的晃动。

1978 年 6 月,勒曼歇尔接到了附近一所大学的一位学生的电话,该学生说,他们学校的一位教授声称,花旗银行大厦的支柱应当位于大厦底部每条边的顶点而不是中点。勒曼歇尔回答说,那位教授并不了解其中的设计问题,并补充道,创新的设计使得大楼更能抵抗从斜后方或对角方向吹过来的楼群风。不过,由于纽约市建筑章程只要求计算以垂直角度吹过来的楼群风的影响,所以,没有人真正地计算过从斜对角方向吹过来的楼群风对大厦的影响。勒曼歇尔认为,让他的学生去攻克这个计算难题对他们将是有益的。

这个想法不仅源于这位学生电话的提醒,而且也源于他一个月前发现的一个问题。在匹兹堡就一个建筑项目进行咨询时,他曾打电话回办公室去了解像花旗银行大厦这样的钢筋斜梁的焊接成本是多少。出乎他的意料,他获悉最初的焊透焊接法的设计并没有得到实施,取而代之的是铆焊焊接法。尽管这样,这仍然远高于纽约市政建筑章程的要求,所以,勒曼歇尔对此并不担心。

不过,当勒曼歇尔在课程上计算时,他回想起他在匹兹堡时所发现的问题。他想弄清楚,铆焊焊接法对于大楼抵抗从斜对角方向吹来的楼群风的能力有什么不同的影响。当他计算出,一些部位的压力增加 40%,将导致某些焊接口部位的应力增加到 160% 时,他感到不安。因为这意味着,如果大厦的某些部位遭遇了"16 年一遇的风暴"(这种风暴每 16 年可能袭击曼哈顿地区一次),那么大厦很可能整体垮塌。彼时,该地区很快就要进入飓风季节了。

勒曼歇尔意识到,如实地公开他的计算结果将会把他的工程声誉和公司的财务状况置于非常危险的境地。不过,他迅速而果断地采取了行动。他先拟定了一份补救计划,对所需的时间和花费做了预算,并且立即将他所知道的情况通知了花旗银行大厦的业主。大厦业主们的反应同样是果断的。勒曼歇尔提出的修复规划获得了批准,并且立即得以实施。9 月上旬,修复工程接近完成,有一股飓风沿着海岸线向纽约方向袭来。所幸的是,从大西洋来的飓风最终并没有造成什么实质性的危害,但是,它最初却在建筑工人中引起了极大的焦虑,也使得那些执行修复计划的负责人为防止出现更糟的情况而进行了疏散工作。

虽然修复工程花费了数百万美元,但是,各方的反应却是迅速和负责任的。面对责任保险费率增加的威胁,勒曼歇尔让保险公司确信,因为他负责任的善后工作,避免了一个代价也许更加惨重的灾难的发生,结果实际上责任保险的费率降低了。

判别并讨论这个案例所涉及的伦理问题。

219

灾难救助[8]

弗雷德里克·C.坎尼是一名灾难救助专家,他是 1995 年度约翰·D.麦克阿瑟和凯瑟琳·T.麦克阿瑟奖(John D. and Catherine T. MacArthur Foundation Fellowships)的 24 位获得者之一。这个奖项通常被认为是一个用以授予"天才项目"的奖项,但麦克阿瑟奖评审委员会把它概括为这样一个奖项——奖励那些"努力工作的、常常能够为后人开创性地拓展他们工作领域的专家"。[9]授奖项目部主任凯瑟琳·辛普森(Catherine Simpson)说,这个奖项的用意是,"提醒人们尽可能全面地看待问题的重要性,以及自愿生活在舒适区之外并保持高度警惕的重要性"[10]。

坎尼的获奖在两个方面显得不同寻常。第一,当宣布获奖时,他的行踪仍然不明,人们担心他已在车臣被杀害。第二,他是一位工程师。多数麦克阿瑟奖的获得者是作家、艺术家和大学教授。

具有讽刺意味的是,虽然坎尼因为他的工程成就而获奖,但他从未得到过工程学学位。最初他计划作为舰艇领航员从得克萨斯农工大学的美国后备军官训练队(ROTC)项目毕业,但是由于成绩太差不得不在大二时退学。他转学到得克萨斯农工大学金斯维尔(Kingsville)分校,继续他的 ROTC 学业,但是,他的成绩依然如故。虽然他最终都没有成为一名舰艇领航员,但是后来他却和海军官兵们一起在伊拉克和索马里工作得卓有成效。[11]

坎尼辍学后在金斯维尔参加了好几个社区的服务项目。他在金斯维尔区的贫民区与墨西哥人一起工作时找到了适合自己的工作,并且形成了若干个使他整个职业生涯受益的人生准则。在他从事灾难救助工作后,他立刻就明白救助就是想方设法使那些有困难的人能够自己解救自己、摆脱困境。他学会了在任何灾难中都聚焦于主要问题,以便更好地了解怎样规划灾难救助。例如,如果是住所问题,那么他就会向人们展示怎样以更好的方式来重建他们受损的房屋。在遇到诸如饥荒、干旱、疾病和战争之类的问题时,他也采用了类似的方法。

坎尼参加的第一个重要工程项目是达拉斯-沃斯堡机场项目。由于对慈善工作感兴趣,他在 1969 年参加了比夫拉①的灾难救助工作。两年后,时年 27 岁,他创建了位于达拉斯的英特泰克特救灾和重建公司。英特泰克特公司将自己描述成"一家提供专业服务和技术帮助的专业公司,涵盖自然灾难和难民应急管理的各个方面——缓解、预备、救助、恢复、重建、重新安置,包括项目的设计和执行、安营计划和管理、后勤、伤害性分析、培训和

---

①　比夫拉是短命国家,在 20 世纪 60 年代独立于尼日利亚的冲突中 100 万人死亡,后仍归了尼日利亚。——译者注

职业发展、技术转移、评估、评价、网络和信息传播"[12]。

英特泰克特公司引以为豪的是"以多学科的、灵活的、创新的和文化上恰当的方法来解决问题"[13]。很明显,这样的事业需要具有专门知识的工程师。同时,它也需要社会服务、健康和医疗保健专业人员,以及社会学、人类学和其他领域的专家。

坎尼显然乐意从事跨专业的工作。当他还是一名大学生时,他就学过非洲历史。因此,可以理解他对尼日利亚和比夫拉两国政府在 20 世纪 60 年代后期所发生的武装冲突的特殊兴趣,他告诉尼日利亚的内务部长:"我来自得克萨斯州。我关注这里的战争,准备在战后就怎样进行人道主义救助提出建议。"[14]在遭到那位内务部长的回绝后,坎尼飞往比夫拉,帮助组织物资空运,为饥饿的比夫拉人提供短期的食品援助。

在比夫拉的工作中,坎尼得到了两点重要的经验。第一,在灾难救助中分发食物常常会使民众从他们的家园和工作场所汇聚到城镇和飞机场的分发中心。坎尼说:"我认识到的第一件事就是,我们必须四处移动来分发物资,以使民众远离飞机场而回到农村。"第二,坎尼认识到,公众健康是一个主要难题,这是一个需要仔细地规划才能有效解决的问题。这需要工程师做出努力,例如,修筑良好的排水系统、道路、住所等。同时,坎尼认识到,救助机构里很少有工程师,于是,他创建了英特泰克特公司。为了与其他人分享他的观点,坎尼在 1983 年出版了《灾难与发展》(牛津大学出版社)一书,它对如何规划和提供灾难救助给出了一系列详细的指导和说明。该书的一个主题是,真正有帮助的救助需要对当地条件进行仔细地研究以便提供长期的救助。

英特泰克特公司自 1971 年成立以来,尽管规模一直很小,但在坎尼的职业生涯中,其参与的救助项目遍及近 70 个不同的国家。他的工作引起了匈牙利富有的慈善家乔治·索罗斯(George Soros)的注意。在索罗斯的资助下,坎尼完成了许多重要的灾难救助工作。

一个十分勇敢的计划是在 1993 年向被围困的萨拉热窝地区恢复供水和供热。[15]他们特别设计了一种水过滤系统的各个部件,使得它们能够全部被装进一架 C-130 飞机,飞机要从萨格勒布(邻国克罗地亚的首都)飞往萨拉热窝(坎尼补充道,飞机货仓内每一边只剩下了 3 英寸的空隙)。为了使这些部件不引起注意地通过塞尔维亚人的检查站,他们必须在 10 分钟之内将这些部件卸下飞机。

显然,准备和运送这批部件需要周密的计划和完成计划的勇气。在此之前,需要有人去了解这样的系统是否能够适应萨拉热窝的环境。当坎尼和他的助理到达萨拉热窝时,他们发现,对于许多人来说,唯一的水源就是一条被污染的河流。只有将自己暴露在狙击手的火力下,才能到达这条河流,而狙击手的火力已使数千人受伤、数百人死亡。因此,当地居民是冒着生命危险去取水的,而这种被污染的水本身又是另一种风险。坎尼团队注意到,萨拉热窝城近年来是沿山向下扩展的,从而新的供水系统必须将水泵到山上的萨拉热窝老城,他们由此得出结论,一定有一个原先为老城供水的系统。[16]他们找到了一个工作状况仍然良好的旧水塔和水管网络,从而为设计和安装新的水过滤系统提供了基础。这个耗资 250 万美元的项目由索罗斯基金会资助,该基金会还提供了 270 万美元为 2 万多名萨拉热窝居民恢复供热。

坎尼告诉作家克里斯托弗·梅里尔(Christopher Merrill):"我们必须说,'如果人们处在危险之中,那么我们就必须将他们解救出来。第一件也是最重要的事是解救生命。不论怎样,都要解救生命,即使冒犯了国家主权也在所不惜'。"[17]这就是他奋斗背后的哲学。他除了在萨拉热窝解救了几千条生命外,还在伊拉克北部解救了 40 万库尔德人;但是,正如我们将要看到的,这可能正是他于 1995 年在车臣牺牲的原因。

或许坎尼唯一一次最满意的工作是,在"沙漠风暴行动"(Operation Desert Storm)刚结束时,在伊拉克北部的救助行为。伊拉克刚签订了和平条约,萨达姆·侯赛因(Saddam Hussein)就指挥他的军队在南部打击了什叶派,在北部打击了库尔德人。40 万库尔德人逃入伊拉克与土耳其接壤的山脉中,但土耳其人阻止他们越过边境线。冬天即将到来,食物很短缺。布什总统设立了伊拉克北部的禁飞区,并且指挥海军陆战队解救库尔德人,这次行动被称为"慰藉行动"(Operation Provide Comfort)。海军陆战队总司令聘请坎尼为顾问,坎尼很快就成为该行动的第二号指挥官。

当"慰藉行动"结束时,库尔德人举行了告别庆祝会,全体海军官兵和快乐的人群一起参加了游行,而一位平民——弗雷德里克·C.坎尼走在游行队伍的最前列。坎尼在达拉斯的办公桌的上方悬挂了一张定格这一时刻的放大照片,这张照片上有指挥这次游行的海军总司令的签名。

当问及他的灾难救助的基本方法时,坎尼解释道:"对于任何大规模的灾难,如果你能将你了解的那一部分分离出来,那么你将最终理解整个系统。"[18]在萨拉热窝,主要的问题似乎集中在供水和供热上,因此,这正是坎尼和他的助手们所着手解决的问题。在为灾难救助工作做准备时,坎尼对下述事实印象深刻:按惯例,医疗专业人员和物资会涌向国际灾区,但是,工程师、工程设备以及补给却并没有。因此他经常想到:"为什么那些官员们不优先考虑,例如,修复下水道系统,而不仅仅是制止卫生条件崩溃所造成的不可避免的后果?"[19]

对于工程师来说,能像弗雷德里克·C.坎尼那样受到公众的关注是不寻常的。我们一般认为,工程师做有益的工作是理所当然的。工程师"制造新闻"不外乎这样的情形:最有可能是发生了工程灾难,一种产品招致激烈的批评,或者一位工程师揭发了内幕。弗雷德里克·C.坎尼的故事在很大程度上是成功的人道主义事业的故事。

弗雷德里克·C.坎尼过早地死于暴力是一个悲剧。1995 年 4 月,在为车臣冲突中的受伤者建立一个战地医院时,弗雷德里克·C.坎尼、两位俄罗斯的红十字会医生以及一位俄罗斯的翻译一起失踪了。经过长时间的搜索后,人们确信,四人都被杀害了。据推测,是有人蓄意向车臣人诬告这四个人是俄罗斯的间谍。《纽约书评》(*New York Review of Books*)刊登过坎尼的文章《车臣的杀戮》,其中针对俄罗斯的车臣政策提出了许多批评,为什么他的观点与俄罗斯人的观点是相左的,文章给出了一些暗示。[20]由于《纽约时报》(*New York Times*)、《纽约人杂志》(*New Yorker Magazine*)和《纽约书评》对坎尼有过特别报道,因此,坎尼在美国具有相当高的知名度,因而他的失踪受到了广泛

221

关注,克林顿总统以及政府官员也迅速做出了反应。关于搜索坎尼和他的同事的报道定期出现在 1995 年 4 月初至 8 月 18 日的报刊上,18 日那一天他的家人宣布,他大概已死亡。

弗雷德里克·C.坎尼的工作博得了许多赞扬。在坎尼失踪后不久,人们就引用他在英特泰克特公司的同事帕特·里德(Pat Reed)的话:"他是应急救助领域少有的梦想家之一。他真正地知道他在做什么。他不只是像一个牛仔。"[21]在莫斯科召开的宣布结束搜索的记者招待会上,坎尼的儿子克里斯(Chris)说:"大家应该让所有的国家和人道主义组织都知道,俄罗斯应为这个世界上一位伟大的人道主义者的死亡负责。"[22]威廉·肖克罗斯(William Shawcross)在他的文章中恰如其分地概括道,坎尼是"我们时代的一位英雄"。

在华盛顿举行的弗雷德生平纪念会上,我们很明显地感到,他用一种非凡的方式打动了人们。他深深地触动了我,我认为他是一个伟大的人。对坎尼最持久的纪念是:几十万被他帮助过的人、已经受他影响和将要受他影响的人、政府和其他组织正努力在世界范围内减轻灾难所带来的痛苦。

后 记

特别关注并赞扬像弗雷德里克·C.坎尼这样的杰出人物当然是合适的。他具有英雄般的气概。然而,我们要记住,即使英雄也需要帮手。坎尼是与其他人一起工作的,不论是在英特泰克特公司,还是在与之合作的许多其他机构中。在萨拉热窝有许多不知名的工程师与他一起工作,例如,他的萨拉热窝团队是通过当地工程师(和历史学家)的帮助才找到了旧水塔和水道的。[23]当地的工程师还帮助安装了水过滤系统。

水过滤系统安装好后,就要进行水的纯净度测试。当地工程师(包括坎尼和国际救援委员会的专家)和当地水安全检查员之间发生了冲突,后者要求对水做进一步的检测。由于确信已对水进行了充分的检测,因此,当地的工程师、坎尼和国际救援委员会的专家自然不耐烦起来。不过,当地水安全检查员的谨慎态度也是可以理解的。萨拉热窝水协会的副会长穆罕默德·兹拉塔(Muhamed Zlatar)解释道:"让受污染的水进入供水系统的后果是灾难性的。它们比炮击还要糟糕。这可能会使我们这里的 30000 人因患上肠胃病而病倒,其中一些人还会死亡。"[21]用不着假设某一方是对的,我们只要想起弗兰·凯尔西(Fran Kelsey)就会知道怎样做是正确的。弗兰·凯尔西是食品及药物管理局(FDA)的一位官员,1962 年,在没有进行进一步的测试前,他拒绝审批萨立多胺剂(Thalidomide)①。换句话说,当我们有做好事的冲动时,不要把谨慎抛到九霄云外。

判别并讨论弗雷德里克·C.坎尼的事迹中涉及的伦理问题。

---

① Thalidomide,反应停,一种有致胎儿缺肢畸形副作用的药,现已被禁用。——译者注

案例8

电　椅

很明显,电椅正在消失,这在一定程度上得感谢已退休的威斯康星大学电子与计算机工程系的教授西奥多·伯恩斯坦(Theodore Bernstein)。[25]电椅曾经被认为是一种比斩首或绞刑更为人道的处死方式,但电椅这种处死方式本身有着可疑的历史。例如,死刑信息中心就从过去25年中的149例电刑案中发现10例是可疑的。正如伯恩斯坦所说的那样:"如果你有足够高的电压,你可以杀死任何人。"但人们并不清楚,多高的电压才足够杀死一个人——或者说过高的电压。

在花费了30年时间研究电流对人体的作用后,伯恩斯坦经常出庭作证,并参加听证会以努力帮助那些被告免受电刑。他解释道:

我证词的实质几乎都是相同的。我告诉法庭,大多数电椅的执行是以裤子接触椅子的方式完成的。电椅的设计是很糟糕的。每个州都有不同的电击顺序。许多州使用陈旧的设备,并且检测制度并不完善。他们只是在笔记本上或在草案纸上写上"已检测设备"或"已检测电极"。那意味着什么?他们应该更专业些。[26]

伯恩斯坦说,问题在于电刑总是由那些没有生物医学工程背景的人控制,从19世纪晚期电椅出现之初就是如此。托马斯·爱迪生(Thomas Edison)认为,他的竞争对手乔治·威斯汀豪斯(George Westinghouse)的交流电系统比他自己的直流电系统要危险得多,所以,他推荐交流电系统作为电椅的专用电源。威斯汀豪斯不想让自己公司的声誉因电椅用电而受到玷污,所以他出资赞助了威廉·凯姆勒(William Kemmler)的律师,要他努力避免使他的委托人威廉·凯姆勒成为被电椅处死的第一个人。爱迪生作证说,使用交流电的电椅使被告遭受最小的痛苦并瞬间死亡。虽然凯姆勒的律师迫使爱迪生承认,他对人体结构或人脑的导电能力知之甚少,但是爱迪生的主张还是获胜了。按照伯恩斯坦的说法,爱迪生的"声誉比起他对生物电学的无知来说,给人的印象更为深刻"[27]。

凯姆勒不仅是被电椅处死的第一个人,而且也是被使用多股电流执行电刑的第一人,第二股电流使他身体冒烟。目击者对他们所见到的感到震惊,其中一位医生说,使用电椅"绝不能被认为是文明的一个进步"[28]。按照伯恩斯坦的说法,根本的问题是,电刑的执行者并不知道电刑是怎么置人于死地的,并且,他补充道,即使在今天电刑的执行者也并不知道得更多。

电刑是"电击大脑"吗?伯恩斯坦解释道:"那是一派胡言。颅骨具有很高的电阻,电流会围绕着颅骨流动。"他说,事实上,电刑通常使心脏受损,而且第一次试验时可能既不是没有痛苦的,也可能并不致命。

讨论西奥多·伯恩斯坦研究领域中的伦理问题,以及他作为证人在法庭和法律听证会上所起的作用。

案例9

伪造数据[29]

引 言

近些年来,美国国家科学基金会(NSF)、美国国家卫生研究院(NIH)、公共卫生服务部(PHS)、科研诚信办公室以及类似美国国家科学院的各种科研机构为了在学术不端的界定上达成共识,已经付出了相当多的时间和努力。在制定和实施关于合理的研究行为的政策和规范时,需要一个针对学术不端的恰当的定义,尤其是当涉及联邦基金的时候。这是一个值得关注的重要领域,因为尽管严重的学术不端行为较少发生,但是即使是很少的事例也会带来影响广泛的后果。

那些引起公众广泛关注的事例,无论它们出现得如何之少,也都引发了科学家和公众两方面相当大的不信任。就像说谎话一样,尽管我们或许已经确信相对较少的科学报告有学术不端成分,但是我们还是想知道哪些报告涉及学术不端的行为。再者,科学家们依靠彼此的工作来推进自己的科学工作。当自己的工作是建立在别人错误的或未经证实的数据的基础上时,自己的研究就会受到影响,连锁反应不仅相当严重而且相当长远。虽然无心之过或者粗心犯下的错误是存在的,但是故意篡改数据也是有的,这类学术不端行为通常是被严格禁止的。最后,也是当然的,公众依赖于涉及健康、安全及福祉的几乎各个领域的科学家的可靠专业知识。

尽管确切的科研不端行为的定义所应包含的内容还存在着争议,但是所有已经提出来的定义都包括数据的捏造、篡改以及剽窃。就像欺诈一样,对于数据的捏造是一种尤为明显的不端行为。围绕着数据是否被"伪造"或者被"篡改"的这个中心轴,这种不端行为不能精巧地解释这些数据。伪造数据是指编造或者篡改数据。因此,这显然是一种说谎行为,是一种故意欺骗他人的尝试。

然而,这并不意味着伪造是容易被检测到的,或者一旦它们被检测到了就能够有效地被处理;而且这在很大程度上增加了伤害并且会造成损失。有两个众所周知的案例可以说明这一点,所涉及的两个人都是雄心勃勃、似乎很成功的年轻研究员。

达西案件[30]

约翰·达西(John Darsee)博士曾被视为一名有才气的学生和医学研究人员,他分别在以下这些学校里学习过:圣母大学(University of Notre Dame,1966—1970)、印第安纳大学(Indiana University,1970—1974)、埃默里大学(Emory University,1974—1979)和哈佛大学(Harvard University,1979—1981)。他被这四所学校的所有老师视为一个具有远大研究前景的、潜在的"全明星"。据说在哈佛大学,他每周经常以研究助理的身份在以尤金·布朗沃尔德(Eugene Braunwald)博士为首的心脏研究实验室工作超过90小时。在哈佛的不到两年的时间里,他以第一作者的身份在一些非常好的期刊上发表了七篇论文。他的专业研究领域是测试心脏药物对狗的影响。

所有这些都在1981年5月戛然而止了，彼时，心脏研究实验室的三名同事注意到达西标明"24秒""72小时""一周"以及"两周"的数据记录。事实上，这些只是几分钟内得到的数据。达西向他的导师布朗沃尔德承认了自己伪造数据，但是他坚称这是他唯一的一次伪造行为，并且是他顶着快速完成研究的极大压力进行的。布朗沃尔德感到非常震惊，他和达西的顶头上司罗伯特·克朗（Robert Kroner）博士在接下来的几个月里仔细检查了他们实验室中由达西所做的研究。达西的研究职位被终止了，并且他的教师职位的聘书也被撤回了。但是，他被准许在接下来的几个月里继续他在哈佛的项目（在这期间布朗沃尔德和克朗要非常近距离地观察他的工作）。

大家都希望这只是一个孤立的事件，但是在10月份，布朗沃尔德和克朗再次被震惊了。他们对四个不同实验室在"国家心脏、肺和血液研究所模型研究"方面的研究结果进行了比较，揭示了达西所提供的数据具有低到令人难以置信的不变性（与其他人的数据有很大出入）。简而言之，他的数据看起来"太好了"。因为这些数据在4月份已经提交了，所以大家高度怀疑达西捏造或伪造数据已经有一段时间了。随后的调查似乎显示了他的研究实践有问题，而这可以回溯到他的大学时代。

约翰·达西不端行为的后果有哪些呢？就如我们已经看到的，达西失去了他在哈佛的研究职位，并且他教职聘书被撤回。NIH禁止他在10年内申请NIH的资助或参加NIH委员会的活动。他离开了哈佛心脏研究实验室，参与了重症监护专家的培训。然而，其他人的损失也是同样惨重的（如果不是更惨重的话）。由于研究卷入了伪造数据，哈佛大学附属布莱根妇女医院成为第一个被要求退还NIH资助（122371美元）的研究机构，因为该项研究牵涉到数据造假。布朗沃尔德和他的同事们不得不花好几个月来调查达西的研究，而不是单纯地继续心脏研究实验室的工作。再者，他们因为私自调查，几个月之后才告知NIH他们的担忧，因此受到了严厉的批评。整个实验室的士气和生产力都受到重挫。达西所参与的所有研究都疑云密布。不仅仅只是达西自己的研究不被信任，因为它构成了合作研究的不可分割的一部分，这片疑云还覆盖到在研究工作上与达西有联系的其他作者的出版物上。

几个月的外部调查也使其他人脱离了他们自己的主要职责，并且将他们都置于极端的压力下。统计员大卫·德梅斯（David DeMets）在NIH的调查中起到了关键性的作用。几年之后，他回忆说他们的工作完成后他的团队才如释重负。[31]

作者和初级统计员在这一事件最终结束后才得到放松，我们才可以在没有由调查非常明显的不端行为所造成的压力下继续我们的工作。一开始就很明确的是，我们不允许犯一点点错误，任何一个错误都将会否决这个关于不真实数据的案例，甚至更严重的时候会毁掉我们的事业。即使没有错误，要使用统计数据和评论来说服陪审团中的外行陪审员也是使人感到困惑的。承担起诉方统计员的角色，对我们的技能水平以及诚实和道德水平都有很高的要求。对于我们所要经历的一切，没有什么准备能说是充分的。

布朗沃尔德指出了达西案件中的一些积极方面。除了警告科学家们对学员进行密切

224

监督的必要性和认真对待作者的责任，达西案也促成 PHS、NIH、NSF、医学协会与研究机构以及大学和医学院等制定关于学术不端行为的指导方针和标准。然而，他谨慎地说目前没有万全的体系可以防止所有的研究不端行为。事实上，他怀疑目前的规定是否真的可以防止达西式的不端行为，尽管它们可能会引发对初期学术不端行为的检测。此外，他警告道，良好的科学研究不可能会在一个充满严重"管制"的氛围中兴旺发展起来。[32]

在这种环境中很难产生最有创意的思想，最有前途的年轻人可能在一种猜疑的氛围中结束自己的科学生涯。其次，仅仅就绝对的真理而言，科学需要开放、信任和合作的氛围。

鉴于此，对专业人员的性格和美德进行仔细审查是非常必要的，威廉·F.梅（William F. May）的这种观点或许是正确的。[33]他说我们在无人观察时的所作所为将是性格和美德的重要标志，达西案件和布朗沃尔德的回应似乎证实了这一点。

许多被发现有学术不端行为的人都申辩道这是因为他们处在极端压力下：需要完成研究以满足其实验室主管的期待、经费截止期限的要求、发表一篇期刊论文的要求或者在竞争日益激烈的科研环境中生存的要求。尽管直接的利害关系各不相同，但是学生有时会效仿相关的问题，如"我知道实验应该得到验证，但是我需要去支持正面的答案"；"我需要获得一个好成绩"；"我没有时间去正确地处理它，因为有很大的压力"。通常这些想法会伴随着另一个想法——这只是一次课堂练习，当然，当一个人成为一名科学家而且不存在这些压力时，他就不会伪造数据。达西案件说明，这样的压力将会消失的假设是非常天真的。因此，现在正是开始处理他们所面对的伦理挑战的时候了，而不是等到以后（以后风险可能会变得更大）。

布鲁宁案件[34]

1983 年 12 月，罗伯特·L.斯普雷格（Robert L. Spragne）博士给美国国家心理健康学会写了长达 8 页纸的一封信（附录 44 页），记录证明斯蒂芬·布鲁宁（Stephen Breuning）博士伪造研究成果。[35]布鲁宁捏造的数据是关于精神药物对智障患者作用的数据。尽管在罗伯特发出信件仅仅 3 个月后，布鲁宁就承认了捏造数据，但该案件直到 1989 年 7 月才得以彻底解决。在这 5 年半的时间间隔里，斯普雷格是一个被调查的目标（事实上，他是调查的第一目标），他有他自己的研究工作，但受到严格限制，他受到诉讼的威胁，并不得不在美国众议院委员会上作证。最为痛苦的是，斯普雷格的妻子在与糖尿病魔进行了艰苦的斗争后于 1986 年去世。事实上，他妻子的严重病情是促使他"揭发"美国国家卫生研究院的主要因素之一。认识到他患有糖尿病的妻子如何形成对药物及其可靠性研究的依赖，使得斯普雷格对于智力迟钝者的依赖性——他们显然是弱势群体——尤为敏感，他们不仅信赖他们的看护者，而且也信赖那些利用他们做药物试验的研究者们。

布鲁宁案结束后他持续写作了 9 年，斯普雷格显然对他在布鲁宁案中所承受的痛苦经历及给参与者带来的潜在危害依然记忆犹新。但是，他结束了对自己经历的描述，转而提醒我们布鲁宁的不端行为后面还有的其他受害者——与布鲁宁合作，但没有意识到他捏造数据的那些心理学家和其他的研究人员。

其中一位心理学家艾伦·波林（Alan Poling）博士提到布鲁宁的不端行为给其研究合作者所带来的后果。令人吃惊的是，波林指出在 1979 年到 1983 年，在关于智障人士精神药理学的研究所发表的成果中，布鲁宁贡献了 34%。对于不在这 34% 中的那些研究，最初的怀疑可能指向了所有的研究成果，但这是不公平的。对于那些涉及这 34% 的研究来说，应该努力确定：在每一篇研究文章中，布鲁宁在多大程度上影响了研究成果的有效性（如果存在影响的话）。尽管在这些研究中布鲁宁是唯一伪造数据的研究人员，但他的角色作用可能抹黑整项研究。然而事实上，并非布鲁宁所有的研究都涉及捏造数据，但是，让其他人相信这一点是一个耗时的、苛刻的任务。最后，那些在自己的工作中引用布鲁宁发表的研究成果的研究者也可能遭受"牵连"。正如波林所指出的，对于那些与布鲁宁合作，却根本没有欺诈行为的合作者来说，这是极端不公平的。

议　题

达西案件和布鲁宁案件引发了一系列关于科学欺诈行为的本质及其后果的伦理问题：

- 伪造数据的原因有几类？
- 伪造数据的理由中（如果有的话），哪些是合理的（可能为伪造数据进行辩护）？
- 谁可能会受到伪造数据的伤害？只有发生了实际伤害才能证明伪造在伦理上是错误的吗？
- 科学家或工程师是否有责任来评估其他科学家或工程师工作的可信度？
- 如果一个科学家或工程师有理由认为另一位科学家或工程师已经伪造了数据，那么他或她该怎么办？
- 为什么在科学和工程界研究中的诚信是十分重要的？
- 为什么研究的诚信度对于公众是十分重要的？
- 采取什么措施可以降低研究不端行为发生的可能性？

阅读材料

关于科学诚信的阅读材料（包括数据伪造和定义学术不端行为的部分），参见 Nicholas Steneck，*ORI Introduction to Responsible Conduct in Research*（Washington，DC：Office of Research Integrity，2004）；*Integrity and Misconduct in Research*（Washington，DC：U. S. Department of Health and Human Services，1995）；*On Being a Scientist*，2nd ed.（Washington，DC：National Academy Press，1995）；*Honor in Science*（Research Triangle Park，NC：Sigma Xi，The Scientific Research Society，1991）。

226

案例10
吉尔班的金子

这个虚构的案例取自一部流行的录像《吉尔班的金子》，该故事主要围绕位于吉尔班城的一家叫 Z 公司的环境事务部门的一位年轻工程师大卫·杰克逊（David Jackson）展开。[36] Z

公司生产计算机配件,它将生产过程中产生的铅和砷排入城市的下水道。该城市有一项赚钱的事业,就是将下水道中的淤泥制成肥料,而这些肥料又被当地的农民使用。

为了保护这种有价值的产品——吉尔班的金子免遭新型高技术工业所排放的有毒物质的污染,该城市强制执行严格的标准来限制砷和铅排入下水道的数量。但是,最近的测试表明,Z公司可能违反了该标准。大卫认为,Z公司必须投入更多的资金来购买污染控制设备,但管理层却认为成本会令人望而却步。

大卫面临着一个相互矛盾的情境,可以融合四个重要的道德要求来概括这个情境的特点。第一,大卫有责任成为一名提高公司利润的好员工。他不应该在没有必要的情况下花费公司的钱财或做出有损于公司声誉的事。第二,作为一名工程师,大卫有责任——基于他个人的诚信,基于工程师对职业的忠诚,以及基于一名环境工程师的特殊角色作用——如实地报告重金属的排放数据。第三,作为一名工程师,大卫有责任保护公众的健康。第四,大卫有权利(如果不是职责的话)保护和发展自己的事业。

大卫所面临的问题是:他怎样才能公正地对待这些要求?如果这四个方面在道德上都是合情合理的,那么他应该尊重它们,然而,在上述情境中,它们看起来相互矛盾。大卫的第一个选择是:试图找到一条创造性的中间道路解决方案,尽管事实上在上述情境中这四个方面的要求在表面上是相互矛盾的。但是,有没有可能找到这样的创造性中间道路解决方案呢?[37]

一种可能性是找到一种低成本的技术方法来消除重金属。不幸的是,录像并没有直接指出这种可能性。它的开头介绍了Z公司的危机,几乎完全集中在大卫·杰克逊是否应该揭发他所厌恶的公司的问题上。对于一些创造性的中间道路的选择所进行详细的考察,详见迈克尔·普里查德和马克·霍茨阿普尔在《科学与工程》上发表的文章——《负责任的工程:对〈吉尔班的金子〉的再次回顾》("Responsible Engineering:Gilbane Gold Revisited," *Science and Engineering*,3,no. 2,April 1997,pp. 217－231)。

还可以通过故事中各种人物所表现出来的对待责任的态度来挖掘《吉尔班的金子》的内涵。突出的人物有大卫·杰克逊、菲尔·波特(Phil Port)、黛安娜·科林斯(Diane Collins)、汤姆·理查兹(Tom Richards)、弗兰克·西德(Frank Seeders)和温斯洛·马桑(Winslow Massin)(参见 www.niee.org/pd.cfm? Pt ＝ Murdough)。你会发现他们之间有哪些重要的相似性和差异性呢?

案例11

绿色能源?[38]

越来越多的科学家赞同碳排放导致了全球变暖,并且这种共识也开始对地方能源政策和项目产生重大影响。例如,科罗拉多州的科林斯堡有一个"气候智慧"(Climate Wise)能源计划,符合它的官方座右铭——"更新是一种生活方式"。减少地方性的碳排放是城市的全球目标之一。

同时,像科林斯堡这样的地方社区也有着持续的能源需求(如果没有增长的话),AVA太阳能公司和铀电力技术公司正在寻找方法以满足这些需求。AVA 公司与科罗拉多州立大学合作,已经开发出一种生产太阳能电池板的制造工艺。太阳能具有普遍的吸引力,并且通常在"绿色"技术方面获得了很高的评价。然而,地方评论家对 AVA 的项目还是心存疑虑。该工艺使用了镉,而镉金属会导致癌症。因此,人们还是有所担忧。AVA 的战略规划主管拉斯·坎乔斯基(Russ Kanjorski)承认镉的使用需要经过细致的环境监测,尤其是在水的排放方面,然而,监测的方法仍然处于研发阶段。

铀电力技术公司提出钻探开采可用于制造核能的铀。核能可以减少碳的排放量,但是它没有太阳能那样受欢迎。尽管小比尔·里特(Bill Ritter, Jr.)州长坚定地致力于他所谓的"新能源经济",但是这并不意味着他偏爱铀矿的开采。事实上,在开采、处理、提炼铀的各个环节中还存在着很多悬而未决的科技方面的担忧。

更为复杂的问题是,这两个项目对于企业和地方经济来说似乎都有很大的潜力。正如柯克·约翰逊(Kirk Johnson)指出的,"毫无疑问,新资金正在追求投资新能源"。

同时,约翰逊指出,像丹·比恩(Dan Bihn)这样的地方环境学家才是真正陷入困境的人。比恩是一名电气工程师,也是科林斯堡电力公用事业委员会的环境顾问。约翰逊引用比恩的话说:"我认为对核动力的需要应该摆上日程了,并且我们需要彻底解决这个问题,而不只是在情感上做出反应。"比恩对铀电力技术公司的提议有什么情感上的反应?他告诉约翰逊:"我在内心深处是很失落的,我的情感反应是,我们永远也不应该这样做。"

莱恩·道格拉斯(Lane Douglas),铀电力技术公司的一位发言人,也是科罗拉多土地和项目的管理者,竭力主张他们公司的建议是基于现实的,丝毫不存在偏见。道格拉斯说:"科学可以是好的,也可以是坏的,而我们只能说请给我们一个公平的意见听取会。"

像阿里安娜·弗里德兰德(Ariana Friedlander)这样的地方居民则一直坚持一定要进行评估。带着对铀开采的怀疑态度,她补充道:"但是我们不能因为它们现在很诱人,就允许他们进行这样的项目。"

讨论科林斯堡案例所引发的伦理问题。在这样的问题上工程师们有什么责任?当丹·比恩认为,我们不应该只在情感上做出反应,你认为在这些问题上他是在说他应该忽略自己的情绪反应吗(你认为他为什么把失落作为"内心深处"的想法)?你认为莱恩·道格拉斯在解决铀矿开采问题上呼吁"好科学"是什么意思?你认为仅仅依靠"好科学"能找到解决问题的答案吗?

案例12

温室气体排放[39]

2007 年 11 月 15 日,旧金山的第九巡回上诉法院驳回了布什管理会的轻型卡车和越野车的燃油经济标准。由三名法官组成的小组反对这项标准,因为它未能以尽可能合算的方式考虑汽车尾气排放对气候变化的影响。法官也质疑为什么轻型卡车比客车更容易符合标准[2010 年所认定的轻型卡车的燃油标准是平均 23.5 mpg(英里/每加仑),而客车的燃油标准是平均27.5 mpg]。

人们认为他们将向美国最高法院提出上诉,这项裁决也是最近联邦法院的几项裁决之一,它们都敦促监管机构在制定工业排放二氧化碳及其他温室气体的标准时要考虑气候变化的风险。

佛蒙特法律学校的环境法学教授帕特里克·A.帕朗托(Patrick A. Parenteau)说道:"对我来说,法院的裁决意味着法院正在追赶气候变化并且法律也在追赶气候变化。气候变化已经引领了一个全新的司法审查时代。"[40]

其中一位法官贝蒂·B.弗莱彻(Betty B. Fletcher)引用国家环境政策法案来呼吁:考虑温室气体排放对环境的影响,要进行明确的累积影响分析。她承认成本收益分析可以适当地表明对于燃料经济标准的务实性限制,并且坚持认为:"不能通过低估利润和高估更加严格的标准所带来的成本来影响标准。"

最后,法官弗莱彻写道:"20 年前在相互矛盾的法定优先权之间达到的一个合理平衡,如今可能已经不再是合理的了。"

最近法院裁决的趋势对在受影响的地区工作的工程师的责任和机会有什么影响?

案例13
"群体思维"和"挑战者号"灾难

《群体思维》这一视频通过对 1986 年"挑战者号"灾难的案例研究呈现了欧文·贾尼斯的"群体思维"理论(在第 1 章和第 7 章中讨论过)。正如在第 7 章中我们讨论过的,贾尼斯把"群体思维"定义为紧密团结的群体以牺牲审辨性思维为代价达成共识的倾向。

观看该视频,然后讨论你在何种程度上同意视频中关于群体思维可能是导致"挑战者号"灾难的一个重要原因的推断(视频来源:CRM Films,McGraw-Hill Films,1221 Avenue of the Americas,New York,NY 10020. 1-800-421-0833)。

案例14
搁置一个危险的项目

在 20 世纪 80 年代中期,萨姆(Sam)是阿尔法电子公司的项目负责人,他的公司与北大西洋公约组织(NATO)的政府机构签订了一份生产武器装备的新合同。[41]该合同生产含有先进技术的、用电子控制的地雷,它只有在电路断开后的特定时间内才会被引爆,而不是几年以后当小孩子在旧雷区玩耍时被引爆。北大西洋公约组织提供了所有的技术规格要求,阿尔法电子公司顺利地履行了合同。但是,萨姆担心地雷的新的最终用户会忽略电子引爆器的安全要求,从而使这种地雷比市场上其他种类的地雷具有更大的危险性。

在履行了 NATO 的合同后,萨姆非常沮丧地获知阿尔法电子公司和东欧的一家公司签订了另一份地雷生产合同,东欧的这家公司有盗取专利设备的坏名声,而且还和恐怖组织有生意往来。萨姆搁置了该设备的生产,然后,向他的一些同事做了咨询,并与美国军需品控制部取得了联系。现在再回想那时的做法,他认为他当时如果还联系了美国商务部出口管理局和国防部就好了。他遗憾地认识到这件事情本应该尽快处理。

萨姆单方作废的这份合同价值约 200 万美元,履约期长达 15 年。萨姆注意到,履行这一合同,不需要新增雇员,也不需要添置新的仪器设备,所以,这份合同带来的利润是相当高的。如果中止合同,则要支付 15000 美元的赔偿金。

基于全球合作伙伴关系,阿尔法电子公司可以合法地为北约国家生产武器装备,但不应为东欧国家生产,因为当时正处于冷战时期。

基于地域合作伙伴关系,阿尔法电子公司不得不考虑生产武器装备对当地社区的预期影响,尤其是,不能保证东欧公司把设备最终卖给谁,以及它们最终被如何使用。

萨姆一个人为此事奔波,他并不知道他公司的上层管理者、董事会、他的同事将会如何看待他的行为,而他们中的许多人同时也是公司的股东。幸运的是,萨姆并没有因为他的单方停止生产的行为而受到惩罚。最近他以企业副总裁的身份从阿尔法电子公司退休了。他尤其深受阿尔法电子公司中那些曾是第二次世界大战、朝鲜战争和越南战争老兵的雇员的喜爱,他们感谢他的所作所为。

萨姆坚定地认为,对于他的公司以及公众的福祉来说,他的行为都是正确的。在工程伦理课程中通常包含的哪些观点可以支持这种信念?

案例15
改善高速公路的安全状况[42]

大卫·韦伯(David Weber)时年 23 岁,他是一位土木工程师,负责第七区(一个位于中西部州的有着八个县的地区)的道路安全改造。临近该财政年度末期,地区工程师通知大卫,新的扫雪机交付日期延迟了,因此,该地区有 50000 美元未使用的资金。他要求大卫推荐一个(或若干个)能在该财政年度内签订合同的安全项目。

在仔细地考虑了潜在的项目后,大卫将选择范围缩小到有可能提高交通安全性的两处地点。地点 A 是位于该地区主要城市的主干道和橡树街的交叉路口,地点 B 则是位于乡村的葡萄路和冷杉路的交叉路口。

这两个交叉路口的相关数据如下:

	地点 A	地点 B
主干道的车流量/(辆/天)	20000	5000
次要道路的车流量/(辆/天)	4000	1000
每年事故的死亡人数(3 年平均值)/人	2	1
每年事故的受伤人数(3 年平均值)/人	6	2
事故的财产损失(PD*,3 年平均值)	40	12
计划改进	新信号灯	新信号灯
改进所需费用/美元	50000	50000

* PD 仅包括交通事故所造成的财产损失

在一本高速公路工程的教科书里有这样一张表,它给出了安装大卫所推荐的改良型的信号灯后事故减少的平均值。这张表是以过去 20 年来全美国城市和农村地区交叉路口的研究成果为基础而得出的。

	城区	农村
事故死亡人数减少的百分数	50	50
事故受伤人数减少的百分数	50	60
财产损失减少的百分数	25	—25*

* 因为在农村地区高速行驶的汽车急刹车所引起的追尾事故增加,所以事故造成的财产损失增加是可以预料的。

大卫认识到,事故减少的因素是交叉路口一系列广泛的物理特征(车道的数量、交叉的角度等)的平均反映;还包括各种天气条件、货车和乘用车混合行驶的各种情况、不同的通行速度、不同的驾驶习惯等。但是,他没有关于地点 A 和地点 B 的特定数据,用以证明上述表格可能不适用于这些地点的具体情况。

最后,大卫了解到以下一些附加信息。

(1) 在 1975 年,国家安全委员会(NSC)和国家高速公路交通安全管理局(NHTSA)同时出版了事故结果的对照报告,它们是以美元来度量的,如下表所示。

	国家安全委员会(NSC)	国家高速公路交通安全管理局(NHTSA)
死亡事故/美元	52000	235000
受伤事故/美元	3000	11200
财产损失/美元	440	500

有个邻近的州使用了以下加权方案:

死亡事故相当于	9.5 倍的财产损失
受伤事故相当于	3.5 倍的财产损失

（2）这两个类别中的个人交纳了大致同等的交通税（驾驶税、燃油税等）。

你认为大卫应该推荐这两个地点中的哪一个来进行改造？你提出这一建议的理由是什么？

案例16

卡特里娜飓风

正如我们在本书中所提到的，大约直到 1970 年为止，几乎所有的工程伦理章程都要求工程师的首要职责是对他或她的雇主和客户忠诚。但在 1970 年后不久，大部分的章程坚持"工程师应将公众的安全、健康和福祉置于至高无上的地位"。无论是什么促成了 20 世纪 70 年代初的这种变化，最近发生的事件——从 2001 年 9 月曼哈顿双子塔的倒塌到 2007 年 8 月 1 日明尼阿波利斯市/圣保罗市一座主要桥梁的坍塌——都彰显了这一原则的重要性。2005 年 8 月末的卡特丽娜飓风对墨西哥湾沿岸的路易斯安那州、密西西比州和亚拉巴马州的重创也是这样一个引人注目的实例。

受灾最严重的是路易斯安那州。超过 1000 人丧生，几千座房屋被毁，住宅及非住宅财产损失超过了 200 亿美元，公共设施的损失估计接近 70 亿美元。受灾最严重的城市是新奥尔良市，大部分的民众不得不撤离，同时有 10 万多人失业。这个城市的恢复工作仍然在进行着，显然它永久地失去了大量的人口，只能慢慢地恢复它以前适宜居住的地区。

应美国陆军工程兵团（USACE）的要求，美国土木工程师协会成立了"卡特里娜飓风外部审查小组"，对 USACE 的"机构间绩效评估工作组"的各方面工作进行综合审查。ASCE 的最终报告《新奥尔良市飓风防御系统：出现了什么问题以及为什么》，详细阐述和有力地说明了工程师保护公众安全、健康和福祉的伦理责任。[43]

ASCE 的报告记录了工程的失败、组织和政策的失败以及未来应吸取的教训。报告的第 7 章（"灾难的直接原因"）是这样开篇的：[44]

卡特里娜飓风给新奥尔良地区带来的灾难——与其他自然灾害相比——有何独特之处？其独特之处在于，大部分的破坏应归咎于工程和与工程相关的政策的失败。

审查小组断言，从工程的角度来看，存在以下这些失败：低估了土壤的强度而没有使防洪堤达到应有的坚固程度，堤岸和泵的原始设计没有达到安全标准，以及未能坚决并清楚地向公众通报该市及其居民所将要面对的飓风风险水平。小组得出如下结论：[45]

基于后见之明，我们现在看到，工程决策和管理选择的错误，以及组织内部和组织之间相互沟通、衔接的不足，这些都对问题的产生负有责任。

这可能意味着必须运行责任追究机制。但是，这个审查小组并没有选择遵循这条路

线,而是说明了责任追究的难度:[46]

　　没有任何单一的人或任何单一的决定是应该受到指责的。工程失败的原因是复杂的,在很长一段时间内,在许多组织中,许多人做出了无数的决策。

　　审查小组并没有试图去追究责任,而是根据所获得的后见之明,提出了今后的改进建议。该报告明确了该小组认为必要的一系列关键行动,这些行动属于需要转变的四类思想和方法中的一种:[47]

231

- 提高对风险的认识,坚定地致力于安全防御。
- 修复飓风防御系统。
- 重建飓风防御系统的管理部门。
- 坚守工程质量。

　　第一项建议是,安全保证要放在公共利益的首要位置,做好应对以后飓风可能来临的准备,而不是让专家和市民等都认为在不久的将来不大可能出现事件的重演(飓风不会再次来临)而陷入自满情绪。

　　第二和第三项建议是,进行明确和量化的风险评估并将其传达给公众,使非专业人士在决定接受或不接受那样的风险时真正享有话语权。

　　其后的一组建议是,用一个真正的有组织的、连贯的系统来取代随意的、不协调的飓风防御“系统”。专家小组认为,这需要有“良好的领导、管理和负责人员”。[48]小组的建议是,任命一名非常有能力的注册工程师或一个高素质的注册工程师小组,全权监督该系统:[49]

　　这些管理人员的首要责任是确保将与飓风相关的安全摆在公共利益的首要位置。管理人员将提供领导、战略视野、角色和职责的定义、正式的沟通渠道、资金使用次序的安排以及关键建设、维护和运作的协调。

　　该小组的第七项建议是,改善跨部门的协调。小组认为,迄今为止的历史记录表明了部门间交流的无组织性和不畅机制:[50]

　　维护飓风防御系统的责任人员必须与系统设计人员和施工人员进行合作,以改善他们的检查、维修和运作,确保系统能够充分抵御飓风和洪水。

　　建议八和建议九与设计程序的升级和审查有关。专家指出:“ASCE 有一项长期的政策,即建议对事关公共安全、健康和福祉的公共工程项目进行独立的外部同行审查。”[51]尤其是在紧急情况下,可靠的审查是至关重要的,正如卡特丽娜飓风袭击时的情况所清晰显示的那样。小组的结论是,这样的外部审查过程的有效运作,可以有效降低(但不一定能全部降低)像卡特里娜那样的飓风所造成的损失。

　　该小组的最后一项建议,实际上是在提醒我们的局限性和随之而来的——“安全第一”的伦理要求:[52]

　　尽管造成新奥尔良灾难的条件是独一无二的,但对于任何项目的工程师来说,根本的限制因素并非如此。每一个项目都有资金和(或)进度的限制。每一个项目都必须综合考虑自然和人为的环境。每一个重大项目都有政治后果。

　　面对着节省资金或者弥补时间等的压力,工程师们必须保持坚定,坚守职业道德规范的要求,永不损害公众的安全。

　　该小组的结论是,ASCE 伦理章程的第一条基本原则应得到更广泛的应用。保护公众安全、健康和福祉的承诺,不仅是适用于新奥尔良飓风防御系统的指导原则,而且"它必须同样严格地适用于工程师工作的方方面面——包括在新奥尔良的、在美国的,甚至在世界各地的"。[53]

　　阅读小组报告的全文将是一种锻炼思维的宝贵方式,可以深入思考 ASCE 的第一条基本原则到底要求什么,它不仅适用于卡特里娜飓风灾难,也适用于工程实践中固有的、面向社会公众的其他基本职责。

　　一篇相关的文献是《工程中的领导、学习服务及行政管理:罗文大学卡特里娜飓风复建小组》,该文由罗文大学工程系学生及教师顾问团编写。[54]在该文的摘要中,作者确定了卡特里娜飓风复建团队项目的三大目标:

　　主要目标是帮助墨西哥湾海岸地区遭受重创的社区。第二,这一项目在关注更广泛的社会问题的同时,也为该地区做出切实的贡献或影响,他们对自己提出以下问题:作为专业工程师,我们对我们所服务的社区负有什么责任? 我们为社区留下什么,能使之成为一个更美好、更公平的居住场所? 最后一个目标是,由管理团队对这次经验进行成功的评估,包括一些后勤方面挑战的评估。 为此,本文试图以一种连贯、适合读者阅读的方式来阐述,将我们服务的经验和教训作为典范经验,以供其他由学生领导的项目参考。

企业的应对措施

　　支援企业对卡特里娜飓风的反应是迅速的。 至 2005 年 9 月中旬,企业的捐赠超过3.12亿美元,其中大部分的企业在受灾地区并没有工厂或分公司。[55]工程师在其中发挥了突出的作用,正如"9・11"双子塔受攻击后工程师的表现,以及亚洲海啸灾难中工程师的表现一样。哈夫纳(Hafner)和多伊奇(Deutsch)评论道:[56]

　　在两场灾难之后,一些公司将他们学习到的经验应用到与飓风相关的慈善事业中。通用电气就是这样一个例子。在海啸期间,该公司组建了一个由五十个项目的工程师组成的团队——有便携式水净化装置、能源、医疗护理和医疗设备方面的专家。

　　卡特里娜飓风之后,通用公司的高管们听取了首席执行官杰夫里・R. 伊梅尔特(Jeffrey R. Immelt)的提示,并为新奥尔良重新启用了与海啸同样的团队。"杰夫告诉我们,'不要让任何东西挡住援助灾区的道路'。"企业副总裁罗伯特 · 科科伦(Robert Corcoran)如是说。

　　请讨论,在企业的支持下,认同弗雷德里克・C.坎尼在《灾难与发展》(牛津大学出版社,1983)中提到的灾难有效救助的相关观点的工程师,如何着手应对卡特里娜飓风带来的工程挑战。

案例17

凯悦酒店走道的灾难

1981 年堪萨斯城凯悦酒店的人行走道发生了坍塌悲剧。在这起事故发生的大约 4 年后,它又一次进入了新闻视野。酒店大厅上的两条悬浮人行走道坍塌了,造成 114 人死亡,200 多人受伤,这些人当时正在参加酒店举行的舞会。1985 年 11 月 16 日《纽约时报》刊文报道了法官詹姆斯·B. 多伊奇(James B. Deutsch)的判决,他是密苏里州行政审讯委员会的一位行政法法官。[57]多伊奇认为酒店的建筑结构工程师犯有这些罪行:重大疏忽、处理不当和违反职业道德。

文章引用法官多伊奇的话:项目经理"有意漠视他作为凯悦项目工程师的专业职责,即负责为该项目设计图纸和审查该项目的车间图纸"[58],法官还指出总工程师未能密切监督项目经理的工作,这说明他"有意漠视其作为一名监理工程师的职业责任"。[59]

美国土木工程师协会可能影响到了法庭的这一裁决。就在法官判决的前一天,ASCE 颁布了一项政策,宣称建筑工程师对他们的建筑设计的安全负有责任。1983 年 ASCE 成立了一个专门委员会来调查这个坍塌灾难,这项政策反映了这个专门委员会的建议。

这个庭审案例表明,工程师不仅要为他们自己的行为负责任,还要为在他们管理下的其他人的行为负责任。它还表明,工程师负有特殊的"职业"责任。

请讨论,你认为工程协会应该在何种程度上发挥像 ASCE 在此案例中所发挥的那种作用。在何种程度上,你认为执业工程师应当支持(例如,成为会员的方式)职业工程协会去努力清楚明白地表述和解释工程师的伦理责任。

"真钢事件"(Truesteel Affair)是一个虚构的情境,类似于凯悦酒店人行走道坍塌事件。观看这段视频,并讨论它所提出的伦理问题(视频来源:Fanlight Productions,47 Halifax St.,Boston,MA 02130. 1 - 617 - 524 - 0980)。

要详细了解"走道坍塌",参见工程网(Engineering.com)上 2006 年 10 月 24 日的"凯悦酒店人行走道的坍塌"(Hyatt Regency Walkway Collapse)。也可查看"凯悦酒店人行走道的坍塌"(《得克萨斯农工大学工程伦理案例》)(Online Ethics Center for Engineering,February 16,2006,National Academy of Engineering,www. onlineethics.org/Resources/Cases/hyatt_walkway.aspx)。

案例18

水平公司[60]

"利益冲突就像是一部灵敏测量仪上的污垢",它不仅会败坏一个人的事业,而且会玷污整个职业。[61]因此，作为职业人员，工程师必须对利益冲突的征兆十分警惕。美国机械工程师协会与水平公司（*ASME v. Hydrolevel Corporation*）的案例表明，个体、公司和职业社团会如此容易地被卷入花费巨大的法律纠纷中，而这种纠纷会败坏整个工程职业的声誉。

1971年，芝加哥的麦克唐奈和米勒公司（McDonnell and Miller Inc.）的销售部副主管尤金·米切尔（Eugene Mitchell）担心本公司在低水位燃油切断暖气锅炉市场方面的优势是否能持续下去，这种产品能够保证锅炉在水量不足时不会被点燃，因为水量不足会引起爆炸。

水平公司利用电子低水位燃油切断装置打入了低水位燃油切断阀市场，在某些型号的产品中，它包含了一个延时装置，这种延时装置使得电子探针上水位的正常波动不会导致燃料供应不恰当的、反复的开启和关闭。水平公司的这种切断阀设备已经获得了布鲁克林燃气公司（Brooklyn Gas Company）的使用许可，而这家公司是暖气锅炉的最大安装单位之一。米切尔觉得，如果他能确凿地指出水平公司的延时装置违反了 ASME 的《锅炉和压力容器规范》（B-PV），那么就能保证麦克唐奈和米勒公司的销售额。他找到了 ASME 的一个规定："每一个自动点火的燃烧锅炉或蒸汽燃烧锅炉应该有低水位时燃料自动切断装置，当水位降到量水器玻璃管的最低可视线以下时，它可以自动切断燃料供应。"[62]米切尔请求 ASME 的一位成员就水平公司电子低水位燃油切断装置的运作机制给出解释，看它是否符合 ASME 的这项规定。但是，他在提出这个要求时，并没有具体提到水平公司的延时装置。

米切尔就他的想法与麦克唐奈和米勒公司的研发部副主任约翰·詹姆斯（John James）讨论过好几次。詹姆斯除了在麦克唐奈和米勒公司任职外，还是 ASME 暖气与锅炉专业委员会的委员，并且是米切尔询问的那部分锅炉规范的主要起草人。

詹姆斯建议米切尔和他一起去找 ASME 暖气与锅炉专业委员会主席 T·R.哈丁（T. R. Hardin）。哈丁同时也是哈特福德蒸汽锅炉审查及保险公司（Hartford Steam Boiler Inspection and Insurance Company）的副主管。4月初，哈丁因一些其他事务来到芝加哥后，他们三人一起去了德雷克酒店共进晚餐，期间，哈丁表示米切尔和詹姆斯对那个规定的解释是恰当的。

与哈丁会面后不久，詹姆斯给 ASME 发了一封问询函的草稿，同时给了哈丁一份复本。哈丁提出了一些修改建议，詹姆斯将其融入最终的定稿中。然后，詹姆斯将最终版问询函寄给了 W.布拉德福德·霍伊特（W. Bradford Hoyt），也就是 B-PV 暖气与锅炉专业委员会的秘书。

霍伊特每年都会收到几千封类似的问询信函。由于他不能用常规的、预先准备好的答案来答复詹姆斯的问询，因此，他把信转给相应的专业委员会主席 T.R.哈丁。哈丁在没有征求专业委员会其他成员意见的情况下起草了一份答复信，如果把答复当成"非官方的意见"，那么他是有权这样做的。

哈丁在1971年4月29日的答复信中声称：低水位燃油切断装置必须是即时启动的。虽然这个答复并没有说，水平公司的延时切断装置是危险的，但麦克唐奈和米勒公司的销售人员却可以借哈丁的结论来反对使用水平公司的产品。这正是沿着米切尔的思路进行的。

1972年年初,水平公司通过他们以前的客户获悉了ASME答复信的内容——那个客户留有这封信的复印件。于是,水平公司向ASME索要信件的官方副本。1972年3月23日,水平公司要求ASME重新审查和改正裁决。

ASME暖气与锅炉专业委员会举行了一次全体会议来讨论水平公司的申请,并认同了哈丁原先解释中的一部分。詹姆斯已取代哈丁担任暖气与锅炉专业委员会的主席,他没有参加讨论,不过,后来他帮助专业委员会起草了答复水平公司的信件中的关键部分。ASME答复的日期是1972年6月9日。

1975年,水平公司提起对麦克唐奈和米勒公司、ASME和哈特福德蒸汽锅炉审查及保险公司的诉讼,指控他们共谋进行贸易限制,违反了《谢尔曼反托拉斯法》(Sherman Antitrust Act)。

水平公司与麦克唐奈和米勒公司、哈特福德公司达成了庭外和解,后者分别赔偿给水平公司75万美元和7.5万美元。ASME却要求对簿公堂。ASME的官员认为,作为一个协会,ASME并没有做错任何事,也不应该为个别成员的错误行为负责。毕竟,ASME并没有从这样的事件中获得任何的好处。ASME的官员还认为,庭外和解将会开启一个危险的先例,它会鼓励其他烦人的诉讼出现。

不过,尽管ASME为自己进行了辩护,但是,陪审团仍然做出了不利于ASME的判决:赔偿水平公司330万美元的损失。审判法官按先前的协议扣除了80万美元,并按《克莱顿法案》(Clayton Act)将余下的数额翻了3倍,结果水平公司应得750万美元。

1982年5月17日,第二巡回法庭维持了对ASME的判决。联邦最高法院以有争议的6票对3票,判定ASME因违反了反托拉斯法而有罪。法官布莱克曼(Blackman)将多数人的观点宣读如下:

ASME对国家经济有着举足轻重的影响。它的规范和标准影响着许多州和城市的政策,其通常被认为是"所谓的人们自愿遵循的标准",它对指导原则的解释"可以让整个国家的各种规模的企业繁荣或者衰退",甚至对整个产业而言……ASME可以说是"现实中的一个超政府机构,它制定规则来调节并约束州与州之间的贸易"。当ASME用它的声誉和权威来袒护专业委员会官员的时候,它准许这些人操纵企业的命运,并赋予他们以干预市场竞争的权力。[63]

赔偿问题的再审大约持续了一个月。6月,陪审团驳回了ASME赔偿110万美元的裁决,它又被变为原来的3倍,即330万美元,涉案各方律师的代理费超过了400万美元,最后宣布的判决为ASME赔偿475万美元。

在判决之后,ASME修改了它的程序,如下所述:

水平公司一案裁决后,本协会决定改变对规范和标准的解释方式,强化它的实施规则和利益冲突规则,并对它采用新的"日落"检查程序①。

---

① 日落(sunset law)检查程序,即定期废止法,指对政府机构及其计划进行定期检查,如无价值即自行废止。——译者注

最显著的变化是影响了协会对规范和标准的解释的处理方式。现在,所有的解释在公布之前必须经过至少五人审查,而此前只需经过两人检查。公众可以看到这些解释,对非常规问询的答复每月刊登在《机械工程》(ME)或 ASME 其他出版物中的规范和标准专栏中。以前,这样的答复仅限在问询方和相关的委员会或委员会的分支机构之间。最后,ASME 在信笺上方印上规范解释的免责声明,阐明他们的局限性:如果出现了另外的信息,那么解释很可能会发生变化,而且任何人有权对认为不公正的解释提出异议。

对于利益冲突,ASME 现在要求所有的工作人员和专业委员会的志愿者签署声明,保证他们将遵守一系列全面的和有明确定义的对待潜在利益冲突的指导方针。此外,协会如今为所有工作人员和志愿者提供了工程伦理规范的复印件,以及概述标准行为之法律意义的出版物。

235

最后,协会现在要求每个理事会、委员会及其下属专业委员会每两年对他们的活动进行一次"日落"检查。检查标准包括:他们的活动是不是有利于公众利益;在与协会的章程一致的前提下,他们的行动是不是有效益。[64]

正如下列问题所表明的,利益冲突的情形会迅速变得复杂起来:

- 麦克唐奈和米勒公司怎样才能避免利益冲突的出现?这个问题也适用于米切尔和詹姆斯两人。
- 作为 B-PV 暖气与锅炉专业委员会的主席,T·R.哈丁负有什么责任?他该如何以其他处理方式来保护 ASME 的利益?
- 一旦利益冲突出现,工程协会该怎样保护其自身的利益?
- 对 ASME 的最终判决是公平的吗?为什么是或者不是?
- ASME 修订的利益冲突程序条款解决了所有的问题吗?为什么是或者不是?

案例19
莫拉莱斯事故集

莫拉莱斯(Morales)事故集是一系列案例研究的视频,由美国工程伦理协会(NIEE)制作。它包括在如下处境中的企业顾问工程师所面对的一系列伦理议题:在时间紧迫的情况下建立一座工厂,使得工厂能够开发出一种新的化学产品,并能够在竞争中取得优势。这些议题包括在国际化语境中的环境、金融以及安全问题。在案例之间穿插着由几个参与视频制作的工程师和伦理学家对事件的评论。关于订购视频的资讯,可以访问 NIEE 网站或默达夫工程伦理中心(www.niee.org/pd.cfm? pt＝Murdough)获取。视频的完整版本和完整的学习指南都可以通过在线访问默达夫工程伦理中心获取。

案例20

无意的评论?

在当地的工业工程协会晚餐会议上,杰克·斯通(Jack Strong)坐在汤姆·埃文斯(Tom Evans)和朱迪·汉森(Judy Hanson)之间。杰克和朱迪进一步讨论各种问题,其中很多是他们共同感兴趣的工程问题。在晚餐会议结束时,杰克微笑着转向汤姆说道:"对不起,汤姆,今晚没有和你说很多话,但是朱迪确实比你好看。"

朱迪对杰克的评论感到吃惊。作为一个刚刚从学校毕业的学生,她班里有超过20%的同学是女生,她试图相信,这样一种传统的观念——相对于男生来说,女生不适合从事工程型的工作——最终会消散。然而,她的第一份工作就使她对这一信念产生了一些怀疑。她被一个部门雇用,在那里,她是唯一的女性工程师。现在,即使在工作了将近一年后,她还是不得不努力让别人认真对待她的想法。首先,也是最根本的,她想被看作是一名优秀的工程师。所以,她很享受与杰克的"话题探讨"。但是对于杰克对汤姆说的话,她还是感到震惊,即使他可能是无意的。突然,她从一个非常不同的角度理解了这次对话,她又一次意识到人们并没有真正地把她当成一名工程师来看待。

朱迪应该如何回应杰克的评论呢?她应该说一些话吗?假设汤姆理解了她的观点,那么,他又应该说些什么或做些什么(如果有必要的话)?

236

案例21

迟到的坦白

1968年,51岁的诺姆·刘易斯(Norm Lewis)是华盛顿大学历史学专业的一名博士生。[65]在他参加最后一门课程考试时,他借口去上厕所,偷看了他做的笔记。在随后的32年里,刘易斯没有告诉过任何人这件事。但当他83岁时,他决定坦白。他写信给大学校长,承认他曾经作弊,并说自那以后他一直在后悔。

在评论这件事时,学术诚信中心的主席珍妮·威尔逊(Jeanne Wilson)说:"我想这对学生来说是重要的一课,即让他们了解,作弊的代价有多大。这么多年来,他一直有罪恶感,并且感受到了这个秘密的负担,认为他并没有真正取得授予他的那个学位。"威尔逊的观点是,考虑到他的坦白、他的年龄,以及事实上他毕竟已完成了他的学业和论文,所以华盛顿大学不应当对刘易斯采取什么行动。

但是,她补充道:"另一方面,如果我们谈论的是医学或法学的学位或执业资格,或者是工程或教育等其他专业领域,并且这个人更年轻一些,以及他仍然靠这个学位或执照从业,我想相关机构应该强制撤销这个人的学位或执照。"

讨论这个案例所提出的伦理问题（对于刘易斯博士和华盛顿大学的官员而言），评价珍妮·威尔逊的分析，尤其是当这一分析可能被应用到工程师所处的情境中时。

洛夫运河[66]

引　言

人类活动造成的环境退化当然不是最近才出现的现象。早在 15 世纪，工业革命开始之前，伦敦就已经困扰于燃烧煤炭和木材所产生的有毒气体对空气的污染。然而，随着第二次世界大战的结束，发达国家的工业活动呈指数式扩张的态势，他们使用大量的化石燃料和合成化学品，因此环境污染的程度大大增加。今天的环境问题不仅包括地方性的，而且也包括区域性的、国家性的和全球性的。

始于 20 世纪 60 年代早期的、持续进行的教育、社会和政治运动，提高了美国和世界其他地区人们对环境问题的关注程度和意识。人们往往将这一运动的开始归因于人们对《寂静的春天》的广泛响应，这是海洋生物学家蕾切尔·卡森于 1962 年出版的一本很有说服力的书，书里描述了过度使用杀虫剂和其他化学药品所带来的可怕后果。接下来的环保运动激发了无数地方的、区域的、国家的团体和国际组织的诞生，其中许多是相当激进的，他们利用许多方式来表达他们对保护清洁空气、纯净水资源和未受污染的土地的要求。为了应对这些要求，立法机构制定了各种规章制度，许多机构被分派了环境保护的任务。

日益增加的环保活动一直以来伴随着很大的争议。企业家、业主、产业工人、政治家、科学家和其他所有行业的人们对于相关价值的看法不同，他们有的根据利益—成本来考虑环境保护，有的则考虑保护环境是否限制了行动的自由。在平衡这两个方面——如财产权利、创业自由和追求利润等要求以及生态保护需要削减这些权利和限制这些自由——的过程中，出现了大量的伦理和价值观方面的议题。

其中一个最有争议的环境问题是如何应对所发现的成千上万个含有毒有害物质的垃圾场，这些垃圾场数十年来几乎不受限制地堆放有毒工业废物。这类问题第一次广为人知是在 1978 年，当时纽约州卫生部门（NYSDH）宣布洛夫运河地区进入公共卫生紧急状态，以应对废物处理不当所造成的问题，这一问题就发生在现在已经是臭名昭著的洛夫运河垃圾场中。造成这一问题的企业以及公务员、居民、媒体和科学家的行动和反应，都在洛夫运河的争议中成为阐释许多相关伦理问题的优秀范例，这些伦理问题是与保护公众免受环境污染的努力相关的。

背　景

19 世纪后期，企业家修筑了许多运河，以便将水路联系在一起进而形成有效的运输系统。1894 年，在纽约州的尼亚加拉瀑布地区，风险投资家威廉·洛夫（William Love）投资

237

了一条这样的运河。在几年之后，经济萧条破坏了洛夫运河的财政计划，尚未完成的项目只能被放弃。

当地居民将其戏称为"爱情运河"，并且该运河曾被用作游泳池和溜冰场。1942年，胡克电化公司（目前为胡克化学和塑料公司，西方石油公司的一个子公司）需要一块场地用以处理生产氯代烃类化合物和腐蚀剂时所产生的有毒废物，就租用了运河作为废料垃圾场。1947年，胡克电化公司买下了洛夫运河及其周围的土地。1942年到1950年，该公司排放了21000多吨化学物质，其中包括苯、杀虫剂林丹、多氯联苯二噁英、多氯联苯、有机磷等有毒物质，胡克电化公司用水泥将它们封存在运河下。耗尽了运河作为垃圾场的潜力后，胡克电化公司铺设了防漏层，本来是为了防止水进入而促进毒素的渗漏。这样就使得原先的运河消失无踪，被掩埋在土层之下。

在20世纪50年代初期，当地学校董事会需要建立一所新的学校，以满足日益增长的儿童的需求。董事会知道胡克电化公司迫切需要摆脱洛夫运河的所有权，故而开始进行调查。胡克电化公司宣称并提醒教育委员会这个地方不适合建设学校，因为地底下埋有大量的化学物质。这个所有权买卖在1953年以一美元成交，但是胡克电化公司声称它不得不屈服否则董事会将动用征用权来获得该块土地。胡克电化公司是否像它说的那样不情愿，以及它是否坚定地提醒董事会那里埋藏了有毒物，这些现在都已无法考证。现存的关于那个问题的会议记录，并不完全支持胡克电化公司的陈述，并且董事会成员没有一个还活着。可以确定的是，谈判的条约中包含了一个条款——使得胡克电化公司可以逃避任何由埋藏的化学物质重见天日引发的"索赔、诉讼或起诉。"

后来，在该土地的中心建造了一所小学。学校周围的土地由学校董事会卖给了开发商，在原有的运河沿岸开发商建了98户住宅，并在洛夫运河附近建立了大约1000座房屋。学校、住宅及配套设施的建设，导致了运河覆盖层和水泥盖层的部分破坏。

案　例

第一起为人所知的掩埋毒素暴露的事件发生在1958年，当时有三名儿童在先前运河所在地被重见天日的化学废物烧伤。虽然胡克电化公司和市政府官员都接到了官方通知，但是尼亚加拉瀑布城卫生部门和其他公共机构都没有采取行动应对此事，也没有对接下来的20年间不计其数的投诉做出任何反应。胡克电化公司的记录表明，公司调查了最初的事件和其他几篇报告，并很快确信那个极大的毒物存储库可能已经失控了。但它并没有把这些信息传达给洛夫运河的房屋业主，业主也从来没有被告知潜在毒物的性质。在20年后的证言中，胡克电化公司承认它之所以未发出警告，是由于担心这也许会被视为它对可能损害的责任，尽管在所有权销售契约中有那项免责条款。

到了1978年，在该地区的一位有能力和进取心的房屋业主洛伊丝·吉布斯（Lois Gibbs）的领导下，开始组织成立将来被称为洛夫运河业主协会（LCHA）的组织。参与调查的报社记者迈克尔·布朗（Michael Brown）帮助揭露了许多使人深感担忧的当地居民的困境，他们发现了这些毒素重新出现在地表及在他们的房产里或房产周围的证据。可以看到化学物质以黏稠液体的形式渗入院子及地下室，房屋里弥漫着难闻的气味，雨水管

238

口散发出臭气。

洛夫运河很快成了第一个出现在电视新闻报道中的有害废物垃圾场,而且还登上了纽约州乃至全国报纸和杂志的头版头条。更难堪的是,过去官员并没有对这一严重问题的明显迹象做出回应,纽约州卫生部门和环保局也很快被牵涉进来。不久后的测试结果表明,洛夫运河上房屋的空气中含有多种有害化学物质,之前居住在毗邻运河位置的妇女,流产比率过高。1978 年 8 月 2 日,纽约州卫生专员宣布洛夫运河地区进入公共卫生紧急状态。几天后,州长休·凯里(Hugh Carey)宣布纽约州将购买离运河最近的 239 处住房,并协助重新安置这些被疏散的家庭。州政府将这些废弃的房屋用栅栏围起来,并很快着手建造一个精心设计的排水系统,包括沟渠、水井和抽水站,以防止毒素进一步向外蔓延。

在洛夫运河紧急事件成为轰动全国的"著名事件"之后,州政府和联邦政府迅速地采取了这些初步行动,最终为此花费了超过 4200 万美元。政府公务员很快认识到,对洛夫运河潜在的健康问题的持续的积极主动的回应很可能超出州财政紧急基金的可用额度。此外,据了解,全国各地还有数千个有毒废物垃圾场,可能对难以计数的其他社区造成类似的威胁。因此,不足为奇的是,州或联邦官员并没有以类似的方式满足疏散圈以外的850 户业主的要求。

纽约州卫生部门对剩余房屋的居民进行了调查研究,在初秋,其发表声明称余下的临近地区是安全的,健康风险并没有提升。随后透露,这一安全保证只是基于对一项健康问题的研究。该部门得出的结论是疏散圈以外的居民流产率没有超过正常水平,得出结论的这一方法论随后却引发了严重的质疑。化学物质暴露造成的许多其他可能的健康影响,纽约州卫生部门的评估都没有涉及。

事实上,疏散区以外的化学品泄漏很明显,居住在那里的家庭似乎正经历着非比寻常的健康问题。洛夫运河业主协会的成员因此驳回了纽约州卫生部门的保证。他们要求更明确的调查研究,并且当他们无法从纽约州卫生部门或者环保局获得令人满意的答复时,他们转而向政府环境卫生机构之外寻求科学帮助。

贝弗利·佩奇(Beverly Paigen),一名癌症研究科学家,在布法罗附近的纽约州卫生部门下属的罗斯韦尔·帕克纪念研究所(Roswell Park Memorial Institute[①])工作,她自愿以非官方身份提供服务。她的专业兴趣包括个体对化学毒素的不同反应,她预计,除了帮助洛夫运河的居民之外,她的参与也可能有助于她确定研究工作的适当主题。佩奇博士设计了一项调查,目的在于研究化学品暴露的几种潜在影响。她使用了对于机理的几套不同的假设,以及从运河渗漏出的、溶解于水的毒素可能的渗流路径。基于这一模型,佩奇博士发现最有可能居住在化学品渗漏路径上的妇女的流产率显著增高。她还发现这些家庭出生的婴儿有缺陷的比例大大高出正常比例,也存在神经系统严重中毒的证据,而且哮喘和泌尿系统疾病的发病率也比较高。

---

① 现改名为 Roswell Park Cancer Institute。——译者注

1978年11月初,佩奇博士向纽约州卫生部门的官员提交了她的"非官方"研究结果。耽搁了三个月后,纽约州新的卫生部长向公众宣布,在重新评估数据之后,的确发现了洛夫运河附近原来"潮湿"地区的居民存在过高的流产率与出生缺陷率,并且承诺对佩奇博士的其他调查结果进行额外研究。然而,针对这些结果所采取的行动却让居民和佩奇博士感到困惑和失望。拥有年龄小于两岁的小孩或能证明已怀孕的妇女的家庭将由州政府出资进行搬迁,但是只负责到最小的孩子满两岁。那些打算怀孕的妇女或者在怀孕早期的妇女(这时胎儿对有毒物质最为敏感,但那时还没有有效的检测方法能证明她们怀孕了)被拒绝加入疏散的队伍。

在接下来的一年半时间中,洛夫运河业主协会的成员不断遇到挫折,也变得越来越具有战斗力,因为卫生部门专员所承诺的后续研究并未兑现。在联邦层面上,媒体报道和洛夫运河公众的呼吁让EPA的律师们深信不疑:存在各种各样与毒素相关联的疾病,另外的几百户家庭应当搬离。他们寻找司法部门的法令,要求胡克电化公司负担重新安置的费用。当司法部门回答说,要求出示证据表明住在运河附近的居民处于危险中时,环境保护局进行了一项快速的"试点"研究,以确定居民是否由于化学品暴露而遭受了染色体损伤。这项研究确实提供了环保局正在寻找的那类证据,但随后却遭到科学界的批评,不仅因为这项研究的具体设计,还因为众所周知,那时染色体的研究结果是难以解释的。在36个测试对象中,有11个存在"罕见染色体畸变",以此项研究为基础,执行测试的科学家得出结论,该地区居民的各种不良健康后果的风险在增加。

1980年5月19日,环保局的两位代表来到洛夫运河业主协会的办公室,在一间已被疏散的房屋中宣布了染色体研究的结果,但却被愤怒的业主锁在里面五个小时,直到美国联邦调查局的代表到来要求释放他们为止。这一策略得到了预期的媒体报道,达到了预期效果。在行政部门高级官员的干预下,毫无疑问,也在卡特总统的支持下,洛夫运河另外的数百个家庭得到了搬迁资金。

从这一事件和随后的许多环境争议中可以清楚地得出一个结论,即在做决策时,政治、公众压力和经济考虑都优先于科学证据。洛夫运河事件的另一个特点是,这些受害者虽然对胡克电化公司怀有敌意,但他们的愤怒大多指向一个优柔寡断、冷漠、常常遮遮掩掩、前后不一致的公共卫生机构。

西方石油公司于1968年收购了胡克电化公司,它同时被纽约州和美国国家司法部门起诉,要求负担清理工作和安置工作的开销,而且有2000多人声称个人受到掩埋化学品的伤害,也起诉了该公司。1994年,西方石油公司同意以9400万美元与纽约州达成庭外和解,次年向联邦政府支付1.29亿美元。迄今为止,个别受害者已从该公司获得超过2000万美元的赔偿。

1994年年初,据宣布的消息得知,洛夫运河受到污染的房屋已被清理完毕,居民可以安全搬回该地区。向居民出售廉价的新装修房屋的房地产公司,将该地区更名为"日出之城"。

阅读资料与资源

关于洛夫运河及其他环境争议问题，可以找到大量的纸质和视听材料。通过搜索公共或学术图书馆的电子目录或利用网络搜索引擎，都可以发现相关的材料是非常丰富的。

如果想了解使媒体对该议题调查报道的记者们对洛夫运河案例早期事件的多方面讨论，或者想了解那位组织了洛夫运河业主协会，并成为公民反对有毒废物组织的全国领导者的女士对整个事件的个人看法，可以参看以下资料：

Michael Brown，*Laying Waste*（New York：Pantheon，1979）.

Lois Cibbs，*Love Canal：My Story*，as told to Murray Levine（Albany. State University of New York Press，1981）.

如果想了解那位志愿服务于洛夫运河居民的科学家所撰写的聚焦于政治和伦理维度的发人深省的文章，可以参看以下资料：

Beverly Paigen，"Controversy at Love Canal，" *The Hastings Center Report*，June 1982，pp. 29 – 37.

如果想了解纽约州公共卫生部门、交通部门和环保部门撰写的报告，可参看：

New York State Department of Health，Office of Public Health，"Love Canal，a Special Report to the Governor and Legislature，" with assistance of New York State Department of Transportation and New York State Department of Environmental Conservation（Albany，NY：New York State Department of Health，Office of Public Health，1981）.

如果想了解对于对洛夫运河污染问题的公开讨论的另外两种视角，可参见：

Adeline Levine，*Love Canal：Science，Politics and People*（Lexington，MA：Lexington Books，1982）

L. Gardner Shaw，Citizen Participation in Government Decision Making：The Toxic Waste Threat at Love Canal，Niagara Falls，New York（Albany：State University of New York，Nelson A. Rockefeller Institute of Government，1983）.

如果想阅读刊登在科学新闻杂志上的文章，可参阅：

Barbara J. Culliton，"Continuing Confusion over Love canal，" *Science*，209，August 19，1980，pp. 1002 – 1003.

"Uncertain Science Pushes Love Canal Solutions to Political，Legal Arenas，" *Chemical & Engineering News*，August 11，1980，pp. 22 – 29.

如果想了解洛夫运河区域住房的重建计划、重命名计划以及重新入住计划的评论，可参见：

Rachel's Hazardous Waste News，133，June 13，1989.

如果想阅读环境伦理各方面问题的文章、评论及分析所构成的一个信息丰富的合集，可参阅：

D.Van Deveer and C. Pierce，*Environmental Ethics and Policy Book*（Belmont，CA：Wadsworth，1994）.

议　题

下面是该案例引发的重要的伦理及价值观问题。

● 贝弗利·佩奇是一位志愿为洛夫运河居民服务的科学家,她在评论自己与纽约州卫生部门的上司的分歧时说:"我曾经觉得我们之间的分歧可以通过考察实验报告、实验设计和统计分析这些传统的科学方式来解决。但我最终明白,真相在解决我们的分歧方面没有多大作用——洛夫运河争论在本质上首先是政治性的,而且引发的一系列问题更多的是价值观问题而不是科学问题。"考虑价值观上的差异也许十分重要,无论是对洛夫运河的居民,对纽约州卫生专员,还是对由纽约州环保部门或环境保护署批准进行研究的科学家,对志愿服务洛夫运河居民的独立科学家(如佩奇博士)以及对纽约州的典型居民,都是一样。面对洛夫运河灾难时,这些价值观上的差异会在哪些方面导致他们面临应该做什么和如何做之间的冲突?

● 是否有理由要求公务员对环境问题负起这样的伦理责任:不受经济和政治的影响,客观地检查科学事实及其对当地居民的潜在危害?

● 纽约州卫生部门和卫生专员多次受到指控,其中一项指控是公共卫生机构没有公开形成决策的研究细节,召开许多次闭门会议,甚至拒绝透露其设立的咨询小组成员的姓名。你认为此类公共机构拒绝公众获取这些信息的行为在道德上可能是合理的吗? 如果是合理的,这适用于洛夫运河的情况吗?

241　　● 另一项指控是,那些同情洛夫运河居民的州雇员受到了骚扰和惩罚。比如:罗斯韦尔·帕克纪念研究所限制了佩奇博士为她的研究工作筹款的愿望,导致这位职业人员以科学审查制度为由起诉管理部门;她的邮件被启封过,然后用带子捆上了;她的办公室被搜查过;而当她接受州所得税审计时,她发现有关她在洛夫运河活动的剪报在审计员的文件袋里。此外,当时是环保部地区主管的威廉·弗里德曼(William Friedman)要求州行政人员在保护洛夫运河居民健康的问题上不要采取太保守的办法,结果他很快被降级为普通工程师。这种来自政治权利结构的阻碍似乎在道德上是站不住脚的,但这绝不是洛夫运河事件独有的现象。

● 另一个涉及价值观的问题是,要证明保护公众健康是正当行为,需要怎样的证据。佩奇的研究表明某一具体的健康影响是由某一特定的主体造成的,为了使科学界承认她的研究成果是一个事实,对数据的统计分析就必须表明,有95%的把握确定所观察到的结果并非偶然。这个极高的但明显是武断的标准被用来保护公认的科学事实的真实性。但是公众卫生官员应该像他们经常做的那样,在行动之前也要求所获得的信息达到这样一种标准吗? 比如说,假设证据显示,如果暴露于环境中的某种化学品有80%的可能性会导致严重危害健康的后果,那么卫生官员是否应该拒绝让公众知晓这一危险的存在,或拒绝采取行动来避免公众暴露于化学品之下,直到进一步的研究——可能需要花费数月甚至数年时间——将因果关系的确定性提升到95%吗?

● 在环境问题的公开辩论中,自认为身处危险的人并不信任负责调查他们所担忧问题的那些公务人员,这一现象是很常见的。在洛夫运河论战中也确实是这样。对于一个公民团体来说,能够得到像佩奇博士那样有资质的独立专家的志愿服务,是非常罕见的,而且洛夫运河业主协会也不可能有足够的资金来聘请自己的顾问。而且,虽然佩奇博士提供了有价值的科学服务,但她却无法获得并评估大量(数据)证据,而公务人员却可以接近大量的数据,这是他们做决策时的基础。佩奇博士和其他人所提出的对这个问题的伦理解决办法就是,给像洛夫运河业主协会这样的团体提供公共资金,使他们可以聘请自己的专家,并且雇用一个有权接触所有公共数据、在决策过程中具有话语权的强有力的律师。

● 无论是在洛夫运河处置有毒废物,还是把土地卖给校董事会,胡克电化公司都没有违反当时的任何环境管理法。然而,法院已经裁定,胡克电化公司对其处置行为最终造成的损害后果负有经济责任。这项判决主要基于这样一种判断,即胡克电化公司拥有科学专业知识,能够预见到向运河中倾倒废弃化学品很可能会威胁公共健康。也有人认为,胡克电化公司没有告知公众其 1958 年所发现的风险,这是不负责任的。那么,人们应该要求企业用他们所掌握的知识来避免可能造成公共伤害的活动吗?

● 近些年来,环境运动中关于环境公正与平等的议题引起了人们的关注。少数民族人口和穷人普遍提出了富有说服力的数据,表明他们比其他富裕的白人更容易受到工厂或废物堆放设施所带来的环境污染的影响。在洛夫运河事件中,最初搬迁的人口不贫穷,其中少数民族人口所占的比例也不高。当然,选择居住在那里的人也并没有意识到污染的危险。然而,目前提供的廉价住房也可能是在引导人们重新回到该区域,因为经过重新整治,那里被认为是安全的,但主要吸引了穷人。作为对环境公正要求的回应,有关部门所提出的一项建议是,向那些居住在环境毒素明显高于平均水平的居民提供某种形式的补偿。这是一种有道德的行为吗? 还可以采取其他什么措施,以伦理的方式促进环境公平?

● 在我们的社会中,通常通过经济术语来评估环境风险。然而,赋予人类健康、原始森林或无烟雾的远景经济价值肯定不是一种客观的处理方式。有什么其他可能的方式用来评估环境风险与收益的吗? 242

我们通常以人文术语来赋予事物价值。我们思考的是:人类污染环境和破坏生态系统的行为,会怎样使人类自食其果? 一些环境伦理学家提议,应该采取以生物为中心的视角,其中,生物和自然物体被赋予了独立于人类关切的内在价值。你怎样回应这样一个断言——大自然不仅仅是为了被人类利用而存在的?

虽然在这个案例研究中没有明确提及工程师,但不难想象,工程师也参与了导致洛夫运河灾难产生的事务,也参与了清理活动。请讨论,就预防此类危害使之未来不再发生而言,工程师所要承担的责任。若有可能的话,在帮助公众了解风险是什么以及如何处理这些风险方面,他们可能扮演什么样的公共角色?

案例23

电气与电子工程师协会所提供的成员支持

在 20 世纪 70 年代中期,纽约市警察局实施了一项被称作斯普林特(SPRINT)的由计算机控制的在线警车调度系统。在接到要求警察帮助的电话后,调度员就把地址输入电脑,电脑会在几秒内显示出离事发地点最近的警察巡逻车。通过减少对紧急电话的反应时间,斯普林特系统有可能挽救生命。

1977 年,纽约市检察官考虑采用另一种系统——普罗米斯(PROMIS)系统,它与斯普林特使用同一台计算机主机。普罗米斯系统能够通过提供证人的姓名、地址、听证日期、被告人的缓刑状态和其他信息,帮助希望核实被捕的作案人当前身份的检察官或其他执行拘捕的官员。主持这一项目的是刑事司法协调理事会(Criminal Justice Coordinating Council)或者称环形计划(Circle Project)委员会——一个由城市高级官员组成的委员会,包括主管刑事司法的副市长、警察专员以及作为委员会主席的曼哈顿地区检察官罗伯特·摩根索(Robert Morgenthau)。

该委员会聘请了一位电脑专家作为项目的主管,这位电脑专家又雇用了弗吉尼亚·埃杰顿(Virginia Edgerton)——一位有经验的系统分析师,作为他手下的高级信息科学家。受雇后不久,埃杰顿向项目主管反映,让电脑负载额外任务可能会对斯普林特系统的反应时间产生影响,但项目主管建议她忽略这个问题。埃杰顿于是向她所在的职业社团电气与电子工程师协会寻求帮助。

哥伦比亚大学的一位电子工程学教授认为,埃杰顿所关注的问题值得进一步研究。在此之后,她向项目主管发出了一份备忘录,要求对超负荷问题进行研究。主管最终拒绝了这份备忘录,不久,埃杰顿向环形计划委员会的成员发出了备忘录的复印件,并附上了一封信。随后不久,项目主管以埃杰顿违背他的指令直接与委员会成员联系为由解雇了她。他还声称,事实上她所提出的问题也就是他一直在与警察局电脑部门讨论的问题,尽管没有任何文献可以支持他的这种说法。

IEEE 技术社会应用委员会(Committee on the Social Implications of Technology, CSIT)的伦理与职业实践工作组(Working Group on Ethics and Employment Practices)对此展开了调查,随后又由新成立的 IEEE 成员行为委员会(Member Conduct Committee)接手了调查工作。这两个调查团体都认为,弗吉尼亚·埃杰顿的行为是完全正当的。1979 年,她因为在公众利益方面的杰出贡献获得了第二届 IEEE - CSIT 奖(IEEE - CSIT Award)。被解雇后,埃杰顿成立了一家提供数据处理服务的小型公司。[67]

讨论在这个案例中 IEEE 扮演的支持角色,这是否为电气与电子工程师加入或支持 IEEE 提供了一个伦理基础?

案例24

道德发展[68]

在工程教育中引入伦理学引发了道德教育的一个重要问题：难道不应该在上大学之前，就对学生进行伦理学的引导吗？这个问题的答案是"对，应该这样做"，而且，实际上就是这样做的，无论正式的还是非正式的——在家庭、在宗教教育中、在游乐场或者在学校。然而儿童一旦成年，就需要调整自己的道德背景以适应新的更加复杂的环境，比如工程师的工作环境。这意味着年轻的工程师仍然还有很多伦理学知识要学。而且，当职业人员面对伦理挑战时，他们所受到的道德教育水平也不应被低估。

伦理（或者说道德）对孩子们的引导就更早了。他们和兄弟姐妹或玩伴争论什么是公平，什么是不公平，孩子们受到父母、师长的赞赏和责备，这让他们觉得自己可以对行为负一定的责任。孩子们是怨恨、愤怒和其他负面道德态度的接受者，同时也是这些道德态度的传播者。有确凿的证据表明，即使是 4 岁大的孩子，他也对什么行为只是传统习俗（比如穿校服上学）和什么行为具有道德意义（比如不要把颜料丢到另一个孩子脸上）这两者之间的区别具有直觉上的认识。[69]因此，尽管孩子们没有多少阅历，但在入学时，他们一般都表现出相当水平的道德素养。

道德发展的下一阶段是对基本道德概念的逐渐扩大和精炼，这一过程仍然保留了许多道德概念的核心特征。也许大家都可以从童年经历中清晰地回想起公平与不公平、诚实与不诚实、勇敢与懦弱的例子，并且它们至今仍作为范例或者清晰的例证，决定着我们对基本道德概念的看法。哲学家加雷恩·马修斯（Gareth Matthews）说：[70]

孩子们可以通过掌握善良、勇敢或者说谎等每种道德的核心范例而懂得这些道德，并且这些范例也是被最成熟、经验最丰富的道德主体（人）视为经典的范例。道德发展意味着……扩大每一种道德的范例库；发展得越充分，这些范例就越能充分地例证各种道德的定义，能使孩子们更好地理解善良与近亲关系的简单例子，学会裁定不同道德种类中相互矛盾的解释（有时典型的矛盾解释是关于公正和怜悯的，但也可能是其他的矛盾）。这清晰地显示出：虽然孩子的道德观念形成得早，而且印象深刻，但仍有许多冲突和困惑需要被分类处理。这意味着道德反馈是持续的需求，不会因成年而停止，它只会增添新的维度。

然而，有些人可能会觉得，道德与其说是仔细的反思，还不如说是一种主观感受。但是发展心理学家让·皮亚杰（Jean Piaget）、劳伦斯·科尔伯格（Lawrence Kohlberg）、卡罗尔·吉利根（Carol Gilligan）、詹姆斯·雷斯特（James Rest）等人的研究提供了强有力的证据来说明，道德论证与主观感受一样都是道德的基本组成部分，它们也同样重要。[71]尤其是皮亚杰和科尔伯格所做的首创性工作表明，儿童的认知发展与他们的道德发展之间存在着明显的相似性。他们的解释中的许多细节引发了激烈的争论，但有一个突出的特征得到了认同,即道德判断不只包含感觉。道德判断(比如,"史密斯错误地伪造了实验数据")的结果无论是支持还是批评,都要有经得起检验的理由。

科尔伯格对道德发展的解释吸引了大量教育工作者的追随,但同时也受到越来越多的批评。其理论的特征是道德有六个固定次序的发展阶段。[72] 前两个阶段是高度自我—利益的,并都是以自我为中心的。阶段一的主导是对惩罚的畏惧和对奖赏的渴望。阶段二基于互惠的协议("你挠我的背,我也会挠你的背")。接下来两个阶段是科尔伯格所谓的传统道德。阶段三建立在朋友或平辈之间的认同和不认同之上,阶段四呼吁把"法律与秩序"作为社会凝聚与秩序的必需品。只有最后两个阶段包含了科尔伯格所谓的审辨性或后传统道德的内容。这两个阶段的行动原则是自主选择,这一原则可以用来评估前四个阶段反应的合理性。科尔伯格的观点已经受到了批评,比如:坚持道德发展遵守固定的顺序(不能跳过任何阶段,也不能退回到更早的阶段);假定后面的阶段比前面的阶段道德发展得更充分;因为男性偏见而过分强调个人的独立性、正义、权利、义务和抽象原则,牺牲了一些同等重要的原则——互相依赖、关照、责任;声称所有的社会基本遵守同样的道德发展模式;低估了未成年人的道德能力;低估了成年人对审辨性道德推理的应用程度。我们并不试图在这里解决这些问题。[73] 然而,无论科尔伯格的理论有哪些局限,其都对我们关于道德教育的理解做出了重大贡献。通过描述许多常见的道德推理类型,它使我们更加反思我们和我们身边的人是如何典型地实现我们的道德判断的,它引导我们提出关于如何达成这些判断的关键问题。它鼓励我们更加自主或者更加审辨地思考道德问题,而不是简单地让他人为我们设置道德价值标准,而我们自己不假思索地就接受流行的惯例。它用生动的方式让我们注意自身的利己主义和自我中心主义的倾向,并促使我们形成更具有洞察力和持续性的道德思考习惯。最后,它强调了以理由来论证道德判断的重要性。

想了解科尔伯格道德发展理论中具有争议的陈述,可以观看影片《道德发展》(*Moral Development*,CRM Educational Films,McGraw-Hill Films,1221 Avenue of the Americas,New York,NY. 1-800-421-0833)。这部影片模仿著名的米尔格拉姆服从实验,在实验中,实验人员让志愿者相信自己正在一个研究学习与惩罚的实验中,负责执行施加给其他志愿者的电击。科尔伯格的理论被用来描述志愿者对管理者不同电击指令的反应特征。观众可以把这部影片作为引子,来反思自己和其他人面对道德挑战时的反应。工程师也可以思考这样的问题:当帮助他人研发某种设备时,比如像完成米格尔拉姆那样的实验所需的设备时,是否存在着任何的伦理问题?

案例25

原油泄漏? [74]

多年来,彼得(Peter)一直与比格尼斯石油公司(Bigness Oil Company)的地方分公司合作,他和该分公司的经理杰西(Jesse)建立了牢固的信任关系。在彼得的建议下,分公司严格遵守所有的环境法规,在州政府的管理机构那里,它享有良好的声誉。地方分公司通过管道和槽车运来各种石油化工产品,把它们调配好后再转售给私营企业。

杰西对彼得的工作非常满意,他提议彼得继续担任公司的顾问工程师。这对彼得和他的咨询公司来说都有很大好处,这保证彼得在公司能够得到稳定、优质的升迁机会。已有消息说,他会在几年后升为副总裁。

有一天,在工作间歇喝咖啡时,杰西向彼得讲起一件往事,有一种通过管道运送的化工原料莫名其妙地丢失了。在 20 世纪 50 年代的某段时间,管理很松懈,审计时才发现其中一种化工原料的减损,丢失的化工原料显然有一万加仑之多。在对管道进行压力测试后,工厂管理人员发现有一根管子已经被腐蚀了,并一直向地下泄漏石油化工原料。在堵住漏洞后,公司利用竖井进行取样检查,发现漏出来的化工原料集中在一个垂直的羽流中,并向深处的蓄水层缓慢扩散。因为没有对工厂附近的地表或者地下水产生污染,所以,工厂管理人员决定不采取任何措施。杰西认为,虽然对最后一次从竖井取样所进行的测试结果表明,在地表以下 400 英尺以内的地下水中,该化工原料的浓度基本为零,但是,在工厂地下的某个地方仍然存在受污染的羽流。竖井已被封住,这件事一直就没有被媒体曝光过。

这无意中的透露让彼得大吃一惊。他意识到,州法律要求他报告所有的泄漏情况,但是,对那些在多年以前发生的、影响似乎已经消失的泄漏又该怎么办呢? 他皱着眉头对杰西说:"你知道,我们必须向州政府报告这次泄漏。"

杰西表示难以置信。"可是,事实上并不存在泄漏。如果州政府要我们把它找出来,我们可能也找不到;即使我们能够找到,不管是抽出它还是收纳它都没有任何意义。"

"但是,法律要求我们必须报告……"彼得回答说。

"嘿,你瞧。我悄悄地告诉你这件事。你们行业的工程伦理章程也要求你为客户保守秘密,而且告诉政府会有什么好处呢? 我们这样做不能改变什么,唯一会发生的事情就是公司将遇到麻烦,而且不得不浪费钱来补救一件无法补救而且也不需要补救的事情。"

"但是……"

"彼得,我坦白地对你说,如果你把这件事告诉州政府,那么你将不会给任何人带来任何好处——对公司、对环境,当然对你自己的职业生涯也是如此。我也不会需要一位对客户不忠诚的顾问工程师。"

在这个案例中,存在着什么伦理问题? 有什么事实上的和概念上的问题需要澄清? 你认为彼得应该怎样处理这件事?

案例26

彼得·帕尔金斯基： 被处决工程师的幽灵[75]

彼得·帕尔金斯基(Peter Palchinsky)成长于 19 世纪末期的俄国。他获得了来自沙俄政府的少量生活津贴,因此得以在圣彼得堡采矿学院学习。他暑期在工厂、铁路、煤矿

245

打工,补贴生活费用。这些经历让他意识到密切关注工人生活条件的重要性。

1901年,帕尔金斯基从圣彼得堡采矿学院毕业。为支持俄国工业化的发展,政府派帕尔金斯基去参加一个研发团队,研究提高乌克兰顿河(Don River)盆地煤产量的方法。他参观了矿工的住处,发现在那些简陋房舍中的床铺之间根本没有任何空间,而且,墙上的裂缝是如此之宽,以至于当工人睡觉时雪都会落到他们身上。工人的报酬过低、健康状况很差且士气低落。关于这些状况的报告标志着帕尔金斯基开始了在工业工程学领域的开创性工作。

然而,正是由于这份报告,帕尔金斯基受到了政府的指控,他被认为与无政府主义者同谋,企图推翻沙皇政府,并判处他在西伯利亚伊尔库茨克(Irkutsk)被软禁8年。但是,沙俄官员仍然把他当作顾问,因为凡是遵循其建议的煤矿,煤的产量都提高了。被软禁了3年之后,帕尔金斯基和妻子一起设法逃到了西欧,在那里,他继续工作,研究如何提高工人的生产力,出版了为荷兰、意大利和法国政府而做的多卷本的规划研究。1913年,38岁的帕尔金斯基被公认为欧洲最具领导力和最多产的工程师之一。通过他妻子的努力,他获得了赦免,并返回俄国。

在接下来的3年里,帕尔金斯基作为沙皇政府的顾问,创建了一些工程机构。1917年2月,沙皇政府被推翻,他转而为俄国临时政府工作。1917年10月布尔什维克革命之后,帕尔金斯基和临时政府的其他官员都被监禁。许多官员被处死,但是,列宁决定使用帕尔金斯基的技术来为布尔什维克政府服务。帕尔金斯基开始了为期10年的政府顾问工作,其间他曾因自己坦率的观点与苏联政府对工程项目的教条相冲突而数次被送往西伯利亚集中营,中断工作。

246　　　　帕尔金斯基特别批评了斯大林的一些重大工程项目,认为它们忽视了许多工程学和人道主义问题。斯大林的计划包括:建造世界上最大的旅馆、大学、钢铁厂、发电厂和最长的运河。单单在运河项目中,就有5000多名苦役丧生,葬身于运河的地基。

帕尔金斯基对在第聂伯河建造世界上最大的水坝和水电站的规划进行了研究,他的规划与政府的最终规划不一致。他关于工程学和人道主义的所有警告都被忽略了,事实上,该水坝从来就没有达到它的设计目标。接下来,帕尔金斯基被指派对在马格尼托哥尔斯克(Magnitogorsk)建造一座高炉和钢铁加工企业的规划进行研究,政府打算把它建成同类设备中的世界第一(规模上)。同样,帕尔金斯基呼吁政府对工程学和人道主义的许多缺陷予以重视,但政府对此置之不理,并把帕尔金斯基遣送回西伯利亚。政府驱使奴隶来建造钢厂,但这项工程也没有达到它的设计目标。

1929年,在斯大林的指示下,帕尔金斯基被秘密地带出监狱执行了枪决。20世纪90年代初,在因为俄罗斯公开化政策而不再被封存的秘密文件中,帕尔金斯基这样写道,任何政府体制都不可能在布尔什维克的残暴下生存。他预言道,俄国政府将在20世纪末倒台(后来确实如此)。在20世纪20年代的俄国,工程师的数量从大约10000人减少到7000人,而其中的大多数彻底地消失了。为了他所信仰的工程学和人道主义事业,彼得·帕尔金斯基努力奋斗,最终献出了自己的生命。

洛伦·格拉哈姆(Loren Graham)写的《被处决工程师的幽灵》将帕尔金斯基刻画成具有远见和预言力的工程师。格拉哈姆认为,在他去世的60年后,从苏联继续出现的技术错误中,我们可以看到帕尔金斯基的"幽灵",并且,其在1986年的切尔诺贝利核电灾难和1991年苏联的解体中得到了最显著的体现。

具有讽刺意味的是,虽然赞扬帕尔金斯基的正直、率真和远见,但格拉哈姆却用一个模糊的结论来概括这本书:[76]

帕尔金斯基的死刑非常有可能是因为他拒绝承认自己没有犯过的罪行,甚至是在严刑折磨之下,他也不认罪。帕尔金斯基总是以自己是理性的工程师而感到自豪。我们可以质疑他临终的行为是否理性,但是却不能质疑这份勇气。

讨论:一个人宁愿去死也不愿承认自己没有犯过的罪,这是否是一种理性的行为?(帕尔金斯基的处境与柏拉图《克里同篇》中苏格拉底的处境相似,苏格拉底也是宁愿放弃生命也不愿意损害自己的操守)一个人愿意付出多少代价去维护个人的职业操守呢?

案例27

斑马车[77]

20世纪60年代末,福特汽车公司设计了一款叫作"斑马"的微型车,其重量不足2000磅,售价不到2000美元。由于急切地想与外国生产的微型车竞争,福特公司在两年多一点(通常需要3年半)的时间里就把这种微型车投入了生产。在工时如此短的情况下,式样设计领先于实际工程很多,因而,它的工程设计就比通常的情况受到更多的限制。结果,安放汽油箱的最佳位置被确定在后轴和保险杠之间。这种不同寻常的安放使得差速齿轮托架的螺栓头暴露在外,如果油箱在追尾碰撞的作用下向前挤压,螺栓头就有可能划破油箱。

在法庭上,撞击试验是这样被表述的:[78]

福特公司对原型车和两辆斑马微型车成品进行了撞击试验,以此对多个项目进行测试,包括在追尾事故中燃料系统的完整性测试。……原型车在尾部受到一个以每小时21英里速度运动的实验体撞击后,油箱被拽向前并被划破,造成燃油泄漏。……一辆斑马微型车成品在进行撞击试验中以每小时21英里的速度撞向固定实验体时,燃油箱从油箱固位处开始破裂,油箱被差速齿轮托架的螺栓头划破。并且至少在一次试验中,溅出的燃油喷进了驾驶室。

福特公司还进行了这样的尾部撞击试验:给油箱装上橡胶气囊,或把油箱装在后轴的上面而不是后面。在这两种情形下,汽车都通过了每小时20英里的尾部撞击试验。

虽然联邦政府对油箱的设计实施了极为严格的管理,但福特公司声称,斑马车满足了当时所有生效的联邦安全标准。福特公司的汽车安全部主管埃科德(J. C. Echold)发表了一篇题为"与撞击所导致的燃油泄漏和火灾相关的死亡事故"的研究论文。[79]这篇论文声

247

称,改进设计的成本(每辆车 11 美元)超过了它的社会效益。这份报告附带的备忘录是这样描述成本和收益的。

收 益	
挽 救	烧死 180 人,严重烧伤 180 人,烧毁 2100 辆车
单位成本	每位死者赔偿 200000 美元,每位伤者赔偿 67000 美元,每辆车赔偿 700 美元
总收益	$180 \times 200000 + 180 \times 67000 + 2100 \times 700 = 49530000$ 美元[①]
成 本	
销售额	1100 万辆汽车,150 万辆轻型车
单位成本	每辆汽车 11 美元,每辆轻型车 11 美元
总成本	$11000000 \times 11 + 1500000 \times 11 = 137500000$ 美元[②]

这里对死亡、受伤人数和车辆损毁数目的估计是以统计学的研究为基础的。把每条人命的损失定为 20 万美元是以国家高速公路交通安全管理局的研究为基础的,这项研究是以如下方式估算死亡的社会成本的。[80]

构 成	1971 年的费用/美元
未来生产力的损失	
直 接	132000
间 接	41300
医疗费用	
医 院	700
其 他	425
财产损失	1500
保险费	4700
法律事务费	3000
雇主损失	1000
死亡者的痛苦和精神创伤	10000
丧葬费	900
资产(损失抵消额)	5000
事故的其他综合损失	200
每位死者的费用总计	200725

①② 原书总收益和总成本计算有误,译者已修正。——译者注

讨论：福特公司以上述数据表作为是否在工程设计上进行安全改造的决策依据，是否恰当？如果你认为这样做是不恰当的，那么你建议福特公司采取什么样的替代性方案？你认为，在类似的情况下，工程师有什么样的责任？

案例28

利益和教授

《华尔街杂志》(*Wall Street Journal*) 上的一篇文章报道说：

如果没有源源不断的最具才华的、能吃苦耐劳的学生，那么大学的高技术研究通常无法顺利开展。但是，紧张的工作安排往往使得学生不能很好地完成学业。而且当学生和教师共同享有创业公司成功的巨大经济回报时，一些教授可能会对学生的学习退步和碍事的家庭作业睁一只眼闭一只眼。[81]

这篇文章还指出，在某些情况下，为了全身心地投入具有经济诱惑的工作，一些学生会严肃地考虑在获得学位之前就退学。

在 1999 年，阿卡梅(Akamai) 赢得了该年度的麻省理工学院斯隆电子商业新手奖 (Sloan eCommerce Award for Rookie)。该奖项旨在鼓励学生创办能在该领域处于优势地位的公司。这篇文章评论道：

没有哪一家公司像它那样与 MIT 联系如此紧密。大约在 3 年前，这家公司植根于莱顿(Leighton)先生(MIT 的计算机系统工程教授)领导的研究项目。达尼尔·卢因(Danile Lewin)，莱顿先生的研究生之一，提出了一个怎样运用计算机算法或数字指令来解决互联网拥堵问题的核心想法。[82]

不久，莱顿先生和卢因先生共同成立了这家名为阿卡梅的公司，雇用了 15 名本科生来对那个运算指令进行编码。

他们试图将他们在 MIT 的责任与在阿卡梅的责任区分开。莱顿先生建议卢因先生另外寻找一位教授在他的硕士论文上联合署名，"因为他担心，在既要指导卢因的学术工作又要与他一起从事冒险的商业活动这两者之间，可能会有冲突"。第二位指导者曾参加过卢因先生最初的研究工作，并在卢因完成论文后也成为阿卡梅的兼职科研人员。

阿卡梅仍然倾向于雇用 MIT 的学生。但是，在他们完成本科学业之前，公司不雇用他们作为全职职员。而且，机会是相当诱人的。据这篇文章说，卢克·马特金斯(Luke Matkins)在大二学年结束后，在阿卡梅谋了一份暑期的工作。在他 21 岁完成本科学位之前，他挣的工资是每年 75000 美元，并且他还拥有 6 万股股份，估计总价值超过 100 万美元。

马特金斯先生的学业遭遇了一些小麻烦，因为他的工作占用了太多的时间，以至于他没有时间来完成所有的家庭作业。不过，他并不后悔。"马特金斯先生说，在高年级时就可以成为百万富翁这一前景让他感到'非常酷'。他热爱 MIT，但是，他说，在许多方面，阿卡梅才是他真正意义上的大学。'在那里可以用不同的方式进行学习,'他说,'我在阿卡梅学到的东西可能比在教室里学到的更多。'"[83]

《华尔街杂志》的这篇文章指出,卢因先生的博士论文将基于他在阿卡梅的工作,他可能需要事先征得阿卡梅董事会的同意才能使用其中的一些材料。这篇文章概括道:"他或许还需要征得阿卡梅首席科学家莱顿先生的认可,而莱顿最终又成为他的博士学位导师。"[84]

判别和讨论上述内容所涉及的伦理问题。

案例29

粉碎机

弗雷德(Fred)是高级表土疏松机有限公司的一位机械工程师。这家公司生产 1 型粉碎机,这是一种 10 千瓦的切割粉碎机,它把庭院废物磨成小颗粒,堆肥并混入土壤。这种设备特别受房主的欢迎,因为他们希望减少堆填区的花园垃圾。

这种切割粉碎机有一台动力强大的发动机和一副快速旋转的页片,操作人员在不小心的情况下很容易受伤。在 1 型粉碎机售出后的 5 年内,已报道的操作人员受伤事故就有 300 起。最常见的事故发生在当被切细的庭院废物堵塞了卸料斜槽后,操作人员将手伸进斜槽去清除堵塞物的时候。如果将手伸得太深,旋转叶片就会切断或者严重打伤他们的手指。

高级表土疏松机公司的总裁查利·伯恩斯(Charlie Burns)召集工程师和法律顾问开会讨论,怎样减少由出售 1 型粉碎机所带来的法律责任。法律顾问建议了几种减少法律责任的办法:

● 在 1 型粉碎机上贴上醒目的黄色警告标志,上面写着:"危险! 叶片转速快。机器转动时,不要把手伸进去!"

● 在用户手册上印上警告:"当机器运行时,操作人员切记将手远离旋转叶片。"

● 在用户手册中标明 1 型粉碎机的安全操作方法——要求在卸料斜槽的上方放置一个碎屑收集袋。标明在 1 型粉碎机运行时,禁止操作人员去移动碎屑收集袋。如果卸料斜槽堵塞了,那么用户应该先关掉 1 型粉碎机,再取下碎屑收集袋,更换碎屑收集袋后,再重新启动粉碎机。

因为操作过 1 型粉碎机,所以弗雷德知道,卸料斜槽会经常堵塞。由于机器很难重新启动,因此,在运行该机器时,人们习惯于不使用碎屑收集袋,并且在机器仍在运行时去清除卸料斜槽的堵塞物。

讨论在下列每种情形中,弗雷德试图解决问题的方式。

情形 1:弗雷德向他的工程师同事建议,重新设计 1 型粉碎机,使它不再会堵塞。他的同事回答道,公司可能无法提供重新设计 1 型粉碎机所需的费用,而且他们认为法律顾

249

问的建议已经足够了。弗雷德很不满意,他在空余时间重新设计了 1 型粉碎机,并以负担得起的方式解决了堵塞问题。

情形 2:对于机器在运行时使用碎屑收集袋如此不切实际的操作,弗雷德没有向他的同事说什么。他接受法律顾问的建议,增加了警告标记和用户说明。1 型粉碎机的设计没有任何改变。

情形 3:弗雷德向他的工程师同事建议,他们应设法使管理人员相信,1 型粉碎机需要重新设计,以使它不再发生堵塞。他的同事同意了他的建议,并做了一份耗资 50000 美元的重新设计的规划。最后,他们把规划交给了管理人员。

案例30

悔过自新的黑客?

根据约翰·马尔科夫(John Markoff)的文章《一个电脑黑客的奥德赛:从歹徒到顾问》,约翰·T. 德雷珀(John T. Draper)正在努力使自己成为一位"白帽"(white-hat)黑客,以补偿他过去对社会的过失。[85]在 20 世纪 70 年代早期,德雷珀作为"嘎吱舰长"出名,为了盗打电话,他用"嘎吱舰长"谷物盒中的一个玩具口哨就接近了电话网络。当他由于犯罪而坐牢后,他发明了早期的简易写作(Easy Writer)软件,也就是 1981 年 IBM 公司用在个人电脑上的第一个文字处理程序。据马尔科夫所说,在随后的几年里,德雷珀利用他的娴熟技巧侵入了计算机网络,成为一名百万富翁,但随后又失去工作成为无家可归的人。然而,现在德雷珀被招募来运行一个互联网的保密性软件,他也成立了咨询公司,专门研究公司财产在网络上的安全保护问题。德雷珀说:"我不是一个坏家伙。"也许意识到肯定有人会对他持怀疑态度,他补充说:"但是,我被人们看成一只试图保护母鸡家园的狐狸。"国际社会资源研究所(SRI)的计算机安全专家彼得·诺伊曼(Peter Neumann)将这些担心概括为:

"黑帽"能否成为"白帽"不是一个黑与白的问题。总体来说,相当多的"黑帽"改邪归正了,并且变得非常有效率。但是,雇用彻头彻尾的"黑帽"将增强你的安全性这种单纯的想法,是一种谬论。

讨论这个案例所提出的伦理问题。有什么理由相信德雷珀确实改过自新了?咨询公司的客户有权了解德雷珀的过去和他在公司里的角色吗?

案例31

从项目中辞职

1985 年,计算机科学家大卫·帕纳斯(David Parnas)辞去了他在战略防御行动组织(SDIO)顾问团中的职务。[86]他认为战略防御行动(SDI)既危险又浪费钱。他担心的是,他从来没有见过任何一种软件程序能够满足一个优秀的 SDI 系统的要求。[87]他辞职的理由建立在三个伦理基础之上。[88]首先,他必须对他自己的行为负责,而不能依赖其他人为他做决定。其次,他不能忽视或回避伦理和道德问题。在帕纳斯的这个案例中,这意味着他应该判断他所承担的任务是否有益于社会。最后,他"必须确定我是在解决真正的问题,而不仅仅是为我的主管提供一个短期的满意答案"。

但是,帕纳斯不只是从项目组中辞职。他还公开反对 SDI,这是由 SDIO 的失败以及参与讨论他所提出的技术问题的同事所触发的。但是,帕纳斯说,他得到了如下的回答:"政府已经决定了,我们不能改变它。""钱一定会被花费掉,你所能做的就是好好地利用它。""系统将建立起来,你不能改变它。""你的辞职不能阻止这项工程。"[89]对于这些,帕纳斯回应道:

没错,我不往地面乱扔垃圾的决定不会消除垃圾。但是,如果要消除垃圾,我们就必须决定不把垃圾扔在地面上。我们都可以有所作为。

从他的立场来看,帕纳斯认为自己有责任帮助公众理解为什么他坚信 SDI 程序不会成功,这样就使公众可以做出他们自己的决定。[90]

帕纳斯不只担心 SDI,他也表达了对大专院校科研的担忧:[91]

按照惯例,大学提供授予终身职位和学术的自由,这样,教师就能对上述问题畅所欲言。许多大学就是这样做的。不幸的是,在美国的大学中,存在着获取各种来源的研究资金的制度性压力。一位研究者吸引资金的能力被作为评定他的能力的一项指标。

判别和讨论由大卫·帕纳斯引出的伦理问题。还有什么其他的伦理问题应该讨论呢?

案例32

负责任的指控[92]

1961 年,埃德·特纳(Ed Turner)毕业于圣莫尼卡学院(一所两年制的学院),并取得了肄业证书。他在洛杉矶市的工程部门工作了 8 年,并且通过了加利福尼亚州职业工程师培训考试(EIT)。因此,他在爱达荷州拿到了土木工程师/职业工程师的许可证。为了拿到许可证,他不得不在那些已经拿到许可证的上司的指导下工作,并且只有在他们全体的强力推荐下才能拿到许可证。因为他没有从一个获得认可的学校那里取得工程专业的学士学位,所以他取得许可证的经历具有典型性。

20 世纪 60 年代后期,特纳移居到爱达荷福尔斯,为那里的市政公共部门工作。作为一位在 1980 年就获得许可证的职业工程师,他负责签署这座城市的所有工程项目。但当他拒绝批准一些公共工程设计项目时,问题就产生了。有一项工程遗漏了人行道,使得学生在上学的路上不得不在繁忙的车流中行走。工程部主任和市长对他的拒绝做出的回应是将他降级,把他调到一个新的、较小的工作部门。他们任命了一位没有许可证的非工程专业人员作为城市工程的主管来代替他的位置，并由他来签署所有的工程项目。而这触犯了爱达荷州的法律。

特纳尽可能地待在那个新工作岗位上，以随时关注城市的工程项目，也因为他需要增加收入来供养家庭。最后，他被解雇了，他和他的妻子不得不靠挑选土豆和做一些仓库保管工作来维持生存，并为他的法庭起诉提供经济支持。

爱达荷州的就业服务中心同意了特纳失业保险金救济的请求，但是，爱达荷福尔斯市政府部门成功地否决了这项决定。而后，爱达荷州产业委员会最终推翻了爱达荷福尔斯市政府的否决，特纳也终于拿到了他的失业保险救济金。

特纳和位于纽约的美国工程联盟（AEA）设法得到 22 个州的支持，以起诉爱达荷福尔斯市政府对他的非法解雇，以及对工程项目的不负责任。爱达荷州立职业工程师委员会、国家职业工程师协会、美国机械工程师协会、美国土木工程师协会、美国工程联盟以及其他一些主流的职业社团也都对他表示了支持。在这桩历时 4 年的诉讼中，特纳的妻子德布拉（Debra）扮演了相当重要的角色。除了要整理法庭文件外，作为证人，她还得接受政府律师的交叉质询。

许多对这个案件有所认知的人都参与进来，包括本书的作者之一，他们志愿无偿地为特纳提供服务，并向法庭提交证词。不过，在这个案件的听证会上该证词并不被爱达荷福尔斯市法院所承认，因为这个案件已经移交庭外处理，而且交给爱达荷福尔斯市法官的证词太迟了，格式也不正确。

幸运的是，这个故事有一个令人高兴的结局。在许多人和新律师的建议下，在另外一个城市的法庭上，特纳的前律师因玩忽职守而受到起诉。玩忽职守罪如果成立的话，陪审团就必须首先投票决定先前的案子是可以胜诉的，然后再单独地确定玩忽职守的存在。在这两次判决中特纳都赢得了胜利，并且法院判决爱达荷福尔斯市政府违反了州法律。尽管最后的赔偿额是巨大的，但在支付了法律费用和税费后，很明显，用特纳的话来说，他还是没有"得到全部赔偿"。但是，他又可以以有执照的职业土木工程师的身份工作了，并且他很乐意为他的职业和公共安全做出贡献。值得一提的是，为了应对 2005 年卡特里娜飓风造成的破坏，埃德和他的妻子德布拉在亚拉巴马州志愿工作了几个月，给受灾的人提供帮助。

案例33
科学家与有责任感的公民

作为一名年轻人，哈里森·布朗（Harrison Brown，1917—1986）在芝加哥大学和橡树岭的曼哈顿计划中起到了突出的作用，1943 年，他成为橡树岭钚项目的化学部副主任。在研发原子弹的短短几年间，布朗和他的许多科学家同事对他们身为科学家的责任进行了严肃而深入的探讨。在 1945 年原子弹被使用之后，布朗立刻写了一本书《毁灭，就是我们的命运》[*Must Destruction Be Our Destiny*(Simon & Schuster,1946)],在书中他明确且有力地表达了他和同事们的担忧。他强烈地主张建立一个国际性的组织来和平地控制核武器的扩散与可能的使用,在1946年的3个月里,他在全国进行了100多场演讲,介绍他书中的基本观点。

值得一提的是,他在书的封面上引用了阿尔伯特·爱因斯坦(Albert Einstein)的一段话:

有人觉得这部书是一个有责任心的人写的。书中清晰、诚实并生动地描述了作为一种战争武器的原子弹,客观而且没有丝毫夸张。书中用自由的言论对特殊的国际问题以及解决这些问题的可能办法都做了清晰的讨论。每一个认真阅读这本书的人都将能够——并且作者希望激发起——有助于对当前危险的处境给出一种明智的解决方案。

同样值得注意的是,《毁灭,就是我们的命运》一书的副标题是"一位科学家作为公民而讲的话",这个副标题反映出布朗用谦逊且坚信不疑的态度努力地与公众交流他的担忧。他对科学家应该将自己局限于解决科学问题的说法很敏感。他不相信科学家具有有关科技的社会或政治影响方面的专业知识,他指出:参与原子弹研制的科学家有时在对有关这一武器的潜在用途和可能的后果的理解上比一般民众更具优势,而且他们对此已经进行了大量认真的思考。由于相信"普通人"在对具有重大意义的事物上表达其社会和政治观点之前需要充分掌握相关信息,因此布朗认为,科学家有责任获得必要的信息并和听众交流这些信息,以便于他们能做出更好的判断。

至于他自己,布朗在前言中写道,"我只是作为一名普通人而写作,一位普通的公民,拥有最简单最基本的愿望,即自由、舒适、没有恐惧地活着"。这里隐藏的含义是这类普通公民也拥有其他普通公民所需要的信息,他确信这样的信息能够让公民与科学家联手,这些科学家"与普通公民相比,在数月或者数年前就了解了问题,而且认为自己是理性的学者和敏感的个人"。他补充道,"作为科学家,我们指出了问题;作为公民,我们已经找到了答案"。

当然,科学家哈里森·布朗和普通公民哈里森·布朗是同一个人。他也选择了在加利福尼亚理工学院接受跨地质与人文两个学部的联合职位。换句话说,他在高等教育中谨慎地选择了跨学科的道路。这进一步体现在以下事情中:他于1947年加入原子能科学家紧急委员会并担任副主席(此时阿尔伯特·爱因斯坦担任主席),他担任了《原子科学家通报》的总主编,国家科学院涉外秘书(1962—1974),阿德莱·史蒂文森(Adlai Stevenson)和罗伯特·肯尼迪(Robert Kennedy)总统竞选时的科学顾问。

显然,哈里森·布朗作为公民—科学家的努力与他在"纯科学"方面的努力并不冲突。他继续他的陨石科学研究以及在质谱学、热扩散、氟与钚化学、地质化学、行星结构方面的研究。1947年,在他30岁时,他因报告《陨石元素与地球起源》成为获得"对科学做出显著贡献"奖项的最年轻的科学家。1952年,他获得了美国化学学会颁发的纯粹化学奖。

在他的第二本书《人类未来的挑战》[*The Challenge of Man's Future*(Viking Press,1954)]以及此后30年间的后续作品中,哈里森·布朗认为,这些问题——技术进步、人口增长、全世界人民对提高生活水平的追求以及有限的食物、矿藏和能源——急需科学家和普通公民的思考。他确信我们有力量、智慧和想象力去处理发展带来的这些挑战。但他也坚持认为："对人类自身、人类所处的自然环境和人类的技术之间关系的理解是必不可少的。"

他在第二本书的封面上引述了三位诺贝尔获奖者的评论。其中之一是阿尔伯特·爱因斯坦的：

我们也许要好好感谢哈里森·布朗的这本关于人类处境的书，因为他是一位博学睿智、视野清晰、富有审辨精神的科学家。……随着人口的急速增长，技术—科学进步的最后阶段已经出现了一个充满了至今都未知的问题的情景。……这本客观的书具有很高的价值。

哈里森·布朗于 1986 年逝世。20 年后，哈佛大学约翰·霍尔德伦（John Holdren）、特蕾莎（Teresa）与环境政策教授、约翰·F.肯尼迪政府学院科学技术与公共政策项目的主任约翰·海因茨（John Heinz）回忆起自己许多年前在高中的时候就读过《人类未来的挑战》。在题为"科学、技术与世界状态：'9·11'后的一些反思"（"Science，Technology，and the State of the World：Some Reflections after September 11"）的演讲中，霍尔德伦说在读这本书和斯诺（C. P. Snow）的《两种文化》（The Two Cultures）之前，他的志向是成为波音公司的首席设计工程师。但被这本书打动后，他决定要"为人类面对的重大问题而工作，这些工作涉及自然科学与社会科学等学科的交叉融合，如科学、技术和公共政策的交叉融合"（www.spusa.org/pubs/speeches/holdrenspeech. html）。

在他演讲的开头，霍尔德伦说，他将用他认为的哈里森·布朗如果还活着会用的方式分享他的反思，话题应聚焦于——对于 2011 年 9 月 11 日之前科学、技术与世界状态间的关系，我们现在能够（并且先前就应当能够）从中清楚地了解到什么。他指出，最重要的是他要谈论"在努力解决这些问题方面，科学家和技术专家应该承担怎样的社会责任，不仅仅是后'9·11'时代的问题，而且是在科学技术与人类处境交叉融合的节点上的更宽广的责任的问题"。

253

案例34

封闭式前照灯

认识到成功的工程往往要求工程师之间的协作，而不只是简单的个人努力，是很重要的。汽车工业早期的一个安全问题与不安全的前照灯有关，因为前照灯无法有效防潮，并且最后都会生锈。20 世纪 30 年代末，通用电气公司的一群工程师一起工作，研发封闭式前照灯，旨在显著减少夜间行车时发生的死亡事故。[93] 想完成这个项目，就必须让工程师共同参与研发、设计、生产、经济分析、政府审批。虽然改进前照灯的需求人尽皆知，但是大家也都怀疑其在技术与经济上的可行性。直到 1937 年，通用电气的工程师提供了封闭式前照灯技术上的可行性。接下来的任务是说服汽车制造者和设计者彼此合作支持这一新发明，还要让监管者确信它的优点。

对于怀疑主义者来说，几乎没有理由认为通用电气公司的工程师只是在做他们被告知的事——研发一款更合适的前照灯。显然，舆论认为这不可能，因此工程师不得不克服相当多的障碍。这并不是一项普通的任务，那个时代的另一位工程师的评论可以作为证据：

在封闭式前照灯的说明书上所体现的共识是一种成就，所有了解这个项目需要克服多少困难的人都会对它赞赏有加。这一成就不仅仅是照明工程的，更是安全工程、人类工程和协作艺术的成就。[94]

这群工程师所面对的困难应该提醒我们，对欲求目标的热情要与现实主义调和。其他的要求和限制可能会让人没有信心承担这样的项目，虽然如此，但一旦这样的项目出现，那么寻找完成这些目标的机会以及好好利用这样的机会还是值得的。讨论：在成功地完成像封闭式前照灯这样的项目的过程中，哪些能力和品格特征对工程师是有帮助的？你能想到其他成功地协作工程的例子吗？

案例35

服务性学习[95]

现在的美国工程与技术认证委员会（ABET）的职责是批准美国的工程计划，还包括帮助学生获得"对工程职业与实践中的伦理特征的理解"。[96]美国工程与技术认证委员会2000年的标准还特别要求工程项目证明其毕业生能理解全球和社会背景下工程的影响，同时了解与工程相关的问题。工程教育界最近对服务性学习的浓厚兴趣给学生提供了创造性的亲身实践机会，以实现 ABET 的这些期待。

服务性学习将社区服务和学术学习研究结合在一起，促进学生反思在这个过程中他学到了什么。鉴于 ABET 的标准（2000 年）要求学生有一段"主修设计的经历"，其中涉及经济、环境、社会、政治以及伦理因素，工程领域服务性学习的概念也许特别有应用前景。但这个观点之所以重要还有另一个原因。大多数工程伦理学的文献都详述了负面的问题——不道德的行为及其预防以及对不当行为的适度认可。这些问题当然永远是工程伦理基本的关注点，但是，工程伦理还应包括更多。还有更积极的一面，专注于负责任地、完美地完成工作——无论是工作单位还是社区服务的工作。

鉴于工程伦理一般会探讨不道德行为及其预防，人们可能会有疑问：社区服务是否应该被视为工程伦理的一部分。然而，把公益服务视为自身职业伦理的重要特征并不常见。这大部分是基于这样的认识，即职业提供的服务可能是每个人都需要的，但并不是每个人都负担得起或者可以轻易获得，这使我们很容易想到医疗和法律服务，但工程也同样如此。

254

　　这在工程伦理章程中得到承认了吗？至少两个组织——国家职业工程师协会和美国土木工程师协会的伦理章程是这样的。NSPE 伦理章程强调了工程对公众的重要影响，它的序言指出，工程师要站在公众、客户、雇主和职业的立场上坚持伦理行为的最高原则。接着，该章程列出了第 1 条基本准则：工程师在履行他们的职责时，必须将公众的安全、健康和福祉置于至高无上的地位。在第 III 部分职业义务中，第 2 条写道："工程师应该始终努力为公众的利益服务。"这一条款的分项指出"工程师应该寻找机会为公众事务做出建设性的服务，为提升他们社区的安全、健康和福祉而工作"。

　　在此值得一提的是，有一种主张认为工程师应该寻找为社区服务的机会，而且，其"在履行职业义务的实践中"没有资格限制。这说明工程师对公众福祉的义务并不限于他们工作单位的义务。

　　ASCE 章程的第 1 条基本原则指出，"工程师应该将公众的安全、健康和福祉置于至高无上的地位，而且应该在履行职业义务的实践中与可持续发展原则保持一致"。其中 e 部分针对这点写道："工程师应该寻找机会在土木工程事务中做出建设性的服务，为促进他们社区的安全、健康和福祉而工作，通过可持续发展的实践保护环境。"f 部分写道："为改善普通民众的生活质量，工程师有义务坚持可持续发展原则并改善环境。"

　　虽然 NSPE 和 ASCE 章程的条款是泛泛而谈，但它们确实提出了一个基本的原则，概括来说就是，至少从两个主流职业工程师社团的角度看，社区服务是工程伦理学的一个重要特征（组成部分）。

　　许多人担心今天的学生属于"自我的一代"。然而，学生对志愿工作的兴趣却显著增长。直到最近的研究都显示，学生的学术追求和他们所从事的志愿工作的类型之间没有强关联性。注意到并不存在这样的相关性，像校园契约（Campus Compact）这样的组织正在齐心协力地鼓励学术计划的发展，显然是要鼓励学生寻找与自身学术学习和研究相关的志愿工作，并且自觉地反思这两者之间的联系。[97]

　　像教师教育和卫生保健专业那样的学术领域立即表示自己是服务性学习计划的候选专业。那些准备成为教师的学生能够给学校提供指导或监督服务，护理专业的那些学生可以志愿为家庭护理或者其他卫生保健机构服务，等等。但是工程专业的学生，甚至可以早点自愿地为学校提供指导性的服务，特别是与工程相关的计算机科学、数学、科学和技术等专业领域。比如，南亚拉巴马大学埃德蒙·曾（Edmund Tsang）的"机械工程导论"课程就包括服务性学习的项目。[98]工程专业的多个学生团队与工程专业的流动学院系统及其东南部少数族裔联合会一起工作。这个班级中的学生为教师和中学生设计了实验装置并建立了数学模型，用以说明运动、能量和力的基本原理。

255

　　为了说明服务性学习项目对于学生和从中受益的人的潜在价值，我们仔细讨论一个例子将是有帮助的。几年前有一个项目是由一群电气工程专业的学生承担的，他们在得克萨斯农工大学修习汤姆·塔利（Tom Talley）老师的高级设计课。[99]这门课程旨在帮助学生在设计与管理项目中学会应对他们将会在工业中遇到的挑战。在这个案例中，学生也会被介绍去参与社区服务。

一开始团队成员还确定不了承担什么项目,直到汤姆·塔利把他收到的来自布拉索斯河山谷康复中心(Brazos Valley Rehabilitation Center)的信件分享给他们。这封信确定了视觉听觉追踪器(AVIT)的需求,这是一种帮助视障幼儿训练并评价其视觉技巧的设备。塔利说,大部分学生只需完成一个产品原型就可以了。然而,他指出,在这个案例中,"与预期的样板项目相比,他们参与的项目更大型,花费的成本也可能更高"。

"我们喜欢这个项目,因为它是一个有实际用途的项目,"团队成员罗伯特·D.席勒(Robert D. Siller)说,"它不是一个完成后就被束之高阁的产品。它实实在在地帮助了一些人。"团队成员迈伦·穆迪(Myron Moodie)补充道,"当我们把 AVIT 送到康复中心后,我们看到了一些孩子在使用它。看到孩子们喜欢它的样子,我们感到这一切都值得"。然而,这个项目要获得成功一点都不容易。一个比较复杂的事情是这个团队是跨学科的。它包括一名管理学专业的学生,这意味着团队要营造项目管理的氛围,与塔利设计课程的典型项目相比,这里的工作更增添了产业化的特点。还有更加复杂的事情,就是在那个学期里管理学专业的学生在一场车祸中严重受伤,但是她仍然继续项目工作。学期末的时候,项目还没有完全完成。然而,学生们坚持在学期结束后继续工作,承诺为康复中心提供可用的 AVIT。

学生的评论中有一点似乎很明显,就是他们发现他们所经历的服务性工作是非常有益的。一旦他们就业并成为全职的工程师,这段经历是否能鼓励他们继续寻找社区服务的机会,这就只是一个需要推测问题。另一件可以推测的事情是这段经历会为这些学生在他们各自的就业领域中成为人们所期望的工程师起到积极的作用。至少汤姆·塔利是相当乐观的。他说:"他们一定会继续努力甚至超越某些东西——这就是得克萨斯农工大学的农大精神(aggie spirit)。一些人必定成为优秀的年轻工程师。"这段评论概括起来就是,我们可以期望这些学生不仅是工作单位的工程师,而且也是热心公益的贡献者。

这种特殊种类的项目——一个人负责完成,一个人负责直接与那些需要帮助的人互动,可以加强学生对于他们在工作中和社区服务中所承担的双重责任的理解和领会。在这种情况下,项目完成得不错,而且不只是设计一个原型而已,每件事情都圆满地完成了。这要求学生十分仔细地关注中心职员和那些需要帮助的儿童的具体需求。这对于负责任的工程师来说,是重要的一课,无论其是与志愿服务还是与工作相关。

从服务性学习的视角看,这个例子中有两处限制值得注意。第一,虽然学生显然对他们经历中服务方面的重要意义做了反思,但是这不是该项目的一个特定目标。服务性学习的杰出之处就是有意将服务与学习相结合,"服务性学习区别于志愿服务精神的特征之一是,兼顾行为与反思,既提供了更好的服务,又增强了学识"。[100] 这个项目不仅仅是体现志愿服务精神的一个例子,它还是一个教学项目。但是,它主要是一个工程设计的项目,而且从教学的角度看,它只是附带地涉及了社区服务。虽然如此,但正是这种类型的项目能够使参与者将完整的服务性学习目标牢记于心;事实上,其中的许多目标都完成了,即便它并不是官方教学计划的一部分。

256　　第二点与第一点相关,即认为 AVIT 项目实际上是唯一的。也许有许多其他的项目可供汤姆·塔利设计教学课上的学生或者得克萨斯农工大学其他设计课上的学生研修,完成服务性学习的目标。但是作为工程专业中有计划的、合作性的活动,服务性学习需要更多持续的努力。下面这个例子说明了这一点。

工程专业早期的一个服务性学习计划是凯斯西储大学(Case Western Reserve University)学生在 1990 年发起的"实例工程支持小组"(CESG),作为一个非盈利的工程服务组织,它由工程专业的学生组成,他们"设计并制造定制的设备以帮助康复中或者日常生活中的残障人士"。[101] 根据 CESG 手册,这些设备是免费赠予康复中心的个人的。CESG 已经收到了来自工业捐助的设备、来自国家科学基金会和凯斯西储大学校友会的资金支持、来自凯斯西储大学法学院法律诊所的法律服务以及克利夫兰(Cleveland)医疗卫生团体的合作与支持。

在 CESG 成立的头一年,18 名学生完成了 6 个项目。在 1995—1996 学年,120 名学生完成了 60 个项目,同时也有后来者继续之前的项目。那时,CEGS 支持的 4 个主要计划是:[102]

● 定制产品开发计划。与教师合作设计、制造并无偿向个人提供合适的装置与设备,帮助他们获得高水平的个人生存技能;在调节、改变和提供装置与设施方面,与医生、物理、职业和语言治疗师合作,以调试、修改和提供装置和设备。

● 技术出借计划。修理与调试捐赠的电脑设备,并且给有特殊交流需要、职业需要和教育需要的人设计专门的软件。

● 玩具改良计划。给有残疾孩子的家庭和医院提供特定的改造过的玩具,向初中和高中学生介绍相关的工作坊,激发他们把工程作为职业的兴趣。

● 智能轮椅计划。与克利夫兰诊疗基金会的座位/轮式移动诊所、英维康公司以及美国航空航天局路易斯研究中心的工程师合作,设计、修改、改进与特殊的传感器和人工智能程序相匹配的"智能轮椅"。

近年来工程专业的服务性学习迅速发展。《国际工程(专业)服务性学习杂志》(*International Journal of Service Learning in Engineer*)于 2006 年发行。这一期刊发表教员和学生的文章,为服务性学习项目提供详尽的解释说明。美国学习与服务部门的国家服务—学习交换所提供了一份详细的有关工程领域服务性学习的网站资源的清单,还有纸质印刷物资源(www.servicelearning.org)。在此特别引用三个网站作为参考。

无国界工程师组织(Engineers Without Borders,www.ewb-usa.org)。该组织创建于 2000 年,它是一个国家级的非营利组织,向全世界欠发达地区提供工程领域的帮助。它的目标是"吸纳并训练一种新型的富有国际责任的工程师学生"。无国界工程师组织网站列出了所有在美国无国界工程师组织中注册过的学生的文章,并附上了网址。EWB-USA 也有自己的维基百科(http://en.wikipedia.org)词条,它也被确认为"无国界工程"国际网络的一员。EWB-USA 的典型项目包括由东道国社区发起并完成的有关水、卫生设施、能源和住房系统的设计与建造的项目。根据维基词条,"这些项目是由东道国社区发起并完成的,他们接受培训,在没有外部援助的情况下运作这些系统。以这种方式,EWB-USA 确保它的项目是合适的并且是可以自我维持的"。

社区服务工程项目国家计划［Engineering Projects in Community Service（EPICS）National Program，http：//epicsnational.ecn.purdue.edu］。EPICS 被描述成将"被高度指导、长期的、大规模的、以团队为基础、跨学科的设计项目整合进本科工程课程设置中……团队与社区中的非营利组织紧密合作，制定、设计、构建、测试、运行和维护这些项目，这可以显著地改善组织为社区服务的能力"。

257　　《工程领域服务性学习：资源指南》（*Service-Learning in Engineering：A Resource Guide-book*，www.compact.org/publicatons）。该指南由威廉·奥克斯（William Oaks）开发，由"校园契约"发行，其介绍了工程领域服务性学习的观点，提供 EPICS 计划的模板、课程描述和大纲以及评估工具。这些可以从"校园契约"的网站上下载。

案例36

捷径？

　　布鲁斯·卡森（Bruce Carson）的土木工程公司和州政府签订了一份合同，他们要规划设计一条连接两座主要城市的新道路。这原本是一段 2 小时的路程，布鲁斯重新进行了测定，确定最短的、可行的路线将节省 20 分钟的时间，但是，这需要州政府拆毁琼斯（Jones）家族已经居住了 150 年的一座农舍。布鲁斯登门拜访了琼斯，他想知道，要购买他们家的房子及其附近的土地，州政府需要支付多少费用。

　　琼斯家族即将失去过去 150 年里一直居住的房子，这使得其全家都感到很沮丧，这并不奇怪。"20 分钟怎么能和 150 年的家族传统相比呢？"罗伯特·琼斯（Robert Jones）表示反对，他从出生到现在整整 63 年里都生活在农舍里。他的家族成员坚决主张，不管多少钱都不能吸引他们把房子卖给州政府或者其他什么人。

　　布鲁斯知道，一个选择是由政府行使"国家征用权"（eminent domain），宣布农舍不能继续使用。他应该建议州政府这么做吗？ 为什么呢，或者为什么不呢？

案例37

"吸烟系统" [103]

　　据报道，菲利普·莫里斯（Philip Morris）公司一直在试验一种微电子烟斗，它可以消除所有烟雾（除了吸烟者自己吐出的烟之外）。它依靠电池供电，预期的售价大约是 50 美元。它是多年研究的成果，耗费了大约 2 亿美元。

　　该装置暂时被称作阿卡德（Accord），它适合于 62 毫米长的香烟（与 85 毫米长的标准香烟形成对比）。使用者需要记住给阿卡德的电池重新充电（这个过程需用 30 分钟，当然，也可以购买备用电池）。香烟要插入一个 4 英寸长、1.5 英寸宽的装置里。当使用者吸香烟时，一个微芯片会感应到，并将能量传递给 8 个加热薄片。它还会显示电池的剩余电量，并指明 8 个加热薄片中留存有多少香烟量。该装置还包含了一个能烧光余烬的催化式排气净化器。

该产品的支持者认为，它将受到一些烟民的欢迎，他们常常为了不抽烟的家人、客人和乘客而忍住不在家里或汽车里抽烟。虽然抽烟者会吸入与来自传统"超轻型"的香烟同样多的焦油和尼古丁量，但是，90％的二手烟被消除了。而且，公共场所的吸烟限制规则也适用于该装置。

批评者认为阿卡德只会增强吸烟者的烟瘾。理查德·A. 戴纳德（Richard A. Daynard）——波士顿东北大学法学院烟草制品责任项目部（一个反烟草的组织）的主席，问道："如果不是被它迷住，那么又有谁会使用这样一种既昂贵又麻烦的东西？它是一种既可怕又没有前景的东西。牛仔是不会骑在他的马上来检查电池的。"戴纳德还担心，这会怂恿孩子们吸烟，因为阿卡德能隐藏烟雾，这就会瞒过他们的父母。但是，菲利普·莫里斯公司回应道，该设备为父母设计了一个上锁装置。让我们来考虑以下问题：

- 假设这是在几年前，你刚获得工程学士学位，你正在寻找第一份工作。你被菲利普·莫里斯公司的一个研究部门邀请去面试，该部门正着手研究开发阿卡德。你会犹豫接受这样一个职位吗？请予以讨论。

258

- 假设你有一些犹豫，事实上，这份工作每年的薪水比其他任何工作都高出 10000 美元，这样的待遇是否会促使你接受菲利普·莫里斯的邀请呢？

- 假设你接受了这份工作，你对应该如何设计该装置有哪些伦理方面的考虑（比如，你赞成它应该有一个上锁装置吗）？

案例38

图书馆软件[104]

一家小型图书馆尝试用一种软件系统给它的馆藏编目并提供资料借阅记录的查询功能。当前，谁借出了什么资料，资料什么时候应该归还，诸如此类的记录被存放在借还书处后面的文件柜里。这些记录都是机密性的，赞助人需要确定图书馆以外的人员不能轻易获得这些记录。不过，当没有人旁观时，文件柜当然是可以打开的。那么，是什么确保了正在研发中的软件系统能够提供足够的安全性呢？假设图书馆里没有一个人是软件专家，那么图书馆就别无选择而只能信任某个具有必需的专业技能的人。这个专家该是多么的担忧呢（请再一次注意，即使最好的系统也不可能彻底安全）？并且，图书馆怎么确保它的安全性没有被过高或过低估计呢？这样，软件专家应该在多大程度上准确地确定图书馆的各种需求——设法满足那些需要，既不能提供过多服务以获取更大利益，也不能提供过少的服务而不能满足其需求。

案例39

可持续性

科学家、工程师和政府都公开表达了对于应对科技可持续发展挑战的必要性的密切关注,比如全球变暖引发的冰川融化以及随之而来的海平面上升对海岸城市所构成的威胁。一个相关的问题是山上积雪融化而导致美国西部淡水的减少。乔·盖特纳(Joe Gertner)在《未来正在干涸》一文中,引用了诺贝尔奖获得者朱棣文(Steven Chu)——伯克利劳伦斯国家实验室(Lawrence Berkeley National Laboratory)主任的话说,即便是乐观地估计,加利福尼亚北部大部分地区的水源地——内华达山脉的积雪也将在21世纪下半叶下降30%~70%。[105]盖特纳继续讨论了像淡水等这种西部州必须面对的问题,它们是由全球变暖和不断增长的人口的消费需求共同造成的。他也概括了工程师目前(而不是等到太迟而无法阻止灾难发生时)积极应对这些问题的一些努力。[106]

在第9章我们提到过,大多数工程社团的伦理章程都没有直接陈述工程师在环境方面的责任。然而,2007年国家职业工程师协会成为在章程中包含这种直接声明的工程社团之一。第Ⅲ部分职业义务的第2条指出:"工程师应始终努力为公众的利益服务。"在此标题下,有一个新的条目d:"鼓励工程师为了子孙后代,坚持可持续发展原则来保护环境。"脚注1阐述了"可持续发展"意味着什么这个概念性的问题:"'可持续发展'是一种挑战,既要满足人类对自然资源、工业产品、能源、食物、交通、住房、有效管理废物等的需求,又要保持和保护未来发展所必需的环境质量以及自然资源。"

虽然可持续发展的这一定义留下了许多需要进一步分析的基本概念和价值问题(比如,人类的需求是什么,"环境质量"意味着什么),但它提供了一个探究的总体框架。它也确定了种种需要关注的基本领域(如食物、交通和废物管理)。当然,这些领域的责任并没有只落在工程师的肩上。政府官员、经济学家、商界领袖和普通市民也都包含在内。因此,一个相关的基本问题是怎样使这些人一起协作以达到最佳效果,以及工程师所可能扮演的角色。我们提供三种说法供大家讨论。第一种是尽量在低年级就让来自不同学科的学生参与支持那些可持续发展项目。第二种是近来遍布全国大学校园中的可持续性研究中心和研究所的激增。第三种是提供支持可持续设计与发展的服务性学习机会。

可再生的能源[107]

德韦恩·布雷格(Dwayne Breger)是拉法叶学院(Lafayette College)的土木与环境工程师,他邀请工程学、生物学和环境科学的低年级和高年级学生,申请组成跨学科的团队参与一个设计项目,该项目利用拉法叶学院的农田来支持学院的教学任务。12名学生被选中参与该项目:攻读土木与环境工程、机械工程、化学工程、工程学士学位的各有2人,3名主修生物的学生,以及1名地质与地球环境科学专业的学生。

这些学生都选修了诸如经济和商业、环境科学、化学、行政学和法学之类的课程。这个项目的成果就是生态型农场的设计，这种农场可以为校园蒸汽动力工厂提供替代的可再生资源。[108]

布雷格教授认为这样的项目给学生提供了重要的机会，让学生参与到促进能源使用方式朝可持续方向转变的工作中。美国工程与技术认证委员会用来评估工程教育计划的《工程标准》(2000 年)包括这样的要求：毕业生能够"理解职业伦理责任"，并经历"理解工程解决方案对全球和社会的影响所必需的全面教育"，"具备有关当代问题的知识"。标准四要求学生有"一段主修设计的经历"，这包括对于影响设计的诸多因素的考虑，比如经济学、可持续性、可制造性、伦理学、卫生、安全以及社会和政治问题等因素。[109]讨论拉法叶学院项目是怎样满足标准四的，特别是怎样满足伦理方面的考虑的。

可持续性学术中心

从历史上来看，学院和大学的联合研究是分别在各个学科中展开的，而不是与其他学科合作研究。例如，生物学家与其他的生物学家合作，化学家与其他的化学家合作，经济学家与其他的经济学家合作，政治科学家与其他的政治科学家合作。最近可持续性研究中心与研究所的出现代表着对这一传统的一种重大的、有意义的突破。

2007 年 9 月，罗切斯特理工学院(Rochester Institute of Technology)发起成立了格里萨诺可持续性研究所(Golisano Institute for Sustainability)。[110]应该注意的是，新的计划往往只由一个学科来执行，研究所所长纳比乐·纳斯尔(Nabil Nasr)评论道："但是可持续性问题涉及经济学、社会因素及工程等，它不是简单地由一个学科或者两个学科结合就能解决的。"[111]

陶氏化学(Dow Chemical)公司近期给予加利福尼亚大学伯克利分校 1000 万美元，用来建立可持续性研究中心。陶氏化学公司的尼尔·霍金斯(Neil Hawkins)说："伯克利有世界上最棒的化学工程学院之一，但是能够理解饮用水之类问题的微观经济解决方案等领域的将是工商管理硕士(MBA)。"[112]这个研究中心属于由凯利·A.麦克尔哈尼(Kellie A. McElhaney)担任主任的伯克利责任商业中心。人们担心学生和教授所承担的研究任务会商业化，但是，麦克尔哈尼解释道，"如果化学工程师和商业化研究无法协调一致，那么商业化研究将会一直持续下去。试想一下，如果化学系的毕业生已经知道如何适应商业模式，那么他们毕业后进入公司工作将会多么得心应手"。[113]

讨论在可持续性学习中心与研究所的协作中，会出现对哪些伦理方面的考量。

服务性学习的机会

最近发行的《国际服务性学习杂志》的前两期有三篇文章提出了服务性学习项目可以为实现可持续性设计和开发提供动手机会的概念。在《工程中的服务性学习与可持续发展的科学》("Service Learning in Engineering and Science for Sustainable Development")一文中，宾夕法尼亚州克莱瑞恩大学(Clarion University of Pennsylvania)的物理学家乔舒亚·M.皮尔斯(Joshua M. Pearce)迫切要求，本科生应该有机会参与运用适当技术为可持续发展服务的项目。[114]他特别关注减轻发展中国家的贫困，皮尔斯说：

发展的需求和以往一样大,但是未来的发展不能简单地遵循以往经济活动的模式,这种模式倾向于浪费资源,而且会产生惊人的污染。由于这种西方式的发展模式,现在整个世界都在为清理这些污染而丧失了为子孙后代留下的大量宝贵资源。为了未来,全世界的人都需要能够同时实现经济、社会、环境目标的办法。

他引用了海地和危地马拉的成功项目(案例),当地人在他们从事的工程中利用了在当地容易获得的材料。

在《通过服务学习可持续的设计》("Learning Sustainable Design through Service")一文中,斯坦福大学的博士生卡里姆·哈法吉(Karim Al-Khafaji)和玛格丽特·凯瑟琳·莫尔斯(Margaret Catherine Morse)介绍了一种服务性学习模式,这一模式是基于斯坦福大学工程师分会所讲授的可持续的设计。[115] 他们阐述这一模式的方式是讨论斯坦福大学在安达曼群岛的一个项目,该项目致力于 2004 年 12 月 26 日地震和海啸后该群岛的重新建设。这样的项目基于一门由学生主导的课程——"为可持续的世界做设计",它力图:

● 渐进式地培养和发展学生的设计技能、工程项目管理和建立伙伴关系的能力、可持续发展的意识、文化感知能力、同理心以及利用技术技能促进和平与人类发展的愿望。

● 利用可持续的、文化上适宜的、基于技术的解决方案来帮助社区的发展,以保障每个人的权利。

● 提高斯坦福大学对全球可持续性的管护能力。[116]

在《法属波利尼西亚的可持续建筑材料》("Sustainable Building Materials in French Polynesia")一文中,加利福尼亚大学伯克利分校土木与环境工程系的硕士研究生约翰·埃里克·安德森(John Erik Anderson)、海伦娜·梅丽曼(Helena Meryman)和金伯利·波尔舍(Kimberly Porsche)提供了一份服务性学习项目的详细技术说明,该项目旨在帮助法属波利尼西亚研发出一套用于当地的生产可持续性建筑材料的系统。[117]

案例40

水检测……与伦理学

影片《水检测……与伦理学》描绘了一个虚构的年轻工程师形象,他正面临着人生中的第一个职业两难问题。他试图通过把这个职业困境当成类似于工程中的设计问题来解决,他也采用了寻找一条创造性的中间道路的办法。这部影片可以从职业实践研究所获得[Institute for Professional Practice,13 Lanning Road,Verona,NJ 07044 - 2511(phone,1 - 888 - 477 - 2723;e-mail,Bridge2PE@aol.com)]。

案例41

训练消防队员[118]

　　唐纳德·J.吉弗尔斯(Donald J. Giffels)是一位土木工程师,并且是一家大型工程咨询公司的总裁,他对一项训练特定消防队员的政府设施的设计感到困惑,这些消防员要处理飞机坠毁时引发的火灾。他的公司承包了在设施内安装设备的土木工程工作。因为喷气机燃料会污染土壤,所以在模拟飞机坠毁引发大火时,燃料已经用液体丙烷来代替。但是,吉弗尔斯担心,在许多对安全至关重要的方面(如自动喷水灭火系统、防止火舌回闪的安全装置、燃料的数量及控制),这项设施还缺乏设计的专业性。此外,吉弗尔斯也没有收到任何针对该设计的分析报告,他推断,根本就没有这样的报告。然而,这些都不在吉弗尔斯公司的直接责任范围之内,他们要完成的只是训练设施所要求的一些土木工程工作。

　　但是,吉弗尔斯觉得,他的公司不能就这样听之任之。他联系了政府的设计人员,问道,从他们的职业角度看,有什么正当的理由批准这样的设计。他们回答道:"我们没有必要回答你。我们是政府。"吉弗尔斯同意这一点,但是,他仍然坚持他的立场(他怀疑他是在自讨苦吃)。吉弗尔斯知道做一个极简主义者是容易的(比如,遵守法律),但他担心,这样做也许不能履行一个人对社会的责任。吉弗尔斯又联系了另一家工程公司,他们曾对10处类似的设计做过安装工作。他们看了设计后,也对安全问题表示担忧。吉弗尔斯又联系了一家机械工程公司,让他们对设计进行研究。但是这个请求被拒绝了,因为他们害怕承担责任。因此,吉弗尔斯公司请求政府机构写一封公函,宣布它将被免除由于不恰当的设计造成灾难而带来的相关责任。

　　尽管并未对那家机械工程公司处理问题方式的合法性提出异议,但吉弗尔斯坚持认为,这并非处理问题的正确方法。除非安全问题得到妥善地处理,否则他的公司拒绝继续进行安装。政府机构同意召集另外3家公司来处理这个问题。他们对吉弗尔斯公司所持的合同做了修改,保证安全问题会得到处理。吉弗尔斯强调了对于这些问题进行有效沟通的重要性——一种进行交流的责任。他说,良好的沟通,对于说服他人采纳自己的观点是非常必要的。

　　虽然确保安全的努力成功了,但吉弗尔斯说,这并不是一个会引起媒体关注的故事。然而,他坚持认为,如果不抵制的话,那么就有可能引发新闻——比如说,在进行模拟演习的过程中消防队员的死亡。

　　讨论吉弗尔斯所面对的伦理挑战和他处理这些挑战的策略。

案例42

电视发射塔[119]

几年以前,休斯敦的一家电视台决定在得克萨斯州的密苏里城建立一座新的、更高的(1000 英尺)发射塔来加强它的信号。该电视台与一家电视塔设计公司签订了设计电视塔的合同。设计最后确定采用 20 节、每节 50 英尺高的构件来建造该塔,当塔身逐渐增高时,会有一架起重机将这些构件按顺序吊升到相应的位置上去。起重臂需要将每一个构件从运货卡车上提起,然后再将它们吊升到相应的位置。塔的建设实际上是由一家专业的建塔公司单独承担的。

当建塔公司建到第 20 节,也就是最后一节塔身时,面临着一个新的问题。虽然起重机能很好地将构件从运货卡车上水平移开,却无法将它垂直地吊起。动臂起重机的钢缆妨碍了构件顶部的发射天线。吊装工请求电视塔设计公司允许临时拆卸天线,但是遭到了拒绝。设计公司的管理者说,以前他们允许做类似的拆除,结果导致他们不得不花费数万美元来修理以及重新对齐和安装天线(因为拆卸时会损坏天线)。

吊装工人设计了一种存在严重缺陷的解决方案。他们在吊塔上用螺栓固定住一个加长臂,并基于一个错误的模型计算出了所需要的螺栓尺寸。在大学二年级学过水平静力学课程的工科学生都可以发现其中的错误,但是,在这些吊装工人中没有工程师。吊装工人知道他们缺乏工程专业知识,于是,就请求电视塔设计公司的工程师帮助审核他们所提出的解决方案。但是这些工程师再一次拒绝了他们的要求,因为公司管理者不仅命令他们不许看图纸,而且也不许他们在装吊最后一节塔身期间视察建筑工地。设计公司的管理者担心,一旦发生事故,他们要承担责任。设计人员也没有建议吊装工应该聘请一位咨询工程师来复核他们的吊装计划。

当吊装工人试图将带有微波天线的最后一节塔身吊起时,电视塔倒了,造成 7 人死亡。当时,电视台为了以后的电视宣传正在录制最后一节塔身的吊装录像,录像带记录了吊装工人摔死的过程。

想象一下,如果你是那位拒绝审查吊装计划的设计工程师,或者你是禁止设计工程师去检查计划的那位公司主管,你在观看该录像时会有什么样的感受?

做一个类比,想象一下以下情形,一位医生在给一位病人做检查的时候,发现了某些在她专业知识之外的可疑情况。当她向一位专家请教时,遭到了拒绝,因为该专家认为,他可能会因此招致某种责任。而且这位医生也没有建议病人去咨询专家。

在这个案例中,最为适合的责任概念是什么呢? 你能提出其他的有助于避免这一悲剧的建议吗?

262

案例43

无证工程师[120]

查尔斯·兰德斯(Charles Landers),安克雷奇市(Anchorage)的前议员,无执照的建筑工程师,被认定有罪,因为他在至少 40 份文件上伪造其合伙人亨利·威尔逊(Henry Wilson)的签名并且使用他的职业图章。这些文件都是在威尔逊不知情的情况下伪造的,当它们被签署时威尔逊并不在办公室。那些签了名和盖了章的文件是呈送给安克雷奇市健康部门的证明材料,用以证明当地的废物腐化系统达到了城市废水处理法规的要求。调解法庭的法官迈克尔·沃尔弗顿(Michael Wolverton)禁止兰德斯从事工程师、建筑师或土地测量员助理的工作 1 年,他还判处兰德斯 20 天的监禁、160 小时的社区服务以及 4000 美元的罚款和 1 年的缓刑期。最后,兰德斯被责令告知业主伪造文件的问题,并解释他将如何纠正这些问题,还要承担聘请一位职业工程师审核并签名盖章这些文件所需的费用。

首席检察官助理丹·库珀(Dan Cooper)要求给予兰德斯最大程度的处罚:4 年的缓刑和 40000 美元的罚款。库珀认为,"重复 40 次的事件使得他的违法行为成为一起最严重的滥用工程师图章的案件"。这可能是阿拉斯加州第一次起诉这样的案件。首席检察官办公室是在征求了安克雷奇地区内多位职业工程师的意见之后才接手该案件的。

据库珀所言,兰德斯说他在文件上签名并且盖章是因为,"他的客户需要立即完成某些事"(在办理财产交易之前需要这些文件)。兰德斯的律师比尔·奥伯利(Bill Oberly)主张,应该给他的客户最轻的判罚,因为公众健康和安全并未真正受到危害——一位职业工程师随后对这些文件的复查,发现它们并没有违反标准(除了伪造和滥用图章外),这些文件无须更改便可重新提交。

然而,沃尔弗顿法官辩称,兰德斯的行为对公众的信任造成了严重的破坏。他说,公众依赖那些被托付了特殊责任的人(如职业工程师)的言语,"如果个体的言语是不可靠的,那么我们的信任系统就会完全崩溃"。

法官还引用了一封来自理查德·阿姆斯特朗(Richard Armstrong)的信,他是隶属于阿拉斯加州商业和经济发展局的建筑师、工程师和土地测量员注册委员会的主席。阿姆斯特朗说:

要求职业工程师在他们的工作成果上盖章的部分原因是:保护公众远离不合格的从业者;确保职业领域内最起码的能力水平;促使从业的建筑师、工程师和土地测量员对他们的工作负责;提升职业的伦理水平。这一案件的出现将会使其他有真正执照的工程师所设计的工程项目蒙受怀疑的阴影。

判别并讨论这个案例中重要的伦理成分。随后的复查表明,伪造的文件都无须做任何更改,这一点与处罚有多大的相关性(虽然法官沃尔弗顿没有给予兰德斯最严厉的处罚,但是,他也没有给兰德斯最轻的处罚)?

案例44

女性在哪里? [121]

　　尽管在过去的几十年里女性在工程院校就读已经变得很普遍,但她们仍然只占美国工程院校本科生的20%左右,甚至这个百分比也是有些误导性的。女性在一些工程领域任职比在其他工程领域更普遍。例如,在化学工程系有超过30%的本科生是女性,但是在机械工程和电气工程专业只有13%的本科生是女性。[122] 只有18%的工程博士学位授予了女性。在工程院校中的女性教师甚至更少。教师的等级越高,其中的女性人数就越少。等级最高的正教授中,女性不足5%。[123] 这意味着美国工程院校的学生几乎完全由男性教师教授与辅导,很少有女性教师能作为女性学生的楷模,因此工程普遍由男性主导。

　　一个有趣的比较是,女性在美国院校获得了57%的学士学位以及55%的社会科学学科的博士学位,女性在医学和法律院校中至少占了50%,并且在社会科学学科中有28%的正教授是女性。[124] 在工程院校内正在发生什么?毫无疑问,有许多因素促成了工程领域中女性很少的这个事实,但是,在调查后就会发现,许多关于妇女和工程技术进步的成见是毫无根据的。

成 见	证 据
1. 在数学方面女性不如男性擅长	现在女性在高中数学中的表现足以与男性匹敌
2. 女性师资数量方面的"劣势"问题的解决只是时间问题;它是一个关于多少妇女有资格进入这些职位的函数	随着职位提高和学术领导阶层的上升,妇女的人数逐渐减少,甚至30年来在拥有大量女博士的领域也是如此
3. 妇女不像男人那么有竞争力;妇女不想在学术界工作	具有科学和工程博士学位、计划进入博士后研究或学术单位的男女比例相近
4. 女性以及少数种族会在积极平权行动规划中获得偏袒	积极平权行动意在扩大搜索范围来涵盖更多的妇女和少数群体成员,而不是根据种族或性别来选择候选人,那是非法的
5. 学术界的人是知识界的精英	尽管科学家们相信他们是基于客观标准来"选择最好的",但是决定是受多种因素影响——包括对种族、性别、大学的地理位置和年龄等的偏见,却无关个人的品质或对其工作质量的评估
6. 改变规则意味着卓越标准将受到不利影响	纵观工程师的科学生涯,其提升取决于资深科学家和工程师对他表现的评价。因为固有的性别偏见,所以并不是最优秀的科学家和工程师得到提升。减少这些偏见将有利于科学与工程领域的发展

264

成　见	证　据
7. 女教师的学术成果产出率不如男教师	在过去 30 年中，从事科学和工程学研究的女性的学术成果产出率有所提高，现在与男性不相上下。影响学术成果产出率的关键因素是获得学术机构资源的多寡；婚姻、孩子和老年人的照料责任的影响程度
8. 女性对家庭比对事业更感兴趣	尽管作为父母与作为科学家和工程师的角色之间有着严重的冲突，但许多女科学家和工程师仍然坚持追求学术生涯。然而，这些努力和对职业生涯的极大的付出往往不被她们从事的职业认可
9. 由于生育，妇女休假的时间更多，所以她们是糟糕的投资对象	平均来说，女性在她们职业生涯的早期会花更多的时间来承担照料的职责，这种责任过多地落在妇女身上。然而，到了中年，男性请病假的次数可能会比女性更多
10. 当前学术体系运行良好，产生了伟大的科学，为什么要改变它？	全球竞争的平衡已经通过一些方式改变了美国传统的科学和工程的优势，基于性别、种族或民族偏见的职业障碍使美国丧失了有才能以及有学问的研究员[125]

　　最近，有许多学术研究人员试图揭开在工程学领域仅有很少的女性处于高层以及领导阶层的地位这一事实的神秘面纱。一种看似合理的解释是微小的性别差异随着时间的推移逐渐积累，从而使女性处于不利的地位，而对男性有利。与性别（性别比例）密切相关的潜意识期望是这些差异的一个重要来源。例如，我们期望着，男性的主要任务是赚钱，妇女的主要职责是照顾孩子。关于性别比例模式对专业能力评估的影响的一系列研究令人信服，随着时间的推移，性别比例模式显著促使女性工程教师不断被低估，男性工程教师不断被高估。[126]性别比例模式在不知不觉中为男性、女性所接受并且微妙地影响着人们对异性的认知和判断。[127]例如，实验数据表明，相比男性的推荐信，职业妇女的推荐信往往较短，并且所含有的带有怀疑色彩的推荐语（doubt-raisers）是男性的两倍（如"她的个性富有挑战性"），含有更多的关于埋头苦干的形容词（如"勤奋"或"认真"），更少的关于杰出的形容词（如"才华横溢的"）。[128]其他的研究显示女性鲜少倾向于有高薪的资格，并且对她们的数学能力缺乏自信，即使她们的实际表现水平与男性同事相当。人们期望男性是强壮的并且是坚定而自信的领导者，女性则被培养成聆听者。结果就是，持有领导者头衔的女性往往要比男性更努力地工作来展示她们真正的领导能力。

　　因为工程学校中大多数的教学人员与管理者（包括男性和女性），都真诚地希望更多的女性能够进步和晋升，在工程领域中侧重于性别模式与女性的进步尤为相关。弗吉尼亚·瓦里安（Virginia Valian），一名研究性别模式的研究员，得出了这样的观点："关于性别模式的数据的教训显示，良好的愿望是不够的，它们不会保证我们将其作为理想的那种公平公正的评价。"[129]尽管工程院校尝试招募和提拔更多的女性，但重要的是评估这种有害的性别模式在哪些方面以及在何种程度上成了妇女进步的绊脚石。在一些机构中，比如在密歇根大学，这些努力涉及举办关于性别模式的研讨会、成立重点小组、组织采访和

265

收集调查数据以评估性别模式的普遍性对于低估女性在科学、技术、工程以及数学领域的贡献的作用。[130]

有一个这样的假设，一旦有害的模糊的模式变得明晰，我们就可以开始从个人、系和学院等级别上着手处理，至少要减少它们的有害的影响。确定并讨论女性和男性对于性别的一些微妙预期。这些性别模式如何影响女性在工程领域的进步与晋升？你能想到你自己所经历的性别模式导致男性处于有利地位而女性处于不利地位的例子吗？

案例45
XYZ 软管公司[131]

农民用无水氨来为他们的土地施肥。当无水氨遇到水时，会产生激烈的反应，因此，在操作的时候必须十分小心。农业专业合作社使用的无水氨是装在备有轮子的压力容器里的，因此，可以用拖拉机来拖动这些容器。农业专业合作社出租这种容器。农民还可租借或购买软管来连接容器和有孔地犁，有孔地犁可以切入土壤并播撒氨肥。但是，软管可能的泄漏是潜在的灾难。

多年来，符合工业标准的软管都是用钢筋网加固的橡胶制成的，在构造上它类似于钢网加固的汽车轮胎。这些工业标准是由两家独立的贸易协会制定的。

大概15年前，出现了一种新型的、高强度的塑胶，可以替代软管中的钢。这种用塑胶加固做成的软管比钢网橡胶软管更便宜、更轻、更容易操作。这种新的软管达到了工业标准。有一家公司——XYZ软管公司，开始向农民出售这种强化塑胶软管。XYZ软管公司的管理者知道，根据附近的州立农学院的一位顾问所进行的测试，这种塑胶不会立即对无水氨起反应；但是几年后，随着塑胶的老化，软管会丧失某些机械性能。于是，他们在生产的所有的软管上贴上了警示标志，提示使用者应该定时更换软管。

该产品上市几年后，发生了几起XYZ软管在使用中破裂的事故，导致了使用它们的农民失明或严重受伤。诉讼接踵而来，在辩护中XYZ软管公司指出，是农民们操作不当，并且没有留意更换的警示标志。但是这种辩护并没有被法庭接受，XYZ软管公司采取了庭外和解的实质性解决方式。

XYZ软管公司因此放弃了该产品的生产线，并且在农民贸易杂志和生产者合作社时事通讯上刊登广告，要求农民将软管退回并全额退款。这些广告声称，这些软管是"过时的"，并非是不安全的。

判别并讨论该案例引出的伦理问题，特别注意本章中与此相关的关键观点。与案例相关的事实是什么？其中存在哪些事实上的、概念上的和应用上的问题？可以运用哪些方法来解决这些问题？

2010 年深水地平线钻井平台与马孔多钻井爆裂的损失

深水地平线钻井平台是由越洋钻探公司(Transocean)拥有和经营的价值 3.4 亿美元的半潜式深水钻井平台。英国石油(BP)公司与越洋钻探公司签订了合同，在距离路易斯安那州海岸约 40 英里的墨西哥湾约 5000 英尺的水域钻探 18360 英尺深的马孔多(Macondo)油井。越洋钻探公司计划在 51 天内建成深水地平线钻井平台，每日运作费用约为 100 万美元。它接手了 2009 年 10 月开始工作的另一个钻机在马孔多钻井的工作。深水地平线钻井从 2010 年 2 月开始运作，2010 年 4 月 20 日平台发生了爆炸和火灾，使 11 人丧生(当时共有 126 名工人在钻井平台上)，平台也沉没了，并且从井口溢出的原油和天然气一直无法得到控制。控制漏油的努力持续了几个月都没有成功，这场浩劫导致了被认为是美国历史上最大的一次石油泄漏。钻井的所有者 BP 公司同意将 200 亿美元的基金作为清理和补偿的费用，尽管浩劫造成的总损失几个月或几年内都不会被知晓。

在浩劫发生的几周后，白宫能源和商业委员会的听证会将注意力集中在钻井和固井竣工操作的几个方面上，它们表明所有者 BP 公司通过几处冒险的设计决策来多次缩减时间和降低成本。以下是委员会主席亨利·韦克斯曼(Henry Waxman)给委员会的证词，并在后来被概括成于 2010 年 6 月 14 日发送给 BP 公司首席执行官托尼·海沃德(Tony Hayward)的信，它概述了 BP 公司的管理者和工程师做出的似乎更青睐于经济而非安全的有争议的决定的五个方面。[132] 这些方面包括钻井的设计、最终用于固井套管扶正器的数量、不需要水泥胶结测井的决定、在最终固井套管水泥封固之前减少水泥浆循环以及不使用锁定套管。

● 钻井的设计。马孔多钻井设计中的一个关键决定是在井筒的最后 1192 英尺使用完全的套管封固，而不是采用更为保守的线性/回接套管封固的设计。完全的套管固封比线性/回接套管封固更快速，因此成本也更低；但是，在套管周围环形空间的气体控制方面不能提供足够安全的冗余度，可能无法满足矿业管理服务局(MMS)的规定。在井喷前的最后几天，BP 公司的这一有意识的决定将钻井完工的成本减少了几百万美元，但降低了防止井喷的安全性。

● 扶正器是在固井前把套管固定在钻孔中心的环形垫片，以便于用水泥浆替换泥浆。美国石油协会(API)的推荐做法第 65 项提到，当套管不在井眼中心时，泥浆不会有效地取代稀泥，这可能导致形成脆弱或多孔的水泥密封层，而这又会有气体泄漏和井喷的风险。BP 公司在最后 1192 英尺的套管周围选择使用六个扶正器，尽管承包商哈里伯顿(Halliburton)预测需要 21 个扶正器来减少从"严重"到"微小"的天然气泄漏问题的风险。如果要安放好另外的 15 个扶正器，把它们送到平台就需要 10 个小时，显然这是不可接受

267

的延迟,因此 BP 公司决定只使用现场的 6 个扶正器。

● 水泥胶结测井。这一标准的无损检测旨在检测任何泥浆夹杂或其他问题可能造成的水泥密封中的孔隙或管道,它们会降低水泥密封的完整性。MMS 的规定可能要求在马孔多钻井进行这样的测试。BP 公司派遣了斯伦贝谢(Schlumberger)公司的员工在 4 月 18 日到达钻井平台进行这样的测试,但在 4 月 20 日就解散了他们。在马孔多钻井进行水泥胶结测试大约需要 9～12 小时,如果发现在水泥中有任何的空洞会导致计划的进一步延迟。

● 泥浆循环。在水泥浆进入环形区域之前,即代替泥浆以形成环形密封之前,合适的做法是循环泥浆,以降低岩屑、气泡和泥浆的黏稠度,以便水泥浆更好地流入和置换。API 的指南建议循环 1.5 倍环形体积以上的泥浆,或者至少 1.0 倍套管体积的泥浆。循环这种泥浆需要时间,在马孔多钻可能会多达 12 个小时,而 BP 公司选择了循环大大低于标准的少量泥浆——261 桶泥浆。

● 悬挂器锁定套管。BP 公司并没有安装套管悬挂器的锁定套管(LDS),它被设计用来锁定在海面上的井口和密封套管组件。这可能只是因为等待 MMS 批准对该设计的更改而出现的延迟,但最终的结果是,直到 4 月 20 日的井喷,LDS 都没有被安装。LDS 设备的另一项安全功能是防止套管崩裂、破坏井口,防止井喷。

至少对于委员会提出的前四个问题,似乎 BP 的工程师和管理人员的决定代表了更快(更便宜)和更保守(风险更大)的替代方案,在某些情况下,可用更安全的替代方案来保留初始设计。据报道,钻井团队队长约翰·古德(John Guide)改变了钻井工程队队长约翰·沃尔兹(John Walz)的订购另外 15 个扶正器的决定,就因为等待到货会延迟 10 小时。在这个过程中,古德使用了"风险/回报方程",但该决定的细节并未公开。"风险/回报方程"是一种通常用于投资和股票交易决策的管理工具,不是工程学专业术语,这表明,这种关键性的工程决策是由具有管理训练和投资/股票交易逻辑背景的个人做出的,很可能没有对于公众健康、安全和福祉的适当考虑。在这五个受到批评的设计决定背后是否存在着理性的工程决策的证据还有待研究。但是就目前而言,必须质疑的是,这些决定是否可以恰当地作为"恰当的工程决策"(PED)或"恰当的管理决策"(PMD)。

也可以看出,似乎 BP 公司指挥系统中对这些有疑问的决定负责的人员中没有注册职业工程师,这引发了 BP 公司运行的另一个非常重要的问题。虽然得克萨斯州职业工程师委员会(或许还包括墨西哥湾附近的其他州)的规则不要求在休斯敦从事这些工作的个人进行职业注册(得克萨斯州的"行业豁免"允许为行业雇主工作而不是为公众提供工程服务的个人,不进行职业注册),但这条指挥链中注册工程师的明显缺席或人数极少,令人质疑其决定背后的经验和专业水平。

委员会信件中的一项评论,是由 BP 公司的钻井工程师布雷恩·莫雷尔(Brian Morel)提出的,反映出 BP 公司不重视或无视承包商的定量模拟,这一模拟表明只使用 6 个扶正器的方法不能确保水泥作业的安全。莫雷尔在电子邮件中向承包商说,"我们有 6 个扶正器,我们可以把它们排成一行,分散开,或任意两个组合。这是一个垂直的洞,所以希望管道由于重力而保持居中……已经太迟了，无法将更多的产品（扶正器）送到平台上了。我们唯一的选择是重新安排这些扶正器的位置"（额外强调）。工程的本质是依靠精确的定量模拟来开发安全的设计，然而莫雷尔的评论表明，决策靠的是好运气，而不是由定量计算保障的安全。人们希望有经验的职业工程师不会以这种方式做出或接受一项决定。对工程注册要求的行业豁免，或卷入这一事件的一些企业雇主对该项豁免的过度依赖，应该为这次灾难担负一定的责任。

268

最后需要指出的是，MMS的监督出现了问题。设计过程的许多方面，似乎没有受到MMS的监督或BP公司的正当判断就得到了批准。在申请使用单一的封固套管而不是更安全的线性/回接套管的当天，该申请就获得了批准。

案例47

计量单位、沟通以及对细节的关注——火星气候探测器的丢失

火星气候探测器（MCO）是一个重达629千克的人造火星卫星，由NASA于1998年12月11日发射，任务是用约2年的时间绘制火星表面以及大气层的图像，并且作为未来3年火星登陆者的通信转播站。在进入火星轨道时该卫星失踪了，据推测它是在进入大气层时被烧毁的或是因为过热而掉入太空。

以下内容引自对火星气候探测器失踪的官方调查报告，它指出卫星进入的火星大气层轨道比预期低得更多，这是因为卫星的承包商计算时需要用公制单位（国际计量单位），而地面人员却使用了英制单位的数据，导致航行误差的累积。[133]

在进入火星大气层的时候，宇宙飞船的轨道比计划的大约要低170千米，结果是，MCO要么在大气层中被烧毁，要么在离开火星大气层后重新进入太阳系。董事会认识到错误发生在宇宙飞船项目中。然而，通常来说应该有关于项目的详细过程，在错误对成功发射造成致命影响之前捕捉到它们。对于MCO来说不幸的是，项目现有的流程并没有发现MCO丢失的根本原因。

下面的内容简要概括了调查结果、成因和MPL[①]的建议。在本报告的正文中对这些内容以及MCO和MPL的评论和建议有更详细的介绍。

根本原因：在轨迹模型中使用的基础软件文件"小型力量"的编码中未使用公制单位。

此外，报告列出了MCO丢失的八种原因，包括项目要素之间的沟通不足、人员配置不足和培训不足等。

---

① MPL(Mars Polar Lander)，火星极地着陆器。——译者注

案例48

昂贵的软件错误——火星极地着陆器的丢失

在 1999 年 12 月 3 日，发射 11 个月后，火星极地着陆器在降落到火星表面期间与 NASA 的通信突然停止。随后的调查发现了几种可能的故障机制，但焦点聚于软件中一行编码的错误。据推测，编码错误使系统错误地理解为着陆器已经接触到火星表面，飞船延展着陆装置振动，所以提前关闭了制动火箭，随后导了它从约 130 英尺的高空自由坠落，摧毁了着陆器。

一些人将这种失败解释为日益复杂的计算机程序的结果，并认为 NASA 的大型复杂代码的测试不能总是识别和防止所有可能的错误。有人认为这样的测试次数已经够多了，即当所有输入都处于"正常"操作的预期范围时，证明这些代码按预期的方式工作。但在操作参数变化到异常区域时，他们并没有进行足够的测试来确定可能的结果。

莱韦森（Leveson）[134]列举了导致最近航空航天失败或事故的软件设计、测试和操作等几个方面的问题，包括：

- 过度相信和过度依赖数字自动化。
- 不了解与软件相关的风险。
- 混淆可靠性和安全性是计算机科学家普遍的倾向吗？
- 过分依赖冗余度（冗余度对可靠性的影响大于对安全性的影响）。
- 假设风险随时间减少[Therac - 25（医用电子直线加速器）]。
- 在软件事故中忽视警告信号（与所谓的"偏差的正常范围"有关）。
- 不完备的认知工程。
- 不详尽的说明书——有时说明书包含软件能做哪些工作，但是没有提及它一定不能做哪些工作（火星极地着陆器）。
- 有缺陷的审查过程（火星极地着陆器）。
- 不完备的系统安全工程。
- 违反数字系统的基础安全工程惯例，软件工程师几乎从未学过这些惯例（火星极地着陆器）。
- 没有经过适当的安全分析就再次使用软件。
- 不必要的复杂性和软件功能——蠕变特征（尽量简单直接）。
- 操作人员并不完全了解自动化。
- 测试和模拟环境与操作环境不匹配（飞行你要测试的和测试你要飞行的）。
- 对与安全有关的信息的收集和使用方面的不足。

案例49

悬挂阳台坍塌事故中建筑监理员的责任

没有工程师参与，对于住宅建筑来说很常见。设计和施工监理方面的伦理责任的观念同样适用于具有这些责任的工程师。

2004年，两名游客来到新建成的得克萨斯州中部湖滨住宅，他们走到三楼阳台，欣赏印克斯湖（Inks Lake）的新景色，但是阳台坍塌了，两人从20多英尺高坠落到地上，摔成重伤。[135]这个悬臂阳台由一块横梁板托住，而框架分包商（framing subcontractor）将横梁板钉在房屋上，而不是用建筑师指定的螺栓来固定。在非常轻的活荷载（两位游客）的作用下，横梁板从房屋上脱落了。建筑师设计了包括阳台在内的结构，并监督施工，但没有仔细检查完工的阳台，没有检测出阳台与他的计划和规格说明的偏离。

建筑师的合同要求他签署承包商的付款申请，以保证"工艺和所使用材料的质量符合合同文件"。但合同还表示，"不应要求建筑师进行彻底或连续的现场监理以检查工作的质量或数量"。

法律争论的焦点是建筑师是否应该对房屋结构做更多的监理，原告认为，除了提供他（建筑师）的设计服务之外，他所签订的合同要求他"观察施工"和"努力保护业主，以防止缺陷和不足"。被告建筑师辩称，就他的报酬来说他的监理不可能那么细致，而且他已经恰当地履行了施工观察的责任。

得克萨斯州建筑师协会的一名总法律顾问说道："除非该项目的拥有者坚持该建筑师需提供更广泛的服务，否则建筑师的现场职责是有限的，不包括彻底或连续的现场监理，以检查承包商所完成的施工的质量。……人们不能期待建筑师保证承包商工作的质量，但是，除非建筑师同意提供必要的额外服务，以使建筑师能够提供这种保证。"

就我们的评估来看，所发生的施工错误是极端恶劣的，而且由于悬臂阳台组件的关键性，这种施工的错误应该是逃脱不了职业建筑师或负责监督结构建设的工程师的合理检查的。

最初的设计没有受到质疑，不过它需要托梁挂钩，但是框架分包商并没有使用这一架构，以确保托梁托住横梁板，也没有使用螺栓将横梁板固定到房屋上，反而是使用了钉子。原来的设计可能不够充分，托梁挂钩在悬挑应用中不能承载抗弯矩。假设使用了托梁挂钩，并且横梁板用原来指定的螺栓牢固地固定在房屋上，则故障可能发生在托梁和横梁板之间，而不是在横梁板和房屋结构之间，并且阳台上也许能够承载两个人以上。一种更合理的设计是将托梁穿入房屋，并固定到平行的地板或天花板托梁上，以允许它们借助墙壁形成所需的弯矩承载力，我们尚不清楚这种设计是否是一种备选方案，它也遭到了总承包商和框架承包商的拒绝。

这里的教训是，即使没有明确的法律责任，职业工程师（或建筑师）也有道义上的责

270

任，以防止这样的问题在他或她扮演重要角色的项目中出现。在工程项目中，必须有一种恰当的合同安排，允许适当的施工监理工程工作，而最关键的设计细节，如这个案例中的问题，对于施工监理员来说是最应该得到优先重视的。

案例50

计算机程序与道德责任—— Therac-25案例

医用电子直线加速器(linacs)通过产生高能量的电子束来摧毁肿瘤，同时保证对周围健康组织的伤害达到最小。对于相对较浅表的组织，需要用加速的电子；对于更深层的组织，则将电子束转化为 X 射线光子。[136] 20 世纪 70 年代中期，加拿大原子能有限公司(AECL)开发了一种全新的"双通"加速器，它只需要很小的空间就能达到所需的能量水平。使用这种双通机制，AECL 设计的医用电子直线加速器(Therac-25)，比 Therac-20 具有经济优势，也比其他集电子和光子加速于一身的前几代加速器具有经济优势。Therac-25 的另一个不同之处在于：软件比先前的机器对保护病人安全承担了更多的责任。例如，早期的型号 Therac-20，对监测电子束扫描建立独立的保护电路，并有机械互锁装置确保安全运行。

1985 年至 1987 年，美国和加拿大共安装了 11 台 Therac-25，发生了 6 起与辐射剂量超标有关的安全事故。第一起超标事故在 1985 年发生于肯尼斯顿(Kennestone)地区的肿瘤研究中心。当机器启动后，病人感到一种"巨大的热力……一种炽热的感觉"。当技师进来时，病人说，"你烧伤我了"。技师说这是不可能的。之后，病人的肩膀(治疗的地方)发生"僵化"，她经历了一阵痉挛。医生对于明显的辐射失误没有给出令人满意的解释。最终，由于放射灼伤，病人的乳房不得不被切除，她处于持续的疼痛中。机器制造商和操作者拒绝相信这可能是由 Therac-25 导致的。这一诉讼得到庭外和解，但其他Therac-25 的用户没有被告知发生了任何不幸事件。

第二起事故发生在安大略省哈密尔顿市的安大略省癌症基地。当机器停止运转并发出递送剂量的命令时，操作员并没有很担心，因为他们习惯了这种无有害后果的频繁的机器故障。然而，当治疗最终结束后，患者描述了治疗区域的烧灼感。病人 4 个月后死于极度致命的癌症，但尸体解剖显示，由于暴露于过度辐射，他的整个髋关节都需要换掉。AECL 不会复制发生在哈密尔顿的设施故障，但是它改变了软件，声称以五个数量级改进了旧系统——这可能是言过其实。

第三起事故于 1985 年发生在华盛顿州的亚基马山谷关爱医院(Yakima Valley Memorial Hospital)里。病人经过治疗后出现了过度的肌肤红肿，院方人员最终的结论是"原因不明"。病人持续感到疼痛，后来通过手术有所减缓，并没有死于辐射。然而，这种设备发生了三起类似事件的事实并没有促使制造商或政府机构进行调查。

第四起事故于 1986 年发生在得克萨斯州泰勒(Tyler)医院的东得克萨斯癌症中心

(ETCC)。在操作员试图调整剂量时,机器停止运转并显示"故障54"的错误信息。病人说他感觉自己好像受到了电击,或者有人往他背上泼了很烫的咖啡。他(无法忍受)从治疗床上爬起来并寻求帮助,但在那一刻,操作员按下了继续治疗的按键。病人说,他感觉自己的手臂被电击了,他的手正在脱离他的身体。他走到治疗室门边开始敲门。接线员震惊了,立即为病人打开了门,病人战栗发抖、烦躁不安。当时,任何人都不知道,这位病人已受到了过量辐射。事故发生5个月后,他死于过量辐射引发的并发症。

当地的一名AECL工程师和一名来自AECL总部的管理者前来调查。他们并未能重现"故障54"。当地的一名AECL工程师解释道,不可能发生对一个病人使用了过量辐射的情况。他还说,AECL清楚Therac-25没有发生任何涉及过量辐射的事故——即使AECL一定确切知道哈密尔顿和亚基马的事件。AECL的工程师认为电力问题可能是罪魁祸首,但是ETCC的进一步调查排除了这种可能性。

第五起事故也发生在ETCC,这次是在1986年4月11日。当被给予递送剂量的命令时,Therac-25再次出现"故障54"的信息,机器先是发出很响的噪音,然后突然停机。病人说他听到咝咝的声音,感觉"火"在他接受治疗的那边脸颊燃烧,并且他看见一道闪光。他焦躁不安地问道:"我怎么了,发生了什么事?"1986年5月1日,他死于过量辐射。

如果不是由于泰勒医院的物理学家费立茨·汉格(Fritz Hager)所做的努力,那么认为软件出了问题的理解可能还会来得更迟。汉格先生最终找到了"错误54"信息出现的原因,他确定数据输入的速度是产生错误消息的关键因素。根据这种解释,AECL终于能够自己重现"错误54"了。这似乎意味着,不安全的软件设计和缺乏任何硬件备份的安全机制的事实比特定的编码错误更致命。

第六起事故发生在亚基马山谷医院里,那是在1987年1月。病人说"胸部有一阵烧灼的感觉",4月,病人死于与过量辐射有关的并发症。在第二次亚基马事故之后,FDA得出结论,不能单独依靠软件来确保机器的安全运行。识别Therac-25问题的主观能动性来自用户,而不是制造商,并且制造商的回应非常迟缓,作为用户一方的医务人员认识到这一问题的速度也很缓慢。

过失—责任：企业的责任

这些悲惨的故事显示了在公司和个人两个层面上的不负责任的行为。然而,事故调查人员并不希望"去批评设备制造商或任何其他人"。[137] 哲学家海伦·尼森鲍姆(Helen Nissenbaum)认为,不愿意承担责任,对于组织或团体来说都并不罕见。但是,"在我们这个计算机化的社会中,问责制(accountability)在系统性上是不确定的——鉴于问责制对社会的价值,这是一种令人不安的损失"。[138] 她进一步认为,"如果得不到解决,那么这种对问责制的侵蚀意味着计算机以一种重要而又令人不安的方式'失去控制'"。[139] 即便尼森鲍姆的主张是极端的,但对计算机日益增加的使用确实已经以一种特别急迫的方式呈现出责任或问责制的问题,并且这个问题必须得到解决。

让我们首先思考公司层面上的过失—责任问题(如第3章所述)。哪些过失—责任(如果有的话)可以归咎于像加拿大原子能有限公司、亚基马山谷关爱医院和东得克萨斯

272

癌症中心这样的公司实体呢?

我们在第 3 章中看到,公司特殊的政策(或公司政策的缺失)、决定、管理决策和企业文化等可能造成危害。我们注意到,有一些相对有力的论点主张,诸如公司之类的组织可以像人一样成为道德责任的主体。不论它们是否可以成为道德责任的主体,它们仍然可能:①因伤害而受到批评;②被要求为伤害做出赔偿;③被评估认定需要改革。让我们来审视 Therac - 25 案例中的具体问题,它们可能会构成公司层面上的过失—责任。

(1) Therac - 25 中的一个设计缺陷是缺乏硬件安全备份。早期型号的机器有这样的备份,如果在后面的型号中仍然保留硬件备份,那么一些(或全部的)事故可能就不会发生了。虽然这种设计缺陷可能仅仅是个别工程师的过错,但也可能是因为 AECL 的一些工程师显然没有接受过适当的系统工程的培训。从另一个角度看,这也可能是 AECL 管理的失败和公司在培训工程师方面政策的失败。

(2) AECL 显然没有对 Therac - 25 进行足够的测试和充分的质量保证计划。这类缺陷可能也是导致事故的一个主要因素,并且这些缺陷可能应该归咎于管理层,也可能归咎于公司的政策,以及一种没有充分重视测试和质量保证的企业文化。

(3) AECL 夸大了 Therac - 25 的安全性。技术人员因此而认为,这些机器不可能给予病人过量辐射,这可能是技术人员没有对病人的抱怨做出充分反应的一个原因。对安全性的夸大宣称也许应当对医生迟缓地发现辐射灼伤的事实承担部分责任。这些问题可能也应归咎于一种过分关注销售的企业文化。

(4) 对于事故,AECL 迟缓地做出回应,也没有及时地向其他用户通报 Therac - 25 的事故。糟糕的管理决策以及一种过分关注销售而不够充分地关注安全的企业文化可能至少是事故的部分原因。

(5) 至少有一个医疗机构(即东得克萨斯癌症中心)的监测设备没有正常运作,这可能在对病人的伤害中起到了一定作用。AECL 可能存在管理上的不足,以及一种并未充分地将最高安全标准作为导向的企业文化。

这些问题强有力地表明,对于病人的这些伤害以及死亡,AECL 至少应受到道德上的谴责。对于这些伤害,病人及其家属可以向 AECL 提出赔偿要求(并且这样的赔偿要求在法律上可能也是正当的)。而且 AECL 需要内部改革。东得克萨斯癌症中心也应受到谴责,尽管是在一个更有限的基础上。

过失—责任:个人的责任

Therac - 25 事故不是由任何单独的个人造成的。然而,在第 3 章中,我们了解到,在涉及集体行动和不作为的情况下,存在着可以指导追究过失—责任的原则。集体行动责任的原则指出:在伤害是集体行为所造成的情况下,集体中每一位成员的责任轻重程度取决于他的行为促成该集体行为的程度,而他的行为原本是可以避免的。集体不作为责任的原则指出:在伤害是由集体不作为造成的情况下,集体中每一位成员的责任轻重程度取决于,在多大程度上,我们有理由认为他曾试图阻止该行为的发生。

我们还了解到,过失—责任可能是恶意意图、鲁莽或疏忽的结果。下面列举的条目被人们理解为一系列不同类型的疏忽，那些不作为的人应承担某种程度的过失—责任，程度取决于他们的不作为与伤害之间的因果关联性。

我们还了解到，疏忽包含以下四种因素：①存在一种行为标准；②不符合这些标准的行为；③在行为与造成的伤害之间存在着合理、密切的因果联系；④造成对另一人利益的实际损害。在追究与计算机有关的疏忽事件时，其中的一个问题便是，行为（或"合理关照"）的标准有时候是无法充分确定和公开化的。尽管如此，我们认为有一些隐含的标准，可以将过失—责任归咎于下列个体组成的群体。

（1）正如我们前面所指出的那样，Therac - 25 的设计缺陷之一是缺乏早期机器所具有的硬件安全备份。如果备份一直存在，那么部分（或全部的）事故或许就不会发生了。尽管这个设计缺陷可以部分地归咎于管理和公司政策的失误，即 AECL 没有对系统工程给予足够重视，但它也可以归咎于涉事个体工程师的职业疏忽。如果有硬件备份，那么这些事故或许就不会发生。就我们可以把职业疏忽归咎于个体工程师的过失而言，他们对事故就负有相当大的责任。这里的疏忽是指工程师未能更充分地调查不带硬件备份的系统的危险性，由此导致其未能将这些备份加入其设计之中。

（2）有一些事故是由微动开关的缺陷引起的，它控制着安放病人的旋转病床的位置，相关的制造人员是事故的重要责任人，特别是在安大略省癌症基地发生的事故中。官方的标准解释几乎没有给出这一失误的原因，也许我们应该把它归咎于有缺陷的设备的制造过程中制造人员的疏忽。如果患者处于恰当的位置，那么他们可能就不会遭受辐射灼伤，但我们应该看到还存在着其他因素。因此我们可以说，制造人员应该承担部分责任。

（3）程序员同样对病人的伤害负有部分责任。在程序设计中出现错误和难以理解的错误消息，似乎程序员有相当大的疏忽，他们显然对伤害负有直接责任。但是，站在程序员的立场上，我们应该说，程序中总是会有"漏洞"，而且程序员或许没有足够的经验去意识到将安全的所有责任交给计算机程序是危险的。

（4）显然，没有恰当编写用户手册。例如，用户手册对"故障 54"错误信息没有给予任何的解释。缺乏恰当的使用说明无疑是事故的一个因素。如果操作员知道如何回应错误信息，那么他们就可能避免一些事故。这显示了与事故有因果关系的疏忽。但是，手册的编写人员只能编写已提供给他们的东西，而我们不知道制造商提供给了他们什么信息。所以，如果没有进一步的信息，我们就无法知道手册编写者应该承担多少过失—责任。

（5）在一些事故中，技术人员可能没有充分地意识到辐射灼伤的可能性，而且他们对病人的痛苦的回应有时似乎表现得令人吃惊的麻木。这又是一种类型的疏忽，它可能与病人受到的伤害有一定关系。然而，在为技术人员辩护时，有两个理由值得思考。首先，这些过失都可以部分地归咎于 AECL 声称不可能出现辐射灼伤的情况，以及技术人员掌握的知识的有限。其次，在实际的伤害中，技术人员的疏忽可能只是一个很次要的因素。因此，技术人员的疏忽和实际伤害之间的因果联系可能是微不足道的。

（6）在一些案例中，医生似乎很迟缓地认识到发生了过量辐射。这也是一种类型的职业疏忽。但是，在为医生辩护时，又有两种相关思考。首先，如果对辐射灼伤给予更及时的治疗,那么是否就够能挽救病人的生命,这一点是不清楚的。其次,医生反应迟缓的一个原因或许是 AECL 夸大的声明——过量辐射是不可能的。不过,使用放射治疗设备的医生,对辐射灼伤的可能性是应该保持警惕的。

正如以上分析所表明的,Therac-25 造成的伤害和死亡的主要过失—责任在于 AECL 的个人和公司两个层面。AECL 管理层和个人两个层面上都有可能存在着疏忽。而且,可能还存在着一种鼓励不负责任行为的企业文化。疏忽与伤害和死亡有着很强的因果关系。

对履行责任所遭遇的障碍(第 7 章中所概述的)进行推测将会很有趣,它也解释了 AECL 存在的问题。AECL 显然受到一种公司文化的困扰,在这种文化中,管理人员过度注重利润和销售,而排除了诸如安全之类的其他的考虑。这可能是一种微观的洞察。管理人员还可能陷入自我欺骗,使自己相信关于 Therac-25 的伤害和故障并不是什么大事,不会重复出现,并且不是机器本身任何根本缺陷造成的。

工程师和程序员的个体疏忽的部分原因可能是利己主义,因为对安全问题给予更多的关注可能导致管理人员的不悦。我们已经指出,工程师在系统工程方面缺乏足够的训练,他们可能因无知而受到影响。最后,群体思维可能在工程师和程序员的行为中起到了一定的作用。也许一种进取的心态以及对产品尽快进入市场的强调,会阻碍个人基于安全考虑而提出异议。

在信息化社会中维持问责制

海伦·尼森鲍姆就如何在信息化的社会中维持问责制提出了几点建议,其中两条似乎颇具价值。[140]第一条建议是,应当在计算机科学和计算机工程中推广关照标准。计算机职业人员应当广泛地宣传和遵守生产更加安全、更可靠的计算机系统的指导方针。这样的标准不仅应促成更高的安全性和可靠性,而且它的存在也应使得判别那些应对失败负责和承担指责的人变得更容易。我们已经提到过一个这样的标准,即计算机程序不应当是安全责任的唯一承担者。

第二条建议是,应当对那些有缺陷的、以消费为导向的软件以及对社会有相当大影响的软件施加严格的法律责任。严格的法律责任意味着制造商对一个缺陷产品所造成的任何危害都负有责任,无论这些责任是否可以分配给产品的生产者。严格的法律责任将有助于确保受害者得到适当的赔偿,这将向软件制作者发出强有力的信息——他们应当切实关心公众的安全。据尼森鲍姆所说,软件生产者对其产品的安全性不承担任何责任,苹果计算机公司就是一个例子,它做出如下声明:

对于本软件,苹果公司不做任何担保或保证,既不明示也不示意它的质量、性能、规格或特定用途的适用性。因此,本软件"按原样"一经售出,概不负责。消费者应当承担软件质量和性能的全部风险。

从伦理学的立场来看,如此规避责任是很有问题的。正如 Therac-25 案例所示,公众很可能因为计算机的灾祸而受到伤害甚至死亡。

一些人反对尼森鲍姆的建议。异议之一是,虽然软件工程已有软件研发过程的标准,但是软件产品的标准方面却还存在着空白。再者,制定产品标准也是困难重重。因此尼森鲍姆的第一条建议恐怕难以实施。另有一些批评者认为,尼森鲍姆的第二条建议也有些不切实际。他们认为,软件产业尚未成熟到足以承担严格的法律责任的程度。不过,也有一些计算机科学家赞同尼森鲍姆的观点,认为其为必要的改革指明了方向。

案例51

环形道路[141]

道路交叉口呈现了若干项工程挑战。例如,思考一下,2009 年,美国有 20.8% 的交通事故发生在道路交叉口,或者在某种程度上与道路交叉口有关。[142] 交叉口的信号灯对司机来说是有问题的,因为穿过一个繁忙的交叉口可能需要高度集中注意力并且进行思考。驾驶员必须快速决定何时和如何行进,特别是交通灯正在变化或在多个车道(变道)行驶时。还要考虑到,走走停停的交通状况,例如繁忙路口的交通,会显著增加汽车尾气的排放量,并导致交通堵塞。这些议题都给工程师提出了重大的难题,因为安全和效率是工程的首要关注点。

环形道路为上述许多问题提供了一个简洁的解决方案。环形道路的交叉口是圆形的,允许车辆从任何方向穿过,通常车辆不会完全停驶。穿过环形道路的过程非常直截了当,驾驶员只需沿着一条单行的圆形车道到达他们选择的出口,而不必担心交通灯的变换或者涉及变换车道的转弯。此外,汽车必须在一个相当狭窄的圈子内行驶,驾驶员被迫减缓车速。这两个因素减少了发生车辆和行人事故的可能性。环形道路的设计还有助于防止一些最危险的事故,例如"T 形骨"①碰撞——一辆穿过标准的十字交叉口的车辆被另一辆垂直方向上行驶的车辆撞上。因此,毫不令人惊讶的是,高速公路安全保险研究所的一项研究表明,用环形交叉口代替由停车标志或信号灯进行调节的标准的十字交叉路口,会导致交叉路口的碰撞总体上减少 37%,致命碰撞减少 90%。[143]

除了安全性提高之外,环形道路交叉口也更有效率。与标准的十字交叉路口不同,在环形道路交叉口,车辆不需要频繁地减速和加速,并且通常可以不停车,继续行进。这增强了燃油经济性,也减少了与标准交叉路口设计相关的交通延迟。环形道路交叉口还能够使用比信号灯管理的交叉路口更少的车道来处理交通,并且通常能减小交通流。最后,环形道路在经济上是高效的。由于环形交叉口没有使用信号灯,因此维修费和电费将大大减少。考虑到这些好处,环形道路看起来就像工程师的梦想——一个简单、低成本的设计,却在安全性和效率方面进行了全面改进。然而,事情由于视觉受损的行人的需求而变得复杂。

显而易见,对于盲人和视障行人来说,穿过交叉路口已经是一种挑战。然而,由信号

---

① T 形骨(T-bone),牛的第 7 根肋骨呈斧头形(T 形)。——译者注

灯控制交叉路口为他们提供可达的交叉路口是相当容易的。许多信号灯控制的交叉路口配备有十字路口辅助系统,可以提供听觉提示,帮助视障行人知道何时可以穿过交叉路口。甚至在由停车标志进行调节的交叉路口,也可以有效地导航,因为他们可以仔细聆听即将到来的车辆的声音。然而,对于视障行人来说,环形道路更具挑战性。在环形道路上,听觉式十字路口辅助设备是无效的,因为通常没有交通信号来组成这样一个系统。更糟糕的是,环形交叉路口的交通流是恒定的这一事实,意味着即将到来的车辆的听觉线索很容易消失——绕着环形路面行驶的车辆一直是喧嚣的(车辆也不停)。这些因素,再加上环形交叉路口不寻常的几何形状所带来的定向挑战,使得步行穿过环形道路的视障行人面对着更大的危险。[144]

然而,有人可能会问,"为什么应该如此重视对视障人士的关注呢?毕竟,视障人士只占总人口的一小部分。当然,对于环形道路在总体安全和效率方面提供的所有福利而言,为残疾人寻找替代路线只是一个小的代价"。一个答案是因为《美国残疾人法案》(ADA)。ADA 规定,所有身体健全和残疾的公民都有平等的使用所有交通设施的权利。不遵守ADA 的代价可能会很大,法律赔偿标准在 5.5 万美元至 11 万美元之间。[145]

但是,即使不考虑 ADA,也应该关注这些问题中存在的职业伦理。对安全的承诺是行为职业伦理章程的一个普遍特点。虽然视障人士确实只占美国人口的少数,但他们的安全绝不能受到环形道路设计标准的威胁。平等和无障碍性也受到美国整体文化的强烈重视。工程师需要考虑使用他们所设计的产品的公众的价值观,这种强烈的价值观应该得到尊重。

这些互相矛盾的安全、效率、财务风险和平等的无障碍性等利益使环形道路成为工程师的一个难题。因此,我们是否应该放弃这个想法,而仅仅依靠标准信号和由信号灯调节的交叉路口呢?也许吧。然而,人们也可以将这些围绕视障人士的问题看作是进一步创新的一个机会。事实上,在开发环形道路的过程中已经做了很多工作,它们保留了上面描述的优点,同时也为残疾人提供了更便利的无障碍通道。许多想法已经得到了探索,但其中有两个想法特别值得注意,因为它们涉及这一案例中相互矛盾的利益之间的相互作用。

解决方案 1:行人—启动式信号灯(系统)

上面讨论的一些问题的一个潜在解决方案是在标准环形道路中引入交通信号灯,这些信号灯通常情况下不被激活,但在有行人的时候可以被激活。这种系统将为视障人士提供更安全的通道,同时尽量减少更传统的信号系统所带来的拥堵。然而,引入这种系统也会增加与标准环形设计无关的费用。

解决方案 2:高架人行横道

对于环形人行横道的奇怪几何形状所引发的问题,一个特别简洁的解决方法是建设高架人行横道并提供触觉线索(如盲道)以帮助视障行人找到正确的路径。高架人行横道是一个相对经济的解决方案,并且具有减慢车辆行驶速度的附加效益,使得交叉路口整体上更加安全。

需要进一步考虑的问题

(1)除了法律问题之外,还有什么其他的理由可以激励工程师来满足视障行人的需求?

（2）研究表明，在没有交通信号灯的交叉路口，司机礼让人行横道上的行人的可能性很小。[146] 这对上面讨论的第二个解决方案来说意味着什么？

（3）工程师应该负责确保他们的设计能够被视力和听力都受损的个人无障碍地使用吗？为什么应该这样？或为什么不应该这样？

（4）燃油效率高的电力汽车和天然气/电力混合动力汽车在正常行驶速度下的声音很小，因此视障行人很难察觉到。这是否给工程师带来了类似于环形道路所带来的问题？这些问题在哪些方面是相似的？它们在哪些方面又有所不同？

参考文献

"ADA Enforcement." The US Department of Justice, US Department of justice, December 8, 2011, http：//www.ada.gov/enforce.htm.

"Intersection Safety." Federal Highway Administration, US Department of Transportation, Federal Highway Administration, June 21, 2012, http：//safety.fhwa.dot.gov/ intersection/.

"Pedestrian Access to Modern Roundabouts: Design and Operation Issues for Pedestrians who are Blind." United States Access Board, US Access Board, June 21, 2012, http：//www.access-board.gov/ research/roundabouts/bulletin.htm.

"Pedestrian Access to Roundabouts: Assessment to Motorists' Yielding to Visually Impaired Pedestrians and Potential Treatments to Improve Access," Federal Highway Administration, US Department of Transportation, Federal Highway Administration, May 2006, June 21, 2012, http：//www.fhwa.dot.gov/publications/research/safety/.

"Roundabout Benefits." Washington State Department of Transportation, Washington State Department of Transportation, June 21, 2012, http：//www . wsdot. wa. gov/Safety/roundabouts/benefits.htm.

案例52

英特飞公司[147]

用雷·C.安德森自己的话说，他确实是一位非常成功的美国实业家。他冒着一切风险成立了英特飞全球地毯公司，因为自身的努力工作和强大能力，公司蓬勃发展。但是随后一件非常不寻常的事情发生了。在1994年8月，安德森创立了一个工作组，其作用是评价自己公司对环境的影响。这个小组面临的任务是有挑战性的。安德森用这种方式总结道：

我们准备要挑战极限，直到我们不再从地球上撷取任何不容易再生的物质。我们将继续推进，直到我们所有的产品是由可循环的或可再生的材料制成的。我们不会停止前进，直到我们所有的废物是可降解或可循环的，直到最终的产物不再是污染物。没有排放气体的烟囱，没有肮脏的水从管道流出，没有倾倒的成堆的地毯碎屑。什么都没有（安德森，2009，pp.16－17）。

按照大多数的标准来衡量,这些都是激进的目标,它们也一定不是我们通常所认知的资本主义世界的底线。甚至更让人惊讶的是,安德森并不是一位环保主义者。他成立公司是由强烈的竞争意识驱动的,他渴望能在商业上取得成功。所以,发生了什么事? 为什么安德森对于公司未来的展望转变得如此突然、如此激进,从不关心污染和资源消耗伦理的视野转变到深入综合处理这些问题的视野? 这些问题的答案是不言而喻的,或许尤其是对那些试图改变管理者对伦理态度的员工而言。

安德森自己也承认,在"转变"之前,他对他的公司在环境方面产生的影响是非常无知的。他的转变是好事。他写道:

……在经历了 20 年只能称之为惊人的成功之后,我并没有对这样的事情感到一点点的困扰:英特飞公司每年消耗足以照亮和加热一座城市的能量。或者我们和我们的供应商将超过 10 亿磅的石油衍生原料转化为世界各地的办公室、医院、机场、酒店、学校和商店的地毯。如果每天仅仅我的一家工厂就给当地的垃圾填埋场送去了 6 吨的地毯边角废料,那么将会有什么后果? 我不知道。我为什么应该知道? 这是别人的问题,不是我的。这正是需要垃圾填埋场的原因。事实上,冒烟的烟囱、流出废水的管道、堆积如山的废料(都完全合法),能够切实证明我们的企业蒸蒸日上。它们意味着有充足的工作岗位,意味着订单的源源不断和产品的不断产出,以及更多的钱存入银行(安德森,2009,p.8)。

然而,当英特飞公司研究部门的工程师吉姆·哈茨菲尔德从销售员经理那里转述了一个问题时,这种情况发生了改变:"有些客户想知道英特飞公司对环境的影响,我们应该如何回答?"这个简单的问题可以单独地引发像英特飞这样的公司的道德轨迹发生这么巨大的里程碑式的变化,这种想象是不切实际的,尽管有吸引力。安德森已经意识到客户关心他公司的环保行为。但是哈茨菲尔德转述的问题至少足以使众所周知的事情进行下去,并且更重要的是,他一直在坚持。安德森说他自己对问题的态度是紧张的、没把握的,他很乐意把处理该问题的责任推给别人。但哈茨菲尔德继续敦促他,鼓励他不仅召集工作组,以负责查明公司对环境的影响,而且还在对委员会成员的讲话中谨慎地确定项目的范围。

值得注意的是,哈茨菲尔德转述的问题不是一个明显的道德问题。吸引安德森的并不是他的公司可能会对环境造成的损害,只是因为这种损害是他的客户所关心的。他说道:"我不打算忽略客户的任何顾虑,也不是要转身去从事任何其他业务。如果我们不能回答吉姆转述的问题,那么我知道我们会失去其他的生意。"鉴于涉及明确具体的、财政上重要的因素,哈茨菲尔德迫使安德森真正考虑这个问题,而不是作为一个商人对他的担忧置之不理。这使得安德森阅读了《商业生态学》——一本由环保主义者和企业家保罗·霍肯撰写的书。在那里,安德森似乎有了新发现。

然而,重要的是,书中最吸引安德森的内容并不是关于自然资源管家的内在益处。他早已熟悉了这些担忧,并对它们不予理会——他认为,"随着技术的进步,我们将会更好地、更有效地满足市场需求"。安德森对这篇"信念的文章"的坚信似乎表明,他的动机和态度代表了典型的资本家。他对于这一观点不是特别赞同——不论市场的要求如何,公司都应该是负责任的资源消费者。事实上,公司是严重污染的制造者和有限资源的消费者,这个事实并没有引起人们的关注。如果这是霍肯的书中所传达的唯一的信息,那么安德森可能不会被动摇。如果事情需要改变,那么市场会让它们改变。但是霍肯也表达了对于过度消费的关注,这就是安德森的假设受到了根本性的挑战之处。他之前没有考虑到一个事实,即市场需要的资源可能在某一天被全部耗尽。这一事实使得他在本质上扩大了他所关注的业务范围。哪里有过度消费资源的危险,哪里就应该改变消耗资源的方式,这对于任何工业企业的成功都是至关重要的。安德森说,这个新发现使他对他公司的做法产生了根本性的质疑,导致了上述的影响范围很广的环境政策。

那么我们能从安德森的案例中学到什么?将他作为有经济头脑的人的典型代表可以得出一些乐观的结论。安德森最初并不反对环境问题,但只是心里有些矛盾,尽管他认为自己主要关注财政利益。他认为他的矛盾心理主要是由于对于有关问题来说,他在很大程度上是无知的。因此,以他为一个代表案例则表明,管理层对道德问题的忽视通常可能与未能理解或承认这些问题有关,而不是一种对道德行为的普遍蔑视,也不是认为道德和经济利益总是不一致的信念。对于合乎伦理标准的工程师来说这应该是令人鼓舞的。尽管有这样的表现,但是公司的管理层并不总是敌视伦理问题。

安德森的无知并不是不了解英特飞公司对环境有重要影响的行为的实际情况,而是没有意识到这种行为对他公司的未来和整个世界的潜在影响。这种视野的狭隘常常在防止管理人员充分了解其雇员的道德关切方面发挥了重要作用。像所有职业专家一样,工程师的部分角色是让雇主知道自己的眼界。似乎,至少在安德森这样的情况下,这样的启示会引发真正的变化。

评估英特飞公司环境影响的最初推动力来自通过标准渠道反映问题的基层员工。这说明了员工,特别是专家和管理层之间沟通的重要性。同样,看起来似乎是管理上的故意疏忽,实际上可能是由于没有充分理解所有相关问题而导致的无意性后果。哈茨菲尔德能够有效地将基层销售人员的关切传达到公司最高层的这个事实对公司环境视野的全面转变至关重要。

客户摇摆不定,员工的投入所造成的影响增强。这说明当利益被表述为与经济相关时,对伦理利益的关注是有效的。这种压力(再一次,来自公司员工)迫使安德森考虑环境问题,这又导致他去阅读霍肯的著作——他"新发现"的来源。这说明了金融利益和"抽象"的一般伦理利益之间的重要的相互作用激发了管理政策的变革。最初安德森对潜在客户流失的担忧促使他充分考虑公司挥霍行为的道德后果。

总的来说,这个案例的要点似乎是:在某些情况下,当提供给上级管理层适当的信息时,我们可以期待他们改变主意。作为专家,工程师的角色是让雇主了解真实的情况。至少在像安德森那样的情况下,似乎一个熟人对于鼓励管理者支持道德行为是有极大的帮助的。在实践中,就应该鼓励工程师对于他们所关注的伦理问题畅所欲言、直抒己见,但也应该对任何相关的经济问题具有敏感度,因为处理这些利益问题可以作为管理的一种进路,迫使管理者更深入地考虑其员工所关心的问题。

需要注意的还有,安德森似乎是一个特例,期望所有的管理者以完全相同的方式行事或许是不现实的。安德森不是一个典型的商人,他在转变之前对环境保护主义几乎没有表示过任何特别的赞同。安德森与其他更典型案例之间的差异不在于动机的不同(或至少不明显)。在这种情况下,研究他的解释可能会让人们了解,具有典型管理动机的典型管理层,能以怎样的方式确信伦理问题的重要性。

需要进一步考虑的问题

(1)安德森真的是一般实业家的代表吗?如果不是,那么他和一般实业家有什么区别?我们对公司管理标准的认知是怎样的?为什么它会使得像安德森这样的行为如此令人吃惊?

(2)想象一下你是受雇于一家制造公司的工程师,而且你知道公司的一些生产过程会导致当地水源的污染。当你想要引起管理者注意该问题时,雷·C.安德森的案例能启发你采用什么样的策略呢?

参考文献

Anderson, Ray, "The Power of One Good Question," *Confessions of a Radical Industrialist*: *Profits, People, Purpose—Doing Business by Respecting the Earth*, New York: St. Martin's Press, 2009, pp. 20 – 28.

280 注释

1. Steven Weisskoph, "The Aberdeen Mess," *Washington Post Magazine*, January 15, 1989.

2. 案例阿伯丁三人是在美国国家科学基金会资助下准备的,基金号为 DIR – 9012252。主要调查者是迈克尔·J.雷宾斯、查尔斯·E.哈里斯、查尔斯·萨姆森(Charles Samson)和雷蒙德·W.弗莱梅菲尔特(Raymond W. Flumerfelt)。想要获取完整案例,可以访问得克萨斯农工大学工程伦理网站(http://ethics.tamu.edu)。

3. 案例是瑞安·弗卢姆(Ryan Pflum)准备的,其是西密歇根大学的哲学硕士。

4. 案例是瑞安·弗卢姆准备的。

5. 本案例基于 John H. Cushman, Jr., "G. M. Agrees to Cadillac Recall in Federal Pollution Complaint," *New York Times*, December 1, 1995, pp. A1 and A12。

6. Leonardo Da Vinci, *The Notebooks of Leonardo Da Vinci*, vol. I, Edward MacCurdy, ed. (New York: George Braziller, 1939), p. 850. Cited in Mike Martin and Roland Schinzinger, Ethics in Engineering, 3rd ed. (New York: McGraw-Hill, 1996), p. 246。

7. 本案例基于 Joe Morgenstem, "The Fifty-Nine Story Crisis," *The New Yorker Magazine*, May 29, 1995, 49 – 53。想了解更多关于威廉·勒曼歇尔和花旗银行大厦的信息,可登录在线伦理中心网站(http://www.onlineethics.org/CMS/profpracnce/exemp.index.aspx)。

8. 下面的大部分内容基于 Michael S. Pritchard, "Professional Responsibility: Focusing on the Exemplary," *Science and Engineering Ethics*, 4, 1998, pp. 230 – 233。除此之外,还有一部关于坎尼出色的救灾成就的美国公共广播公司(PBS)纪录片——《消失的美国人》(The Lost American),观看地址是 PBS Video, P.O. box 791, Alexandria, VA 22313 – 0791。网上还有大量关于坎尼的其他信息(http://

www.pbs.org/wgbh/pages/irontline /shows/cuny/bio/chron.html)。坎尼也被在线伦理中心评为模范领导者。

9. Karen W. Arenson，"Missing Relief Expert Gets MacArthur Grant," *New York Times*，June 13，1995，p. A12.

10. 同上。

11. 斯科特·安德森(Scott Anderson)对弗雷德里克·C.坎尼做了引人注目的描述：坎尼是一个有很多弱点和缺点的人,但他仍然试图救助成千上万的遭受人为或自然灾害威胁的人。参见 Scott Anderson，*The Man Who Tried to Save the World*：*The Dangerous Life and Mysterious Disappearance of Fred Cuny*（New York：Doubleday，1999）。

12. 引自英特泰克特公司的小册子。

13. 同上。

14. 引自 William Shawcross，"A Hero of Our Time," *New York Review of Books*，Nov. 30，1995，p. 35。下一段基于威廉·肖克罗斯的文章。

15. 下面的描述基于 Chuck Sudetic，"Small Miracle in a Siege：Safe Water for Sarajevo," *New York Times*，January 10，1994，pp. A1 and A7。

16. 该描述基于"The Talk of the Town," *The New Yorker*，69，no. 39，Nov. 22，1993，pp. 45－46。

17. Anderson，*The Man Who Tried to Save the World*，p. 120.

18. 同上。

19. 同上。这表达了坎尼的一个想法。

20. Frederick C. Cuny，"Killing Chechnya," *The New York Review of Books*，April 6，1995，pp. 15－17.

21. Marilyn Greene，"Texas Disaster Relief 'Visionary' Vanishes on Chechnya Mission," *USA Today*，May 10，1995，p. A10.

22. Shawcross，"A Hero of Our Time," p. 39.

23. "Talk of the Town," p. 46.

24. Sudetic，"Small Miracle in a Siege," p. A7.

25. John Alien，"The Switch," *On Wisconsin*，Fall 2001，pp. 38－43.

26. 同上，p. 42。

27. 同上，p. 41。

28. 同上。

29. 本案例中的例子是西奥多·D.戈德法布(Theodore D. Goldfarb)和迈克尔·S.普里查德为他们的科学伦理学课程所编写的(http://www.onlineethics.org)。该文本是在美国国家科学基金会对科学伦理学课程教学的两项资助(基金号为 SBR－9601284 和 SBR－932055)下完成的。

30. 达西案例的信息源包括：Sharen Begley，with Phyllis Malamud and Mary Hager，"A Case of Fraud at Harvard," *Newsweek*，February 4，1982，pp. 89－92；Richard Knox，"The Harvard Fraud Case：Where Does the Problem Lie?" *Journal of the American Medical Association*，249，no. 14，April 3，1983，pp. 1797－1807；Walter W. Stewart，"The Integrity of the Scientific Literature," *Nature*，325，January 15，1987，P281pp. 207－214；Eugene Braun-wald，"Analysing Scientific Fraud," *Nature*，325，January 15，1987，pp. 215－216；Eugene Brunwald，"Cardiology：The John Darsee Experience," in David J. Miller and Michel Hersen，eds，*Research Fraud in the Behavioral and Biomedical Sciences*（New York：Wiley，1992），pp. 55－79。

281

31. David DeMets，"Statistics and Ethics in Medical Research，" *Science and Engineering Ethics*，5，no. 1，January 1999，p. 111. 在 1994 年印第安纳大学波因特中心(Indiana University's Poynter Center)教员工作坊的伦理学教学研究中,德梅斯详细叙述了她及统计学家团队在开展调查时面临的挑战。

32. Eugene Braunwald，"Cardiology：The John Darsee Experience，" in David J. Miller and Michel Hersen，eds.，*Research Fraud in the Behavioral and Biomedical Sciences* (New York：Wiley，1992)，pp. 55 – 79.

33. William F. May，"Professional Virtue and Self-Regulation，" in Joan Callahan，ed.，*Ethical Issues in Professional Life* (New York：Oxford University Press，1988)，p. 408.

34. 布鲁宁案件相关阅读材料参见 Robert L. Sprague，"The Voice of Experience，" *Science and Engineering Ethics*，4，no. 1，1998，p. 33；Alan Poling，"The Consequences of Fraud，" in Miller and Hersen，pp. 140 – 157。

35. Robert L. Sprague，"The Voice of Experience，" *Science and Engineering Ethics*，Vol. 4，1，1998，p. 33。

36. 该录像是在1989年由国家职业工程师协会(弗吉尼亚州亚历山大)录制的,可以在工程伦理网站的默达夫工程伦理中心(http：//www.niee.org/pd.cfm？pt＝Murdough)找到该录像的信息,该网站也有该录像的完整文字记录。

37. 人们或许可以找到一种清除重金属的低成本的技术方法,遗憾的是,该录像并没有直接提出这种可能性。它的开头介绍了Z公司的危机,所关注的几乎全部是大卫·杰克逊是否应该举报他所在的公司。关于某些可行的创造性的中间道路解决方案的详细信息,参见 Michael Pritchard and Mark Holtzapple，"Responsible Engineering：*Gilbane Gold* Revisited，" *Science and Engineering*，3，no. 2，April 1997，pp. 217 – 231。

38. 本案例基于 Kirk Johnson，"A Deeply Green City Confronts Its Energy Needs and Nuclear Worries，" *New York* Times，November 19，2007 (http：//www.nytimes.com/2007/11/19/us/19collins.html？th＝&temc＝)。

39. 本案例基于 Felicity Barringer and Micheline Maynard，"Court Rejects Fuel Standards on Trucks，" *New York Times*，Nov. 16，2007 (http：// www. nytimes. com/2007/11/16/business /16fuel. htm!？th&emc＝th)。

40. 同上。

41. 第一次我们是从萨姆的女儿那里听到这个真实的案例的(真实姓名已修改)。她是作者的两个工程伦理班级中的一名优秀学生,也是在洛杉矶的罗耀拉/玛丽蒙特大学(Loyola/Mary-mount College)举行的大学伦理锦标赛的参赛队员之一。她建议参赛队陈述一个以他父亲的经历为基础的案例,凭借该案例和对它的讨论,她的参赛队赢得了那场竞赛(案例中用"萨姆"来代替她父亲的真名)。

42. 本案例是对圣母大学土木工程系詹姆斯·泰勒(James Taylor)提出的案例的改编。

43. ASCE卡特里娜飓风外部审查小组.新奥尔良市飓风防御系统：出现了什么问题以及为什么(Reston，VA：American Society for Civil Engineers，2007)。可以 http：//www. asce. org/static/hurricane/erp. cfm 查看。

44. 同上，p. 47。

45. 同上，p. 61。

46. 同上。

47. 同上，p.73。

48. 同上，p. 79。

49. 同上。

50. 同上。

51. 同上，p. 81。

52. 同上，p. 82。

53. 同上，p. 82。

54. Jacqueline Finger，Joseph Lopez，Ⅲ，Christopher Barallus，Matthew Parisi，Fred Rohs，John Schmalzel，Amrinder Kaur，DeMond S. Miller，and Kimberly Rose，"Leadership，Service Learning，and Executive Management in Engineering：The Rowan University Hurricane Katrina Recovery Team，" *International Journal for Service Learning in Engineering*，2，no. 2，Fall 2007.

55. Katie Hafner and Claudia H. Deutsch，"When Good Will Is Also Good Business，" *New York Times*，September 14，2005（http：// nytimes.com）.

56. 同上。

57. William Robbins，"Engineers are Held at Fault in'81 Hotel Disaster，" Special to the *New York Times*，November 16，1985，Section 1，p. 28.

58. 同上。

59. 同上。

60. 本案例源于 R. W. Flumerfelt，C. E.Harris，M. J. Rabins，and C. H. Samson，eds.，*Introducing Ethics Case Studies into Required Undergraduate Engineering Courses*，NSF Grant no. DIR-9012252，November 1992。完整版可以访问得克萨斯农工大学工程伦理网站（http：//ethics.tamu.edu)查看。

61. Paula Wells，Hardy Jones，and Michael Davis，*Conflicts of Interest in Engineering*，Module Series in Applied Ethics，Center for the Study of Ethics in the Professions，Illinois Institute of Technology（Dubuque，IA：Kendall/Hunt，1986），p. 20.

62. American Society of Mechanical Engineers，Boiler and Pressure Vessel Code，section Ⅳ，paragraph HG-605a.

63. Charles W，Beardsley，"The Hydrolevel Case—A Retrospective，" *Mechanical Engineering*，June 1984，p. 66.

64. 同上，p. 73。

65. 本案例基于 2000 年 6 月 24 日《西雅图日报》（*Seattle Times*）上的一篇文章。

66. 本案例由西奥多·D.戈德法布编写，在他和迈克尔·S.普里查德的科学伦理学课程中呈现（http：//www.onlineethics.org）。该文本是在美国国家科学基金会对科学伦理学课程教学的两项资助（基金号为 SBR-9601284 和 SBR-932055)下完成的。

67. 该案例基于 Stephen H. Unger's account in *Controlling Technology：Ethics and the Responsible Engineer*（New York：Holt，Rinehart & Winston，1994），pp. 27-30。

68. 此处所叙述的大部分内容都是西奥多·D.戈德法布和迈克尔·S.普里查德为他们的科学伦理学课程所编写的（http：//www.onlineethics.org）。该文本是在美国国家科学基金会对科学伦理学课程教学的两项资助（基金号为 SBR-9601284 和 SBR-932055)下完成的。

69. 参见 Richard A. Shweder，Elliot Turiel，and Nancy C. Much，"The Moral Intuitions of the Child，" in John H. Flavell and Lee Ross，eds.，*Social Cognitive Development：Frontiers and Possible Futures*（Cambridge，UK：Cambridge University Press，1981），p. 288。

70. Gareth Matthews，"Concept Formation and Moral Development，" in James Russell，ed.，

Philosophical Perspectives on Developmental Psychology（Oxford：Basil Blackwell，1987），p. 185.

71. 关于道德发展的新近研究成果的可供参考的、可获得的讨论，参见 William Damon，*The Moral Child*（New York：Free Press，1988）；and Daniel K. Lapsley，*Moral Psychology*（Boulder，CO：Westview Press，1996）。

72. 参考资料如 Lawrence Kohlberg，*The Philosophy of Moral Development：Essays on Moral Development*，Vol. 1（San Francisco：Harper & Row，1981）。

73. 迈克尔·S.普里查德在其他地方专门描述了许多发展心理学家的观点，参见 *On Becoming Responsible*（Lawrence：University Press of Kansas，1991）；*Reasonable Children*（Lawrence：University Press of Kansas，1996）；"Kohlbergian Contributions to Educational Programs for the Moral Development of Professionals，"*Educational Psychology Review*，11，no. 4，1999，pp. 397-411。詹姆斯·雷斯特、穆里尔·贝比优（Muriel Bebeau）、斯蒂芬·托马（Stephen Thoma）发展了他们所称的科尔伯格式（Kohlbergian）报告。他们发现了三种"模式"——个人利益、维护规范和后习俗（postconventional）。总体上，这三种模式与科尔伯格的道德发展的三个基本阶段是高度一致的，他们断言符合后习俗标准的成年人的百分比要远远高于符合科尔伯格后习俗标准的成年人的百分比。

74. 这一案例是由杜克大学（Duke University）土木和环境工程系的 P.阿尔内·威西林德（P. Aarne Vesilind）提供的。

75. 本案例基于 Loren Graham's *The Ghost of the Executed Engineer：Technology and the Fall of the Soviet Union*（Cambridge，MA：Harvard University Press，1993）。

76. 同上，p. 106。

77. 本案例相关信息基于曼纽尔·贝拉斯克斯的案例研究，Manuel Velasquez，"The Ford Motor Car，"in Manuel Velasquez，*Business Ethics：Concepts and Cases*，3rd ed.（Englewood Cliffs，NJ：Prentice-Hall，1992），pp. 110-113。

78. *Grimshaw v. Ford Motor Co.*，app，174 Cal. Rptr. 348，p. 360.

79. 源自该报道：Ralph Drayton，"One Manufacturer's Approach to Automobile Safety Standards，"*CTLA News*，VIII，no. 2（February 1968），p. 11。

80. Mark Dowie，"Pinto Madness，"*Mother Jones*，September/October 1977，p. 28.

81. Amy Docker Marcus，"MIT Students，Lured to New Tech Firms，Get Caught in a Bind，"*The Wall Street Journal*，June 24，1999，pp. A1，A6.

82. 同上，p.A6。

83. 同上。

84. 同上。

85. John Markoff，"Odyssey of a Hacker：From Outlaw to Consultant，"*New York Times*，January 29，2001.

86. David Lorge Parnas，"SDI：A Violation of Professional Responsibility，"in Deborah Johnson，ed. *Ethical Issues in Engineering*（Englewood Cliffs，NJ：Prentice-Hall，1991），pp. 15-25. 本案例基于普里查德的讨论，"Computer Ethics：The Responsible Professional，"in James A. Jaksa and Michael S. Pritchard，eds.，*Responsible Communication：Ethical Issues in Business，Industry，and the Professions*（Cresskill，NJ：Hampton Press，1996），pp. 146-148。

87. 同上，p. 17。

88. 同上，p. 15。

283

89. 同上，p. 25。

90. 帕纳斯(Parnas)确信当公众了解情况时，会同意他对 SDI 所做的决定。相反的观点参见大卫·帕纳斯和丹尼·科恩(Danny Cohen)之间的辩论：David Parnas and Danny Cohen，"Ethics and Military Technology: Star Wars," in Kristen Shrader-Frechette and Laura Westra, eds., *Technology and Values* (New York: Rowman & Littlefield，1997)，pp. 327 - 353。

91. 同上。

92. 本案例基于作者们与埃德·特纳的对话，相关信息也可以访问 http: //www.responsiblecharge.com。

93. 基于 G. P. E. Meese，"The Sealed Beam Case," *Business & Professional Ethics*，1，no. 3，Spring 1982，pp. 1 - 20。

94. H. H. Magsdick，"Some Engineering Aspects of Headlighting," Illuminating Engineering，June 1940，p. 533，cited in Meese，p. 17.

95. 本案例的大部分内容改编自该文章：Michael S. Pritchard，"Service-Learning and Engineering Ethics," *Science and Engineering Ethics*，6，2000，pp. 413 - 422。这篇文章的早期版本可在在线伦理中心获得(http: //www.onlineethics.org/CMS/edu /resources/servicelearning.aspx)。

96. Accreditation Board for Engineering and Technology，*Fifty-Third Annual Report*，1985，p. 98.

97. "校园契约"支持全国范围内服务性学习项目的开展，关于其早期所做工作的陈述，参见 Timothy Stanton，*Integrating Public Service with Academic Study* (Providence，RI: Campus Compact，Brown University，1989)。

98. Edmund Tsang，"Why Service Learning? And How to Integrate It into a Course in Engineering," in Kathryn Ritter-Smith and John Salt-marsh，eds.，*When Community Enters the Equation: Enhancing Science，Mathematics and Engineering Education through Service-Learning* (Providence，RI: Campus Compact，Brown University，1998)。目前，曾任西密歇根大学工程与应用科学学院副院长，继续他的服务性学习工作。他编辑了该文章：*Projects that Matter: Concepts and Models for Service-Learning in Engineering*，Vol. 14 (Washington，DC: American Association for Higher Education，2000)。服务性学习对于工程专业的本科生和研究生项目来说都适用，俄亥俄州立大学(Ohio State University)电气和计算工程学教授凯文·帕斯诺(Kevin Passino)很好地阐述了这一点。除了在他的大学创办为社区服务的以学生为中心的工程师团体外，他还为博士生开发了国际服务性学习项目。Kevin Passino，"Educating the Humanitarian Engineer," *Science Engineering Ethics*，vol. 15，no. 4，2009，pp. 577 - 600。

99. 基于汤姆·塔利与戴夫·怀利(Dave Wylie)之间的对话，"AVIT Team Helps Disabled Children,"Currents (Texas A & M University)，Summer 1993，p. 6。

100. *Research Agenda for Combining Service and Learning in the 1990s* (Raleigh，NC: National Society for Internships and Experiential Education，1991)，p. 7.

101. CESG brochure.

102. CESG Strategic Plan Draft: 1997 - 2000，pp. 1 - 2。

103. 该案例基于 Glenn Collins，"What Smoke? New Device Keeps Cigarettes in AP284 'Box'," New York Times，October 23，1997，pp. Al，C8。

104. 该案例由普里查德提供，Pritchard，"Computer Ethics: The Responsible Professional," pp. 144 - 145。

105. Joe Gertner，"The Future Is Drying Up," *New York Times Magazine*，October 21，2007.

106. 其中一个工程师是布拉德利·尤德尔(Bradley Udall)，他是一名环境工程师。他是美国国会议

284

员莫里斯·尤德尔(Morris Udall)的儿子，约翰·F.肯尼迪与林登·约翰逊(Lyndon Johnson)总统的内政部部长斯图尔特·尤德尔(Stewart Udall)的侄子。

107. Michael S. Pritchard，"Professional Responsibility：Focusing on the Exemplary," *Science and Engineering Ethics*，4，1998，p. 224.

108. The May 1997 report by the Biomass Energy Design Project Team，"Design and Feasibility Study of a Biomass Energy Farm at Lafayette, College as a Fuel Source for the Campus Steam Plant."

109. Accreditation Board for Engineering and Technology，*Engineering Criteria 2000*，3rd ed. (Baltimore：Author，1997). 参见 http：//www.abet.org/eac2000html。

110. Claudia H. Deutsch，"A Threat So Big, Academics Try Collaboration," *New York Times*，December 25，2007 (http：//www.nytimes.com/2007/12/25 /business/25sustain.html? 8br).

111. 同上。

112. 同上。

113. 同上。

114. Joshua M. Pearce，"Service Learning in Engineering and Science for Sustainable Development," *International Journal for Service Learning in Engineering*，1，No. 1，Spring 2006.

115. Karim Al-Khafaji and Margaret Catherine Morse，"Learning Sustainable Design through Service," *International Journal for Service Learning in Engineering*，1，No. 1，Spring 2006.

116. 同上。

117. John Erik Anderson，Helena Meryman，and Kimberly Porsche，"Sustainable Building Materials in French Polynesia," *International Journal for Service Learning in Engineering*，2，No. 2，Fall 2007.

118. 引自 Michael S. Pritchard，"Professional Responsibility：Focusing on the Exemplary," *Science and Professional Ethics*，4，1998，pp. 225－226。本案例基于唐纳德·J.吉弗尔斯对普里查德的演讲的评论，"Education for Responsibility：A Challenge to Engineers and Other Professionals," presented at the Third Annual Lecture in Ethics in Engineering，Center for Academic Ethics，Wayne State University，April 19，1995。

119. 本案例取自 R.W.弗莱梅菲尔特、哈里斯、雷宾斯、萨姆森编写的《将伦理案例研究引入大学工程必修课》(*Introducing Ethics Case Studies into Required Undergraduate Engineering Courses*)，最终报告给国家科学基金会，基金号为 DIR－9012252(1992 年 11 月，第 231－261 页)。可以在得克萨斯农工大学工程伦理网站(http：//ethics.tamu.edu)上查看该案例。

120. 本案例基于 Molly Galvin，"Unlicensed Engineer Receives Stiff Sentence," *Engineering Times*，16，no. 10，October 1994，pp. 1 and 6。

121. 本案例由代顿大学(Dayton University)哲学家佩姬·戴斯奥泰尔斯(Peggy DesAutels)研究和编写，他对性别和工程问题特别感兴趣。

122. 国家科学基金会 2001 年统计数据。

123. 2003 年统计数据，*Beyond Bias and Barriers：Fulfilling the Potential of Women in Academic Science and Engineering* (Washington，DC：National Academics Press，2006)，pp. 14－17。数据由提高女性在学术科学与工程方面潜能的委员会和科学、工程与公共政策委员会以及国家科学院、国家工程院、国家医学院医学研究所提供。

124. 2003 年统计数据，来自 *Bias and Barriers：Fulfilling the Potential of Women in Academic Science and Engineering*，pp. 14－17。

125. 这张表改自 *Beyond Bias and Barriers：Fulfilling the Potential of Women in Academic Science*

and Engineering，pp. 5 - 6。

126. *Beyond Bias and Barriers*：*Fulfilling the Potential of Women in Academic Science and Engineering*，pp. 158 - 159.

127. Virginia Vaiian，"Beyond Gender Schemas：Improving the Advancement of Women in Academia,"*Hypatia* 20，no. 3，Summer 2005，pp. 198 - 213.

128. F. Trix and C. Psenka，"Exploring the Color of Glass：Letters of Recommendation for Female and Male Medical Faculty,"*Discourse and Society*，14，2003，pp. 191 - 220.

129. Valian，p. 202.

285

130. 密歇根大学 NSF Advanced 项目（http：//www.umich.edu/~advproj）。

131. 这个案例是由在案例中充当专家证人的工程同行提供的，我们用一个虚构的名称"XYZ"称呼该公司。更全面的描述参见 R. W. Flumerfelt，C. E. Harris，M. J. Rabins，and C. H. Samson，*Introducing Ethics Case Studies into Required Undergraduate Engineering Courses*，pp. 287 - 312。

132. 参见 http：//tenc.net/a/ltr-tohayward.pdf。

133. Mars Climate Orbiter Mishap Investigation Board，Phase 1 Report，Arthur G. Stephenson，Chairman，George C. Marshall Space Flight Center，November 10，1999. 44 pp.

134. Leveson，Nancy G，The Role of Software in Recent Aerospace Accidents，Aeronautics and Astronautics Department，Massachusetts Institute of Technology，Cambridge，MA（undated paper found at http：//sunnyday.mit.edu/accidents/isscOl.pdf on 2/15/2011）.

135. Harwell，Barry，"Austin architect，civic leader Black ensnared in legal battle over balcony collapse,"*Austin American-Statesman*，September 11，2010.

136. 该叙述是篇幅更长的叙述的摘要 Nancy G. Leveson and Clark S. Turner，"An Investigation of the Therac - 25 Accidents" in Johnson and Nissenbaum，pp. 474 - 514。

137. Leveson and Turner，p. 474.

138. Johnson and Nissenbaum，p. 526

139. 同上，p. 526。

140. 同上，p. 536。

141. 本案例是西密歇根大学研究生科研助理杰里米·狄龙（Jeremy Dillon）准备的。

142. "Intersection Safety."

143. "Roundabout Benefits."

144. "Pedestrian Access to Modem Roundabouts：Design and Operation Issues for Pedestrians who are Blind."

145. "ADA Enforcement."

146. "Pedestrian Access to Roundabouts：Assessment to Motorists' Yielding to Visually Impaired Pedestrians and Potential Treatments to Improve Access."

147. 本案例是西密歇根大学研究生科研助理杰里米·狄龙准备的。

伦理章程

本附录收录了美国国家职业工程师协会(NSPE)伦理章程,网站上提供了其他大多数主要的工程章程,并附加了一些值得特别注意的有关章程特征的评论。本附录收录 NSPE 伦理章程主要基于两个原因。首先,NSPE 的成员资格向所有的职业工程师开放,不论他们属于哪个特定工程学科,例如电气、机械或土木工程。因此,该章程原则上适用于所有工程师。这一特点使 NSPE 伦理章程有别于那些只面向特定工程领域的职业协会的伦理章程。例如,电气工程师对机械或土木工程的伦理章程可能不是特别感兴趣,但是他们应该会对 NSPE 伦理章程的条款感兴趣,因为他们可能是该组织的潜在成员。其次,NSPE 伦理章程是一部非常完整的章程并且通常是其他协会伦理章程的典范。不过,章程要解决的是特定的工程领域中出现的伦理问题,因此,各章程会存在某些差异。由于职业协会的特殊"文化",章程也可能会有所不同。

在此 NSPE 伦理章程已全文呈现,作为工程伦理章程的一般代表,该章程的若干特征值得一提。

● 工程师的最高道德义务是"公众的安全、健康和福祉"。几乎所有的工程章程都有类似的措辞,并明确指出工程师对公众的义务优先于对客户或雇主的义务。

● 工程师还必须作为客户或雇主的"忠实的代理人或受托人",其内在含义是,这种义务要从属于对公众的义务。

● 工程师必须只在他们能胜任的领域内实践。

● 工程师必须客观、诚实地行事,避免欺骗和误导,尤其是对公众。这包括避免贿赂或其他可能损害工程师职业操守的行为。

● 鼓励(不是要求)工程师参与公民事务,例如,指导年轻人职业,而不仅仅是促进或"为提升他们社区的安全、健康及福祉而工作"。

● 鼓励(不是要求)工程师,遵守可持续发展原则,为后代保护环境。在脚注,可持续发展被定义为"满足人类需求……同时节约和保护人类发展必需的自然资源及环境。"①章程越来越多地提及可持续发展的概念以及保护环境的义务。

● 最后,工程师对其他工程师和工程职业负有义务。对其他工程师的义务要求他们停止诸如不诚实地批评其他工程师的工作之类的活动,应在适当的时候称赞其他工程师。

---

① 可持续发展应对下述挑战:满足人类对自然资源、工业产品、能源、食品、运输、住宅的需求,并有效地进行废弃物管理,而与此同时,保存和保护未来发展所必需的环境质量和自然资源。——经 2007 年 7 月修订

对工程职业的义务要求他们有尊严地遵照伦理标准开展他们的工作及宣传。

NSPE 伦理章程[1]

序　言

工程是一份重要且需要博学的职业。人们期望，作为本职业的从业人员，工程师应表现出最高水准的诚实和正直。工程对全人类的生活质量都有直接且至关重要的影响。因此，工程师提供服务时必须诚实、公正、公平和公道，并且必须致力于保护公众健康、安全和福祉。工程师必须按职业行为规范履行其职责，这就要求他们遵守伦理行为的最高准则。

Ⅰ. 基本准则

在履行其职责时，工程师应该：

1. 将公众的安全、健康和福祉置于至高无上的地位。

2. 仅在他们的能力范围内提供服务。

3. 仅以客观、诚实的方式公开发表声明。

4. 作为忠诚的代理人或受托人为每一位雇主或客户处理职业事务。

5. 避免欺骗行为。

6. 体面、负责、有道德且合法地从事职业活动，以提高职业的荣誉、声誉及效用。

Ⅱ. 实践准则

1. 工程师应该将公众的安全、健康和福祉放在首位。

a. 在危及生命及财产的情况下，如果工程师的判断遭到了否定，那么他们应该向雇主或客户以及其他任何可能适当的机构通报情况。

b. 工程师应仅批准那些与符合适用标准相符的工程文件。

c. 除非法律或本章程授权或要求，未经客户或雇主的事先同意，工程师不应泄露通过专业能力获得的事实、数据或信息。

d. 工程师不应与任何他们认为在从事欺骗性或不诚实事务的个人或公司合作，也不应允许在这样的合作中使用他们的姓名。

e. 工程师不应协助或唆使任何个人或公司开展非法的工程项目。

f. 当知道任何所谓的违反本章程的情况时，工程师应立即向适当的职业团体报告，在相关情况下，也要向公共机构报告，并协助有关机构弄清这些信息或提供所需的协助。

2. 工程师应仅在他们的能力范围内提供服务。

a. 在特定技术领域内，仅当工程师的教育经历或经验背景使其具备了相应的资质时，才应承担被分派的任务。

b. 工程师不应在自己缺乏资质的领域，或没有在自己指导和管理之下编制的计划书或文件上签字或盖章。

c. 工程师可以接受任务和承担整个项目的协调责任，并为整个项目的工程文件签名和盖章，前提是每一个技术环节均由负责该环节的具备资质的工程师签字和盖章。

288

3. 工程师应仅以客观、诚实的方式公开发表声明。

a. 工程师应在专业报告、声明或证词中保持客观和真实。这些报告、声明或证词应包含所有相关信息，并应注明当前的日期。

b. 只有当其观点建立在对事实充分认识的基础之上，并且该问题在其专业知识范围之内时，工程师才可以公开地表达他的专业技术观点。

c. 在由利益相关方发起或付费的事项中，工程师不应发表技术方面的声明、批评或论证，除非在发表自己的意见前，利益相关方明确地表明自己所代表的相关当事人的身份，并且揭示其中可能存在的利益关系。

4. 工程师应做雇主或客户的忠实代理人或受托人。

a. 工程师应披露影响或可能影响其判断或服务质量的所有已知或潜在的利益冲突。

b. 工程师不应在同一项目服务中或与同一项目相关的服务中接受多于一方的补偿金、资金或其他方式的报酬，除非已向所有相关方完全公开，并征得他们同意。

c. 工程师不应直接或间接地向外部代理人索求或收受与他们负责的工作相关的金钱或其他的有价报酬。

d. 作为政府或准政府组织或部门的成员、顾问或雇员而提供公共服务的工程师，不应参与由他们或其组织在私营或公共工程实践中招揽或提供服务的决策。

e. 工程师不应向他们组织的负责人或管理者任职的政府机构索求合同或接受它们的合同。

5. 工程师应避免欺骗行为。

a. 工程师不应伪造他们的职业资格，也不应允许自己对自己、同事的职业资格做出错误的表述。他们不应虚假地叙述或夸大他们以前对某项事务负责的情况。在用于自荐就业的小册子或其他介绍材料中，他们不应虚假地叙述有关事实，如关于雇主、雇员、同事、合作方的情况或过去的业绩。

b. 工程师不应直接或间接地提供、给予、索取或收受任何影响公共机构授予合同的好处，或者可能被公众理解成具有影响授予合同意图的好处。他们不应为了确保工作而提供任何礼品或其他报酬。他们不应为了确保工作而提供佣金、折扣或回扣，除非是为了真诚的雇员或在他们提议下建立起来的贸易或营销代理机构。

Ⅲ. 职业义务

1. 当处理与各方的关系时，工程师应以诚实和正直的最高标准作为指导原则。

a. 工程师应承认他们的错误且不应歪曲或篡改事实。

b. 当工程师认为某一项目不会成功时，他们应向其客户或雇主提出建议。

c. 工程师不应接受会损害他们的日常工作或利益的外部雇用。在接受任何外部工程雇用之前，他们应告知他们的雇主。

d. 工程师不应企图通过虚假或误导的理由来吸引受雇于他人的工程师。

e. 工程师不应以损害职业尊严和正直为代价来谋求他们他们自己的利益。

2. 工程师应始终努力为公众的利益服务。

　　a. 鼓励工程师参与公共事务,为年轻人提供职业指导,并为提升他们社区的安全、健康和福祉而工作。

　　b. 工程师不应对不符合应用性工程标准的计划书和(或)说明书加以完善、签字或盖章。如果客户或雇主坚持这样的违反职业道德的行为,他们应通知相关机构,并中止为该项目提供进一步的服务。

　　c. 鼓励工程师扩展公共知识,并正确评价工程及其成果。

　　d. 鼓励工程师为了子孙后代,坚持可持续发展原则来保护环境。

　　3. 工程师应避免所有欺骗公众的行为或实践。

　　a. 工程师应避免使用会误导事实或断章取义的陈述。

　　b. 在符合以上条款的情况下,工程师可刊登招聘雇员的广告。

　　c. 在符合以上条款的情况下,工程师可为非专业或技术出版物提供论文,但这类论文不应暗示着把他人的工作归于自己名下。

　　4. 未经现在的或先前的客户或雇主或他们服务过的公共部门的同意,工程师不应泄露任何涉及他们的商业事务或技术工艺的秘密信息。

　　a. 未经所有利益相关方的同意,工程师不应提出晋升的要求或工作调换的安排,或者将其对工作的安排作为一种资本,或者作为主要人员参与和他已获得的特定的、专门的知识相关的特定项目。

　　b. 未经所有利益相关方的同意,工程师不应参与或代表与竞争对手利益相关的特殊项目或活动,因为该项目或活动涉及工程师从以前的客户或雇主那里获得的特定的、专门的知识。

　　5. 工程师在履行他们的职业责任时不应受到利益冲突的影响。

　　a. 工程师不得因为指定材料或设备供应商的产品,而从他们那里收受经济或其他报酬,包括免费的工程设计。

　　b. 工程师不得直接或间接地就其负责的工作,从合同商或其他的客户、雇主相关方那里,收受佣金或津贴。

　　6. 工程师不应试图通过虚假批评其他工程师,或其他不恰当或可疑的方法获得就业、晋升或职业支持。

　　a. 工程师不得要求、建议或接受任何可能影响其判断的佣金。

　　b. 只有在符合雇主的政策和道德要求的情况下,工程师才能在领取薪水的本职工作外接受兼职的工程工作。

　　c. 未经同意,工程师不得利用雇主的设备、器材、实验室或办公设施从事外面的私人业务。

　　7. 工程师不应试图直接或间接地恶意地损害或影响其他工程师的职业声誉、前途、实践或就业。当确信他人有不道德或非法行为时,工程师应向有关机构报告这类信息以便这些机构采取行动。

　　a. 个体工程师不应审查同一客户的另一位工程师的工作,除非该工程师知情,或该工程师与该工作的关系已终止。

b. 在政府、工业或教育机构中就职的工程师，依据其职责要求，他们有权审查和评估其他工程师的工作。

c. 在销售或产业机构中就职的工程师有权将样品与其他供应商提供的产品进行工程上的比较。

8. 工程师应为他们的职业行为承担个人责任，然而，除了重大过失外，工程师也可依据他们及其所提供的服务寻求部分补偿，否则，工程师的利益将得不到保护。

a. 在工程实践中，工程师应遵守州工程注册方面的法律。

b. 工程师不应将与非工程师、公司或合作伙伴的关系作为不道德行为的"掩护"。

9. 工程师应根据对工程工作的贡献将荣誉给予那些应得者，并承认他人的所有权权益。

a. 无论何时，工程师应尽可能地给予相关个人或群体以相应的名誉，他们可能是单独地负责设计、发明、写作或做出其他成就的人。

b. 当使用由客户提供的设计方案时，工程师要承认客户对设计的所有权，未经明确同意，不得为他人复制这些设计方案。

c. 在为他人从事有关改进、规划、设计、发明或其他可能有正当理由获得版权或专利权的工作之前，工程师应就其所有权问题与此人达成明确协议。

d. 工程师在专门为雇主工作的过程中完成的设计、数据、记录及笔记均为雇主所有。如果雇主在最初的目的之外使用这些信息，那么就应该向工程师提供补偿。

e. 工程师应在其整个职业生涯中继续发展，通过参与专业实践、参加继续教育课程、阅读技术文献、参加专业会议和研讨会跟上专业领域的发展。

"根据美国哥伦比亚地区地方法院的裁决，NSPE 旧伦理章程的第 II 项（c）部分，关于禁止竞标及所有解释其范围的政策声明、观点、规定或其他指导方针，都被视作非法干预了工程师的合法权利而被废止。在反垄断法的保护下，工程师可为潜在客户提供价格信息。相应地，在现在的 NSPE 伦理章程、政策声明、观点、规定或其他指导方针中，不再包含这样的内容——禁止工程师在任何时候或以任何金额为工程服务报价或竞标。"

NSPE 执行委员会的声明

自从最高法院裁决发布和终审判决以来，已出现对某些实例的误解，为了消除这些误解，可以注意到联邦最高法院在 1978 年 4 月 25 日的裁决中称："谢尔曼反垄断法并不要求竞标。"在最高法院的裁决中，可以进一步很清楚地注意到：

1. 工程师和公司可单独拒绝参与工程服务投标。

2. 不要求客户为工程服务进行招标。

3. 获得工程服务的联邦、州和地方，其法律的治理程序不受影响，且具有完全效力。

4. 州协会和地方分会可以自行通过公共机构积极主动地为职业选择和协商程序寻求立法。

5. 州工程师注册委员会制定的职业行为规范，包括禁止工程服务竞标的规定，不受影响并具有完全效力。有权颁布职业行为规范的州工程师注册委员会可以制定承揽工程服务的规定。

6. 正如最高法院的解释："在裁决中，并不存在阻止 NSPE 和它的成员试图影响政府行为的内容……"

注释：根据本章程对法人与自然人（real persons）的适用性问题的解释，企业不应阻止或影响个人对本章程的遵守。本章程涉及职业服务，这些服务必须由自然人提供。而自然人又会反过来在企业组织内建立和实施政策。本章程明确地适用于工程师，NSPE 的成员将义不容辞地努力遵守其条款。这一点也适用于本章程的所有相关的部分。

弗吉尼亚州亚历山大市（22314 - 2794）国王街 1420 号

703/684 - 2800

传真：703/836 - 4875

www.nspe.org

修订出版日期：2007 年 7 月，出版号 1102 号。

美国化学工程师协会（AMERICAN INSTITUTE OF CHEMICAL ENGINEERS）（AIChE）

章程获取地址：www.aiche.org/About/Code.asps

美国化学工程师协会章程要求其成员"绝不容忍骚扰"和"公平对待所有的同事和共事者"。它表明其成员"应当"追求"利用他们的知识和技能提升人类福祉"的积极目标。同时，成员们"应当"保护环境。

美国土木工程师协会（AMERICAN SOCIETY OF CIVIL ENGINEERS）（ASCE）

章程获取地址：www.asce.org/inside/codeofethics.cfm

美国土木工程师协会章程包含了许多有关保护环境和坚持可持续发展的原则、义务的声明。这些义务被描述成工程师在他们的职业工作中"应该"（不是"必须"）坚守的事情。

美国机械工程师协会（AMERICAN SOCIETY OF MECHANICAL ENGINEERS），ASME 国际

章程获取地址：www.asme.org/NewsPublicPolicy/Ethics/Ethics_Center.cfm

美国机械工程师协会章程分为两部分。基本原则和基本准则在一个文件中，对准则解释的 ASME 标准在另一个文件中。三条基本原则中的第一条指出工程师"运用他们的知识和技能提升人类福祉"。

美国计算机协会（ASSOCIATION FOR COMPUTING MACHINERY）（ACM）

章程简短版获取地址：www.acm.org/about/se-code # short

章程完整版获取地址：www.acm.org/about/se-code # full

与其他章程相比，美国计算机协会章程"软件工程"部分用语相对不正式，倾向于使用与其他章程不同的词汇。根据章程，"公共利益"优先于雇主的利益。软件"必须"不能只是安全，也应当"不降低生活质量、轻视隐私或损害环境"。软件工程工作的"最终效果"应

293

当是保障"公共利益"。在适当的时候,软件工程师也"应该""识别、记录和报告社会关注的重大问题"。

电气与电子工程师协会(INSTITUTE OF ELECTRICAL AND ELECTRONICS ENGINEERS)(IEEE)

章程获取地址:www.ieee.org/web/membership/ethics/code_ethics.html

根据章程,成员应认识到"我们的技术在影响全世界人类生活品质方面的重要性"。成员认可"承担使自己的工程决策符合公众的安全、健康和福祉的责任,并及时公开可能会危及公众或环境的因素"。他们也认可"提升对技术及其合理利用和潜在后果的理解"。成员还认可"公平对待所有人,不考虑诸如种族、宗教信仰、性别、残障、年龄或民族之类的因素"。

294 工业工程师协会(INSTITUTE OF INDUSTRIAL ENGINEERS)(IIE)

章程获取地址:www.iienet2.org/Details.aspx? id=299

除了提供它自己的基本原则及基本准则外,工业工程师协会也认可工程与技术认证委员会提供的伦理准则。基本原则指出,工程师首先应"利用他们的知识和技能提升人类福祉"来维护和促进工程职业的正直、荣誉和尊严。基本原则和基本准则没有提及环境。

注释

1. 经 NSPE 许可转载(见 www.nspe.org)。

Alger，P. L.，Christensen，N. A.，and Olmstead，S. P. *Ethical Problems in Engineering* (New York：Wiley，1965).

Allen，A. L. "Genetic Privacy：Emerging Concepts and Values," in M. Rothstein，ed.，*Genetic Secrets* (New Haven，CT：Yale University Press，1997)，pp. 36－59.

————. "Privacy." in H. LaFollette，ed.，*Oxford Handbook of Practical Ethics* (Oxford：Oxford University Press，2003)，pp. 485－513.

Alpern，K. D. "Moral Responsibilities for Engineers," *Business and Professional Ethics Journal*，2，no. 2，1983，pp. 39－48.

Anand，S.，and Sen，A. *Development as Freedom* (New York：Anchor Books，1999).

————. "The Income Component of the Human Development Index,"*Journal of Human Development*，1，no. 1，2000，pp. 83－106.

Anderson，R. M.，Perrucci，R.，Schendel，D. E.，and Trachtman，L. E. *Divided Loyalties：Whistle-Blowing at BART* (West Lafayette，IN：Purdue Research Foundation，1980).

Anderson，S. *The Man Who Tried to Save the World* (New York：Doubleday，1999).

Baase，S. *A Gift of Fire：Social，Legal and Ethical Issues in Computers and the Internet* (Hoboken，NJ：Wiley，2004).

Baier，K. *The Moral Point of View* (Ithaca，NY：Cornell University Press，1958).

Bailey，M. J. *Reducing Risks to Life：Measurement of the Benefits* (Washington，DC：American Enterprise Institute for Public Policy Research，1980).

Baille，C.，Pawley，A. L.，and Riley，D.，eds. *Engineering and Social Justice in the University* (West Lafayette，IN：Purdue University Press，2012).

Baker，D. "Social Mechanics for Controlling Engineers' Performance," in Albert Flores，ed.，*Designing far Safety：Engineering Ethics in Organizational Contexts* (Troy，NY：Rensselaer Polytechnic Institute，1982).

Baram，M. S. "Regulation of Environmental Carcinogens：Why Cost-Benefit Analysis May Be Harmful to Your Health." *Technology Review*，78，July-August 1976.

Baron，M. *The Moral Status of Loyalty* (Dubuque，IA：Center for the Study of Ethics in the Professions and Kendall/Hunt，1984).

Baum，R. J. "Engineers and the Public：Sharing Responsibilities," in D. E. Wueste，ed.，*Professional Ethics and Social Responsibility* (Lanham，MD：Rowman & Littlefield，1994).

————. Ethics and Engineering (Hastings-on-Hudson，NY：Hastings Center，1980). .

————. and Flores，A.，eds. *Ethical Problems in Engineering*，vols. 1 and 2 (Troy，NY：Center for the Study of the Human Dimensions of Science and Technology, Rensselaer Polytechnic Institute, 1978).

Baxter, W. F. *People or Penguins: The Case for Optimal Pollution* (New York: Columbia University Press, 1974).

Bayles, M. D. *Professional Ethics*, 2nd ed. (Belmont, CA: Wadsworth, 1989).

Bazelon, D. L. "Risk and Responsibility," *Science*, 205, July 20,1979, pp. 277 – 280.

Beauchamp, T. L. *Case Studies in Business, Society and Ethics*, 2nd ed. (Englewood Cliffs, NJ: Prentice-Hall, 1989).

Bellah, R., Madsen, R., Sullivan, W. M., Swidler, A., and Tipton, S. M. *Habits of the Heart: Individualism and Commitment in American Life* (New York: Harper & Row, 1985).

Belmont Report: Ethical Principles and Guidelines for Protection of Human Subjects of Biomedical and Behavioral Research, publication no. OS 78 – 00fl2 (Washington, DC: DHEW, 1978).

Benham, L. "The Effects of Advertising on the Price of Eyeglasses," *Journal of Law and Economics*, 15, 1972, pp. 337 – 352.

Benjamin, M. *Splitting the Difference: Compromise in Ethics and Politics* (Lawrence: University Press of Kansas, 1990).

Black, B. "Evolving Legal Standards for the Admissibility of Scientific Evidence," *Science*, 239 ,1987, pp. 1510 – 1512.

Blackstone, W. T. "On Rights and Responsibilities Pertaining to Toxic Substances and Trade Secrecy," *Southern Journal of Philosophy*, 16, 1978, pp. 589 – 603.

Blinn, K. W. *Legal and Ethical Concepts in Engineering* (Englewood Cliffs, NJ: Prentice-Hall, 1989).

Board of Ethical Review, NSPE. *Opinions of the Board of Ethical Review*, vols. I—VII (Arlington, VA: NSPE Publications, National Society of Professional Engineers, various dates).

Boeyink, D. "Casuistry: A Case-Based Method for Journalists," *Journal of Mass Media Ethics*, Summer 1992, pp. 107 – 120.

Bok, S. *Common Values* (Columbia: University of Missouri Press, 1995).

————. *Lying: Moral Choice in Public and Private Life* (New York: Vintage Books, 1979).

Borgmann, A. *Technology and the Character of Contemporary Life: A Philosophical Inquiry* (Chicago: University of Chicago Press, 1984).

Bowyer, K., ed. *Ethics and Computing*, 2nd ed. (New York: IEEE Press, 2001).

Broad, W., and Wade, N. *Betrayers of the Truth* (New York: Simon & Schuster, 1982).

Bucciarelli, L. L. *Designing Engineers* (Cambridge, MA: MIT Press, 1994).

Buchanan, R A. *The Engineers: A History of the Engineering Profession in Britain*, 1750 – 1914 (London: Jessica Kingsley Publishers, 1989).

Cady, J. F. *Restricted Advertising and Competition: The Case of Retail Drugs* (Washington, DC: American Enterprise Institute, 1976).

Callahan, D., and Bok, S. *Ethics Teaching in Higher Education* (New York: Plenum Press, 1980).

Callahan, J. C., ed. *Ethical Issues in Professional Life* (New York: Oxford University Press, 1988).

Callon, M., and Law, J. "Agency and the Hybrid Collectif," *South Atlantic Quarterly*, 94, 1995, 481 – 507.

Cameron, R., and Millard, A. J. *Technology Assessment: A Historical Approach* (Dubuque, IA: Center

296

for the Study o f Ethics in the Professions and Kendall/Hunt，1985）．

Carson，T. L. "Bribery，Extortion，and the 'Foreign Corrupt Practices Act，'" *Philosophy and Public Affairs*，14，no. 1，1985，pp. 66－90．

Chadwick，R.，ed. *Ethics and the Professions* （Aldershot，UK：Avebury，1994）．

Chalk，R.，Frankel，M.，and Chafer，S. B. *AAAS Professional Ethics Project：Professional Ethics Activities of the Scientific and Engineering Societies* （Washington，DC：American Association for the Advancement of Science，1980）．

Childress，J. F.，and Macquarrie，J.，eds. *The Westminster Dictionary of the Christian Church* （Philadelphia，PA：Westminster Press，1986）．

Cohen，R. M.，and Witcover，J. *A Heartbeat Away：The Investigation and Resignation of Vice President Spiro T. Agnew* （New York：Viking Press，1974）．

Columbia Accident Investigation Board （CAIB）. *The CAIB Report*，vols. I—VII. Available at www. caib.us/．

Cranor，C. F. "The Problem of Joint Causes for Workplace Health Protections [1]," *IEEE Technology and Society Magazine*，September 1986，pp. 10－12．

————．*Regulating Toxic Substances：A Philosophy of Science and the Law* （New York：Oxford University Press，1993）．

Curd，M.，and May，L. *Professional Responsibility for Harmful Actions* （Dubuque，IA：Center for the Study of Ethics in the Professions and Kendall/ Hunt，1984）．

Davis，M. "Avoiding the Tragedy of Whistleblowing," *Business and Professional Ethics Journal*，8，no. 4，1989，pp. 3－19．

————．"Better Communication between Engineers and Managers：Some Ways to Prevent Many Ethically Hard Choices," *Science and Engineering Ethics*，3，1997，pp. 184－193．

————．"Conflict of Interest," *Business and Professional Ethics Journal*，Summer 1982，pp. 17－27．

————．"Explaining Wrongdoing," *Journal of Social Philosophy*，20，Spring-Fall 1988，pp. 74－90．

————．"Is There a Profession o f Engineering?" *Science and Engineering Ethics*，3，no. 4，1997，pp. 407－428．

————．*Profession，Code and Ethics* （Burlington，VT：Ashgate，2002）．

————．*Thinking like an Engineer* （New York：Oxford University Press，1998）．

————．"Thinking Like an Engineer：The Place of a Code of Ethics in the Practice of a Profession," *Philosophy and Public Affairs*，20，no. 2，Spring 1991，pp. 150－167．

————．"The Usefulness of Moral Theory in Practical Ethics：A Question of Comparative Cost （A Response to Harris)," *Teaching Ethics*，10，no. 1，2009，pp. 69－78．

————．Pritchard，M. S.，and Werhane，P. "Case Study in Engineering Ethics：'Doing the Minimum,'" *Science and Engineering Ethics*，7，no. 2，April 2001，pp. 286－302．

————．and Stark，A.，eds. *Conflicts of Interest in the Professions* （New York：Oxford University Press，2001）．

DeGeorge，R. T. "Ethical Responsibilities of Engineers in Large Organizations：The Pinto Case," *Business*

297

and Professional Ethics Journal, 1, no. 1, Fall 1981, pp. 1 – 14.

Donaldson, T., and Dunfee, T. W. *Ties that Bind: A Social Contracts Approach to Business Ethics* (Boston, MA: Harvard Business School Press, 1999).

————. "Toward Unified Conception of Business Ethics: Integrative Social Contract Theory." *Academy of Management Review*, 19, no. 2, 1994, pp. 152 – 184.

Douglas, M., and Wildavsky, A.*Risk and Culture* (Berkeley, CA: University of California Press, 1982).

Dusek, V. *Philosophy of Technology: An Introduction* (Malden, MA: Blackwell, 2006).

Eddy, E., Potter, E., and Page, B. *Destination Disaster: From the Tri-Motor to the DC – 10* (New York: Quadrangle Press, 1976).

Elbaz, S. W. *Professional Ethics and Engineering: A Resource Guide* (Arlington, VA: National Institute for Engineering Ethics, 1990).

Engineering Times (*NSPE*). "AAES Strives towards Being Unified" and "U. S. Engineer: Unity Elusive," 15, no. 11, November 1993.

Ermann, M. P., Williams, M. B., and Shauf, M. S. *Computers, Ethics, and Society*, 2nd ed. (New York: Oxford University Press, 1997).

Ethics Resource Center and Behavior Resource Center. *Ethics Policies and Programs in American Business* (Washington, DC: Ethics Resource Center, 1990).

Evan, W., and Manion, M. *Minding the Machines* (Upper Saddle River, NJ: Prentice-Hall, 2002).

Faden, R R., and Beauchamp, T. L. *A History and Theory of Informed Consent* (New York: Oxford University Press, 1986).

Fadiman, J. A. "A Traveler's Guide to Gifts and Bribes," *Harvard Business Review*, July-August 1986, pp. 122 – 126,130 – 136.

Feenberg, A. *Questioning Technology* (New York: Routledge, 1999).

Feinberg, J. "Duties, Rights and Claims," *American Philosophical Quarterly*, 3, no. 2, 1966, pp. 137 – 144.

Feliv, A. G. "The Role of the Law in Protecting Scientific and Technical Dissent," *IEEE Technology and Society Magazine*, June 1985, pp. 3 – 9.

Fielder, J. "Organizational Loyalty," *Business and Professional Ethics Journal*, 11, no. 1, 1991, pp. 71 – 90.

————. "Tough Break for Goodrich," *Journal of Business and Professional Ethics*, 19, no. 3, 1986.

————, and Birsch, D., eds. *The DC –10* (New York: State of New York Press, 1992).

Firmage, D. A.*Modem Engineering Practice: Ethical, Professional and Legal Aspects* (New York: Garland STPM, 1980).

Fledderman, C. B., *Engineering Ethics*, 4th ed., (Englewood Cliffs, NJ: Prentice-Hall, 2011).

Flores, A., ed. *Designing for Safety* (Troy, NY: Rensselaer Polytechnic Institute, 1982).

————. *Ethics and Risk Management in Engineering* (Boulder, CO: Westview Press, 1988).

————. *Professional Ideals* (Belmont, CA: Wadsworth, 1988).

————, and Johnson, D. G. " Collective Responsibility and Professional Roles,"*Ethics*, 93, April 1983, pp. 537 – 545.

Florman，S. C. *Blaming Technology：The Irrational Search for Scapegoats*（New York：St. Martin's，1981）.

————. *The Civilized Engineer*（New York：St. Martin's，1987）.

————. *The Existential Pleasures of Engineering*（New York：St. Martin's，1976）.

————. "Moral Blueprints,"*Harper's Magazine*，257，no. 1541，October 1978，pp. 30 – 33.

Flumerfelt，R W.，Harris，C. E.，Jr.，Rabins，M. J.，and Samson，C. H.，Jr. *Introducing Ethics Case Studies into Required Undergraduate Engineering Courses*. Report on NSF Grant DIR – 9012252 （November 1992）.

Ford，D. F. *Three Mile Island：Thirty Minutes to Meltdown*（New York：Viking Press，1982）.

Frankel，M.，ed. *Science，Engineering，and Ethics：State of the Art and Future Directions*，Report of an American Association for the Advancement of Science Workshop and Symposium（February 1988）.

Fredrich，A. J. *Sons of Martha：Civil Engineering Readings in Modem Literature*（New York：American Society o f Civil Engineers，1989）.

French，P. A. *Collective and Corporate Responsibility*（New York：Columbia University Press，1984）.

Friedman，M. "The Social Responsibility of Business Is to Increase Its Profits," *New York Times Magazine*，September 13，1970.

Garrett，T. M.，et al. *Cases in Business Ethics*（New York：Appleton Century Crofts，1968）.

General Dynamics Corporation. *The General Dynamics Ethics Program Update*（St. Louis：Author，1988）.

Gert，B. *Common Morality*（New York：Oxford University Press，2004）.

————. "Moral Theory，and Applied and Professional Ethics,"*Professional Ethics*，1，nos. 1 and 2，Spring-Summer 1992，pp. 1 – 25.

Gewirth，A. *Reason and Morality*（Chicago：University of Chicago Press，1978）.

Glantz，P.，and Lipton，E. *City in the Sky … The Rise and Fall of the World Trade Centers*（New York：Times Books/Holt，2003）.

————. "The Height of Ambition," *New York Times Magazine*，September 8，2002，section 6，p. 32.

Glazer，M. "Ten Whistleblowers and How They Fared," *Hastings Center Report*，13，no. 6，1983，pp. 33 – 41.

————. *The Whistleblowers：Exposing Corruption in Government and Industry*（New York：Basic Books，1989）.

Glickman，T. S. and Gough，R. *Readings in Risk*（Washington，DC：Resources for the Future，1990）.

Goldberg，D. T. "Turning in to Whistle Blowing,"*Business and Professional Ethics Journal*，7，1988，pp. 85 – 99.

Goldman，A. H. *The Moral Foundations of Professional Ethics*（Totowa，NJ：Rowman & Littlefield，1979）.

Goodin，R. E. *Protecting the Vulnerable*（Chicago：University of Chicago Press，1989）.

Gorlin，R. A.，ed. *Codes of Professional Responsibility*，2nd ed.（Washington，DC：Bureau of National Affairs，1990）.

Gorman，M. E.，Mehalik，M. M.，and Werhane，P. *Ethical and Environmental Challenges to*

298

Engineering (Upper Saddle River, NJ: Prentice-Hall, 2000).

Graham, L. *The Ghost of an Executed Engineer* (Cambridge, MA: Harvard University Press, 1993).

Gray, M., and Rosen, I. *The Warning: Accident at Three Mile Island* (New York: Norton, 1982).

Greenwood, E. "Attributes of a Profession," *Social Work*, July 1957, pp. 45–55.

Gunn, A. S., and Vesilind, P. A. *Environmental Ethics for Engineers* (Chelsea, MI: Lewis, 1986).

Harris, C. E. *Applying Moral Theories*, 5th ed. (Belmont, CA: Wadsworth, 2006).

————. "Engineering Responsibilities in Lesser-Developed Nations: The Welfare Requirement," *Science and Engineering Ethics*, 4, no. 3, July 1998, pp. 321–331.

————. Is Moral Theory Useful in Practical Ethics," *Teaching Ethics*, 10, no. 1, 2009, pp. 51–68.

————. "Response to Michael Davis: The Cost is Minimal and Worth it," *Teaching Ethics*, 10, no. 1, 2009, pp. 79–86.

————, Pritchard, M. S., and Rabins, M. J. *Practicing Engineering Ethics* (New York: Institute of Electrical and Electronic Engineers, 1997).

Heilbroner, R., ed. *In the Name of Profit* (Garden City, NY: Doubleday, 1972).

Herkert, J. "Future Directions in Engineering Ethics Research: Microethics, Macroethics and the Role of Professional Societies," *Science and Engineering Ethics*, 7, no. 3, July 2001, pp. 403–414.

Hick, J. *Disputed Questions in Theology and the Philosophy of Religion* (New Haven, CT: Yale University Press, 1986).

Howard, J. L. "Current Developments in Whistleblower Protection," *Labor Law Journal*, 39, no. 2, February 1988, pp. 67–80.

Hunter, T. "Engineers Face Risks as Expert Witnesses," *Rochester Engineer*, December 1992.

Hynes, H. P. "Women Working: A Field Report," *Technology Review*, November-December 1984.

Jackall, R "The Bureaucratic Ethos and Dissent," *IEEE Technology and Society Magazine*, June 1985, pp. 21–30.

————. *Moral Mazes: The World of Corporate Managers* (New York: Oxford University Press, 1988).

Jackson, I. *Honor in Science* (New Haven, CT: Sigma Xi, 1986).

Jaksa, J. A. and Pritchard, M. S. *Communication Ethics: Methods of Analysis*, 2nd ed. (Belmont, CA: Wadsworth, 1994).

James, G. G. "Whistle Blowing: Its Moral Justification," in W. M. Hoffman and R E. Frederick, eds., *Business Ethics*, 3rd ed. (New York: McGraw-Hill, 1995), pp. 290–301.

Jamshidi, M., Shahinpoor, M., and Mullins, J. H., eds. *Environmentally Conscious Manufacturing: Recent Advances* (Albuquerque, NM: ECM Press, 1991).

Janis, I. *Groupthink*, 2nd ed. (Boston, MA: Houghton Mifflin, 1982).

Johnson, D. G. *Computer Ethics*, 3rd ed. (Upper Saddle River, NJ: Prentice-Hall, 2001).

————. *Ethical Issues in Engineering* (Englewood Cliffs, NJ: Prentice-Hall, 1991).

————, and Nissenbaum, H. *Computer Ethics and Social Policy* (Upper Saddle River, NJ: Prentice-Hall, 1995).

299

————, and Snapper, J. W., eds. *Ethical Issues in the Use of Computers* (Belmont, CA: Wadsworth, 1985).

Johnson, E. "Treating Dirt: Environmental Ethics and Moral Theory." in T. Regan, ed., *Earthbound: New Introductory Essays in Environmental Ethics* (New York: Random House, 1984).

Jonsen, A. L., and Toulmin, S. *The Abuse of Casuistry* (Berkeley, CA University of California Press, 1988).

Jurmu, J. L., and Pinodo, A. "The OSHA Benzene Case." in T. L. Beauchamp, ed., *Case Studies in Business, Society, and Ethics* 2nd ed. (Englewood Cliffs, NJ: Prentice-Hall, 1989), pp. 203 – 211.

Kahn, S. "Economic Estimates of the Value of Life." *IEEE Technology and Society Magazine*, June 1986, pp. 24 – 31.

Kant, I. *Foundations of the Metaphysics of Morals, with Critical Essays* (R. P. Wolff, ed.) (Indianapolis, IN: Bobbs-Merrill, 1969).

Kemper, J. D. *Engineers and Their Profession*, 3rd ed. (New York: Holt, Rinehart & Winston, 1982).

Kettler, G. J. "Against the Industry Exemption." in J. H. Shaub and K. Pavlovic, eds., *Engineering Professionalism and Ethics* (New York: Wiley-Interscience, 1983), pp. 529 – 532.

Kipnis, K. "Engineers Who Kill: Professional Ethics and the Paramountcy of Public Safety."*Business and Professional Ethics Journal*, 1, no. 1,1981.

Kline, A. D. "On Complicity Theory." *Science and Engineering Ethics*, 12, 2006, pp. 257 – 264.

Kolhoff, M. J. "For the Industry Exemption …." in J. H. Shaub and K. Pavlovic, eds., *Engineering Professionalism and Ethics* (New York: Wiley-Interscience, 1983).

Kroes, P., and Bakker, M., eds. *Technological Development and Science in the Industrial Age* (Dordrecht, The Netherlands: Kluwer, 1992).

Kuhn, S. "When Worlds Collide: Engineering Students Encounter Social Aspects of Production." *Science and Engineering Ethics*, 1998, pp. 457 – 472.

Kultgen, J. *Ethics and Professionalism* (Philadelphia, PA: University of Pennsylvania Press, 1988).

————. "Evaluating Codes of Professional Ethics." in W. L. Robison, M. S. Pritchard, and J. Ellin, eds., *Profits and Professions* (Clifton, NJ: Humana Press, 1983), pp. 225 – 264.

Ladd, J. "Bhopal: An Essay on Moral Responsibility and Civic Virtue."*Journal of Social Philosophy*, XXII, no. 1, Spring 1991.

————. "The Quest for a Code of Professional Ethics." in R. Chalk, M. S. Frankel, and S. B. Chafer, eds., *AAAS Professional Ethics Project: Professional Ethics Activities of the Scientific and Engineering Societies* (Washington, DC: American Association for the Advancement of Science, 1980).

Ladenson, R. F. "Freedom of Expression in the Corporate Workplace: A Philosophical Inquiry." in W. L. Robison, M. S. Pritchard, and J. Ellin, eds., *Profits and Professions* (Clifton, NJ: Humana Press, 1983), pp. 275 – 285.

————. "The Social Responsibilities of Engineers and Scientists: A Philosophical Approach." in D. L. Babcock and C. A. Smith, eds., *Values and the Public Works Professional* (Rolla: University of Missouri-Rolla, 1980).

————. Choromokos, J., d'Anjou, E., Pimsler, M., and Rosen, H. *A Selected Annotated*

Bibliography of Professional Ethics and Social Responsibility in Engineering (Chicago: Center for the Study of Ethics in the Professions, Illinois Institute of Technology, 1980).

LaFollette, H. *Oxford Handbook of Practical Ethics* (Oxford: Oxford University Press, 2003).

————. *The Practice of Ethics* (Oxford: Blackwell, 2007).

Langewiesche, W. "Columbia's Last Flight,"*The Atlantic*, 292, no. 4, November 2003, pp. 58 – 87.

Larson, M. S. *The Rise of Professionalism* (Berkeley, CA: University of California Press, 1977).

Latour, B. *Science in Action: How to Follow Scientists and Engineers through Society* (Cambridge, MA: Harvard University Press, 1987).

Layton, E. T., Jr. *The Revolt of the Engineers: Social Responsibility and the American Engineering Profession* (Baltimore, MD: John Hopkins University Press,1971,1986).

Leopold, A. *A Sand County Almanac* (New York: Oxford University Press, 1966).

Lichtenberg, J. "What Are Codes of Ethics for?" in M. Coady and S. Bloch, eds. *Codes of Ethics and the Professions* (Melbourne, Australia: Melbourne University Press, 1995), pp. 13 – 27.

Litai, D. *A Risk Comparison Methodology for the Assessment of Acceptable Risk*, Ph.D. dissertation, Massachusetts Institute of Technology, Cambridge, MA, 1980.

Lockhart, T. W. "Safety Engineering and the Value of Life," *Technology and Society* (*IEEE*), 9, March 1981, pp. 3 – 5.

Lowrance, W. W. *Of Acceptable Risk* (Los Altos, CA: Kaufman, 1976).

Luebke, N. R. "Conflict of Interest as a Moral Category," Business and Professional Ethics Journal, 6, no. 1,1987, pp. 66 – 81.

Luegenbiehl, H. C. "Codes of Ethics and the Moral Education of Engineers," *Business and Professional Ethics Journal*, 2, no. 4,1983, pp. 41 – 61.

————. "Whistleblowing," in C. Mitchum, ed. *Encyclopedia of Science, Technology, and Ethics* (Detroit, MI: Thomson, 2005).

Lunch, M. F. "Supreme Court Rules on Advertising for Professions," *Professional Engineer*, 1, no. 8, August 1977, pp. 41 – 42.

Lynch, W. T., and Kline, R "Engineering Practice and Engineering Ethics," *Science, Technology and Human Values*, 25,2000, pp. 223 – 231.

MacIntyre, A. *After Virtue* (Notre Dame, IN: University of Notre Dame Press, 1984).

————. "Regulation: A Substitute for Morality," *Hastings Center Report*, February 1980, pp. 31 – 41.

————. *A Short History of Ethics* (New York: Macmillan, 1966).

Magsdick, H. H. "Some Engineering Aspects of Headlighting," *Illuminating Engineering*, June 1940, p. 533.

Malin, M. H. "Protecting the Whistleblower from Retaliatory Discharge," *Journal of Law Reform*, 16, Winter 1983, pp. 277 – 318.

Mantell, M. I. *Ethics and Professionalism in Engineering* (New York: Macmillan, 1964).

Margolis, J. "Conflict of Interest and Conflicting Interests," in T. Beauchamp and N. Bowie, eds., *Ethical Theory and Business* (Englewood Cliffs, NJ: Prentice-Hall, 1979), pp. 361 – 372.

Marshall, E. "Feynman Issues His Own Shuttle Report Attacking NASA Risk Estimates,"*Science*, 232,

300

June 27，1986，p. 1596.

Martin，D. *Three Mile Island：Prologue or Epilogue?* (Cambridge，MA：Ballinger，1980).

Martin，M. W. *Everyday Morals* (Belmont，CA：Wadsworth，1989).

————. *Meaningful Work* (New York：Oxford University Press，2000).

————. "Personal Meaning and Ethics in Engineering," *Science and Engineering Ethics*，8，no. 4，October 2002，pp. 545 – 560.

————. "Professional Autonomy and Employers' Authority," in A. Flores，ed. *Ethical Problems in Engineering*，vol. 1 (Troy，NY：Rensselaer Poly-technic Institute，1982)，pp. 177 – 181.

————. "Rights and the Meta-Ethics of Professional Morality," and "Professional and Ordinary Morality：A Reply to Freedman." *Ethics*，91，July 1981，pp. 619 – 625，631 – 622.

————. *Self-Deception and Morality* (Lawrence：University Press of Kansas，1986).

————. and Schinzinger，R. *Engineering Ethics*，4th ed. (New York：McGraw-Hill 2005).

Martin，M.，and Schinzinger，R.，*Introduction to Engineering Ethics*，2nd ed. (New York：McGraw-Hill，2009).

Mason，J. F. "The Technical Blow-by-Blow：An Account of the Three Mile Island Accident," *IEEE Spectrum*，16，no. 11，November 1979，pp. 33 – 42.

May，W. F. "Professional Virtue and Self-Regulation," in J. L. Callahan，ed.，*Ethical Issues in Professional Life* (New York：Oxford，1988)，pp. 408 – 411.

McCabe，D. "Classroom Cheating among Natural Science and Engineering Majors," *Science and Engineering Ethics*，3，no. 4，1997，pp. 433 – 445.

McIlwee，J. S.，and Robinson，J. G. *Women in Engineering：Gender，Power，and Workplace Culture* (Albany，NY：State University of New York Press，1992).

Meese，G. P. E. "The Sealed Beam Case," *Business and Professional Ethics Journal*，1，no. 3，Spring 1982，pp. 1 – 20.

Meyers，C. "Institutional Culture and Individual Behavior. Creating the Ethical Environment," *Science and Engineering Ethics*，10，2004，p. 271.

Milgram，S. *Obedience to Authority* (New York：Harper & Row，1974).

Mill，J. S. *Utilitarianism* (G. Sher，ed.) (Indianapolis，IN：Hackett，1979).

————. *Utilitarianism，with Critical Essays* (S. Gorovitz，ed.) (Indianapolis，IN：Bobbs-Merrill，1971).

Millikan，R A. "On the Elementary Electrical Charge and the Avogadro Constant," *Physical Review*，2，1913，pp. 109 – 143.

Morgenstern，J. "The Fifty-Nine Story Crisis," *The New Yorker*，May 29，1995，pp. 45 – 53.

Moriarity，G.，*The Engineering Project Its Nature，Ethics，and Promise* (University Park，PA：Pennsylvania State University Press，2008).

Morrison，C.，and Hughes，P. *Professional Engineering Practice：Ethical Aspects*，2nd ed. (Toronto：McGraw-Hill Ryerson，1988).

Murdough Center for Engineering Professionalism. *Independent Study and Research Program in*

301

Engineering Ethics and Professionalism (Lubbock: College of Engineering, Texas Technological University, October 1990).

Murphy, C., and Gardoni, P. "The Acceptability and the Tolerability of Societal Risks," *Science and Engineering Ethics*, 14, no. 12, March 2008, pp. 77－92.

————. "Determining Public Policy and Resource Allocation Priorities for Mitigating Natural Hazards: A Capabilities-Based Approach,"*Science & Engineering Ethics*, 13, no. 4, December 2007, pp. 489－504.

————. "The Role of Society in Engineering Risk Analysis: A Capabilities Approach,"*Risk Analysis*, 26, no. 4,2006, pp. 1073－1083.

Nader, R. "Responsibility and the Professional Society," *Professional Engineer*, 41, May 1971, pp. 14－17.

————, Petkas, P. J., and Blackwell, K.*Whistle Blowing* (New York: Grossman, 1972).

National Academy of Science, Committee on the Conduct of Science. *On Being a Scientist* (Washington, DC: National Academy Press, 1989).

New York Times. "A Post-September 11 Laboratory in High Rise Safety," January 23,2003, p. Al.

Noonan, J. T.*Bribery* (New York: Macmillan, 1984).

Nussbaum, M. *Women and Human Development: The Capabilities Approach* (New York: Cambridge University Press, 2000).

————, and Glover, J., eds. *Women, Culture, and Development* (Oxford: Clarendon, 1995).

Okrent, D., and Whipple, C. *An Approach to Societal Risk Assessment Criteria and Risk Management*, Report UCLA-Eng－7746 (Los Angeles: UCLA School of Engineering and Applied Sciences, 1977).

Oldenquist, A. "Commentary on Alpem's 'Moral Responsibility for Engineers,'" *Business and Professional Ethics Journal*, 2, no. 2, Winter 1983.

Otten, J. "Organizational Disobedience," in A. Flores, ed., *Ethical Problems in Engineering*, vol. 1 (Troy, NY: Center for the Study of the Human Dimensions of Science and Technology, Rensselaer Polytechnic Institute, 1978), pp. 182－186.

Patton-Hulce, V. R. *Environment and the Law: A Dictionary* (Santa Barbara, CA: ABC Clio, 1995).

Peterson, J. C., and Farrell, D. *Whistleblowing: Ethical and Legal Issues in Expressing Dissent* (Dubuque, LA: Center for the Study of Ethics in the Professions and Kendall/Hunt, 1986).

Petroski, H. *Beyond Engineering: Essays and Other Attempts to Figure without Equations* (New York: St. Martin's, 1985).

————. *To Engineer Is Human: The Role of Failure in Successful Design* (New York: St. Martin's, 1982).

Petty, T. "Use of Corpses in Auto-Crash Test Outrages Germans,"*Time*, December 6,1993, p. 70.

Pfatteicher, S. K. A. *Lessons Amid the Ruble: An Intro-duction to Post-Disaster Engineering and Ethics* (Baltimore, MD: Johns Hopkins Press, 2010).

Philips, M. "Bribery," in Werhane, P., and D 'Andrade, K, eds., *Profit and Responsibility* (New York: Edwin Mellon Press, 1985), pp. 197－220.

Pinkus, R. L. D., Shuman, L. J., Hummon, N. P., and Wolfe, H. *Engineering Ethics* (New York: Cambridge University Press, 1997).

Pletta, D. H. *The Engineering Profession: Its Heritage and Its Emerging Public Purpose* (Washington, DC: University Press of America, 1984).

Pritchard, M. S. "Beyond Disaster Ethics." *The Centennial Review*, XXXIV, no. 2, Spring 1990, pp. 95 – 318.

————. "Bribery: The Concept." *Science and Engineering Ethics*, 4, no. 3, 1998, pp. 281 – 286.

————. "Good Works." *Professional Ethics*, 1, nos. 1 and 2, Spring-Summer 1992, pp. 155 – 177.

————. *Professional Integrity: Thinking Ethically* (Lawrence, Kansas: University Press of Kansas, 2006).

————. "Professional Responsibility: Focusing on the Exemplary." *Science and Engineering Ethics*, 4, no. 2, 1998, pp. 215 – 233.

————. "Responsible Engineering: The Importance of Character and Imagination." *Science and Engineering Ethics*, 7, no. 3, 2001, pp. 391 – 402.

————, ed. *Teaching Engineering Ethics: A Case Study Approach*, National Science Foundation grant no. DIR – 8820837 (June 1992).

————, and Holtzapple, M. "Responsible Engineering: Gilbane Gold Revisited." *Science and Engineering Ethics*, 3, no. 2, April 1997, pp. 217 – 231.

Rabins, M. J. "Teaching Engineering Ethics to Under-graduates: Why? What? How?" *Science and Engineering Ethics*, 4, no. 3, July 1998, pp. 291 – 301.

Rachels, J. *The Elements of Moral Philosophy*, 4th ed. technic Institute, 1978), pp. 182 – 186. (New York: Random House, 2003).

Raelin, J. A. *The Clash of Cultures: Managers and Professionals* (Boston, MA: Harvard Business School Press, 1985).

Rawls, J. *A Theory of Justice* (Cambridge, MA: Harvard University Press, 1971).

Relman, A. "Lessons from the Darsee Affair." *New England Journal of Medicine*, 308, 1983, pp. 1415 – 1417.

Richardson, H. "Specifying Norms." *Philosophy and Public Affairs*, 19, no. 4, 1990, pp. 279 – 310.

Ringleb, A. H., Meiners, R. E., and Edwards, F. L. *Managing in the Legal Environment* (St. Paul, MN: West, 1990).

Rogers Commission. *Report to the President by the Presidential Commission on the Space Shuttle Challenger Accident* (Washington, DC: Author, June 6, 1986).

Ross, W. D. *The Right and the Good* (Oxford: Oxford University Press, 1988).

Rostsen, G. H. "Wrongful Discharge Based on Public Policy Derived from Professional Ethics Codes." *American Law Reports*, 52, 5th 405.

Rothstein, M., ed. *Genetic Secrets* (New Haven, CT: Yale University Press, 1997).

Ruckelshaus, W. D. "Risk, Science, and Democracy." *Issues in Science and Technology*, 1, no. 3, Spring 1985, pp. 19 – 38.

Sagoff, M. "Where Ickes Went Right or Reason and Rationality in Environmental Law." *Ecology law Quarterly*, 14, 1987, pp. 265 – 323.

302

Salzman, J., and Thompson, B. H., Jr. *Environmental Law and Policy* (New York: Foundation Press, 2003).

Scharf, R C., and Dusek, V., eds. *Philosophy of Technology* (Malden, MA: Blackwell, 2003).

Schaub, J. H., and Pavlovic, K. *Engineering Professionalism and Ethics* (New York: Wiley-Interscience, 1983).

Schlossberger, E. *The Ethical Engineer* (Philadelphia, PA: Temple University Press, 1993).

————. "The Responsibility of Engineers, Appropriate Technology, and Lesser Developed Nations," *Science and Engineering Ethics*, 3, no. 3, July 1997, pp. 317 – 325.

Schrader-Frechette, K. S. *Risk and Rationality* (Berkeley, CA: University of California Press, 1991).

Schwing, R C., and Albers, W. A, Jr., eds., *Societal Risk Assessment: How Safe Is Safe Enough?* (New York: Plenum Press, 1980).

Science and Engineering Ethics. Special Issue on Ethics for Science and Engineering-Based International Industries 4, no. 3 July 1998. Pp. 257 – 392.

Shapiro, S. "Degrees of Freedom: The Interaction of Standards of Practice and Engineering Judgment," *Science, Technology and Human Values*, 22, no. 3, Summer 1997.

Simon, H. A. *Administrative Behavior*, 3rd ed. (New York: Free Press, 1976)

Singer, M. G. *Generalization in Ethics* (New York: Knopf, 1961).

————, ed. *Morals and Values* (New York: Charles Scribner's Sons, 1977).

Singer, P. *Practical Ethics* (Cambridge, UK: Cambridge University Press, 1979).

Sismondo, S. *An Introduction to Science and Technology Studies* (Malden, MA: Blackwell, 2004).

Slovic, P., Fischoff, B., and Lichtenstein, S. "Rating the Risks," *Environment*, 21, no. 3, April 1969, pp. 14 – 39.

Solomon, R. C., and Hanson, K. R. *Above the Bottom Line: An Introduction to Business Ethics* (New York: Harcourt Brace Jovanovich, 1983).

Spinello, R A. *Case Studies in Information and Computer Ethics* (Upper Saddle River, NJ: Prentice-Hall, 1997).

————, ed. *Cyber Ethics: Morality and Law in Cyberspace* (New York: Jones & Bartlett, 2003).

————. *Regulating Cyberspace* (Westport, CT: Quo-rum Books, 2002).

————, and Tavani, H. T, eds. *Readings in Cyber Ethics* (New York: Jones 8t Bartlett, 2001).

Starry, C. "Social Benefits versus Technological Risk," *Science*, 165, September 19, 1969, pp. 1232 – 1238.

Stone, C. *Where the Law Ends* (Prospect Heights, IL: Waveland Press, 1991).

Strand, P. N., and Golden, K. C. "Consulting Scientist and Engineer Liability," *Science and Engineering Ethics*, 3, no. 4, October 1997, pp. 347 – 394.

Sullivan, T. F. P, ed. *Environmental Law Handbook* (Rockdale, MD: Government Institutes, 1997).

Taeusch, C. F. *Professional and Business Ethics* (New York: Holt, 1926).

Tavani, H. T. *Ethics and Technology: Ethical Issues in Information and Communication Technology* (Hoboken, NJ: Wiley, 2004).

Taylor, P. W. "The Ethics of Respect for Nature," *Environmental Ethics*, 3, no.3, Fall 1981, pp. 197 – 218.

————. *Principles of Ethics: An Introduction* (Encino, CA: Dickenson, 1975).

Thompson，P．"The Ethics of Truth-Telling and the Problem of Risk．" *Science and Engineering Ethics*，5．1999．pp．489 – 510．

Toffler，A．*Tough Choices*：*Managers Talk Ethics* (New York：Wiley．1986)．

Travis，L．A．*Power and Responsibility*：*Multinational Managers and Developing Country Concerns* (Notre Dame，IN：University of Notre Dame Press．1997)．

Unger，S．H．*Controlling Technology*：*Ethics and the Responsible Engineer*，2nd ed．(New York：Holt，Rinehart & Winston．1994)．

—————．"Would Helping Ethical Professionals Get Professional Societies into Trouble?" *IEEE Technology and Society Magazine*，6，no．3．September 1987．pp．17 – 21．

Urmson，J.O.．"Hare on Intuitive Moral Thinking．" in S．Douglass and N．Fotion，eds.，*Hare and Critics* (Oxford：Clarendon．1988)．pp．161 – 169．

—————．"Saints and Heroes．" in A．I．Meldon，ed.，*Essays in Moral Philosophy* (Seattle：University of Washington Press．1958)．pp．198 – 216．

Vallero，P．A.，and Vesilind，P．A．*Socially Responsible Engineering*：*Justice in Risk Management* (Hobo-ken，NJ：John Wiley & Sons，Inc.．2007)．

van de Poel，I.，and Lamber，R.，*Ethics，Technology，and Engineering*：*An Introduction* (Wiley-Blackwell．2011)．

Van de Poel，I.，and van Gorp，A．C．"The Need for Ethical Reflection in Engineering Design．" *Science，Technology and Human Values*，31．no．3．2006．pp．333 – 360．

Vandivier，R．"What? Me Be a Martyr?" *Harper's Magazine*，July 1975．pp．36 – 44．

Vaughn，D．*The Challenger Launch Decision* (Chicago：University of Chicago Press．1996)．

Vaughn，R．C．*Legal Aspects of Engineering* (Dubuque，IA：Kendall/Hunt．1977)．

Velasquez，M．*Business Ethics*，3rd ed．(Englewood Cliffs，NJ：Prentice-Hall．1992)．

—————．"Why Corporations Are Not Responsible for Anything They Do．" *Business and Professional Ethics Journal*，2，no．3．Spring 1983．pp．1 – 18．

Vesilind，P．A．"Environmental Ethics and Civil Engineering．" *The Environmental Professional*，9．1987．pp．336 – 342．

—————．*Peace Engineering*：*When Personal Values and Engineering Careers Converge* (Woodsville，NH：Lakeshore Press．2005)．

—————．and Gunn，A．*Engineering，Ethics，and the Environment* (New York：Cambridge University Press．1998)．

Vogel，D．A．*A Survey of Ethical and Legal Issues in Engineering Curricula in the United States* (Palo Alto，CA：Stanford Law School．Winter 1991)．

Wall Street Journal．"Executives Apply Stiffer Standards Than Public to Ethical Dilemmas．" November 3．1983．

Weil，V.，ed．*Beyond Whistleblowing*：*Defining Engineers' Responsibilities*．Proceedings of the Second National Conference on Ethics in Engineering．March 1982．

—————．*Moral Issues in Engineering*：*Selected Readings* (Chicago：Illinois Institute of Technology．1988)．

303

————. "Professional Standards: Can They Shape Practice in an International Context?" *Science and Engineering Ethics*, 4, no. 3,1998, pp. 303 – 314.

Weisskoph, M. "The Aberdeen Mess."*Washington Post Magazine*, January 15,1989.

Wells, P., Jones, H., and Davis, M. *Conflicts of Interest in Engineering* (Dubuque, IA: Center for the Study of Ethics in the Professions and Kendall/ Hunt, 1986).

Werhane, P. *Moral Imagination and Management Decision Making* (New York: Oxford University Press, 1999).

Westin, A. F. *Individual Rights in the Corporation: A Reader on Employee Rights* (New York: Random House, 1980).

————. *Whistle Blowing: Loyalty and Dissent in the Corporation* (New York: McGraw-Hill, 1981).

Whitbeck, C. *Engineering Ethics in Practice and Research*, 2nd ed. (New York: Cambridge University Press, 2011).

————. "The Trouble with Dilemmas: Rethinking Applied Ethics,"*Professional Ethics*, 1, nos. 1 and 2, Spring-Summer 1992, pp. 119 – 142.

Wilcox, J. R., and Theodore, L., eds. *Engineering and Environmental Ethics* (New York: Wiley, 1998).

Williams, B., and Smart, J. J. C. *Utilitarianism: For and Against* (New York: Cambridge University Press, 1973).

Wong, D. *Moral Relativity* (*Berkeley*, CA: University of California Press, 1984).

索　引

（词条后页码全部为英文原书页码，在本书中以旁码标出）

A

B

C

D

E

307

O

P

311

312